CHEMIE Rekorde

2. Auflage

Menschen, Märkte, Moleküle

Hans-Jürgen Quadbeck-Seeger (Hrsg.)

Rüdiger Faust, Günter Knaus,
Alfred Maelicke, Ulrich Siemeling

 **WILEY-VCH**

Weinheim · New York · Chichester · Brisbane · Singapore · Toronto

CHEMIE Rekorde

2. Auflage

Prof. Dr. H.-J. Quadbeck-Seeger
B 1
BASF AG
D-67056 Ludwigshafen

Dr. R. Faust
University College London
Department of Chemistry
20 Gordon Street
GB-London WC 1H 0AJ

Dr. G. Knaus
ZZS/OR-D 100
BASF AG
D-67056 Ludwigshafen

Prof. Dr. A. Maelicke
Institut für Physiologische
Chemie und Pathobiochemie
Duesbergweg 6

Dr. U. Siemeling
Fakultät für Chemie
Universitätsstraße 25
D-33615 Bielefeld

Die Deutsche Bibliothek – CIP-Einheitsaufnahme

Chemie-Rekorde : Menschen, Märkte, Moleküle / R. Faust; G. Knaus; A. Mealicke; U. Siemeling, **Hans-Jürgen Quadbeck-Seeger (Hrsg.).** – Weinheim; New York; Chichester; Brisbane; Singapore; Toronto : WILEY-VCH, 1999
  ISBN 978-3-527-29870-9

Einbandgestaltung: mmad Michel Meyer, D–69469 Weinheim
Satz: TypoDesign Hecker GmbH, D-69115 Heidelberg
Druck und Bindung: Lightning Source

Als wir uns zu den „Chemie-Rekorden" entschlossen, waren wir uns schon bewußt, auf was wir uns eingelassen hatten. Noch älter als die Zeitung von gestern ist der Rekord von gestern. Da ist die Welt gnadenlos. Dennoch haben uns zwei Aspekte überrascht. Zunächst ist die erste Auflage (überraschend, erfreulich) schnell dort hingekommen, wo sie sein sollte, nämlich in die Hände interessierter Leser. Ein Nachdruck wurde fällig. Bei den Vorbereitungen für den Nachdruck fiel uns auf, wie viel sich inzwischen in der Chemie getan hatte. Das gilt zwangsläufig für die wirtschaftlichen Zahlen und Vorgänge. Allein die Fusionen und Akquisitionen seit 1996 füllen fast zweieinhalb Seiten. Auch in der Wissenschaft hat es viele neue Rekorde und bemerkenswerte Neuentwicklungen gegeben. Einige Kapitel haben wir sogar ganz neu gestaltet. Die wichtigste Erweiterung ist jedoch, daß wir in Professor Maelicke und seiner Mitarbeiterin Dr. E. Hammer (Uni Mainz) zusätzliche Autoren gewonnen haben, die auch von uns empfundene Lücke in der Biochemie kompetent schließen. So sind neben dem neuen Kapitel Proteine in vielen weiteren Kapiteln und Abschnitten Aspekte der Biochemie mit eingeflossen.

Natürlich haben wir die Gelegenheit – wie schon bei der Übersetzung der ersten Auflage ins Englische, die im März 1999 in den USA erschienen ist – genutzt, um Fehler aller Art, die uns selbst aufgefallen waren und auf die uns aufmerksame Leser hingewiesen hatten, nach Möglichkeit zu korrigieren. Allen, die sich freundlicherweise die Mühe gemacht haben, möchten wir herzlich danken.

Die Resonanz auf die erste Auflage war durchweg positiv. Besonders haben wir uns gefreut, daß uns viele Leser bestätigten, es habe Spaß gemacht, die gesamte Chemie unter diesem „etwas anderen" Blickwinkel zu betrachten. Insbesondere die Kolleginnen und Kollegen, die die Chemie lehrend vermitteln, nutzen das Buch intensiv, um den Unterricht mit interessanten Fakten zu bereichern. Das wünschen wir uns von der zweiten Auflage noch mehr. Und noch eines zeigt die notwendig gewordene zweite Auflage: Die Chemie ist alles andere als ein betulich wachsendes, reifes Wissens- und Industriegebiet. Es steckt vielmehr voller Dynamik und Aufbruch für den, der genauer hinschaut. Das Buch soll dazu anregen.

Juli 1999

H.-J. Quadbeck-Seeger   R. Faust   G. Knaus   A. Maelicke   U. Siemeling

Vorwort zur 2. Auflage

Alles, was Sie immer schon über Chemie wissen wollten und nicht in Lehrbüchern, Kompendien oder gar im Internet auf Anhieb finden konnten … haben wir auch nicht zusammentragen können. Aber Sie werden vieles finden, was wichtig, bemerkenswert oder interessant ist. Wieviel Düngemittel wird weltweit hergestellt und wie viele Menschen werden dadurch ernährt? Was ist der Wirkstoff des umsatzstärksten Medikaments? Welches ist das giftigste Molekül? Und wissen Sie, wie hoch bestimmte Kristalle hüpfen können?

Mit dem Buch „Chemie-Rekorde" wollen wir zeigen, was die Chemie leistet und welche Beiträge sie für die Menschheit erbringt. Was erfahren wir durch die Grundlagenforschung über die stoffliche Welt, und in welcher Weise sichert die chemische Industrie die Lebensbedingungen unserer Zivilisation? Nun wollten wir weder ein Lehrbuch schreiben noch ein umfassendes Kompendium zusammentragen. Wir wählten vielmehr den Ansatz, daß neben dem Bedeutenden vor allem das Außergewöhnliche besonders interessiert. Zugleich hoffen wir, die Faszination der Chemie spüren zu lassen. Wer die Chemie zum Beruf gewählt hat, kennt diese Faszination. In Diskussionen erleben wir aber immer wieder auch Vorurteile und Ablehnung. Daher ist es oft besonders notwendig, mit Zahlen und Fakten zu argumentieren. Darüber hinaus sind wir sicher, daß es für uns Chemiker interessant ist zu erfahren, wo die Chemie als Wissenschaft und Wirtschaftszweig steht. Rekorde fordern heraus. Möglicherweise fühlt sich der eine oder andere Forscher dadurch zusätzlich motiviert, die Grenzen weiterzustecken.

Erstaunlicherweise ist eine Zusammenstellung, die die Besonderheiten der Chemie derart präsentiert, nicht verfügbar. Wir wollten daher ein lesbares, aber auch unterhaltsames Nachschlagewerk schaffen, in dem Rekorde der Chemieforschung, wie die härteste Legierung, das energiereichste Molekül oder die giftigste Verbindung, und wirtschaftliche Spitzenleistungen (das umsatzstärkste Medikament, der größte Chemieproduzent oder das innovativste Unternehmen) gleichberechtigt nebeneinander stehen. Ganz bewußt haben wir dabei auf die ohnehin fließende Abgrenzung von „Chemiewirtschaft" und „Chemieforschung" verzichtet und hoffen, daß sich durch dieses Konzept bei den Leserinnen und Lesern Überraschungsmomente einstellen, die zum Blättern und Stöbern anregen. Zwei Anhänge geben dem Buch zusätzlichen Inhalt. Ein „immerwährender Kalender" zeigt die Meilensteine der Chemiegeschichte auf. In der tabellarischen Übersicht der Nobelpreisträger in den naturwissenschaftlichen Disziplinen Chemie, Medizin/Physiologie und Physik sind die jeweils gewürdigten Leistungen mit einer stichwortartigen Beschreibung aufgeführt.

Dieses Buch ist ein Anfang und weit davon entfernt, perfekt zu sein. Wir haben uns bemüht, aus möglichst vielen relevanten Gebieten der Chemie Daten und Fakten zusammenzustellen, mußten jedoch rasch erkennen, daß Vollständigkeit dabei ein nicht zu erreichendes Ideal ist. Ohne die vielen Anregungen aus der nationalen und internationalen Scientific Community, für die wir uns an dieser Stelle nochmals ausdrücklich bedanken wollen, wäre die vorliegende Sammlung noch viel bruchstückhafter geblieben. Sucht die geneigte

Vorwort zur 1. Auflage

Leserschaft vergeblich den einen oder anderen Rekord der Chemie, dessen Existenz uns offensichtlich entgangen ist, so ermutigen wir ausdrücklich zur Einsendung des sträflich fehlenden Datums an den Verlag. Es liegt in der dynamischen Natur der Chemie, daß viele der angegebenen Spitzenwerte bei der Drucklegung möglicherweise schon wieder veraltet sind oder bald überholt werden. Auch in diesen Fällen wären wir für Hinweise, die wir bei zukünftigen Auflagen berücksichtigen werden, dankbar. Dabei ist uns die Angabe der Literaturstelle wichtig, damit der Interessierte bei Bedarf tiefer schürfen kann. In diesem Zusammenhang danken wir all den Verlagen, die uns freundlicherweise die Wiedergabe von Daten und Fakten erlaubten.

Wie so oft wurde auch von uns die Arbeit, die in einem solchen Buch steckt, unterschätzt, und ohne engagierte Mitarbeiter und Hilfe wäre der enge Terminplan nicht einzuhalten gewesen. So danken wir Frau Dr. Fischer-Henningsen für die Zusammenstellung des Kalenders und die intensive redaktionelle Betreuung. Frau Dr. Zietlow und Herr Dr. Wehlage von der BASF AG haben durch ihre konstruktiven Beiträge gestaltend mitgewirkt, Frau Dr. Eckerle vom Verlag hat das Projekt zielstrebig vorangetrieben und kreativ in eine angenehme äußere Form gebracht. Frau Ebinger, Frau Kraft und Frau Hauck haben uns mit viel Geduld bei den vielfältigen Aufgaben unterstützt.

Juli 1997

H.-J. Quadbeck-Seeger   R. Faust   G. Knaus   U. Siemeling

Danksagung

Bei der Jagd nach Rekorden der Chemie wäre die Beute sehr viel kleiner ausgefallen, wenn nachstehende Damen und Herren uns nicht auf die richtige Fährte gebracht und uns so manchen „Zwölfender" vor die Büchse geführt hätten. Ihnen, und allen, die wir hier nicht nennen können, sind wir zu Dank verpflichtet.

William C. Agosta, A. Alijah, Ernst Becker, Katja Becker, Hansjoachim Bluhm, Roland Boese, Manfred Christl, René Csuk, Gerald Dyker, Gunther Fischer, Burchardt Franck, Wittko Francke, Rudolf Gompper, Werner Grosch, Jürgen Gross, H. Groß, Helmut Guth, Mike M. Haley, Brian Halton, Wolfgang Hasenpusch, Rainer Herges, H. Wolfgang Hoeffken, Reinhard W. Hoffmann, Peter Kallas, Adolf Krebs, Monika Lang, Walter Mahler, W. Val Metanomski, Veronika Meyer, J. S. Miller, David L. Officer, Ulrich Panne, Ian Paterson, Horst Prinzbach, Christian Reichardt, János Rétey, Yves Rubin, Christoph Rüchardt, H. Schmidt, Hiltmar Schubert, Volker Schurig, H. Schwarz, Andrea Sella, K. Seppelt, Angelika Sicker, A. Simon, M. Söte, Dietrich Spitzner, Henry Strasdeit, Fumio Toda.

Inhalts-verzeichnis

Inhalts-
verzeichnis

Inhalts-verzeichnis

Inhalts-verzeichnis

Inhalts-verzeichnis

Die größten Pharmafirmen

Nimmt man die Börsenkapitalisierung (Aktienkurs × ausstehende Aktien) als Maßstab für die Größe einer Firma, so durfte sich Merck & Co. Anfang Februar 1998 **größte Pharmafirma der Welt** nennen. Ihr Börsenwert betrug zu diesem Zeitpunkt stolze 140,6 Mrd US$. Auf Platz zwei folgte mit Novartis die **„größte" europäische Pharmafirma** (Abb. 1).

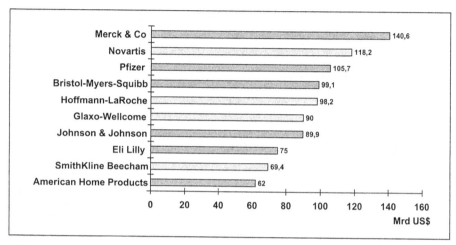

Abb. 1: Top Ten Pharmafirmen (nach Börsenwert)[1]
– Anfang Februar 1998 in Mrd US$ –

Insgesamt summierte sich der Marktwert der Top Ten Anfang Februar 1998 auf 948 Mrd US$. Er ist somit seit dem 30. September 1996 um 76 % gestiegen.

Merck war 1997 aber auch die Firma mit den **höchsten Pharmaumsätzen.** In der entsprechenden Rangliste von IMS Health findet man nahezu alle Firmen der Börsenkapitalisierungs-Top Ten wieder, wenn auch in anderer Reihenfolge (Abb. 2). Ausnahmen stellten lediglich Hoffman-LaRoche und Hoechst dar (Platz elf bzw. Platz neun in der Umsatzrangliste).

---

[1] Daten von: Handelsblatt, 03.02.98, S. 29

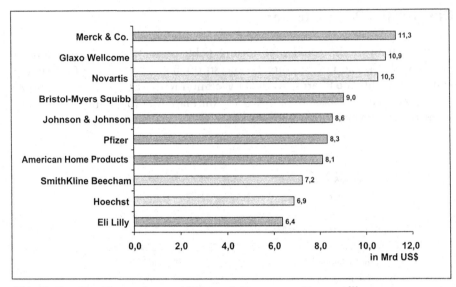

Abb. 2: Top Ten Pharmafirmen 1997 (nach Umsatz nur Pharma)[2]

[2] Daten von: CHEManager 10/98, S. 9

Gesundheitskosten in Europa, Japan und den USA

In der Triade (Europa, Japan, USA) scheint den Amerikanern ihre Gesundheit **am meisten „am Herzen zu liegen"** (Abb. 3). Sie gaben 1995 14,5 % ihres Bruttoinlandsprodukts (ohne Einkommensleistungen) für diesen Zweck aus, was bezogen auf 1985 einen jährlichen Zuwachs von 3,1 % ausmacht.

Eine ähnlich große jährliche Zuwachsrate leisteten sich mit 2,9 % lediglich noch die Spanier. Sie haben zwar Großbritannien überholt, lagen aber 1995 immer noch im Schlußfeld der westeuropäischen Länder. Unter diesen können Italien und Deutschland mit 0,96 % bzw. 0,99 % auf die niedrigsten Wachstumsraten verweisen.

Die Japaner kamen im Zeitraum 1985/95 mit einer noch geringeren Steigerung des Anteils ihrer Gesundheitsausgaben am BIP aus (0,72 % p.a.). Sie wendeten 1995 mit 7,2 % nur rund halb so viel ihres Bruttoinlandsprodukts für den Gesundheitsbereich auf wie die Nordamerikaner.

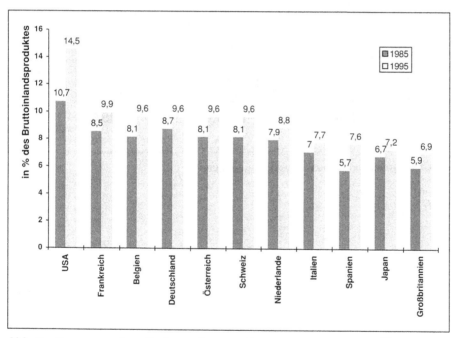

Abb. 3: Gesamtausgaben für Gesundheit (in % der Wirtschaftsleistung)[3] ohne Einkommensleistungen wie z. B. Krankengeld oder Lohnfortzahlung

[3] Daten von: Verband Forschender Arzneimittelhersteller, Statistics 97, S. 47

Ausgaben für Arzneimittel in Europa, Japan und den USA

Die Kosten für Medikamente machen nur einen geringen Teil der Gesundheitskosten aus. In Japan belief sich dieser Anteil 1995 auf 17 % und war somit deutlich größer als in Europa (Deutschland: 12,7 %) und etwas mehr als doppelt so groß wie in den USA. Die Reihenfolge ist hier somit umgekehrt wie bei den Gesundheitskosten insgesamt (Abb. 4).

Der Anteil der Arzneimittel an den Gesamt-Gesundheitskosten hat sich von 1985 – 1995 kaum verändert.

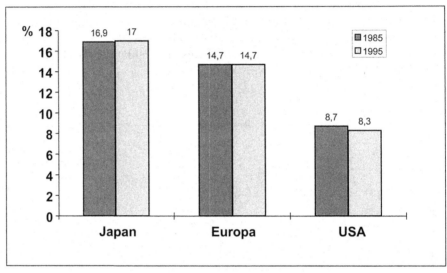

Abb. 4: Anteil an Gesamt-Gesundheitsausgaben[4]

---

[4] Daten von: Verband Forschender Arzneimittelhersteller, Statistics 97, S. 48

Die zehn weltgrößten Pharmamärkte

Die zehn **bedeutendsten Pharmamärkte der Welt** summierten sich 1997 zu einem Gesamtvolumen von rund 165,54 Mrd US$ auf (Abb. 1).

Wichtigster Einzelmarkt waren erwartungsgemäß mit einem Weltmarktanteil von 40,2 % die USA, gefolgt von Japan (25,2 %). Auf Platz drei lag ebenso wie 1995 Deutschland (8,9 %) mit knappem Vorsprung vor Frankreich (8,3 %).

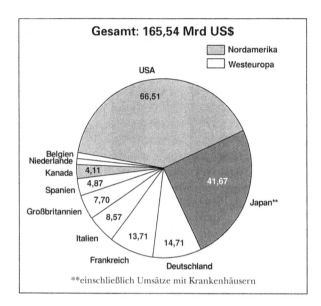

Abb. 1: Top Ten Pharmamärkte 1997 (Arzneimittelumsatz zu Herstellerabgabepreisen in Apotheken[1]

Das um US$-Kursänderungen bereinigte Wachstum des Top Ten Marktes von 1996 auf 1997 belief sich auf 6 %. Hierzu trug vor allem der US-Markt bei, der wie im Vorjahr wieder mit einer zweistelligen Zuwachsrate glänzte (10 %).

Die größten Wachstumsmärkte

Der Weltpharmamarkt ist von 1994 – 1997 ohne Unterbrechung um jährlich durchschnittlich 6,4 % von 244 Mrd US$ auf 294 Mrd US$ gewachsen (Abb. 2). Am besten entwickelten sich hierbei mit einem Zuwachs von 33 % bzw. 30 % Nord- und Südamerika. Die Region Afrika/Asien/ Australien, die in ihrer wertmäßigen Bedeutung in den Jahren 1991 – 1995 stark zugenommen und

---

[1] Daten von: Verband Forschender Arzneimittelhersteller, Statistics 98, S. 60

zunächst Europa und dann 1995 sogar Nordamerika überholt hatte, ist in den darauf folgenden beiden Jahren wieder zurückgefallen.

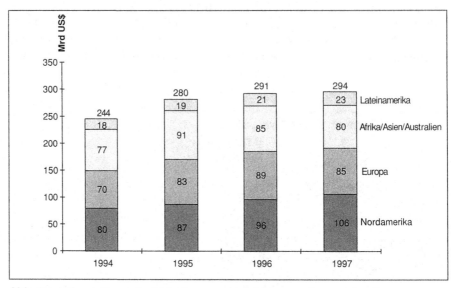

Abb. 2: a) Entwicklung des Weltpharmamarktes (ex manufacturer level)

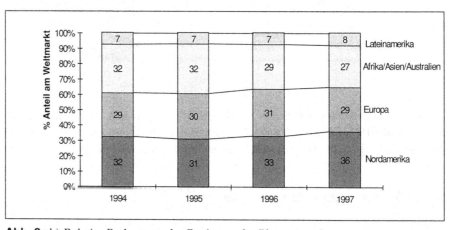

Abb. 2: b) Relative Bedeutung der Regionen des Pharmamarktes

Hitliste Export/Import

Mit einer Ausfuhr im Wert von 10,92 Mrd US$ konnte Deutschland auch 1996 seine Position als **Exportweltmeister von Arzneimitteln** (ohne pharmazeutische Grundprodukte) verteidigen. Der Vorsprung vor dem Zweitplazierten, der Schweiz, betrug 2,49 Mrd US$ und war damit deutlich größer als der Arzneimittelexport Japans (Abb. 3).

Die USA hingegen, die Arzneimittel für 7,49 Mrd US$ ausführten, waren mit einem Import im Wert von 7,64 Mrd US$ **Importweltmeister**. Bereits auf Platz zwei folgte Deutschland, so daß sich für den Exportweltmeister ein Überschuß von 3,66 Mrd US$ ergab. Dies reichte auch für Platz zwei in der Exportüberschuß-Rangliste, die seit einigen Jahren von der Schweiz mit wachsendem Vorsprung angeführt wird (Abb. 4). Man beachte in diesem Zusammenhang auch den großen negativen Saldo Japans!

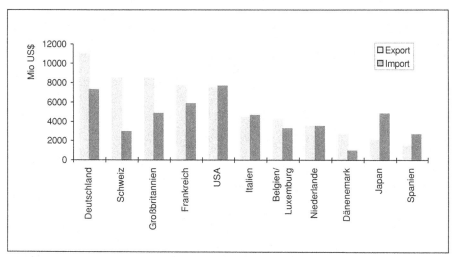

Abb. 3: Arzneimittelexporte/-importe bedeutender Industrieländer 1996 (ohne pharmazeutische Grundstoffe)[2]

---

[2] Daten von: Verband Forschender Arzneimittelhersteller, Statistics 98, S. 17

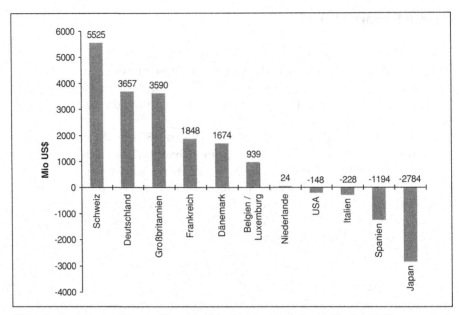

Abb. 4: Arzneimittel-Exportüberschuß bedeutender Industrieländer 1996
(ohne pharmazeutische Grundstoffe) [2]

[2] Daten von: Verband Forschender Arzneimittelhersteller, Statistics 98, S. 17

Die führende Produktionsregion für Arzneimittel

Die EU war auch 1996 mit einem Produktionswert von 105,15 Mrd US$ der **Weltmeister in der Herstellung von Arzneimitteln** (Japan: 56,14 Mrd US$, USA in 1995: 91,04 Mrd US$).

Dabei entfielen 87,3 %, d. h. 91,82 Mrd US$, auf die fünf bedeutendsten Produzentenländer. Das Top Five Feld wurde wie 1995 von Frankreich angeführt, das wertmäßig fast doppelt so viel Arzneimittel produzierte wie der Tabellenfünfte, die Schweiz.

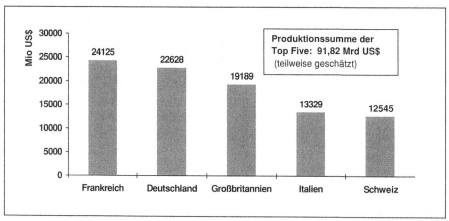

Abb. 5: Produktion nach Ländern in der EU 1996*[3]
*pharmazeutische Erzeugnisse nach SITC 54, Rev. 3 einschl. Sulphonamiden

Die bedeutendsten Pharmalieferanten für Deutschland

Deutschland bezieht einen großen Teil seiner pharmazeutischen Importe aus der Region, die auch seine bevorzugte Exportregion ist, nämlich Westeuropa. Lediglich die USA und Japan konnten auch 1997 wieder in die Phalanx europäischer Länder einbrechen (Abb. 6). Die USA lagen mit 1,732 Mrd DM auf Platz zwei der Lieferanten-Top Ten pharmazeutischer Erzeugnisse für Deutschland, allerdings mit deutlichem Abstand zum Spitzenreiter Schweiz (3,168 Mrd DM), der diese Position schon seit Jahren innehat (Abb. 7). Frankreich und Großbritannien, die erst 1993 von den USA überholt wurden, folgten auf den Plätzen drei und vier. Japan bildete wie in jedem Jahr seit 1995 das Top Ten-Schlußlicht.

[3] Daten von: Verband Forschender Arzneimittelhersteller, Statistics 98, S. 10.

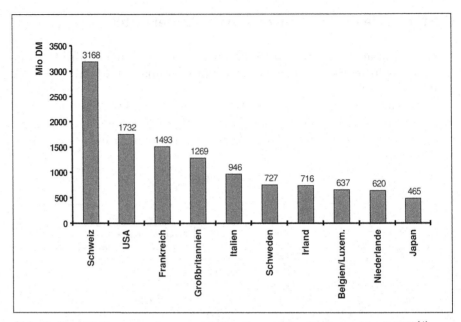

Abb. 6: Hauptlieferanten pharmazeutischer Erzeugnisse für Deutschland 1997[4]

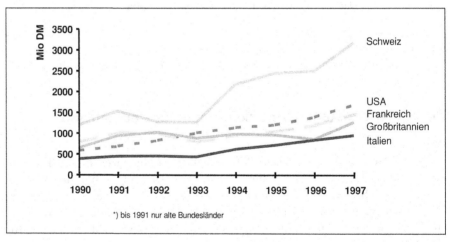

*) bis 1991 nur alte Bundesländer

Abb. 7: Entwicklung der Importe aus den wichtigsten Lieferländern seit 1990*[4]

[4] Daten von: Bundesverband der Pharmazeutischen Industrie e.V., Pharma Daten 96, S. 21 und 98, S. 20

Die umsatzstärksten Arzneimittel 1997

Astra verfügte 1997 mit Losec® über das **umsatzstärkste Arzneimittel** der Welt. Merck folgte deutlich abgeschlagen mit Zocor® auf Platz zwei, konnte aber mit Renitec® noch ein zweites Arzneimittel in den Top Ten plazieren (Tabelle 1). Ähnlich gut vertreten waren Pfizer und SmithKline Beecham.

Tabelle 1: Top Ten Arzneimittel 1997

Handels- name®	Wirkstoff	Firma	Umsatz 1997 in Mrd US$	Indikation
Losec	Omeprazol	Astra	3,8	Gastritis
Zocor	Simvastatin	Merck	2,8	Hyperlipämie
Prozac	Fluoxetin	Lilly	2,4	Depressionen
Zantac	Ranitidin	Glaxo Wellcome	2,2	Gastritis
Norvasc	Amlodipin	Pfizer	2,0	Bluthochdruck
Renitec	Enalapril	Merck	1,9	Bluthochdruck
Augmentin	Amoxicillin	SmithKline Beecham	1,4	Infektionen
Zoloft	Sertralin	Pfizer	1,4	Depressionen
Seroxat	Paroxetin	SmithKline Beecham	1,4	Depressionen
Cirproxin	Ciprofloxacin	Bayer	1,4	Bakter. Infektionen

Das im Zeitraum 1996/97 am stärksten wachsende Produkt war Seroxat®, vor Zocor® und Norvasc®. Die stärksten Umsatzeinbußen hingegen erlitt Zantac®, das 1995 noch der Top Ten Spitzenreiter war.

Die wichtigsten Arzneimittelgruppen in Deutschland

Vom gesamtdeutschen Arzneimittelmarkt in der Größe von 30,3 Mrd DM entfielen 1997 25,6 Mrd DM auf den Apothekenmarkt (zu Herstellerabgabepreisen). Die **vier bedeutendsten Arzneimittelgruppen machten hiervon alleine knapp 63 % aus**. Auf den vorderen Rängen lagen Medikamente zur Behandlung von Zivilisationskrankheiten und Verschleißerscheinungen (Abb. 2), die naturgemäß vorzugsweise von Personen ab 50 Jahren eingenommen werden.

Der **Tablettenkonsum** ist in dieser Personengruppe wesentlich höher als bei den 40 – 49jährigen. Während von diesen 28 % täglich oder fast täglich zur Tablette greifen, steigt der Prozentsatz bei den 50 – 59jährigen auf 42 % und bei den über 60jährigen auf 72 % an. Immerhin gaben bei einer Umfrage 38 % der Gesamtbevölkerung an, selten Arzneimittel einzunehmen, 8 % behaupteten gar, dies nie zu tun.

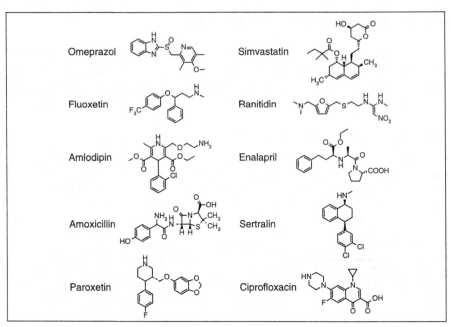

Omeprazol

Fluoxetin

Amlodipin

Amoxicillin

Paroxetin

Simvastatin

Ranitidin

Enalapril

Sertralin

Ciprofloxacin

Abb. 1: Strukturen der umsatzstärksten Arzneimittel 1997

Aspirin bricht alle Rekorde

Das bekannteste und am häufigsten verwendete Medikament der Welt überhaupt ist das Aspirin®. Kopf- und Zahnschmerzen, Fieber und Erkältungen, Rheuma, Herzinfarkte, Schlaganfälle und vielleicht sogar bestimmte Krebsarten – die Liste der Erkrankungen, gegen die man Aspirin einsetzt, wird immer länger. 1997 feierte der von Dr. Felix Hoffmann bei den Farbenfabriken Bayer gefundene Wirkstoff Acetyl-Salicylsäure seinen 100. Geburtstag. Und noch heute erscheinen jährlich ca. 3500 wissenschaftliche Beiträge über das Aspirin, und über 40 000 t werden weltweit jedes Jahr als Medikament eingenommen.

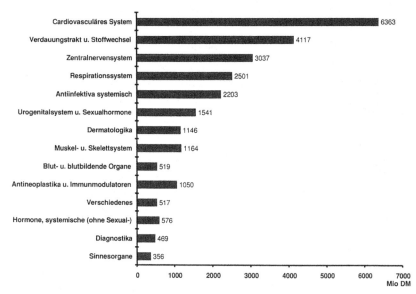

Abb. 2: Umsatz der Arzneimittelgruppen im deutschen Apothekenmarkt 1997[1]
– zu Herstellerabgabepreisen –

Einfluß auf die durchschnittliche Lebenserwartung

Die **durchschnittliche Lebenserwartung** eines heute in Deutschland gebore-
nen Jungen wird auf 72,8 Jahre geschätzt, die eines Mädchens auf 79,3 Jahre.
Sie ist somit ungefähr doppelt so groß wie 1880.

Dies ist einerseits auf die Verbesserung der Ernährung (→ Düngemittel)
sowie der Wohn- und Hygieneverhältnisse (→ Chemiewirtschaft; Branchenrekorde), andererseits aber auch auf eine wesentlich bessere medizinische Ver-
sorgung der Bevölkerung zurückzuführen. In diesem Zusammenhang spielt
die Verfügbarkeit wirksamer Arzneimittel eine große Rolle. So ist es nicht nur
gelungen, früher gefürchtete Infektionskrankheiten zurückzudrängen, sondern auch die Sterblichkeitsrate bei den Zivilisations- und Alterskrankheiten
deutlich zu senken (Abb. 3).

[1] Daten von: Bundesverband der Pharmazeutischen Industrie e.V., Pharma Daten 98, S. 73
[2] Daten von: Folienserie des Fonds der Chemischen Industrie, Textheft 5, Statistisches Bundesamt

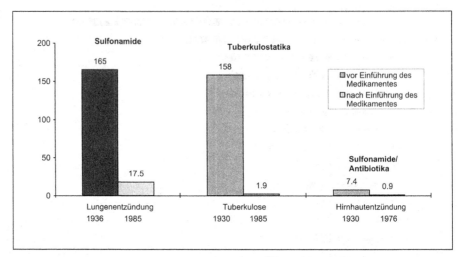

Abb. 3: a) Sterblichkeit bei je 100 000 Deutschen[2]

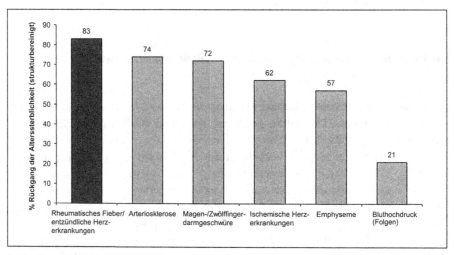

Abb. 3: b) Rückgang der Sterblichkeit in den USA 1965 – 1996[3]

---

[3]   Daten von: Pharmaceutical Research and Manufacturers of America (PhRMA), Facts & Figures 1998

Ansteckende Krankheiten der Vergangenheit

Mit Hilfe moderner Arzneimittel ist es heute problemlos möglich, viele Krankheiten, die in der Vergangenheit zum Tod geführt haben, zu verhüten oder zu heilen.

Wie viele bedeutende Werke wären wohl von den in der Tabelle 2 beispielhaft aufgeführten Künstlern noch zu erwarten gewesen, hätte man sie zu ihrer Zeit mit derartigen Medikamenten behandeln können?

Zum Glück starben nicht alle großen Persönlichkeiten so frühzeitig. Beispielsweise wurde Newton immerhin 74 Jahre und Tizian sogar 87 Jahre alt.

Tabelle 2: Todesursachen und -alter berühmter Persönlichkeiten [4]

Person	Beruf	Geburts-jahr	Todes-alter	Ursache
Masaccio	Maler	1401	27	Pest
Giorgione	Maler	1477	33	Pest
Raffael	Maler	1483	37	Plötzliches Fieber
W. A. Mozart	Komponist	1756	35	Hitziges Frieselfieber
John Keats	Dichter	1795	26	Tuberkulose
Heinrich Heine	Dichter	1797	59	Tuberkulose
Franz Schubert	Komponist	1797	31	Typhus
Robert Schumann	Komponist	1810	39	Syphilis
Frederic Chopin	Komponist	1810	39	Tuberkulose
Emily Brontë	Schriftstellerin	1818	22	Tuberkulose
Ann Brontë	Schriftstellerin	1820	29	Tuberkulose
Charles Baudelaire	Schriftsteller	1821	46	Syphilis
Friedrich Nietzsche	Dichter, Philos.	1844	56	Syphilis
Paul Gauguin	Maler	1848	55	Syphilis
Guy de Maupassant	Schriftsteller	1850	43	Syphilis
Georges Seurat	Maler	1859	31	Halsentzündung
Hugo Wolf	Komponist	1860	43	Syphilis
D. H. Lawrence	Schriftsteller	1885	45	Tuberkulose
George Orwell	Schriftsteller	1903	47	Tuberkulose

[4] Max F. Perutz, Ging's ohne Forschung besser?, Wissenschaftliche Verlagsgesellschaft, Stuttgart, 2. Auflage, **1988**, S. 47

Neue Pharmawirkstoffe

Im Zeitraum 1975 – 1997 konnten 1163 neue Pharmawirkstoffe (New Chemical Entities, NCEs) zur Marktreife entwickelt werden. Den **Hauptteil dieses Erfolgs** dürfen sich die europäischen Pharmafirmen auf die Fahne schreiben. Auf sie entfiel immerhin fast die Hälfte der neuentwickelten Wirkstoffe (Abb. 4). Ist Europa folglich die bei weitem bedeutendste Innovationsquelle der Pharmabranche?

Diese Frage kann nicht mehr uneingeschränkt mit Ja beantwortet werden. Ein genauerer Blick auf die historische Entwicklung (Abb. 5) belehrt uns, daß Europa in der jüngsten Vergangenheit zwar immer noch die führende Erfinderregion war, die USA und insbesondere Japan aber deutlich aufgeholt haben. Von einer Dominanz wie in der zweiten Hälfte der 70er Jahre, als 60,3 % der neuentwickelten NCEs auf Europa entfielen (USA: 26,7 %, Japan: 11,3 %), kann in den 90er Jahren nicht mehr die Rede sein (Europa: 39,1 %, USA: 33,0 %, Japan: 26,1 %).

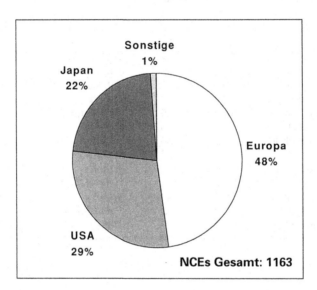

Abb. 4: Regionale Herkunft neuer Pharmawirkstoffe (NCEs) 1975 – 1997[5]

---

[5] Daten von: Verband Forschender Arzneimittelhersteller, Statistics 96, 98, eigene Berechnungen

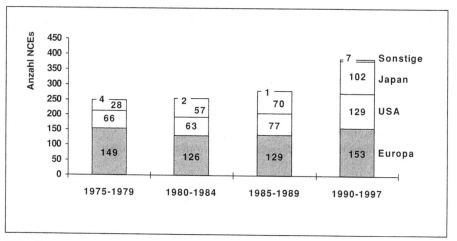

Abb. 5: Historische Entwicklung bei NCEs[5]

Der kleinste pharmazeutische Wirkstoff

Im allgemeinen vermutet man hinter der Struktur synthetischer Wirkstoffe eine komplexe Anordnung von Atomen zu einem maßgeschneiderten und daher hochspezifisch wirksamen Arzneimittel. Daß dies zwar häufig, aber längst nicht immer zutrifft beweist das Lithium. Es wird in Form seiner Salze Lithiumcarbonat (z. B. Hypnorex®), -acetat (Quilonum®) oder -sulfat (Lithium Duriles®) als Psychopharmakon zur Behandlung manischer Depressionen eingesetzt. Zwar ist der Wirkmechanismus von Li^+ noch nicht vollständig aufgeklärt, man kann jedoch davon ausgehen, daß dieser auch mit den Dimensionen des kleinen Kations zusammenhängt. Sein effektiver Ionenradius beträgt lediglich 76 pm (= 76×10^{-12} m) und verleiht dem Lithium-Kation zu Recht Platz des kleinsten pharmazeutischen Wirkstoffs.

Pharmawirkstoffe in der Entwicklung

Die WHO (World Health Organization), eine Organisation der UNO, hat ermittelt, daß es weltweit ca. 30 000 Krankheiten gibt. Von diesen läßt sich nur rund ein Drittel mit Medikamenten heilen. Zwar wird jede Krankheit behandelt, aber es gibt große therapeutische Lücken. Gerade bei ernsten und weitverbreiteten Krankheiten wie Krebs, Rheuma, Viruserkrankungen und Problemen im Zentralnervensystem fehlen überzeugende Therapiekonzepte. Die Pharmaindustrie bemüht sich weltweit um weitere Fortschritte.

Ausgaben für Pharma-F&E auf Rekordniveau

Forschung und Entwicklung spielen in der Pharmabranche eine große und zunehmend wichtige Rolle. So sind die Aufwendungen für diese Aktivitäten - relativ zum Umsatz – bei den innovativen Pharmafirmen deutlich höher als bei reinen Chemiefirmen. Sie liegen meistens zwischen 15 und 18 %.

Die Forschungsausgaben der Pharmaindustrie sind in den letzten Jahren weltweit von 19,5 Mrd US$ in 1990 auf 35,2 Mrd US$ im Jahr 1996 gestiegen, was eine Steigerung um 81 % bedeutet (Abb. 6).

Pharmaforschung ist langwierig und teuer
- Nur eine von etwa 10 000 untersuchten Substanzen kommt als Arzneimittel auf den Markt.
- Die Entwicklung dauert 8 – 15 Jahre.
- Die Kosten hierfür belaufen sich auf 300 – 500 Mio US$.

Um Effektivität und Effizienz der Pharmaforschung zu verbessern, bedient man sich zunehmend modernster Methoden, wie z. B. des Hochleistungsscreenings (damit können 100 000 Substanzen am Tag auf ihre Wirksamkeit geprüft werden) und der kombinatorischen Chemie. Besonders hohe Erwartungen setzt man auf die Entschlüsselung des Genoms, die neue molekulare Angriffspunkte für Pharmawirkstoffe aufdecken soll. Bislang sind erst etwa 400 sogenannte „Target-Gene" bekannt. Deshalb gingen in letzter Zeit viele Pharmaunternehmen Allianzen mit Genomforschungsunternehmen ein. Das in der Arzneimittelforschung **bislang umfangreichste Kooperationsabkommen**[7] schlossen im September 1998 die Firmen Bayer und Millennium Pharmaceuticals Inc., eine der führenden Genomforschungsfirmen der Welt. Bayer erhält für 465 Mio US$ - einschließlich einer Kapitalbeteiligung von 14 % - Zugang zur Genomforschung von Millennium.

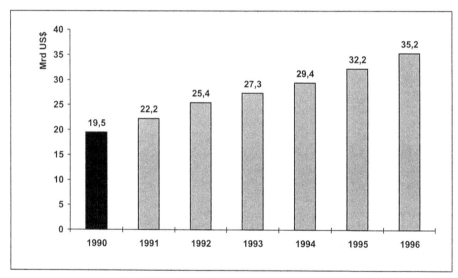

Abb. 6: Entwicklung der F&E-Ausgaben der Pharmaindustrie[6] weltweit

[6] Daten von: Handelsblatt 09.01.1998, S. 18
[7] Pressemitteilung von Bayer, September 1998

Das am schnellsten wachsende Arzneimittelmarktsegment

Freude und Traurigkeit sind normale Emotionen, solange sie maßvoll bleiben. Wir sind normalerweise bestrebt, Gefühle von Freude und Lust zu empfinden und Gefühle von Trauer und Schwermut zu überwinden. Hierbei können uns natürliche und synthetische chemische Wirkstoffe helfen, die die Chemie unseres Gehirns beeinflussen. Diese können von Nahrungsmitteln und –zusätzen (Süßigkeiten, Kaffee, Alkohol) über Arzneimittel (Antidepressiva, sexuelle Stärkungsmittel, Haarwuchsmittel) bis hin zu suchterzeugenden Drogen (Nikotin, Heroin, Designer Drugs) reichen. In diesem Zusammenhang sind Lifestyle- Drugs Wirkstoffe, die auf scheinbar einfache und ungefährliche Weise das Stimmungsbarometer höher stellen und so zu einem befriedigenderen (freudigeren) Lebensempfinden führen. Eine in den letzen Jahren besonders in Mode gekommene Gruppe von diesen Lifestyle-Drugs sind die „selektiven Serotonin-Rückaufnahme-Inhibitoren (SSRI), deren Prototyp das **Fluoxetin** (Prozac) ist (Abb. 1). Die von der Firma Eli Lilly entwickelte Substanz war in den letzten Jahren **das Arzneimittel mit dem am schnellsten wachsenden Marktanteil**. Es wurde in den USA derart zum „Modearzneimittel", daß schon von einer „Prozac-Nation" gesprochen wurde. Andere SSR-Inhibitoren sind Fluvoxamin (Luvox), Paroxetin (Paxil), Sertralin (Zoloft) und Citalopram (Cipramil, Celexa) (Tabelle 1). SSR-Inhibitoren erhöhen die extrazellulären Konzentrationen des chemischen Botenstoffes Serotonin, indem sie dessen Rückaufnahme in Neuronen und Gliazellen inhibieren. Serotonin gilt als der „zivilisierte Neurotransmitter", d.h. der mit weniger schweren Nebenwirkungen und Krankheiten verbundene chemische Botenstoff, von dem man weiß, daß er eine zentrale Rolle bei Stimmungen, Gedächtnis und Aufmerksamkeit, Hunger, Schlaf, Schmerz und sexueller Lust spielt. SSR-Inhibitoren haben sich gut bei der Behandlung von Langzeitdepressionen, verschiedenen Arten von Ängsten und Appetitstörungen bewährt, und sie werden auch bei der Behandlung von Süchten (Tabak, Alkohol) eingesetzt. Als Lifestyle-Medikamente bieten sie jedem die Hoffnung (und oft auch das Gefühl) von größerer Spannkraft und Lebensfreude. Es gibt indessen aber auch eine wachsende Zahl von warnenden Stimmen, die ein neuroleptisches „Serotonin Syndrom" definieren, das durch zu hohe Serotoninspiegel zustande kommt und durch überhöhte SSRI-Gaben induziert wird. Typische Symptome sind Aggressivität, Zittern, Krämpfe und Störungen des Leberstoffwechsels. Prozac reduziert außerdem das sexuelle Verlangen. Es wird daher häufig gemeinsam mit einem anderen Lifestyle-Medikament, dem potenzfördernden Viagra, eingenommen.

Arzneimittel Lifestyle-Medikamente

Tabelle 1: Wichtige Lifestyle-Medikamente

Namer (Hersteller)	Substanz	Wirkung
Prozac (Eli Lilly)	Fluoxetine	gehört zur Klasse der selektiven **Serotonin-Wiederaufnahme-Hemmer**, wirkt stimmungsaufhellend, Antidepressivum
Propecia (Merck)	Finasteride	**5-α-Reductase-Hemmer**, blockiert die Umwandlung von Testosteron in Dihydrotestosteron und verhindert so hormonell bedingten Haarausfall bei Männern
Xenical (Roche)	Orlistat	**Lipasehemmer**, bewirkt eine eingeschränkte Fettresorption im Darm und führt dadurch zu einer Reduktion des Körpergewichtes (in Kombination mit einer fettarmen Ernährung)
Viagra (Pfizer)	Sildenafil	**Phosphodiesterasehemmer**, wirkt gegen Errektionsstörungen indem es den Abbau von zyklischem GMP verzögert, und so die lokale Blutzufuhr erhöht

Die größten Atome

Das schwerste in der Natur in nennenswerten Mengen vorkommende Atom ist ^{238}U.[a] Damit ist es aber keineswegs auch das größte natürliche Atom. Mit einem Atomradius von ca. 154 pm ist Uran zwar kein Zwerg, aber immerhin sechzehn Elemente haben voluminösere Atome. Die Atomgröße wird nicht durch den winzig kleinen Kern, sondern durch die diesen umhüllenden Elektronen bestimmt: Der Kerndurchmesser ist etwa zehntausendmal kleiner als der Atomdurchmesser. Hätte der Atomkern die Größe einer Kirsche, so wäre das gesamte Atom so groß, daß in ihm eine Kirche vom Kaliber des Kölner Doms Platz fände. **Den größten Atomradius** hat Cäsium (272 pm), gefolgt von Rubidium (250), Kalium (235), Barium (224) und Strontium (215). **Das leichteste Atom** überhaupt, das Wasserstoffatom, hat **den kleinsten Atomradius**, schlanke 37 pm. Zugleich ist das Wasserstoffatom aber auch **das größte jemals experimentell beobachtete Atom** – allerdings nicht im Normalzustand (dem elektronischen Grundzustand), sondern in höchst angeregter Form. In interstellaren Nebeln wurden Wasserstoffatome geortet, deren Elektron sich – in Bohrscher Terminologie gesprochen – auf einer sehr energiereichen und damit kernfernen Bahn bewegt, so kernfern, daß ein Atomradius von bis zu 0.339 mm resultierte. Derartige Wasserstoffatome könnte man mit bloßem Auge sehen![1,b]

Die stabilsten Atome

Die meisten Atome sind unter Normalbedingungen stabil. Atome radioaktiver Elemente sind instabil. **Der längstlebige radioaktive Kern** ist ^{113}Cd; seine Halbwertszeit beträgt astronomische 9×10^{15} Jahre (das Alter des Universums wird auf „nur" 1.3×10^{10} Jahre geschätzt).[c] **Die kürzestlebigen radioaktiven Kerne**, zu denen beispielsweise die der zuletzt entdeckten Elemente 107 – 112 zählen, zerfallen in Sekundenbruchteilen. Die Gründe für diese Instabilität sind noch nicht bis ins allerletzte Detail geklärt. Ein wesentlicher Faktor ist die Atommasse. In dem auf Bohr zurückgehenden „Tröpfchenmodell" des Atomkerns kann man bildlich gut nachvollziehen, daß die schweren, großen Kerne der künstlich hergestellten Elemente wabbelig sind und leicht wie große Wassertropfen zerplatzen. Dieses Modell kann aber z. B. nicht erklären, warum unter den heute bekannten ca. 2 400 Atomkernen bestimmte „magische" Kerne besonders stabil sind. Dafür und für noch etliches mehr hat das Zweizentren-Schalenmodell den derzeit höchsten Erklärungswert. Es gibt theoretische Berechnungen, die voraussagen, daß Atomkerne großer Ordnungszahl mit 160 bis 166 Neutronen relativ stabil sein könnten. Hierfür gibt es inzwischen experimentelle Hinweise. In der Tat beträgt nämlich die Halbwertszeit

[1] D. B. Clark, *J. Chem. Educ.* **1991**, *68*, 454 – 455, zit. Lit.

des 160 Neutronen enthaltenden Kerns $^{266}106$ mehrere Sekunden und ist damit ca. zehnmal so groß wie die des nur 159 Neutronen enthaltenden Kerns $^{265}106$. Ob es aber jemals wirklich stabile schwergewichtige Elemente, sogenannte „Superheavies", geben wird, steht in den Sternen.

Highlights der Analytik

Für chemische Analysen sind spektroskopische Methoden unverzichtbar. Sie beruhen ganz allgemein auf der Wechselwirkung des zu analysierenden Stoffes mit Energie in Form elektromagnetischer Strahlung, Photonen also. So, wie die Saiten eines Musikinstruments nur ganz bestimmte, charakteristische Töne hervorbringen können, wenn sie durch mechanische Energie in Form von Zupfen oder Anschlagen dazu angeregt werden, führt die Anregung von Atomen oder Molekülen zu ganz bestimmten, jeweils charakteristischen „Tönen" im elektromagnetischen Spektrum, die man als Signale bezeichnet. Viele spektroskopische Methoden sind hochempfindlich: Anschaulich gesprochen, kann man mit ihnen unter Umständen nämlich besonders leise „Töne" „hören" oder die „Tonhöhe" besonders exakt bestimmen. Beispielsweise „hört" die ESR-Spektroskopie noch das Flüstern von lediglich 10^{11} Spins, so daß man mit dieser Methode weniger als 10^{-12} Mol (1 Picomol) nachweisen kann.[1] Allerdings ist die Auflösung dieser Methode recht gering (die „Tonhöhe" ist nicht besonders exakt bestimmbar). Eine rekordverdächtig **hohe Auflösung** – das „absolute Gehör der Analytik" – findet man bei der Mößbauer-Spektroskopie, deren relative Genauigkeit ΔE/E für 14.4 keV-Photonen (^{57}Fe-Resonanz) bei ca. 10^{-15} liegt. Unter besonders sorgfältig kontrollierten experimentellen Bedingungen läßt sich sogar der Einfluß der Gravitation auf die bei dieser Methode benutzten Photonen messen und quantifizieren (Gravitations-Rotverschiebung).[2]

Das Nonplusultra der Analytischen Chemie ist **der Nachweis einzelner Moleküle** – genauer geht's nun wirklich nicht mehr. Man kann heutzutage einzelne Atome und Moleküle auf einer Oberfläche mit dem Mikroskop sichtbar machen, allerdings nicht unter einem Lichtmikroskop, sondern mit Hilfe eines auf einem ganz anderen Prinzip basierenden sogenannten Rastertunnelmikroskops.[3] Mit einem solchen Instrument kann man einzelne Atome nicht nur „sehen", man kann sie sogar hin

[1] Siehe z. B. J. A. Weil, J. R. Bolton, J. E. Wertz, *Electron Paramagnetic Resonance*, Wiley, New York, **1994**, S. 501.
[2] Siehe z. B. N. N. Greenwood, T. C. Gibb, *Mössbauer Spectroscopy*, Chapman and Hall, London, **1971**, S. 80–81, zit. Lit. P. Tourrenc, *Relativity and Gravitation*, Cambridge University Press, Cambridge, **1997**, S. 118. Eine „state of the art"-Beschreibung findet man bei W. Potzel, C. Schäfer, M. Steiner, H. Karzel, W. Schliessl, M. Peter, G. M. Kalvius, T. Katila, E. Ikonen, P. Helistö, J. Hietaniemi, K. Riski, *Hyperfine Interact.* **1992**, *72*, 197.
[3] Siehe z. B. J. Frommer, *Angew. Chem.* **1992**, *104*, 1325, und Beiträgen in *Chem. Rev.* **1997**, *97* (4).

und her bewegen.[4] Mitarbeiter der Firma IBM machten vor einigen Jahren Furore, als sie ihr Firmenlogo mit 35 Xenonatomen auf eine Nickeloberfläche schrieben; die Buchstabenhöhe betrug nur 5 nm![5] Es ist sogar gelungen, auf einer Platinoberfläche befindliche Sauerstoffmoleküle mit einem Rastertunnelmikroskop zu drehen, ohne dabei ihren Ort zu ändern – ein **Höhepunkt molekularer Feinmotorik**. [6] Die Entwicklungen auf diesem Gebiet sind rasant. Am amerikanischen National Institute of Standards and Technology befindet sich beispielsweise ein Instrument mit Laser-Navigationssystem, mit dem mehrere Quadratzentimeter große Oberflächen so genau abgetastet werden können, daß man den Abstand zwischen zwei beliebigen Punkten fast bis auf Atomesbreite genau messen kann.[7] Das ist fast so, als könnte man die Entfernung zwischen zwei Sandkörnern, die sich irgendwo in einem 2500 Quadratkilometer großen Wüstenstück befinden, millimetergenau bestimmen. Man hat mittlerweile auch gelernt, nicht nur einzelne Moleküle auf einer Oberfläche, sondern inmitten einer Festkörpermatrix oder sogar in einer strömenden Flüssigkeit nachzuweisen und zu untersuchen! [8] Hierbei kommen besondere spektroskopische Methoden zum Zuge, speziell die laserinduzierte Fluoreszenz. Mit Hilfe von Lasern, die kurze Lichtblitze abfeuern, kann man einzelne Moleküle „bei der Arbeit" beobachten. Dies gelang selbst mit Enzymen, wobei sich herausstellte, daß die katalytische Aktivität von Molekülen ein und desselben Enzyms sehr unterschiedlich sein kann. [9] Ob phlegmatisch oder eher feurig - dies sollte mit der dreidimensionalen Struktur der Moleküle zusammenhängen. Und die kann sich nachweislich selbst bei einem einzigen Enzymmolekül rasch ändern. Charakter und Launen einzelner Moleküle bleiben natürlich verborgen, wenn man sie herkömmlich als gesichtslose Massengesellschaft beobachtet. [10] Die Methoden der Einzelmolekül-Untersuchung halten derzeit Einzug in die Analytische Chemie. [11]

[4] Siehe z. B. C. F. Quate, *Nature (London)* **1991**, *352*, 571, zit. Lit.
[5] D. M. Eigler, F. K. Schweizer, *Nature (London)* **1990**, *344*, 524.
[6] B. C. Stipe, M. A. Rezaei, W. Ho, *Science* **1998**, *279*, 1907.
[7] I. Amato, *Science* **1997**, *276*, 1982.
[8] Siehe z. B. W. E. Moerner, T. Basché, *Angew. Chem.* **1993**, *105*, 537. W. E. Moerner, *Science* **1994**, *265*, 46. R. F. Service, *Science* **1997**, *276*, 1027. Bzgl. biologisch relevanter Systeme siehe auch D. T. Chiu, R. N. Zare, *Chem. Eur. J.* **1997**, *3*, 335.
[9] Siehe z. B. D. B. Craig, E. Arriaga, J. C. Y. Wong, H. Lu, N. J. Dovichi, *Anal. Chem.* **1998**, *70*, 39A.
[10] Siehe auch E. Noelle-Neumann, *Umfragen in der Massengesellschaft*, Rowohlt, Reinbek, **1963**.
[11] N. J. Dovichi, D. D. Chen in *Single Molecule Optical Detection, Imaging and Spectroscopy* (Hrsg. T. Basché, W. E. Moerner, M. Orrit, U. P. Wild), VCH, Weinheim, **1996**, S. 223 – 243.

[a] Plutonium hat ein höheres Atomgewicht als Uran, kommt jedoch nur in winzigsten Spuren in der Natur vor.
[b] Als Spitzfindigkeit ist anzumerken, daß in der quantenmechanischen Deutung selbst ein Wasserstoffatom im Grundzustand unendlich groß ist, da die Aufenthaltswahrscheinlichkeit des 1s-Elektrons in beliebiger Entfernung vom Kern nie null wird.
[c] Die Abschätzung des Weltalters ist äußerst schwierig. Bisherige Schätzungen wurden erst kürzlich um ca. vier Milliarden Jahre nach unten korrigiert. Siehe hierzu z. B.G. Börner, *Phys. Unserer Zeit* **1997**, *28*, 6.

Atome und Moleküle
Rekordatome

Die längsten Bindungen

Moleküle werden durch chemische Bindungen zwischen den Atomen zusammengehalten. **Die längste Bindung**, die in einem Molekül jemals bestimmt wurde, beträgt im zeitlichen Mittel ca. 6 200 pm.[1] Sie wurde bei der Untersuchung des unter Normalbedingungen nicht stabilen van der Waals-Moleküls ^{4}He-^{4}He gefunden (→ Atome und Moleküle, Bindungsrekorde: Die stärksten und die schwächsten Bindungen). In den meisten stabilen Molekülen liegen die Bindungslängen zwischen ca. 100 und 300 pm, in Abhängigkeit hauptsächlich vom Radius der an der Bindung beteiligten Atome. Der Abstand zwischen zwei bestimmten miteinander gebundenen Atomen kann erheblich variieren. In der Regel ist es so, daß ein langer Abstand einer schwächeren, ein kurzer Abstand einer stärkeren Bindung (beispielsweise mit höherem Mehrfachbindungsanteil) entspricht. Das muß aber nicht so sein. Beispielsweise zeigen theoretische Betrachtungen, daß zwischen den beiden Metallzentren im Silberkomplex **1** (Abb. 1) trotz eines recht geringen Abstandes [270.5(1) pm] keine bindende Wechselwirkung existiert; die Metallzentren werden auf Grund der Geometrie der verbrückenden Liganden aneinandergerückt.[2] Die Frage, ab welchem Abstand zwischen zwei Atomen in einem Molekül man überhaupt von einer Bindung sprechen kann, ist kaum zu beantworten.[a] Ist der Abstand größer als die Summe der van der Waals-Radien beider Atome, so sind sie nicht miteinander gebunden. Liegt der Abstand jedoch zwischen der Summe der Kovalenz- und der van der Waals-Radien, so kann das auf einen Kontakt hindeuten, der unter Umständen einer schwach bindenden Wechselwirkung entspricht. Dieser Umstand erschwert die Beantwortung der Frage, welches **die längsten Bindungen in stabilen Molekülen** (Abb. 1) sind,[b] ganz erheblich.[c] Besonders lange Bindungen findet man naturgemäß zwischen großen Atomen. Es ist daher nicht verwunderlich, daß die Xenon-Xenon-Bindung im Kation von $Xe_2^+[Sb_4F_{14}]^-$ mit 308.7(1) pm zu den längsten Bindungen gehört.[3] Auch die Rhenium-Rhenium-Bindung in $(OC)_5Re-Re(CO)_5$ ist mit 304.1(1) pm sehr lang;[4] eine mit 309.1(2) pm noch signifikant längere Rhenium-Rhenium-Bindung liegt vor im Komplex $[(OC)_5Re-Re(CO)_4\{C(OEt)SiPh_3\}]$.[5] In größeren Clustern findet man – unter den oben angeführten Vorbehalten – noch deutlich längere Kontakte.[d] Im Bereich der Übergangsmetallcluster weist das Anion **2**, $[Os_{17}(CO)_{36}]^{2-}$, nach Angabe der Autoren zwei besonders lange Metall-Metall-„Bindungen" auf: Der Abstand zwischen Os(2) und Os(17) beträgt 315.2(5), der zwischen Os(10) und Os(17) 314.0(4) pm.[6] Rekordver-

[1] F. Luo, C. F. Giese, W. R. Gentry, *J. Chem. Phys.* **1996**, *104*, 1151.
[2] F. A. Cotton, X. Feng, M. Matusz, R. Poli, *J. Am. Chem. Soc.* **1988**, *110*, 7077. Die Molekülstrukturen wurden durch Einkristall-Röntgenstrukturanalysen bestimmt. Die im weiteren Verlauf dieses Abschnitts aufgeführten Atomabstände wurden, wenn nicht anders angegeben, mit Hilfe dieser Methode ermittelt.
[3] T. Drews, K. Seppelt, *Angew. Chem.* **1997**, *109*, 264.
[4] M. R. Churchill, K. N. Amoh, H. J. Wasserman, *Inorg. Chem.* **1981**, *20*, 1609.
[5] U. Schubert, K. Ackermann, P. Rustemeyer, *J. Organomet. Chem.* **1982**, *231*, 323.
[6] L. H. Gade, B. F. G. Johnson, J. Lewis, M. McPartlin, H. R. Powell, P. R. Raithby, W.-T. Wong, *J. Chem. Soc., Dalton Trans.* **1994**, 521.

Atome und Moleküle
Bindungsrekorde

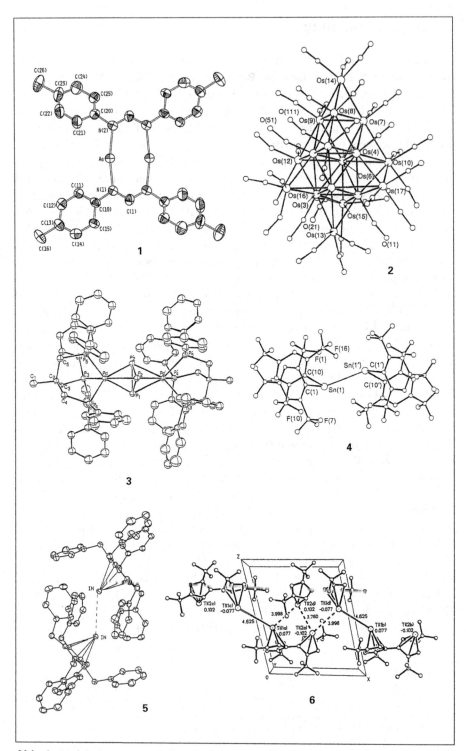

Abb. 1: Moleküle mit rekordverdächtig großen „Bindungslängen"

dächtig ist hier sicherlich der zweikernige Palladiumkomplex **3** mit einem Palladium-Palladium-Abstand von 433 pm,[7] der auf der Basis eines einfachen theoretischen Modells als schwache Bindung gedeutet wird.[8] Es gibt Moleküle, die in Lösung und in der Gasphase monomer, im Festkörper aber dimer oder polymer sind. Das läßt darauf schließen, daß die im Festkörper zwischen den Molekülen wirkenden Kräfte äußerst schwach sind;[e] daher findet man hier oft sehr große Abstände zwischen den entsprechenden Kontaktatomen.[f] Einige Beispiele zur Illustration:[g] Der Zinn-Zinn-Abstand in der dimeren Sn(II)-Verbindung **4** beträgt 363.9(1),[9] der Indium-Indium-Abstand im dimeren In(I)-Komplex **5** 363.1(2)[10] und der Thallium-Thallium-Abstand im analogen Tl(I)-Komplex 363.2 pm.[11] Die Frage „Was ist hier noch (oder vielleicht doch nicht mehr) eine Bindung?"[h] stellt sich noch hinterhältiger bei der im Kristall assoziiert vorliegenden Thalliumverbindung **6**, bei der drei unterschiedlich lange intermolekulare Thallium-Thallium-Abstände beobachtet werden (376.0, 399.8 und 462.5 pm).[12]

Die kürzesten Bindungen

Viel leichter zu bewerten sind kurze Bindungen. **Die kürzeste bekannte Bindung** ist mit 74.136 pm die im HD-Molekül, dicht gefolgt von der im D_2-(74.164) und H_2-Molekül (74.166). **Die kürzesten Metall-Metall-Bindungen** (Abb. 2) findet man bei Dichrom(II)-Komplexen. Die hier vorliegenden

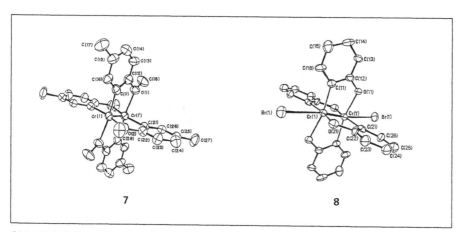

Abb. 2: Kürzeste Metall–Metall-Bindungen

[7] P. Dapporto, L. Sacconi, P. Stoppioni, F. Zanobini, *Inorg. Chem.* **1981**, *20*, 3834.
[8] M. Di Vaira, S. Midollini, L. Sacconi, *J. Am. Chem. Soc.* **1979**, *101*, 1757.
[9] U. Lay, H. Pritzkow, H. Grützmacher, *J. Chem. Soc., Chem. Commun.* **1992**, 260.
[10] H. Schumann, C. Janiak, F. Görlitz, J. Loebel, A. Dietrich, *J. Organomet. Chem.* **1989**, *363*, 243.
[11] H. Schumann, C. Janiak, J. Pickardt, U. Börner, *Angew. Chem.* **1987**, *99*, 788.
[12] P. Jutzi, J. Schnittger, M. B. Hursthouse, *Chem. Ber.* **1991**, *124*, 1693.

Chrom-Chrom-Vierfachbindungen haben eine Länge (oder besser: eine Kürze) von ca. 183 pm [182.8(2) pm für **7**[13a] und 183.0(4) pm für **8**[13b]]. Den Rekord hält das äußerst instabile Cr_2-Molekül, dessen aus spektroskop. Daten berechneter Bindungsabstand bei 168 pm liegt (Bindungsordnung 6!)[14]. **Die kürzeste Metall-Kohlenstoff-Bindung** liegt im Komplex $(TPP)FeCRe_2(CO)_9$ (TPP = Tetraphenylporphyrinat) vor,[15] der eine Eisen-Kohlenstoff-Bindung von nur 160.5(13) pm aufweist.[16]

In der Hauptgruppenchemie hat es streckenweise eine systematische Jagd nach besonders langen oder kurzen Bindungen gegeben. Daher sei hier eine ganze Reihe rekordverdächtiger Beispiele aufgeführt. **Die kürzeste Sauerstoff-Sauerstoff-Bindung** wurde im O_2F_2-Molekül bestimmt [121.7(3) pm, aus spektroskopischen Daten berechnet].[17] **Die längste Sauerstoff-Sauerstoff-Bindung** findet man im Dioxiran F_2CO_2 [157.8(1) pm, durch Elektronenbeugung bestimmt].[18] **Die kürzeste Stickstoff-Stickstoff-Bindung** ist die im N_2-Molekül (109.76 pm, aus spektroskopischen Daten berechnet). **Die längsten Stickstoff-Stickstoff-Bindungen** findet man in ON-NO (218 pm, aus spektroskopischen Daten berechnet) und ON-NO$_2$ (189.2 pm). Hexa-*tert*-butyldisilan tBu_3Si-$SitBu_3$ besitzt **die bisher längste Silicium-Silicium-Bindung** (269.7 pm),[19] und in Hexa-*tert*-butyldigerman tBu_3Ge-$GetBu_3$ findet man **die bisher längste Germanium-Germanium-** (271.0 pm) sowie **Germanium-Kohlenstoff-Bindung** (207.6 pm).[20] Das Diphosphen **9** besitzt mit 200.4(6) pm sehr wahrscheinlich **die kürzeste Phosphor-Phosphor-Bindung in einem stabilen Molekül**

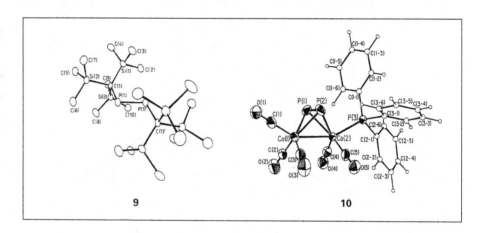

9   10

[13] a) F. A. Cotton, S. A. Koch, M. Millar, *Inorg. Chem.* **1978**, *17*, 2084, b) F. A. Cotton, S. Koch, *Inorg. Chem.* **1978**, *17*, 2021.
[14] V. E. Bondybey, J. H. English, *Chem. Phys. Lett.* **1983**, *94*, 443.
[15] W. Beck, B. Niemer, M. Wieser, *Angew. Chem.* **1993**, *105*, 969.
[16] W. Beck, W. Knauer, C. Robl, *Angew. Chem.* **1990**, *102*, 331.
[17] R. H. Jackson, *J. Chem. Soc.* **1962**, 4585.
[18] B. Casper, D. Christen, H.-G. Mack, H. Oberhammer, G. A. Argüello, B. Jülicher, M. Kronberg, H. Willner, *J. Phys. Chem.* **1996**, *100*, 3983.
[19] N. Wiberg, H. Schuster, A. Simon, K. Peters, *Angew. Chem.* **1986**, *98*, 100.
[20] M. Weidenbruch, F.-T. Grimm, M. Herrndorf, A. Schäfer, K. Peters, H.-G. v. Schnering, *J. Organomet. Chem.* **1988**, *341*, 335.

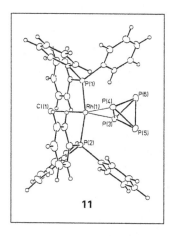

11

Abb. 3: Bindungsextrema bei Phosphorverbindungen

(Abb. 3).[21] Ähnlich kurz sind die Phosphor-Phosphor-Bindungen in einer
Reihe anderer Diphosphene, aber auch im Komplex **10** [201.9(9) pm].[22] Die
kürzeste Phosphor-Phosphor-Bindung überhaupt ist die Dreifachbindung im
P_2-Molekül (189.3 pm, aus spektroskopischen Daten berechnet). Die längste
Phosphor-Phosphor-Bindung findet man im Komplex **11**, und zwar zwischen
P3 und P4 [246.16(22) pm].[23] Wegen der großen Bedeutung und Vielzahl
organischer Verbindungen werden rekordverdächtige C-C-Bindungen in
einem eigenen Unterkapitel behandelt, (→ Molekülgestalt, Bindungsrekorde).

[21] A. H. Cowley, *Polyhedron* **1984**, *3*, 389, zit. Lit.
[22] C. F. Campana, A. Vizi-Orosz, G. Palyi, L. Markó, L. F. Dahl, *Inorg. Chem.* **1979**, *18*, 3054.
[23] A. P. Ginsberg, W. E. Lindsell, K. J. McCullough, C. R. Sprinkle, A. J. Welch, *J. Am. Chem. Soc.* **1986**, *108*, 403.
[a] Zum Problem der Grenzfälle zwischen bindenden und nichtbindenen Wechselwirkungen siehe z. B. K. R.
     Leopold, M. Canagaratna, J. A. Phillips, *Acc. Chem. Res.* **1997**, *30*, 57.
[b] Gemeint ist hier natürlich nicht die thermodynamische, sondern die kinetische Stabilität unter üblichen
     Laborbedingungen.
[c] In etlichen Veröffentlichungen findet man Tabellen mit Röntgenstrukturdaten, die (hier nicht berücksich-
     tigte) unsinnige Bindungslängen bis weit über 400 pm enthalten. Der Ausdruck „Bindungslänge" sollte im
     Zweifelsfall durch „Atomabstand" ersetzt werden.
[d] Es sei betont, daß das Valence-bond-Konzept der lokalisierten Zweizentren-Zweielektronen-Bindungen auf
     Cluster nicht sinnvoll angewendet werden kann.
[e] In diesen Fällen gewinnt der Einfluß von durch das Kristallgitter hervorgerufenen Packungseffekten an
     Bedeutung. Siehe hierzu z. B. A. G. Orpen, *Chem. Soc. Rev.* **1993**, *22*, 191.
[f] Eine detaillierte Diskussion der sogenannten Sekundärbindungen in Molekülkristallen würde den Rahmen
     sprengen. Siehe z. B. N. W. Alcock, *Adv. Inorg. Chem. Radiochem.* **1972**, *15*, 1.
[g] Bei den angeführten Beispielen handelt es sich um Systeme, bei denen das Vorliegen schwach bindender
     Wechselwirkungen zwischen formal valenzabgesättigten s²-konfigurierten Atomen diskutiert wird.
[h] Die Frage, ob in kristallinen Cyclopentadienylthallium-Verbindungen überhaupt Tl-Tl-Bindungen existie-
     ren, wird kontrovers diskutiert. Siehe hierzu C. Janiak, R. Hoffmann, *Angew. Chem.* **1989**, *101*, 1706 (Die Auto-
     ren kommen zu dem Schluß: „Es existiert auf jeden Fall eine Tl^I-Tl^I-Bindung in diesen Verbindungen".); P.
     H. M. Budzelaar, J. Boersma, *Rec. Trav. Chim. Pays-Bas* **1990**, *109*, 187 (Die Autoren interpretieren sie als
     „weak donor-acceptor interactions".); P. Schwerdtfeger, *Inorg. Chem.* **1991**, *30*, 1660 (Der Autor stellt ihre Exi-
     stenz grundsätzlich in Frage: „It is ... unlikely that reasonably strong Tl(I)-Tl(I) bonds exist in any of the
     known inorganic or organometallic compounds of the element".); P. Pyykkö, *Chem. Rev.* **1997**, im Druck [Der
     Autor zieht den Schluß „anything goes" (durchaus auch im Sinne von P. Feyerabend, *Wider den Methoden-
     zwang*, Suhrkamp, Frankfurt am Main, **1986**, passim), denn „all neutral closed-shell atoms and molecules are
     ‚sticky', anything sticks to anything, including the case of helium, whose dimer has D_e and D_0 of 9.06×10^{-2}
     and 8×10^{-6} kJ/mol, respectively"].

Die stärksten und die schwächsten Bindungen

Die Stickstoff-Stickstoff-Dreifachbindung in N_2 ist **die stärkste homoatomare Bindung**; ihre Dissoziationsenergie beträgt 945.3 kJ/mol. **Die stärkste Einfachbindung zwischen zwei Atomen desselben Elements** ist die im T_2-Molekül (447.2 kJ/mol); an zweiter Stelle liegt DT (445.5), gefolgt von D_2 (443.6), HT (440.9), HD (439.6) und schließlich H_2 (436.2).[a] **Die stärkste heteroatomare Bindung** ist die Kohlenstoff-Sauerstoff-Bindung im Kohlenmonoxid (CO) mit 1070.3 kJ/mol. **Extrem schwache kovalente Bindungen** findet man bei den Stickstoffoxiden N_2O_3 (ON-NO_2) und N_2O_4 (O_2N-NO_2); die Stärke der Stickstoff-Stickstoff-Bindung beträgt bei ersterem ca. 40.6, bei letzterem 56.9 kJ/mol. Auch in vielen Edelgasverbindungen liegen derartig schwache Bindungen vor. Die Bindungsenergie der Krypton-Fluor-Bindung in KrF_2 und der Xenon-Sauerstoff-Bindung in XeO_4 beträgt jeweils nur 49 kJ/mol (Abb. 1). In etlichen Goldverbindungen findet man **schwache Gold-Gold-Bindungen**, die

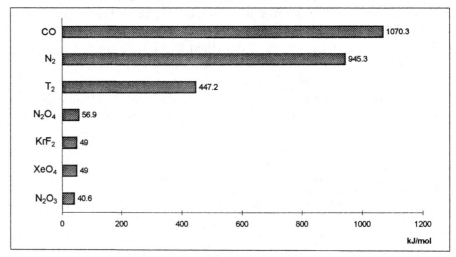

Abb. 1: Bindungsdissoziationsenergien

aus durch relativistische Effekte erklärbaren $d^{10}d^{10}$-Wechselwirkungen resultieren (→ Atome und Moleküle, E = mc²). Die Bindungsenergien liegen bei ca. 30 kJ/mol, sind also in der Größenordnung der Energie von Wasserstoffbrücken.[1] **Die stärkste Wasserstoffbrückenbindung** ist mit einer Bindungsenergie von 150 kJ/mol die im linearen, symmetrisch gebauten [F-H-F]⁻-Ion. **Die schwächste experimentell bestimmte Bindung** wurde im Helium-Dimer ^{4}He-^{4}He festgestellt.[2] Diese Spezies wird nicht durch die üblichen ionischen

[1] Eine detaillierte Übersicht findet man bei B. A. Heß, *Ber. Bunsenges. Phys. Chem.* **1997**, *101*, 1; P. Pyykkö, *Chem. Rev.* **1997**, im Druck.
[2] F. Luo, G. C. McBane, G. Kim, C. F. Giese, W. R. Gentry, *J. Chem. Phys.* **1993**, *98*, 3564.

oder kovalenten Bindungskräfte zusammengehalten, sondern durch vergleichsweise sehr viel schwächere van der Waals-Kräfte (Wechselwirkungen zwischen momentan auftretenden und induzierten Dipolen). Diese sind im Helium-Dimer obendrein noch viel geringer als sonst in van der Waals-Molekülen üblich; der Grund ist vor allem die äußerst geringe Polarisierbarkeit der kleinen Heliumatome. Die Bindungsenergie beträgt nur etwa 8×10^{-6} kJ/mol. Das ist über zehnmillionenmal weniger als eine gewöhnliche kovalente Bindung! Es ist nicht verwunderlich, daß derartig schwach gebundene Teilchen nur bei allertiefsten Temperaturen existent sein können, denn durch thermische Schwingungen werden sie sofort auseinandergerüttelt. Die Helium-Dimere werden durch überschallschnelle Expansion von gasförmigem Helium erzeugt, das sich während des Ausdehnens auf etwa ein zehntausendstel Grad über dem absoluten Nullpunkt (0.0001 K) abkühlt. Die beiden Heliumatome haben ein wahrhaft frostiges Verhältnis zueinander. Selbst bei diesen niedrigen Temperaturen ist ihr Abstand extrem groß. Die Bindungslänge beträgt im zeitlichen Mittel ca. 6 200 pm und ist damit nicht nur die schwächste, sondern auch **die längste Bindung**, die in einem Molekül jemals bestimmt wurde (übliche Bindungslängen liegen zwischen 100 und 300 pm).[3] Ein wichtiger Grund für diesen extrem hohen Wert ist die Heisenbergsche Unschärferelation: Ort und Impuls eines Teilchens können nicht gleichzeitig genau bekannt sein. Je genauer man den Impuls eines Teilchens kennt, desto weniger genau kann man es lokalisieren. Die Bewegung der Heliumatome nahe dem absoluten Nullpunkt ist so langsam, daß ihre Impulsunschärfe sehr gering ist, daher ist ihre Ortsunschärfe um so größer (→ Atome und Moleküle, Bindungsrekorde: Die längsten Bindungen).

Die biologisch bedeutendste Bindung

Nicht nur kovalente Bindungen geben den Biomolekülen ihre definierte Struktur, für die Entstehung dreidimensionaler Strukturen und die zahlreichen dynamischen Wechselwirkungen bei biologischen Prozessen spielt eine schwache, nicht-kovalente Kraft die zentrale Rolle: die Wasserstoffbrückenbindung (Abb. 5). Wasserstoffbrücken bilden sich in biologischen Systemen aufgrund elektrostatischer Wechselwirkungen zwischen einem Carbonyl-Sauerstoff oder einem Stickstoffatom und einem Amino- oder Hydroxyl-Wasserstoff.

---

[3] F. Luo, C. F. Giese, W. R. Gentry, *J. Chem. Phys.* **1996**, *104*, 1151.
[a] Deuterium (D) ist das zweite Isotop des Elements Wasserstoff, das dritte ist das radioaktive Tritium (T). Im Unterschied zum neutronenlosen H besitzt D ein und T zwei Neutronen im Kern. Der daraus resultierende Masseunterschied – D ist zweimal, T sogar dreimal so schwer wie H – bewirkt deutliche Unterschiede in den Eigenschaften dieser Isotope. Ihre höhere reduzierte Masse und damit niedrigere Nullpunktsenergie ist die Ursache für die im Vergleich zu H_2 höheren Dissoziationsenergien der schwereren Isotopomeren.

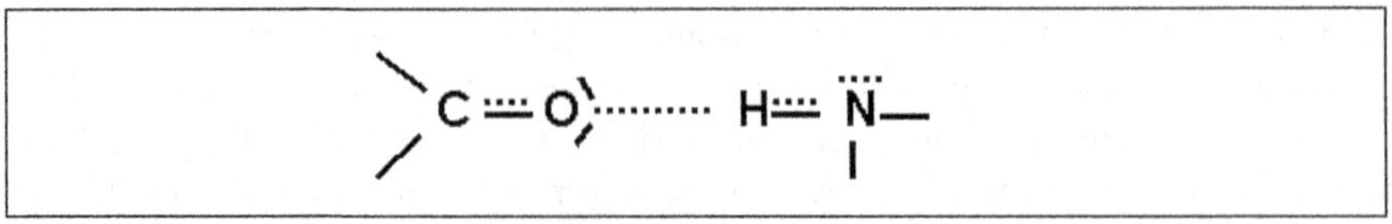

$$\diagdown C \!\!=\!\! \overset{\cdots}{O} \cdots\cdots\cdots\cdots H \!\!=\!\! \overset{\cdots}{\underset{|}{N}}\!\!-$$

Abb. 5: Wasserstoffbrückenbindung

Auch der genetische Code und seine Verknüpfung mit Proteinstrukturen basiert auf Wasserstoffbrückenbindungen zwischen den einzelnen Nucleinsäurebausteinen. Dadurch ist es möglich, daß nur vier „Buchstaben", die Purinnucleotide Adenosin und Guanosin sowie die Pyrimidinnucleotide Cytosin und Thymidin das Alphabet des Lebens bilden. DNA-Moleküle, die die Erbinformation einer Zelle enthalten, bestehen aus zwei Polynucleotidketten, die sich um eine gemeinsame Achse winden und eine Doppelhelix bilden. Jede Base paart sich über Wasserstoffbrücken mit einer Base des komplementären Stranges. Dabei entstehen hauptsächlich zwei Typen von Basenpaaren: Adenin-Thymin und Guanin-Cytosin. Jeder Einzelstrang kann also immer wieder als Matrize für die Synthese eines neuen Komplementärstrangs dienen. Dies ist die Grundlage für die identische Vervielfältigung des Erbgutes bei Vermehrung und Wachstum.

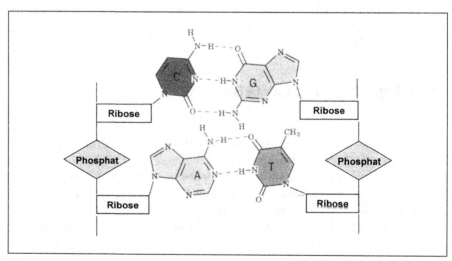

Abb. 6: Basenpaarung in der DNA durch Wasserstoffbrückenbindungen
A: Adenin, C: Cytosin, G: Guanin, T: Thymin

Die größten Cluster

Metalle glänzen, sie sind leicht verformbar, und sie leiten den elektrischen Strom. Der Grund: frei bewegliche Elektronen. Wie hängen diese Eigenschaften von der Größe eines Metallteils ab? Sehr kleine Metallteilchen verhalten sich nicht mehr typisch metallisch. Ein Beispiel: Seit Jahrhunderten benutzen Glasmacher winzigste Goldteilchen zur Einfärbung von Kirchenfenstern,[1] wobei sie eine ganze Palette von Farbtönen erzielen können - allerdings nicht die typisch goldene Farbe. Mittlerweile weiß man, daß die Anzahl der Goldatome pro Teilchen die Farbe bestimmt.[2] Bei welcher Größe geschieht nun aber der Übergang zur „makroskopischen Welt" mit den uns vertrauten Phänomenen? Im Zeitalter der Miniaturisierung – man denke nur an die Mikroelektronik – ist dies eine grundlegende Frage von großer praktischer Tragweite. Um sie zu beantworten, sind kleine „Atomklumpen" (Cluster),[3] die aus einigen Dutzend oder Hundert Metallatomen bestehen, interessante Studienobjekte, und zwar besonders dann, wenn man ihre chemische Struktur genau kennt. Allgemein dienen Cluster als Modellsysteme für heterogene Katalysatoren und zur Untersuchung von größenabhängigen Quanteneffekten und kooperativen Eigenschaften sowie von Nukleationsprozessen.[4,5]

Der größte strukturell einigermaßen gesicherte Cluster besitzt die idealisierte Formel $[Pd_{561}phen_{36}O_{200\pm10}]$ (phen = 1,10-Phenanthrolin). Die 561 Palladiumatome, die den Clusterkern dieses Giganten bilden, sind kuboktaedrisch in fünf Schalen um ein zentrales Pd-Atom gepackt und bilden somit einen Ausschnitt aus der kubisch dichtesten Packung des Metalls.[6]

Der größte röntgenographisch charakterisierte Metallcluster hat die Formel $[Al_{77}\{N(SiMe_3)_2\}_{20}]^{2-}$ (**1**) und ist ebenfalls zwiebelartig gebaut (Abb. 1).[7] Um ein zentrales Aluminiumatom herum gruppieren sich drei Schalen aus 12, 44 und 20 Al-Atomen in regelmäßiger Anordnung. Dieser wohlgeord-

[1] P. James, N. Thorpe, *Keilschrift, Kompaß, Kaugummi: Eine Enzyklopädie der frühen Erfindungen*, Sanssouci, Zürich, **1998**, S. 339.

[2] U. Kreibig, M. Vollmer, *Optical Properties of Metal Clusters*, Springer, Berlin, **1995**.

[3] Der Begriff tauchte in wissenschaftlichem Zusammenhang erstmals 1661 auf, und zwar bei R. Boyle in *The Sceptical Chymist*; dort liest man von "minute masses or clusters [which] were not easily dissipable into such particles as compos'd them". Es gibt in den Naturwissenschaften zur Zeit keine einheitliche Definition für Cluster. Eine eher enge Sichtweise kommt im deutschen Begriff „Metallatom-Inselstruktur" zum Ausdruck. Eine weiter gefaßte Definition, die sich nicht auf metallische Elemente beschränkt, lautet: „In Physik und Chemie werden mit diesem Begriff Ansammlungen gleichartiger Atome in Form dreidimensionaler Teilchen bezeichnet" (Lit. [4b]); eine noch liberalere Formulierung besagt: "a cluster is defined as a neutral or charged species in which there is a polycyclic array of atoms" (C. Housecroft, *Cluster Molecules of the p-Block Elements*, Oxford University Press, Oxford, **1994**, S. 1).

[4] Siehe z. B. a) K. H. Meiwes-Broer, *Phys. Bl.* **1999**, 55, 21; b). b) G. Schmid, *Chem. Unserer Zeit* **1988**, 22, 85.

[5] Es gibt interessante Eigenschaftsüberschneidungen und -parallelitäten. Beispielsweise wurde bei auf einer Titandioxid-Oberfläche befindlichen Goldclustern festgestellt, daß diese nur dann die Oxidation von CO katalysieren, wenn sie so klein sind, daß sie bereits für Metalle untypische Eigenschaften zeigen; siehe M. Valden, X. Lai, D. W. Goodman, *Science* **1998**, *281*, 1647.

[6] G. Schmid, *Polyhedron* **1988**, 7, 2321. M. N. Vargaftik, V. P. Zagorodnikov, I. P. Stolyarov, I. I. Moiseev, V. A. Likholobov, D. I. Kochubey, A. L. Chuvilin, V. I. Zaikovsky, K. I. Zamaraev, G. I. Timofeeva, *J. Chem. Soc., Chem. Commun.* **1985**, *937*.

[7] A. Ecker, E. Weckert, H. Schnöckel, *Nature (London)* **1997**, *387*, 379.

Atome und Moleküle
Clusterrekorde

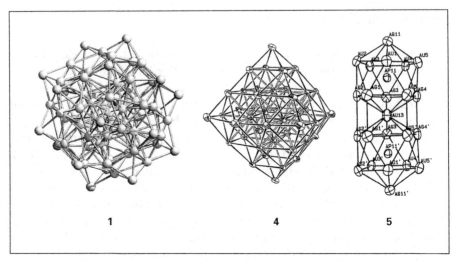

Abb. 1: Die größten röntgenographisch charakterisierten Metallcluster

nete Aluminiumklumpen ist eindeutig noch nicht metallisch: Nur ein einziges Al-Atom – das im Zentrum – ist so gebunden, wie man dies für Aluminiummetall kennt. Zweiter Sieger in dieser Rubrik ist die Verbindung $[Pd_{59}(CO)_{32}(PMe_3)_{21}]$, deren Clusterkern die Form eines Ellipsoids besitzt.[8]

Die bisher größten röntgenographisch charakterisierten Cluster gehören zur Familie der Polyoxometallate.[9] Das radförmige Prachtexemplar der

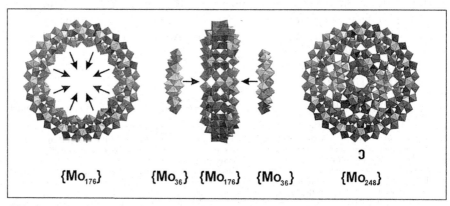

{Mo_{176}}   {Mo_{36}} {Mo_{176}} {Mo_{36}}   {Mo_{248}}

Abb. 2: Ein „Riesenrad mit zwei Radkappen" aus 248 Mo-Atomen

[8]   N. T. Tran, M. Kawano, D. R. Powell, L. F. Dahl, *J. Am. Chem. Soc.* **1998**, *120*, 10986.
[9]   Übersicht: A. Müller, P. Kögerler, *Coord. Chem. Rev.* **1999**, *182*, 3.
[10] A. Müller, E. Krickemeyer, H. Bögge, M. Schmidtmann, C. Beugholt, P. Kögerler, C. Lu, *Angew. Chem.* **1998**, *110*, 1278. C.-C. Jiang, Y.-G. Wei, Q. Lin, S.-W. Zhang, M.-C. Shao, Y.-Q. Tang, *J. Chem. Soc., Chem. Commun.* **1998**, 1937.

Zusammensetzung $[(MoO_3)_{176}(H_2O)_{80}H_{32}]$ (**2**)[10] – bis vor kurzem noch Rekordhalter – wurde jüngst von den Molekülrad-Konstrukteuren mit zwei „Radkappen" versehen, die jeweils 36 Molybdänatome enthalten. Der resultierende Riese **3** besitzt 248 Mo-Atome und ist nun der größte seiner Art (Abb. 2).[11] Immer noch kolossal, aber doch schon deutlich zierlicher sind $[As_{12}Ce_{16}(H_2O)_{36}W_{148}O_{524}]^{76-}$[12] $[Mo_{154}(NO)_{14}O_{420}(OH)_{28}(H_2O)_{70}]^{(25\pm5)-}$[13] und $[Mo_{132}O_{372}(CH_3COO)_{30}, (H_2O)_{72}]^{2+}$.[14] Aus der Familie der Metallchalkogenid-Cluster stammen **der größte Silbercluster**, $[Ag_{172}Se_{40}(SenBu)_{92}$- (dppp)$_4]$ (dppp = Bis(diphenylphosphanyl)propan),[15] und **der größte Kupfercluster**, $[Cu_{146}Se_{73}(PPh_3)_{30}]$.[16]

Die größten dimetallischen Cluster, die durch eine Röntgenstrukturanalyse charakterisiert wurden, enthalten 44 Metallatome. Ein Beispiel ist das kirschartig gebaute Anion $[Ni_{38}Pt_6(CO)_{48}H]^{5-}$ (**4**), das aus einem von Nickelatomen umschlossenen, oktaedrischen Pt_6-Kern besteht (Abb. 1). Die Metallatome sind in kubisch dichtester Packung angeordnet.[17]

Der größte trimetallische Cluster (**5**) enthält 25 Metallatome und hat die Zusammensetzung $[(Ph_3P)_{10}Au_{12}Ag_{12}PtCl_7]^-$; der Clusterkern besteht aus zwei über ein gemeinsames Goldatom verknüpften Au_6Ag_6-Ikosaedern, in deren jeweiligem Zentrum sich einmal ein Gold- und einmal ein Platinatom befindet (Abb. 1).[18]

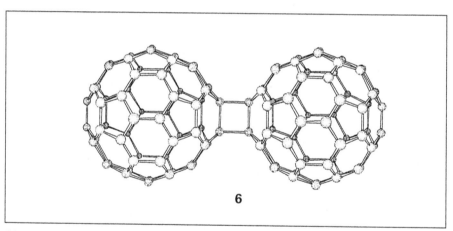

6

Abb. 3: Der größte homonukleare, röntgenographisch charakterisierte Cluster, das Buckminsterfulleren-Dimer $(C_{60})_2$

[11] A. Müller, S. Q. N. Shah, H. Bögge, M. Schmidtmann, *Nature (London)* **1999**, *397*, 48.
[12] K. Wassermann, M. H. Dickmann, M. T. Pope, *Angew. Chem.* **1997**, *109*, 1513.
[13] A. Müller, E. Krickemeyer, J. Meyer, H. Bögge, F. Peters, W. Plass, E. Diemann, S. Dillinger, F. Nonnenbruch, M. Randerath, C. Menke, *Angew. Chem.* **1995**, *107*, 2293.
[14] A. Müller, E. Krickemeyer, H. Bögge, M. Schmidtmann, F. Peters, *Angew. Chem.* **1998**, *110*, 3567.
[15] D. Fenske, N. Zhu, T. Langetepe, *Angew. Chem.* **1998**, *110*, 2784.
[16] H. Krautscheid, D. Fenske, G. Baum, M. Semmelmann, *Angew. Chem.* **1993**, *105*, 1364.
[17] A. Ceriotti, F. Demartin, G. Longoni, M. Monassero, M. Marchionna, G. Piva, M. Sansoni, *Angew. Chem.* **1985**, *97*, 708.
[18] B. K. Teo, H. Zhang, X. Shi, *J. Am. Chem. Soc.* **1993**, *115*, 8489.

Atome und Moleküle Clusterrekorde

Der größte nur aus einem Element bestehende Cluster, der röntgenographisch charakterisiert wurde, ist das Buckminsterfulleren-Dimer $(C_{60})_2$ (**6**), das mechanochemisch – nämlich in einer Schwingmühle – aus C_{60} in Gegenwart von Kaliumcyanid gebildet wird (Abb. 3).[19] Die beiden C_{60}-Kugeln sind über einen quadratischen Ring miteinander verbunden. An zweiter Stelle folgt in dieser Sparte das Fulleren C_{84}.[20] Der bislang größte, in Substanz isolierte, wohldefinierte Kohlenstoffcluster, C_{122}, ist hantelförmig. Er besteht aus zwei über eine C_2-Brücke miteinander verknüpften C_{60}-Einheiten.[21]

[19] G.-W. Wang, K. Komatsu, Y. Murata, M. Shiro, *Nature (London)* **1997**, *387*, 583. K. Komatsu, G.-W. Wang, Y. Murata, T. Tanaka, K. Fujiwara, K. Yamamoto, M. Saunders, *J. Org. Chem.* **1998**, *63*, 9358.
[20] S. Margadonna, C. M. Brown, T. J. S. Dennis, A. Lappas, P. Pattison, K. Prassides, H. Shinohara, *Chem. Mater.* **1998**, *10*, 1742.
[21] T. S. Fabre, W. D. Treleaven, T. D. McCarley, C. L. Newton, R. M. Landry, M. S. Saraiva, R. M. Strongin, *J. Org. Chem.* **1998**, *63*, 3522. N. Dragoe, S. Tanibayashi, K. Nakahara, S. Nakao, H. Shimotani, L. Xiao, K. Kitazawa, Y. Achiba, K. Kikuchi, K. Nojima, *J. Chem. Soc., Chem. Commun.* **1999**, *85*.

Die härtesten Stoffe

Die Härte eines festen Körpers ist ein Maß für den Widerstand, den dieser dem Eindringen eines anderen Körpers entgegensetzt. Die Härteprüfung kann mit verschiedenen Methoden erfolgen. Die bekannte Ritzhärte nach Mohs (Skala von 1–10) wird für Mineralien verwendet. Für harte Werkstoffe findet u. a. die Methode nach Knoop Anwendung, die bei kleinen Materialproben auch miniaturisiert durchgeführt werden kann (Mikrohärtebestimmung). Beim Knoop-Verfahren benutzt man zur Härtebestimmung eine mit einem Gewicht belastete Diamantpyramide genau festgelegter Geometrie; als Knoop-Härte (KH) wird bei diesem, wie bei ähnlichen Verfahren auch, die Last bezogen auf die Oberfläche des Eindrucks definiert. **Das härteste Material** ist **Diamant** (einkristallin: KH 90 GPa,[a] polykristallin: 50); damit ist Kohlenstoff in Form von Diamant **das härteste Element**.[1,b] Auf Rang zwei liegt **kubisches Bornitrid** (einkristallin: KH 48 GPa, polykristallin: 32); es handelt sich hier um **die härteste Keramik**. Die dritthärteste Substanz ist sehr wahrscheinlich das ternäre, metallische **Cobalt-Wolfram-Borid** CoWB (Mikrohärte: 45 GPa);[c] diese Substanz wird zu den keramischen Werkstoffen gerechnet, man könnte sie aber auch als **die härteste Legierung** auffassen.[d] Auf dem vierten Platz rangiert die ungewöhnliche SiO_2-Hochdruckmodifikation **Stishovit** (KH 33 GPa).[2] Stishovit ist damit **das härteste Oxid**. Im Unterschied zu allen anderen SiO_2-Modifikationen sind die Si-Atome im Stishovit nicht tetraedrisch mit vier, sondern oktaedrisch mit sechs Sauerstoffatomen koordiniert; seine Dichte (4.387 kg/l) ist die höchste aller SiO_2-Modifikationen. Stishovit kommt in der Natur nur in Meteoritenkratern vor. Weitere Materialien, die zu den härtesten der harten gehören (Abb. 1), sind kohlenstoffreiches Borcarbid (B_4C, KH 30 GPa),[1] borreiches Boroxid (B_6O, 30),[1] Siliciumcarbid (SiC, 29)[1] und Titancarbid (TiC, 28).[3] Für technische Anwendungen ist die Härte eines Materials bei hoher Temperatur meist interessanter als die bei Raumtemperatur.[e] So nimmt beispielsweise die Härte von Diamant und Bornitrid mit steigender Temperatur dramatisch ab, während die von Borcarbid annähernd konstant bleibt; Borcarbid ist oberhalb von ca. 400 °C härter als Bornitrid und oberhalb von ca. 1 100 °C sogar härter als Diamant.[4] In der Fachliteratur wird immer wieder einmal darüber spekuliert, ob es nicht Materialien härter als Diamant geben könnte.[5] Nach theoretischen Betrachtungen mag dies tatsächlich für eine Modifikation von Kohlenstoffnitrid (C_3N_4) der Fall sein.[1]

[1] C.-M. Sung, M. Sung, *Mater. Chem. Phys.* **1996**, *43*, 1.
[2] J. M. Léger, J. Haines, M. Schmidt, J. P. Petitet, A. S. Pereira, J. A. H. da Jomada, *Nature (London)* **1996**, *383*, 401, zit. Lit.
[3] R. Riedel, *Adv. Mater.* **1994**, *6*, 549. In Lit. 2 wird für TiC ein KH-Wert von 25 GPa angegeben.
[4] R. Telle, *Chem. Unserer Zeit* **1988**, *22*, 93.
[5] Siehe z. B. W. Schnick, *Angew. Chem.* **1993**, *105*, 1649.

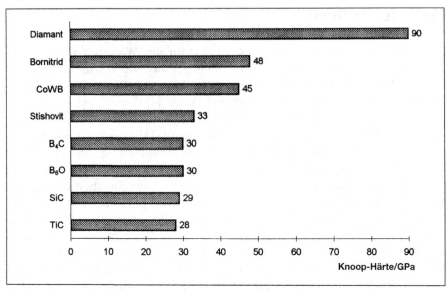

Abb. 1: Die härtesten Stoffe

[a] Ein Gigapascal (1 GPa = 10^6 Pa) entspricht einem Druck von 10 bar.

[b] Nicht berücksichtigt wurden in der Fachliteratur bisweilen auftauchende unsinnige Daten, so z. B. die in diesem Sinne rekordverdächtige Angabe, GaSb besäße eine Härte von 720 GPa (I. Sh. Dadashev, G. I. Safaraliev, *Inorg. Mater. (Transl. of Neorg. Mater.)* **1990**, *26*, 975).

[c] Z. T. Zahariev, M. I. Marinov, *J. Alloys Compd.* **1993**, *201*, 1. Die in dieser Arbeit angegebene Mikrohärte entspricht vermutlich der Knoop-Härte, da die für Al_2O_3 und TiN genannten Mikrohärtedaten sehr nahe an den in Lit. 2 für diese Substanzen aufgeführten Knoop-Härten liegen.

[d] Eine Legierung ist ein metallisches Gemisch aus mindestens zwei Komponenten, von denen wenigstens eine ein Metall ist.

[e] Neben der Temperatur gibt es noch etliche weitere Parameter, die beim technischen Einsatz harter Werkstoffe eine Rolle spielen. Eine detaillierte Übersicht für den großen Bereich der Hartmetallwerkstoffe gibt R. Menon, *Welding J.* February **1996**, 43.

Die kleinste Koordinationszahl

Im chemischen Sinn bezeichnet Koordination die Anordnung von Atomen um ein Zentralatom als Folge chemischer Bindung.[a] Die Koordinationszahl kann als Zahl der an das Zentralatom gebundenen Atome aufgefaßt werden (Ligatorformalismus). **Die kleinste Koordinationszahl** ist null. Man findet sie unter Normalbedingungen nur bei den Edelgasen. Die nächst höhere Koordinationszahl eins findet man bei den Elementen Wasserstoff, Kohlenstoff, Stickstoff, Phosphor, Arsen[1a], Indium, Thallium[1b], Sauerstoff sowie bei den Halogenen.

Die größten Koordinationszahlen

Die größten Koordinationszahlen in stabilen Verbindungen zeigen die Actinoidelemente. Uran hat in der Verbindung $[U(BH_4)_4]$ die Koordinationszahl 14. Im Ligatorformalismus hat das Uranatom in der Verbindung $[U(\eta^5\text{-}C_5H_5)_4]$ sogar die Koordinationszahl 20 (Abb. 1).[2,b]

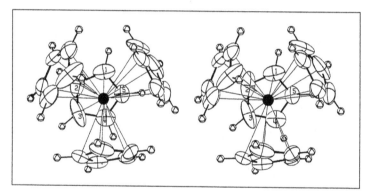

Abb. 1: Uranatom mit der Koordinationszahl 20 in $[U(\eta^5\text{-}C_5H_5)_4]$

[1] a) Bei As wurde erst jüngst diese Koordinationszahl realisiert; siehe z. B. R. R. Schrock, *Acc. Chem. Res.* **1997**, *30*, 9, zit. Lit., b) Power et. al. *J. Am. Chem. Soc.* **1998**, 120; *Angew. Chem.* **1998**, *110*, 1291.
[2] J. H. Burns, *J. Organomet. Chem.* **1974**, *69*, 225.
[a] Für Festkörper ist die chemische von der geometrischen Koordination abzugrenzen. Eine Diskussion der Unterschiede zwischen beiden würde den Rahmen sprengen (siehe hierzu: H. Alig, M. Trömel, *Z. Kristallogr.* **1992**, *201*, 213).
[b] Geometrische Koordinationszahlen von weit über 20 (z. B. 28 für Kohlenstoff im kubischen Diamantgitter) sind keine Seltenheit (siehe z. B. M. Trömel, H. Alig, L. Fink, J. Lösel, *Z. Kristallogr.* **1995**, *210*, 817).

Die größte Spannbreite in der Koordinationszahl

Eine rekordverdächtige Spannbreite der Koordinationszahlen findet man bei Gold und bei Uran. Gold hat häufig die Koordinationszahl zwei, z.B. im Komplexanion $[Au(CN)_2]^-$, kann in Clustern aber auch eine Koordinationszahl von 12 aufweisen. Beim Uran wird eine Spannbreite von 4 [z.B. in $U(NPh_2)_4$] bis 14 (bzw. 20 im Ligatorformalismus) überstrichen.

Rekordlösemittel Wasser

Die meisten Reaktionen spielen sich in Lösung ab; Lösemittel[a] sind das Blut der Chemie. Ein ganz besonderer Saft ist hier das **Wasser**, und zwar gleich aus mehreren Gründen. Wasser bedeckt in Form der Ozeane 71 % der Erdoberfläche und findet sich darüber hinaus in großen Mengen in Binnengewässern, in der Biosphäre, in der Atmosphäre und sogar in der Lithosphäre. Es ist das **meistverbreitete und mengenmäßig bei weitem führende Lösemittel**. Alle Lebensprozesse spielen sich in wäßrigem Milieu ab (man könnte auch sagen: sind auf Wasser eingespielt). Es ist für uns mithin das **wichtigste Lösemittel** überhaupt. Der Einfluß des Wassers auf biologische Prozesse beruht wesentlich auf den feinen Details der Wasserstoffbrückenbindungen zwischen den Wassermolekülen. Von welch heikler Subtilität diese Details sind, kann man zumindest erahnen, wenn man weiß, daß für fast alle Organismen schweres Wasser, D_2O, tödlich ist.[1] Die photoassistierte Wasserspaltung mit Sonnenlicht, die von Grünpflanzen und autotrophen Bakterien zusammen mit der Kohlendioxidreduktion im Rahmen der Photosynthese betrieben wird, ist, neben besagter CO_2-Reduktion, die bei weitem **umsatzstärkste chemische Reaktion** auf der Erde. Bemerkenswert am Wasser ist u. a. seine Dichteanomalie: Im Unterschied zu fast allen anderen Flüssigkeiten nimmt die Dichte von Wasser beim Erwärmen zwischen 0 und 4 °C zunächst einmal zu. Erst oberhalb von 4 °C nimmt die Dichte dann mit steigender Temperatur ab. Beim Gefrieren dehnt sich Wasser im Unterschied zu fast allen anderen Flüssigkeiten aus, und zwar um ca. 9 %. Eis schwimmt also oben. Aus diesen Gründen gefrieren tiefere Gewässer fast nie bis zum Grund, und das ist für die sich dort abspielenden Lebensprozesse sehr günstig. Einige Lebewesen sind dennoch mit einem bedarfsangepaßten Gefrierschutz ausgestattet:[1] Arktische Fische, die sich in durchschnittlich −1.5 °C kaltem Meerwasser aufhalten, deren Blut aber eigentlich bereits bei ca. −0.5 °C gefrieren müßte, besitzen raffiniert ausgeklügelte „Anti-Frost"-Peptide und -Glycopeptide, die die letale Eiskeimbildung bis −2 °C verhindern; den Rekord hält hier allerdings kein Fisch, sondern höchstwahrscheinlich der Käfer *Tenebrio molitor*, dessen „Gefrierschutz-Peptid" so effektiv ist, daß es in einer Konzentration von ca. 1 mg pro ml das Gefrieren von Wasser bis zu einer Temperatur von −5.5 °C verhindert.[2] Nach dem „Autokühlerfrostschutz-Prinzip" überleben einige Insekten Temperaturen unterhalb von −10 °C, weil ihre Körperflüssigkeit hohe Konzentrationen an gefrierpunktserniedrigenden Frostschutzmitteln (Glycerin, Glucose, etc.) aufweist. Noch verblüffender ist, daß es lebende Organismen im ewigen Eis der Antarktis gibt, denn selbst im Sommer wird es dort selten „wärmer" als −20 °C.[3] Des Rätsels Lösung: Das Eis ist verunreinigt. Es enthält vom Wind aus z. T. großer Entfernung herangetragene Staubpartikel, an denen Mikroorganismen haften. Die

[1] F. Franks, *Chem. Unserer Zeit* **1986**, *20*, 146.
[2] L. A. Graham, Y.-C. Lion, V. K. Walker, P. L. Darres, *Nature* **1997**, *388*, 727.
[3] L. J. Barbour, G. W. Orr, J. L. Atwood, *Nature (London)* **1998**, *393*, 671.

Atome und Moleküle
Lösemittelrekorde

Sonne des antarktischen Sommers heizt den Schmutz auf. Um die Sediment-partikel herum bildet sich etwas flüssiges Wasser, in dem die eingefrorenen Mikroorganismen wieder zum Leben erwachen und sich munter vermehren. Der sonnenbeheizte Dreck dient ihnen dabei als Nahrungsquelle. Wasser zeigt neben der Dichteanomalie auch eine interessante Viskositätsanomalie: Die Viskosität hat kurz unterhalb von 40 °C, in der Nähe der Körpertemperatur vieler Warmblüter also, ein lokales Minimum.[b] Wegen der Dichteabnahme beim Gefrieren ist die Druckabhängigkeit des Schmelzpunktes von Wasser sehr ungewöhnlich; im Unterschied zu fast allen Flüssigkeiten sinkt der Schmelzpunkt des Wassers unter Druck und beträgt z. B. bei 2000 bar −22 °C. Dieses Verhalten erleichtert das Schlittschuhlaufen ganz ungemein.

Wasser besitzt eine extrem hohe Dielektrizitätszahl (80.20 bei 20 °C) und ist ein polares Lösemittel hoher Solvatationskraft. Die Schmelzenthalpie von Wasser ist wesentlich höher als bei anderen niedrigschmelzenden Verbindungen. Auch die Werte für Verdampfungsenthalpie, Oberflächenspannung, spezifische Wärmekapazität, Schallabsorption, etc. liegen deutlich über denen vergleichbarer Verbindungen. Wasser ist die einzige homoleptische Nichtmetall-Wasserstoffverbindung, die unter Normalbedingungen kein Gas, sondern eine Flüssigkeit ist.[c] Bei all diesen bemerkenswerten Fakten ist es nicht verwunderlich, daß das wissenschaftliche Schrifttum zum Thema Wasser so umfangreich ist wie kaum ein anderes. Wasser ist das einzige Lösemittel, für das es eigene Zeitschriften gibt (in Deutschland z. B. die Reihe „Vom Wasser", herausgegeben von der Fachgruppe Wasserchemie in der Gesellschaft Deutscher Chemiker).

Der größte Eisberg wurde 1956 vom amerikanischen Eisbrecher U.S.S. Glacier vermessen. Es handelte sich um einen antarktischen Tafeleisberg von 33 km Länge und 10 km Breite – größer als die Fläche Belgiens! Sein Gewicht lag vermutlich bei rund zehn Billionen Tonnen, das sind 10^{16} kg. Geradezu ein Zwerg war im Vergleich dazu der berühmteste Eisberg, nämlich der, mit dem die Titanic kurz vor Mitternacht am 14. April 1912 kollidierte. Der tragische Untergang dieses als unsinkbar geltenden Schiffes, das zum damaligen Zeitpunkt das größte von Menschenhand geschaffene Objekt der Welt war, wurde zur medienwirksamen Legende. **Der kleinste Eisberg** wiegt knapp 3×10^{-24} kg. Er besteht aus nur zehn Wassermolekülen, die im Inneren eines aus mehreren großen Molekülen zusammengesetzten Käfigs so miteinander aggregiert vorliegen, wie man dies von der mit I_c bezeichneten Eismodifikation kennt.[3] Durch seine Wechselwirkungen mit dem umgebenden Molekülkäfig schmilzt dieser Eisberg selbst bei Raumtemperatur noch nicht.

Die exotischsten Lösemittel

Ein eher exotisches Lösemittel ist **flüssiges Blei**. Aus diesem Solvens gewann Hittorf die nach ihm benannte Phosphormodifikation durch Umkristallisieren.

Ebenfalls ein ungewöhnliches Lösemittel ist **flüssiges Xenon**, das in der Forschung besonders dann Anwendung findet, wenn äußerst reaktive Spezies, die mit anderen Solventien reagieren würden, in Lösung untersucht werden sollen.[4] Seine Löseeigenschaften sind vergleichbar mit denen von Pentan. Flüssiges Xenon ist besonders für schwingungsspektroskopische Studien gut geeignet, da es im Infraroten transparent ist.

Das „kritischste" Lösemittel

Ein ungewöhnliches, aber technisch recht bedeutsames Lösemittel ist **überkritisches CO_2**.[5] Erhitzt man Flüssigkeiten oder Gase unter Druck, so geraten sie oberhalb ihrer jeweiligen kritischen Temperatur (T_c) und ihres kritischen Druckes (p_c) in einen Zustand, der als überkritisch bezeichnet wird und bei dem keine Unterscheidung zwischen Flüssigkeit und zugehörigem Dampf (Gas) möglich ist, weil flüssige Phase und Dampfphase dieselbe Dichte und auch sonst dieselben Eigenschaften haben. Daß man gleichwohl von „überkritischen Flüssigkeiten" spricht, ist eher ein semantisches Problem. Eine überkritische Flüssigkeit hat eine geringere Dichte und eine viel niedrigere Viskosität als die entsprechende „normale" Flüssigkeit; ihr Lösevermögen ist im überkritischen Zustand viel höher. Für technische Anwendungen, vor allem Extraktionen, ist es sehr vorteilhaft, daß das Entfernen des überkritischen Lösemittels durch einfaches Reduzieren des Drucks möglich ist. Überkritisches CO_2 ($T_c = 31\,°C$, $p_c = 73$ bar) wird bei typischerweise 40 °C und 80 – 200 bar zur schonenden Extraktion von Naturstoffen, z. B. Coffein aus Kaffee, eingesetzt.[d] Durch Zumischen anderer Komponenten ist sogar die Extraktion sehr hydrophiler Biomoleküle, z. B. Proteine, möglich.[6] Auch für homogen-katalytische Verfahren ist überkritisches CO_2 ein interessantes Solvens, das in der Technik anstelle herkömmlicher unpolarer und wenig polarer Reaktionsmedien zukünftig eingesetzt werden kann.[7]

[4] Siehe z. B. B. A. Arndtsen, R. G. Bergman, T. A. Mobley, T. H. Peterson, *Acc. Chem. Res.* **1995**, *28*, 154, zit. Lit. M. Tacke, *Chem. Ber.* **1995**, *128*, 1051. P. A. Hamley, S. G. Kazarian, M. Poliakoff, *Organometallics* **1994**, *13*, 1767.
[5] Übersichten geben in breitgefächerter Form die Aufsätze in *Angew. Chem.* Heft 10 **1978**, *90*.
[6] E. J. Beckman, *Science* **1996**, *271*, 613. K. P. Johnston, K. L. Harrison, M. J. Clarke, S. M. Howdle, M. P. Heitz, F. V. Bright, C. Carlier, T. W. Randolph, *Science* **1996**, *271*, 624.
[7] Übersicht: P. G. Jessop, T. Ikariya, R. Noyori, *Science* **1995**, *269*, 1065.
[a] Abzugrenzen von Lösemitteln sind Lösungsmittel. In vielen Kulturen ist Ethanol ein beliebtes Lösungsmittel.
[b] Dies gilt für Messungen an dünnen, zwischen Quarzglasplatten sich befindenden Wasserschichten; siehe G. Peschel, K. H. Adlfinger, *Naturwissenschaften* **1969**, *56*, 558.
[c] Selbst HF siedet bereits bei 19.51 °C.
[d] Das Trennverfahren wurde übrigens in Deutschland erfunden [K. Zosel, US-Pat. 3969196 (Priorität: 16. 04. 1963), Studiengesellschaft Kohle].

Atome und Moleküle
Lösemittelrekorde

Die stärksten Reduktions- und Oxidationsmittel

Das stärkste chemische Oxidationsmittel ist OF_2 [Standard-Reduktionspotential $E^0 = +3.294$ V (sauer), +3.197 (neutral)], dicht gefolgt von F_2 [$E^0 = +3.07$ V (sauer), +2.89 (neutral)]. Verbindungen, die Xenon in hohen formalen Oxidationsstufen enthalten, folgen auf den nächsten Plätzen [H_4XeO_6: $E^0 = +2.38$ V (sauer); XeO_3: +2.10, (sauer)]. Ein weniger exotisches sehr starkes Oxidationsmittel ist Ozon [$E^0 = +2.075$ V (sauer)]. **Das stärkste chemische Reduktionsmittel** ist N_3^- [$E^0 = -3.608$ V (neutral), -3.334 (sauer)]. Die Alkali- und Erdalkalimetalle folgen auf den Plätzen (Li: $E^0 = -3.040$ V; K: -2.936; Ba: -2.906; Sr: -2.899; Ca: -2.868; Na: -2.714). Abbildung 1 gibt diese Werte graphisch wieder.

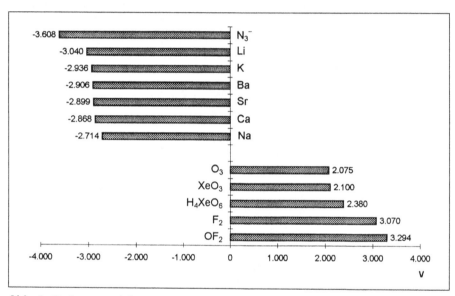

Abb. 1: Redoxpotentiale

Die stärksten relativistischen Effekte

Die spezielle Relativitätstheorie sagt aus, daß die Masse von Objekten, die sich annähernd mit Lichtgeschwindigkeit bewegen, relativ zum unbewegten Beobachter zunimmt. Das hat wichtige Konsequenzen für die Chemie schwerer Elemente mit massereichen und hochgeladenen Kernen. Wegen der hohen Kernladungen bewegen sich die s-Elektronen, deren Aufenthaltswahrscheinlichkeit am Ort des Kerns im Unterschied zu p-, d- und f-Elektronen ja größer als null ist und die daher die Kernanziehung stärker spüren als diese, mit Geschwindigkeiten, die bereits in der Größenordnung der Lichtgeschwindigkeit liegen. Damit unterliegen sie spürbar relativistischen Effekten. Ihre Masse nimmt zu, Größe und Energie der zugehörigen Orbitale nehmen gravitationsbedingt ab (direkte relativistische Effekte). Im Gegenzug nehmen wegen der durch die kontrahierten s-Orbitale bewirkten effektiveren Kernabschirmung Größe und Energie entsprechender d- und f-Orbitale zu (indirekte relativistische Effekte).[1] Die **stärksten relativistischen Effekte** bei stabilen Elementen sind bei Gold, Platin und Quecksilber zu spüren. So ist z. B. der Atomradius von Gold kleiner als der von Silber: In zweifach koordinierten Metall(I)-Komplexen beträgt der Kovalenzradius von Silber 133, der von Gold hingegen nur 125 pm.[2] Relativistische Effekte sind auch dafür verantwortlich, daß „vergoldeter" Kohlenstoff und Stickstoff in für diese Elemente ganz und gar ungewöhnlichen Koordinationsverhältnissen, nämlich hyperkoordiniert, auftauchen können. So hat Kohlenstoff im Dikation **1**, $[(Ph_3PAu)_6C]^{2+}$,[3] die Koordinationszahl sechs und Stickstoff im Dikation **2**, $[(Ph_3PAu)_5N]^{2+}$,[4] die Koordinationszahl fünf (Abb. 1). Auch die Platin-Platin-Bindung in der sowohl in der Gasphase als auch in Lösung und im Kristall dimer vorliegenden Platin(0)-Verbindung **3**,[5] eine $d^{10}d^{10}$-Wechselwirkung zwischen valenzabgesättigten Metallzentren,[6] beruht letztlich auf relativistischen Effekten. Noch spektakulärer als der zweikernige Platin(0)-Komplex **3** ist Verbindung **4** mit gleich drei derartigen valenzabgesättigten d^{10}-Zentren in annähernd linearer, unverbrückter Anordnung.[7] Die relativistischen Beiträge zur Bindungsenergie (→ Atome und Moleküle, Bindungsrekorde) können bei Gold- und Platin über 50 % ausmachen![8] Als letztes und besonders augenfälliges Beispiel für die Auswirkungen relativistischer Effekte sei hier die äußerst schwache metallische Bindung im elementa-

[1] Eine detaillierte Diskussion findet man z. B.bei B. A. Heß, *Ber. Bunsenges. Phys. Chem.* **1997**, *101*, 1; P. Pyykkö, *Chem. Rev.* **1997**, im Druck.
[2] A. Bayler, A. Schier, G. A. Bowmaker, H. Schmidbaur, *J. Am. Chem. Soc.* **1996**, *118*, 7006.
[3] F. Scherbaum, A. Grohmann, B. Huber, C. Krüger, H. Schmidbaur, *Angew. Chem.* **1988**, *100*, 1602.
[4] A. Grohmann, J. Riede, H. Schmidbaur, *Nature (London)* **1990**, *345*, 140.
[5] T. Yoshida, T. Yamagata, T. H. Tulip, J. A. Ibers, S. Otsuka, *J. Am. Chem. Soc.* **1978**, *100*, 2063.
[6] J. Strähle in *Unkonventionelle Wechselwirkungen in der Chemie metallischer Elemente* (Hrsg. B. Krebs), VCH, Weinheim, **1992**, S. 357 – 372.
[7] T. Tanase, Y. Kudo, M. Ohno, K. Kobayashi, Y. Yamamoto, *Nature (London)* **1990**, *344*, 526.
[8] Vgl. z. B. D. Schröder, J. Hrušák, I. C. Torniepoth-Oetting, T. M. Klapötke, H. Schwarz, *Angew. Chem.* **1994**, *106*, 223. J. Hrušák, R. H. Hertwig, D. Schröder, P. Schwerdtfeger, W. Koch, H. Schwarz, *Organometallics* **1995**, *14*, 1284. P. Schwerdtfeger, J. S. McFeaters, M. J. Liddell, J. Hrušák, H. Schwarz, *J. Chem. Phys.* **1995**, *103*, 245. C. Heinemann, H. Schwarz, W. Koch, K. G. Dyall, *J. Chem. Phys.* **1996**, *104*, 4642.

Atome und Moleküle
$E = mc^2$

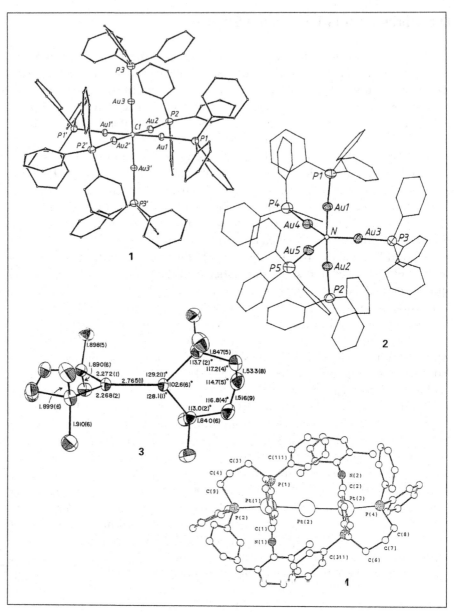

Abb. 1: Ungewöhnliche Koordinationen und Bindungen durch relativistische Effekte

ren Quecksilber erwähnt, die dazu führt, daß dieses Element im Unterschied zu allen anderen Metallen unter Normalbedingungen flüssig ist. Grund dieser schwachen Bindung ist die starke Kontraktion des voll besetzten 6s-Orbitals, dessen Elektronenpaar dadurch so „inert" wird, daß Quecksilber sich edelgasartig verhält und bisweilen als „Pseudohelium" bezeichnet wird.

Die stärksten Säuren

Neben den Giften (→ Gifte) werden Säuren und Basen gemeinhin als archetypischer Tummelplatz der Chemie betrachtet. Grund genug, sich dieser Thematik auch unter dem Aspekt der Rekorde anzunehmen. Eine Auswahl von herkömmlichen (Brønsted-)Säuren ist in Tabelle 1 zusammengefaßt. Als Maß der Säurestärke dient der pK_a-Wert,[a] der negative dekadische Logarithmus der Gleichgewichtskonstante K_a. Die stärksten Säuren haben die niedrigsten pK_a-Werte! Dieser Zusammenhang wird auch aus Tabelle 1 deutlich. Während Wasser selbst nur zu einem geringen Teil in Ionen dissoziiert (reines Wasser ist daher ein relativ schlechter Leiter des elektrischen Stroms), nehmen die pK_a-Werte über die in Spuren auch in Bittermandeln vorkommende Blausäure, die Essigsäure und die Phosphorsäure ab. Die **stärksten herkömmlichen Säuren** sind die als Mineralsäuren bezeichneten Salz-, Salpeter- und Schwefelsäure, deren pK_a-Werte bereits im negativen Bereich liegen. Bei derart starken Säuren wird die Bestimmung des pK_a-Wertes zunehmend schwierig, und so sind die in Tabelle 1 angegebenen Daten nur als Richtwerte zu verstehen.

Tabelle 1: pK_a-Werte einer Auswahl herkömmlicher Säuren bei 25 °C.[a]

Säure	Formel	pK_a
Wasser	H_2O	15.74
Blausäure	HCN	9.22
Essigsäure	CH_3COOH	4.76
Phosphorsäure	H_3PO_4	2.15
Salpetersäure	HNO_3	−1.3
Salzsäure	HCl	−2.2
Schwefelsäure	H_2SO_4	−5.2

[a] A. Streitwieser, C. H. Heathcock, E. M. Kosower, *Organische Chemie*, 2. Auflage, VCH, Weinheim, **1994**. Bei mehrprotonigen Säuren ist nur die Erstdissoziation berücksichtigt.

Doch selbst die starken Mineralsäuren werden in ihrer Acidität noch von den sogenannten **„Supersäuren"** übertroffen. Unter diesem Begriff faßt man Verbindungen zusammen, deren Protonierungsvermögen das der Schwefelsäure übersteigt. Um diese supersaure Eigenschaft zu quantifizieren, bedient man sich der Säurefunktion H_0 nach Hammett, die als die Differenz des pK_a-Wertes einer schwachen Indikatorbase (z. B. einer aromatischen Nitroverbindung) und dem negativen dekadischen Logarithmus des Verhältnisses der Konzentrationen von protonierter und nicht-protonierter Form der Base definiert ist.

$$H_0 = pK(BH^+) - \log([BH^+]/[B])$$

Die H_0-Werte einiger Supersäuren sind in Tabelle 2[1] aufgeführt. Man erkennt, daß bereits das Einleiten von SO_3 in Schwefelsäure unter Bildung von

[1] D. Lenoir, H.-U. Siehl, *Houben-Weyl: Methoden der Organischen Chemie*, Vol. E19c, Thieme, Stuttgart, **1990**, 18.

Tabelle 2: Hammett-H_0-Werte ausgewählter Supersäuren.[a]

Säure	H_0	Lit.
H_2SO_4	–11.93	[a]
H_2SO_4 + 10 % SO_3	–13.93	[a]
HSO_3F	–15.07	[a]
HSO_3F + 10 % SbF_5	–18.94	[a]
HSO_3F + 90 % SbF_5	–26.5	[b]

[a] D. Lenoir, H.-U. Siehl, *Houben-Weyl: Methoden der Organischen Chemie*, Vol. E19c, Thieme, Stuttgart, **1990**, 18.
[b] V. Gold, K. Laali, K. D. Morris, L. Z. Zdunik, *J. Chem. Soc. Chem. Commun.* **1981**, 769 – 771.

Oleum, der rauchenden Schwefelsäure, zu einem um zwei Zehnerpotenzen erhöhten Protonierungsvermögen führt. Das SO_3 reagiert mit H_2SO_4 zu $H_2S_2O_7$, das als starke Säure wiederum in der Lage ist, Schwefelsäure zum supersauren Kation $H_3SO_4^+$ zu protonieren. Eine noch stärkere Säure ist die Fluorsulfonsäure HSO_3F mit einem H_0-Wert von –15.07. Die supersaure Spezies dieser Verbindung ist das durch Autoprotolyse erzeugte $H_2SO_3F^+$-Kation. Dessen Konzentration kann durch das Abfangen des ebenfalls in der Autoprotolysereaktion entstehenden SO_3F^--Anions durch Zugabe der starken Lewis-Säure SbF_5 weiter erhöht werden. Man spricht bei diesen Gemischen von **„magischen Säuren"**[b], die je nach Menge des zugesetzten SbF_5 H_0-Werte von bis zu –26.5 aufweisen.[2] Damit ist dieses Gemisch 10^{15} oder eine Trillion mal so sauer wie die konzentrierte Schwefelsäure! Dieses enorme Protonierungsvermögen läßt sich dazu nutzen, um selbst so reaktionsträge Verbindungen wie Alkane zu protonieren und in reaktive, elektrophile Spezies zu überführen. Supersäuren dienen auch als nichtnucleophiles Medium zur experimentellen Untersuchung von Carbeniumionen (→ Reaktive Zwischenstufen; Carbeniumionen).

Doch nicht nur anorganische Verbindungen können einen erstaunlichen Säurecharakter zeigen. Auch organische Verbindungen haben mitunter leicht deprotonierbare CH-Bindungen, so daß man sie berechtigter Weise als Säuren bezeichnen kann. In CH-Säuren müssen besondere strukturelle und elektronische Voraussetzungen gegeben sein, um das entstehende Carbanion, die konjugierte Base, zu stabilisieren. Ist dies nicht der Fall, so sind die pK_a-Werte der Kohlenwasserstoffe sehr hoch, was sich am Methan mit pK_a ≈ 50 belegen läßt. Moleküle vom 1,2-Dihydrofulleren-Typ **1a–c** (Abb. 1) dagegen gehören zu den **stärksten bekannten CH-Säuren**. Bereits das alkylierte, und daher elektronenreiche Fullerenderivat **1a** hat einen pK_a-Wert von 5.7.[3] Weniger elektronenreiche Substituenten in der Nachbarposition wie beim Stammkohlenwasserstoff **1b** reduzieren den pK_a-Wert auf 4.7.[4] Mit einem Wert von 2.5[5] ist das

[2] V. Gold, K. Laali, K. D. Morris, L. Z. Zdunik, *J. Chem. Soc. Chem. Commun.* **1981**, 769 – 771.
[3] P. J. Fagan, P. J. Krusic, D. H. Evans, S. A. Lerke, E. Johnson, *J. Am. Chem. Soc.* **1992**, *114*, 9697 – 9699.
[4] M. E. Niyazymbetov, D. H. Evans, S. A. Lerke, P. A. Cahill, C. C. Henderson, *J. Phys. Chem.* **1994**, *98*, 13093 – 13098.
[5] M. Keshavarz-K, B. Knight, G. Srdanov, F. Wudl, *J. Am. Chem. Soc.* **1995**, *117*, 11371 – 11372.

1a: R = t-Bu   pK$_a$ = 5.7 in DMSO
1b: R = H   pK$_a$ = 4.7 in DMSO
1c: R = CN   pK$_a$ = 2.5 in o-Dichlorbenzol

2

pK$_a$ < − 11.0

Abb. 1: Die stärksten CH-Säuren

α-Cyanoderivat **1c** die stärkste Fulleren-CH-Säure, die bislang beschrieben wurde. Ein Vergleich mit Tabelle 1 zeigt, daß diese Verbindung etwa hundert mal so acide ist wie die Essigsäure.

Obwohl beeindruckend sauer, ist damit aber der Rekord der CH-Säuren noch lange nicht erreicht. Wird zur Stabilisierung des aus der Deprotonorierung resultierenden Carbanions neben der elektronenziehenden Kraft der Cyanogruppe auch noch die besondere Stabilität aromatischer Elektronensextette ausgenutzt, gelangt man zu CH-aciden Verbindungen von enormer Säurestärke. Das Pentacyanocyclopentadien **2**[8] (Abb. 1) mit einem pK$_a$-Wert unter minus elf liegt in dieser Kategorie klar an der Spitze und wird wohl nur schwer einholbar sein.

Sieht man von den auch in der Natur vorkommenden Mineralsäuren einmal ab, stellt sich die Frage nach dem **Naturstoff größter Acidität**. Ein guter Kandidat dafür ist das Mykotoxin (→ Gifte; Hitliste) Moniliformin **2** (Abb. 2), das auch als Semiquadratsäure bezeichnet wird, und dessen Natrium- bzw. Kaliumsalze in der Schimmelpilzart *Fusarium moniliforme* entdeckt wurden.[6] Messungen haben ergeben, daß **3** einen pK$_a$-Wert von nur 0.88[7] aufweist und damit saurer ist als alle anderen natürlichen organischen Säuren. Diese hohe Acidität wird auf die große Resonanzstabilisierung des entstehenden Anions zurückgeführt.

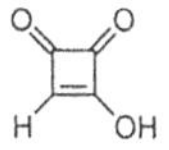

2
pK$_a$ = 0.88 in verd. H$_2$SO$_4$

Abb. 2: Semiquadratsäure, der acideste Naturstoff

[6] J. P. Springer, J. Clardy, R. J. Cole, J. W. Kirksey, R. K. Hill, R. M. Carlson, J. I. Isidor, *J. Am. Chem. Soc.* **1974**, *96*, 2267 – 2268.
[7] H.-D. Scharf, H. Frauenrath, P. Pinske, *Chem. Ber.* **1978**, *111*, 168 – 182.
[8] F. A. Carey, R. J. Sundberg, *Organische Chemie*, Wiley-VCH, Weinheim **1995**, 400.

Die stärksten Basen

Wie aber sieht es am anderen Ende der Skala, bei den starken Basen aus? Aus dem Vorausgegangenen ergibt sich, daß die Anionen der schwächsten Säuren (z. B. der Alkane) sicherlich **die stärksten Basen** sein werden, da ihr Drang, Protonen aufzunehmen, besonders ausgeprägt sein sollte. Tatsächlich gehören metallorganische Verbindungen wie das Butyllithium, in dem in grober Vereinfachung der tatsächlichen Struktur ein Salz aus dem Butylcarbanion und dem Li^+-Kation vorliegt, zu den **stärksten im Laboratorium eingesetzten basischen Verbindungen.** Man definiert in Analogie zum pK_a-Wert einen pK_{BH+}-Wert für Basen, der sich auf das folgende Gleichgewicht bezieht:

$$BH^+ \rightleftharpoons B + H^+$$

Für Methanid-Ionen beträgt der pK_{BH+}-Wert also 50, für die Hydroxid-Ionen des Wassers, die häufig als starke Basen in Form von Kali- oder Natronlauge eingesetzt werden, nur 15.74. Vergleicht man hingegen sogenannte **Neutralbasen**, so ist Abbildung 3 aufschlußreich. Tertiäre aliphatische Amine wie Trimethylamin **4** haben einen pK_{BH+}-Wert in ähnlicher Größenordnung wie das Hydroxid-Ion. Betrachtet man komplexere Stickstoffbasen wie das Diazabicyclo[5.4.0]undec-7-en (DBU) **5**, so stößt man auf Werte, die deutlich über 20 liegen. In eine neue Dimension der Basizität stoßen die von Schwesinger entwickelten Phosphazen-Basen vor,[8] deren basischster Vertreter, die Verbindung **6**, einen bislang von Neutralbasen unerreichten pK_{BH+}-Wert von 46.9 aufweist. Damit scheint auch die Deprotonierung unaktivierter Alkane allmählich in Reichweite zu sein.

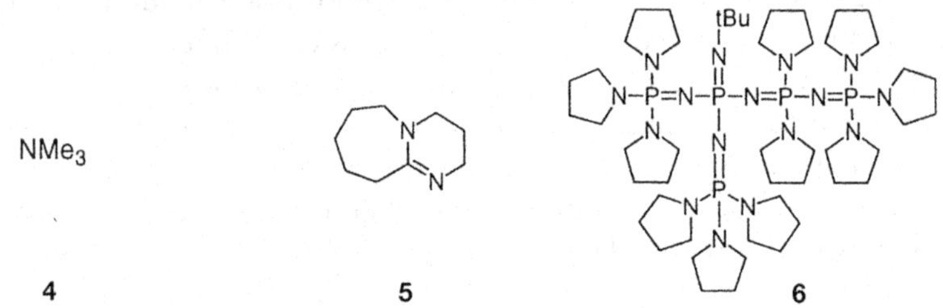

Abb. 3: Die stärksten Neutralbasen

[9] R. Schwesinger, H. Schlemper, C. Hasenfratz, J. Willaredt, T. Dambacher, T. Breuer, C. Ottaway, M. Fletschinger, J. Boele, H. Fritz, D. Putzas, H. W. Rotter, F. G. Bordwell, A. V. Satish, G.-Z. Ji, E.-M. Peters, K. Peters, H. G. von Schnering, L. Walz, *Liebigs Ann.* **1996**, 1055 – 1081.

[a] Der Begriff „Säure" wird häufig auch qualitativ im Vergleich zu Wasser verwendet. Als Bezugsgröße dient dabei der pH-Wert, d. h. der negative dekadische Logarithmus der Wasserstoffionenkonzentration [H⁺]. Reines Wasser hat einen pH von 7, saure Lösungen einen niedrigeren, Basen einen höheren pH.

[b] De Bezeichnung „magische Säure" geht auf den erstaunten Ausruf des deutschen Postdocs J. Lukas zurück, der bei einer Weihnachtsfeier der Arbeitsgruppe von G. A. Olah (→ Nobelpreise) seiner Verblüffung über das Auflösen einer Wachskerze in dieser Säure Ausdruck verlieh. Heute ist „Magic Acid" ein eingetragenes Warenzeichen. Siehe G. A. Olah, *Angew. Chem.* **1995**, *107*, 1519 – 1532.

Die höchsten Sprungtemperaturen

1911 entdeckte Kamerlingh-Onnes, daß der elektrische Widerstand von festem Quecksilber bei 4.15 K (–269 °C) verschwindet und unterhalb dieser spezifischen Sprungtemperatur (T_c) der elektrische Strom verlustfrei geleitet wird (Supraleitung). Heute weiß man, daß die meisten Metalle und Legierungen sowie einige Halbleiter, Keramiken und weitere, z. T. auch molekulare Materialien das Phänomen der Supraleitung zeigen. Meißner und Ochsenfeld entdeckten 1933 den besonders spektakulären Effekt der magnetischen Levitation: Ein Magnet schwebt frei über einem Supraleiter (ein Supraleiter ist perfekt diamagnetisch, so daß durch ein äußeres Magnetfeld ein dieses im Inneren des Supraleiters gerade kompensierendes Gegenfeld erzeugt wird). Neben dem beispielsweise für Elektrizitätswerke sehr interessanten verlustfreien Stromtransport gibt es eine Reihe weiterer denkbarer attraktiver Einsatzmöglichkeiten für Supraleiter, z. B. für Magnetschwebebahnen (Meißner-Ochsenfeld-Effekt). Supraleitende Materialien sind für derartige Anwendungen eigentlich nur dann von Interesse, wenn ihre Sprungtemperatur nicht nahe dem absoluten Nullpunkt, sondern im kältetechnisch leicht realisierbaren Bereich liegt; am einfachsten und besten wäre natürlich Raumtemperatur, aber einem solchen Material jagen die Wissenschaftler bislang vergeblich nach.

Das **Metall mit der höchsten Sprungtemperatur** ist **Niob** (T_c = 9.2 K = –263.9 °C), bei den Legierungen ist es **Nb_3Ge** (23.2 K = –249.9 °C). Viel Aufsehen erregte die Beobachtung, daß bestimmte Alkalimetall-Fulleride bei erstaunlich hohen Sprungtemperaturen supraleitend werden; den Rekord hält hier eine Spezies der Stöchiometrie **$Rb_{2.7}Tl_{2.2}C_{60}$** (T_c = 45 K = –228 °C).[1] Noch spektakulärer sind die **Sprungtemperaturen etlicher keramischer Supraleiter**, deren erster 1986 von Bednorz und Müller (→ Nobelpreisträger für Physik, 1987) entdeckt wurde und ein regelrechtes Wettrennen um die „heißeste" Supraleitung auslöste – ein Wettrennen, das immer noch läuft und das zu vielen voreiligen Rekordmeldungen geführt hat. Derzeit liegt hier eine Keramik der ungefähren Zusammensetzung **$HgBa_2Ca_2Cu_3O_8$** an der Spitze (T_c = 135 K = –138 °C;[2] unter Druck wurde sogar eine Sprungtemperatur von 164 K = –109 °C realisiert).[3] Damit besitzt dieses Material **die höchste reproduzierbare Sprungtemperatur eines Supraleiters** (Abb. 1). Derartige Hochtemperatur-Supraleiter weisen Sprungtemperaturen deutlich oberhalb der Siedetemperatur des flüssigen Stickstoffs (77.3 K = –195.8 °C) auf, der ja großtechnisch in riesigen Mengen durch Luftverflüssigung gewonnen wird und ein gebräuchliches und gut verfügbares Kühlmittel ist. Technischen Anwendungen dieser Hoch-

[1] Z. Iqbal, R. H. Baughman, B. L. Ramakrishna, S. Khare, N. S. Murthy, H. J. Bornemann, D. E. Morris, *Science* **1991**, *254*, 826.
[2] A. Schilling, M. Cantoni, J. D. Guo, H. R. Ott, *Nature (London)* **1993**, *363*, 56. C. W. Chu, L. Gao, F. Chen, Z. J. Huang, R. L. Huang, R. L. Meng, Y. Y. Xue, *Nature (London)* **1993**, *365*, 323.
[3] L. Gao, Y. Y. Xue, F. Chen, Q. Xiong, R. L. Meng, D. Ramirez, C. W. Chu, J. H. Eggert, H. K. Mao, *Phys. Rev. B* **1994**, *50*, 4260.

Atome und Moleküle
Supraleiter

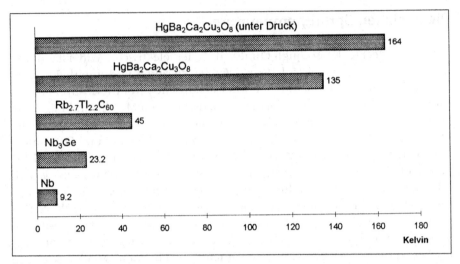

Abb. 1: Sprungtemperaturen

temperatur-Supraleitungskeramiken steht aber noch ihre schlechte Verarbeitbarkeit entgegen.[a] **Der erste Bericht über Hochtemperatur-Supraleitung** stammt übrigens bereits aus dem Jahr 1946: Ogg berichtete, daß rasch auf ca. 93 K (−180 °C) abgeschreckte Lösungen von Natrium in Ammoniak Supraleitung bis zu 190 K (−83 °C) zeigen können.[4] Wegen mangelnder Reproduzierbarkeit fand seine Arbeit aber nur geringe Beachtung. Ogg schlug als Erklärung für das supraleitende Verhalten der abgeschreckten Lösungen von Natrium in Ammoniak eine elektronische Paarbildung vor. Auf den ersten Blick mutet eine solche Paarbildung wegen der elektrostatischen Abstoßung, die zwischen zwei Elektronen herrscht, widersinnig an. Dennoch ist sie möglich, da unter bestimmten Voraussetzungen die Coulomb-Abstoßung durch Gitterkräfte mehr als nur ausgeglichen werden kann. Paarweise durch gequantelte Schwingungen des Kristallgitters (Phononen) gekoppelte Elektronen entgegengesetzten Spins haben einen Gesamtspin von null und gehören damit zu den Bosonen. Das nur für Teilchen mit halbzahligem Spin (Fermionen, z. B. also einzelne Elektronen) geltende Pauli-Verbot ist für solche Paare nicht gültig. Sie können sich daher allesamt in ein und demselben Quantenzustand niedrigster Energie befinden, was zur Folge hat, daß in summa kein Energieaustausch mit ihrer Umgebung stattfindet, so daß sie sich widerstandslos durch das Gitter bewegen können. In einem sehr stark vereinfachten Bild gesprochen bewegt sich das zweite Elektron eines Paares im Fahrwasser des ersten durch das Gitter und umgekehrt – sie reißen sich quasi gegenseitig mit, ohne an den Gitterbausteinen gestreut zu werden. Eine Quantifizierung dieser

[4] R. A. Ogg, Jr., *Phys. Rev.* **1946**, *69*, 243. *Ibid.* **1946**, *69*, 668. *Ibid.* **1946**, *70*, 93.

letztlich auf Ogg zurückgehenden Erklärung der Supraleitung lieferten 1957 Bardeen, Cooper und Schrieffer (BCS-Theorie) (→ Nobelpreisträger für Physik, 1972). Seither werden die für die Supraleitung verantwortlichen Elektronenpaare als Cooper-Paare bezeichnet. Die BCS-Theorie läßt sich ausgerechnet auf die Hochtemperatur-Supraleitungskeramiken nicht gut anwenden.

[a] Supraleiter werden derzeit vor allem auf zwei Gebieten eingesetzt: bei der Messung extrem schwacher Magnetfelder mit sogenannten SQUIDs (superconducting quantum interference devices) und bei der Erzeugung extrem starker Magnetfelder (im Jahr 1996 konnten mit einem Elektromagneten, der eine 40 Tonnen schwere Spule aus einer supraleitenden Niob-Tantal-Legierung enthielt, stabile Flußdichten von 11 Tesla realisiert werden, das entspricht dem 220000fachen des mittleren Erdmagnetfelds; siehe hierzu *Phys. Unserer Zeit* **1997**, *28*, 43). Bei den hier eingesetzten Supraleitern handelt es sich nicht um keramische Hochtemperatur-Supraleiter, sondern um sehr viel leichter zu verarbeitende metallische Supraleiter. Der hohe Kühlaufwand – man benötigt flüssiges Helium als Kühlmittel – wird für derartige Spezialanwendungen in Kauf genommen. Zu neuesten Entwicklungen in der Material- und Verarbeitungstechnik der keramischen Hochtemperatur-Supraleiter wie beispielsweise der „Pulver-im-Rohr"-Methode zur Erzeugung flexibler Drähte aus diesen Materialien siehe z. B. H.-J. Kalz, H. Eckhardt, *Spektrum d. Wiss. Digest* Januar **1996**, *3*, 38.

Atome und Moleküle
Supraleiter

Weltrekord im Hochsprung der Kristalle

Die Moleküle kristalliner Festkörper sind im Gegensatz zum offensichtlich starren Äußeren der Kristalle überraschend beweglich. Durch Veränderung der Temperatur können sich die Moleküle sowohl intramolekular als auch relativ zueinander umorientieren, was sich auf makroskopischer Ebene mitunter in beträchtlichen Veränderungen der Kristallgestalt bemerkbar machen kann. Besonders auffällig werden derartige kristalline Phasenübergänge bei Verbindungen, in denen sich die mit dem Wechsel der Kristallform einhergehenden Energieveränderungen durch kleine Kristall-Hüpfer bemerkbar machen. So springen die Kristalle des *myo*-Inosit-Derivats **1**[1] beispielsweise mehrere Zentimeter in die Höhe, wenn sie von Raumtemperatur auf etwa 70 °C erhitzt werden. Dieses Verhalten ist sogar reversibel: beim Abkühlen auf ca. 40 °C setzen die Kristalle erneut zum Sprung an. Untersuchungen an Einkristallen der Verbindung[2] haben gezeigt, daß beim Phasenübergang die nadelförmigen Kristalle abknicken und um ca. 10 % kürzer werden. Die Umorientierung der Moleküle breitet sich innerhalb einer hundertstel Sekunde von einem Ende des Kristalls (30 x 0.5 x 0.3 mm) zum anderen aus. Die dabei zwischen den einzelnen Kristallagen auftretenden mechanischen Spannungen verursachen vermutlich den beobachteten Hüpfeffekt.

Obwohl das Kristall-Hüpfen im Reich der Festkörper eine vergleichsweise unterrepräsentierte Disziplin ist, ist **1** nicht die einzige Verbindung, die dieses sportliche Verhalten zeigt: Auch Kristalle des Perhydropyrens **2**[3] und des Palladium-Komplexes **3**[4] neigen zu mehr oder minder großen Sprüngen (**2** zum Beispiel 6 cm). Inoffizieller Spitzenreiter sind jedoch Kristalle der Legierung MnCoGe.[5] Sie springen beim Erhitzen bis zu 30 cm hoch![6]

1   **2**   **3**

[1] J. Gigg, R. Gigg, S. Payne, R. Conant, *J. Chem. Soc. Perkin Trans. 1* **1987**, 2411–2414.
[2] T. Steiner, W. Hinrichs, W. Saenger, R. Gigg, *Acta Crystallogr.* **1993**, *B49*, 708–718.
[3] B. Kohne, K. Praefcke, G. Mann, *Chimia* **1988**, *42*, 139–141.
[4] M. C. Etter, A. R. Siedle, *J. Am. Chem. Soc.* **1983**, *105*, 641–643.
[5] W. Jeitschko, *Acta Crystallogr.* **1975**, *B31*, 1187–1190.
[6] zitiert nach Lit. [1].

Allgemeines

Die in der Summe ihrer Eigenschaften robusteste Keramik[1] hat die Zusammensetzung $SiBN_3C$.[2] Sie ist die bislang oxidationsstabilste Nichtoxid-Keramik, ist unter inerten Bedingungen bis 1900 °C thermisch belastbar und bleibt dabei amorph. Weitere günstige Eigenschaften sind ihre niedrige Dichte (1.8 kg/l), der kleine thermische Ausdehnungskoeffizient (2×10^{-6} K^{-1}), die geringe Wärmeleitfähigkeit (0.4 W/m K bei 1500 °C), die extrem hohe Thermoschockbeständigkeit, die große Härte (etwa wie Korund, also Mohshärte 9) und die hohe mechanische Belastbarkeit ($\rightarrow$ Atome und Moleküle; Härterekorde). Von dieser Keramik lassen sich haarfeine Fasern produzieren, die man sogar verweben kann. Ähnlich robust ist eine verwandte Keramik der Zusammensetzung $Si_{3.0}B_{1.0}C_{4.3}N_{2.0}$.[3] Eine rekordverdächtige gute Kombination von Hitze- und Alkalibeständigkeit zeigen gesinterte Siliciumcarbid-Fasern mit einer geringen Beimengung an Aluminium. Sie sind in Heliumatmosphäre bis ca. 2200 °C stabil und behalten ihre mechanische Robustheit bis 1900 °C. Längeres Erhitzen auf 1000°C an Luft kann ihnen selbst dann nichts anhaben, wenn sie zuvor in einer Salzlake eingelegt waren – eine Prozedur, die beispielsweise borhaltigen Keramiken häufig nicht gut bekommt.[4] Die nach Expertenmeinung[5] bislang beste Kombination aus Härte, Zähigkeit und Festigkeit zeigt eine besonders harte Silicium-Aluminium-Oxid-Nitrid-Keramik (α-SiAlON), die durch einen Kunstgriff eine faserartige Mikrostruktur bildet, was ihr die besondere Zähigkeit verleiht.[6]

Die niedrigstschmelzende Legierung ist das Quecksilber-Thallium-Eutektikum (8.5 % Tl) mit einem Schmelzpunkt von –60 °C.

Die niedrigstschmelzenden robusten Gläser bestehen aus Thalliumoxid, Selenoxid und Arsenoxid; sie schmelzen z. T. bereits bei 125 °C.

Das dichteste farblose Material ist Lutetium-Tantalat (9.75 kg/l).

[1] Kurze Einführungen in verschiedene Bereiche des umfangreichen Gebiets der Hochleistungskeramiken geben G. Petzow, F. Aldinger, *Spektrum d. Wiss. Digest* Januar **1996**, *3*, 44; H. Prielipp, J. Rödel, N. Claussen, *ibid.*, 49; R. Hamminger, J. Heinrich, *ibid.*, 54; R. Riedel, *ibid.*, 56.
[2] H.-P. Baldus, M. Jansen, *Angew. Chem.* **1997**, *109*, 338.
[3] R. Riedel, A. Kienzle, W. Dressler, L. Ruwisch, J. Bill, F. Aldinger, *Nature (London)* **1996**, *382*, 796.
[4] T. Ishikawa, Y. Kohtoku, K. Kumagawa, T. Yamamura, T. Nagasawa, *Nature (London)* **1998**, *391*, 773.
[5] D. Thompson, *Nature (London)* **1997**, *389*, 675.
[6] I.-W. Chen, A. Rosenflanz, *Nature (London)* **1997**, *389*, 701.

Atome und Moleküle
Highlights

Das dynamischste Wachstum

Seit vor ca. 25 Jahren erstmals einzelne Gene isoliert und in andere Organismen eingebaut wurden, ist das biotechnologische Wissen geradezu explodiert. Dieses Wissen sollte sich auch in wirtschaftliche Erfolge ummünzen lassen. So geht die OECD davon aus, daß die Biotechnologie sich zu einem der Wissenschaftszweige mit der größten ökonomischen Bedeutung entwickeln wird. Die derzeitige wirtschaftliche Bedeutung der Biotechnologie ist allerdings nur annähernd abzuschätzen, da es sich bei ihr zunehmend um eine „Zulieferindustrie" handelt, deren Produkte und Erkenntnisse sich auch in etablierten Branchen auswirken (Querschnittstechnologie). Dazu gehören u. a. Pharma- (→ Arzneimittel) und Lebensmittelindustrie, Saatguterstellung, Pflanzenschutz (→ Pflanzenschutzmittel), Chemie und Umwelttechnik. Dies ist eine Folge der Tatsache, daß heute viele Biotech-Firmen eine technologieorientierte Strategie verfolgen, d. h. sie wollen weniger mit einem eigenen Produkt am Markt erscheinen, als sich vielmehr auf bestimmte Techniken spezialisieren, die an etablierte Unternehmen verkauft und lizensiert werden können. In Europa ist die Zahl der Unternehmen, deren Hauptbeschäftigungsfeld die Biotechnologie ist, zwischen 1996 und 1997 stark gewachsen, von 716 auf 1036. Gleichzeitig stiegen die Umsätze von 3.4 Mrd DM auf 5.4 Mrd DM.[1]

Gentechnologie zur Produktion von Arzneimitteln

Das erste gentechnisch hergestellte Arzneimittel war das 1982 in den USA zugelassene menschliche Proteohormon Insulin. Im Dezember 1987 wurde es auch als erstes rekombinantes Medikament in Deutschland zugelassen.

In Deutschland sind gegenwärtig 31 verschiedene gentechnisch hergestellte Proteine als Bestandteile von 47 Medikamenten auf dem Markt. Darunter befinden sich ein Impfstoff-Protein, das in mehreren Kombinationen zugelassen wurde, und drei gentechnisch modifizierte (humanisierte bzw. chimärisierte) Maus-Antikörper (Tabelle 1)[2].

[1] Aufbruchstimmung 1998 - Erster Deutscher Biotechnologiereport; Schitag, Ernst & Young Unternehmensberatung, Stuttgart, 1998.
[2] http.//www.dechema.de/deutsch/isb/wirkst.htm

Tabelle 1: Gentechnisch hergestellte Medikamente*[2]

Wirkstoff	Indikation	Firma	Erste Zulassung in Deutschland
Abciximab	Chimärisierter Antikörper zur Gerinnungshemmung bei der Infarkttherapie	Centocor Europe B. V.	05/95
Aldesleukin (Interleukin 2)	Hypernephrom	Chiron	12/89
Alglucerase (modifizierte Glucocerebrosidase)	Gaucher-Krankheit	Genzyme B. V.	06/94
Basiliximab	Organabstoßungsprohylaxe bei Nierentransplantationen	Novartis	10/1998
Dornase alfa (humane DNAse)	Mukoviszidose	Hoffmann-La Roche	09/94
Desirudin	Prävention der venösen Thrombose bei Hüftoperationen	Ciba, Europharm	03/97 (EU)
Erythropoetin alpha	Blutarmut	Janssen-Cilag	04/93
Erythropoetin beta	Blutarmut	Boehringer Mannheim	05/92
Faktor VII	Bluterkrankheit	Novo Nordisk	02/96
Faktor VIII	Bluterkrankheit	Bayer, Baxter, Armour Pharma	07/93
Faktor IX	Bluterkrankheit	Genetics Institute of Europe B. V.	08/97 (EU)
Filgastrim	Neutropenien	Hoffmann-La Roche	08/94
Follitropin alpha	Sterilitätsbehandlung	Serono Laboratories	10/95
Follitropin beta	Sterilitätsbehandlung	Organon	10/96
Glucagon	Hypoglycämische Rekation	Novo Nordisk	03/92
Hepatitis-B-Antigen	Hepatitis-B-Impfstoff	SmithKline Beecham	09/89
Hepatitis-B-Kombinations-impfstoffe	Kombinationsimpfstoff gegen Hepatitis-B, Hepatitis-A, Wundstarr krampf, Keuchhusten und Diphterie	SmithKline Beecham Bilogogicals, Pasteur Merieux	07/96, 09/96, 02/97, 05/98, 07/97
Hirudin	Behandlung Heparin-assoziierter Thrombozytopenie	Behringwerke	03/97
Insulin Lispro	Diabetes	Lilly	04/96
Insulin, human	Diabetes	Lilly, Novo Nordisk, Hoechst	12/87
Interferon alpha-2a	Krebstherapie	Hoffmann-La Roche	04/93
Interferon alpha-2b	Krebstherapie	Essex Pharma	03/93

Tabelle 1: Gentechnisch hergestellte Medikamente (Fortsetzung)

Wirkstoff	Indikation	Firma	Erste Zulassung in Deutschland
Interferon beta-1a	Multiple Sklerose	Biogen France, Ares-Serono	03/97 (EU)
Interferon beta-1b	Multiple Sklerose	Schering	11/95
Interferon gamma-1b	chronische Granulomatose	Thomae	1992
Lenograstim	Neutropenien (z. B. nach Chemotherapien)	Rhône Poulenc Rorer, Chugai Rhône-Poulenc	10/93
Molgramostim	Neutropenien	Essex-Pharma, Sandoz	04/93
tPA (Alteplase)	Herzinfarkt	Thomae	04/94
rPA (Reteplase)	Herzinfarkt	Boehringer Mannheim	11/96
Rituximab	B-Zell-Non-Hodgkin-Lymphome	Roche	1998
Somatotropin	Hypophysärer Kleinwuchs	Lilly, Pharmacia, Serono Pharma, Novo Nordisk, Ferring	02/91

*Stand: 26 Februar 1999

Tabelle 2: In Deutschland gentechnisch hergestellte Arzneimittel

Wirkstoff	Firma	Indikation
Erythropoetin beta	Boehringer Mannheim	Blutarmut
Interferon beta-1b	Schering	Multiple Sklerose
Interferon gamma-1b	Thomae	chronische Granulomatose
humanes Insulin	Hoechst	Diabetes
t-PA (Alteplase)	Thomae	Herzinfarkt
r-PA (Reteplase)	Boehringer Mannheim	Herzinfarkt

Der Apothekenumsatz mit gentechnisch hergestellten Arzneimitteln (gerechnet zum Apothekenverkaufspreis) ist nach Angaben des VFA (Verband forschender Arzneimittelhersteller) 1997 im Vergleich zum Vorjahr um 50 % von 1.2 auf 1.8 Mrd DM gestiegen.

In den USA sind ebenfalls 31 verschiedene rekombinante Proteine als Arzneimittel-Wirkstoffe für dem Markt zugelassen. Zur Zeit befinden sich nach Angaben der Pharmaceutical Research and Manufacturers of America (PhRMA) 350 biotechnisch hergestellte Medikamente in der Entwicklung. Davon richten sich 151 gegen Krebserkrankungen, 29 gegen HIV und AIDSbedingte Krankheiten, 19 gegen Autoimmun- und acht gegen Blutkrankheiten.

Die weltweiten Umsätze mit gentechnisch hergestellten Medikamenten sind für die Jahre 1997 und 1998 in der Abb. 1 dargestellt.[3, 4]

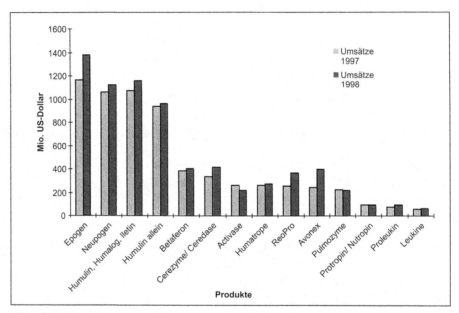

Abb. 1: Weltweite Umsätze mit gentechnisch hergestellten Medikamenten 1997 und 1998 (in Mio US$)

Der Gentechnologie kommt nicht nur bei der Behandlung von Krankheiten, wie Diabetes, Krebs oder der Bluterkrankheit eine bedeutende Rolle zu. Ihre Anwendung zur Produktion von Arzneimitteln ist ein entscheidender Faktor für den Industriestandort Deutschland.

[3] http://www.dechema.de/deutsch/isb/zahlen.htm#phar
[4] http://www.eudra.org/humandocs/humans/epar.htm
    EMEA;European Agency for the evaluation of medicinal Products

Das erste weltweit zugelassene gentechnische Produkt

Das erste gentechnisch hergestellte Medikament

Der von Bayer produzierte Blutgerinnungsfaktor VIII ist **das größte Protein** (→ Molekulare Giganten), **das bisher gentechnologisch hergestellt werden konnte**. Aus 2332 Aminosäuren aufgebaut, hat es ein Molgewicht von 300000 Dalton. (Zum Vergleich: Das Humaninsulin besteht lediglich aus 51 Aminosäureresten.) Faktor VIII, der hoch glykosyliert ist, ist darüber hinaus **das erste weltweit als Arzneimittel zugelassene gentechnische Produkt** aus tierischen Zellkulturen für chronische Anwendungen. Faktor VIII nimmt in der Blutgerinnung eine zentrale, lebenswichtige Rolle ein. Bei den sogenannten „Blutern" fehlt dieses Protein oder seine Funktion ist gestört. Damit können selbst leichte Blutungen unbehandelt zum Tode führen.

Das erste transgene Tier

Das erste **transgene Tier** wurde 1982 hergestellt.[5] Das Gen für ein Wachstumshormon der Ratte wurde per Mikroinjektion in die befruchtete Eizelle einer Maus verpflanzt. Diese wurde in den Uterus einer durch Hormonbehandlung scheinschwanger gemachten Maus transferiert und von dieser Leihmutter ausgetragen. Der aus der Expression des Transgens resultierende Riesenwuchs unterschied die transgenen Mäuse schon äußerlich von ihren Artgenossen. Das **berühmteste transgene Tier** ist die aus dem Labor von Philip Leder an der Harvard University stammende Krebsmaus.[6] Sie hatte Gene erhalten, die beim Menschen für die Krebsentstehung verantwortlich sind. Die Tiere reagieren dementsprechend besonders empfindlich auf krebserregende Substanzen. Versuche mit diesen Tieren haben einen bedeutenden Beitrag zum Verständnis der Krebsentstehung geleistet.

Ein anderer Ansatz zum Studium genetisch bedingter Krankheiten ist die Zucht von **Knockout Mäusen**. Bei diesen Tieren werden gezielt bestimmte Gene ausgeschaltet und die Folgen für den Organismus beobachtet.

Eine neue Perspektive zur Gewinnung von Arzneimitteln ist das Biopharming. Dabei werden landwirtschaftliche Nutztiere so verändert, daß sie menschliche Proteine herstellen. Das bekannteste Beispiel hierfür ist das Schaf Tracy, das **die teuerste Milch der Welt** liefert. Ein Liter kostet mehre tausend Mark, denn sie enthält den humanen α-1-Proteinase-Inhibitor. Menschen,

[5] Palmiter, RD; Brinster, RL; Hammer, RE; Trumbauer, ME; Rosenfeld, MG; Birnberg, NC; Evans, R. M., *Nature* **1982**, *300*, 611
[6] Stewart, TA; Pattengale, PK; Leder, P; *Cell* **1984**, *38*, 627

Biotechnologie Zahlen und Fakten

denen dieses Protein fehlt, entwickeln schwere Lungenfunktionsstörungen. Durch die Gabe des rekombinanten Wirkstoffes können die Symptome der Krankheit gelindert werden.

Das erste vollständig sequenzierte Genom eines Organismus

Das Bakterium *Haemophilus influenzae* war der erste freilebende Organismus, dessen Genom (1,8 Millionen Nucleotide) komplett sequenziert wurde. Im gleichen Jahr, 1995, wurde auch das Genom von *Mycoplasma genitalium* komplett entschlüsselt.[1] Es besteht aus 580 000 Nucleotiden und ist das kleinste Genom einer bekannten Spezies. Es enthält 482 Gene[2] und stellt so die Mindestausstattung für freilebende Organismen dar.

Tabelle 1: Vollständig sequenzierte Genome von Mikroorganismen[3]

Organismus	Größe des Genoms (Mio. Nucleotide)	Publikationsjahr
Haemophilus influenzae	1.83	1995
Mycoplasma genitalium	0.58	1995
Methanococcus jannaschii	1.66	1996
Synechocystis sp.	3.57	1996
Mycoplasma pneumoniae	0.81	1996
Saccharomyces cerevesiae	13	1997
Helicobacter pylori	1.66	1997
Escherichia coli	4.60	1997
Methanobacterium theromautroepicum	1.75	1997
Bacillus subtilis	4.20	1997
Archaeoglobus fulgidus	2.18	1997
Borrelia burgdorferi	1.44	1997
Aquifex aeolicus	1.50	1998
Pyrococcus horikoshii	1.80	1008
Mycobacterium tuberculosis	4.40	1998
Treponema pallidum	1.14	1998
Chlamydia trachomatis	1.05	1998
Rickettsia prowvazeckii	1.10	1998

(Stand: 01/99)

[1] C. M. Frazer et al., *Science* **1995**, *270*, 397.
[2] A. Goffeau *Science* **1995**, *270*, 482.
[3] http://www.tigr.org/tdb/mdb/mdb.html

Die bedeutendste Biotech-Region

Zur Biotech-Industrie, einer Schlüsselindustrie des 21. Jahrhunderts, rechnet man heute weltweit mehr als 3000 Unternehmen. Knapp 1300 befinden sich in den USA und etwas mehr als 1000 in Europa. Obwohl Europa in den letzten Jahren seinen Abstand zu den USA deutlich verringern konnte, blieben diese **eindeutiger Spitzenreiter** in Sachen Biotechnologie.

So erwirtschafteten die US-Unternehmen 1997 mit 17.4 Mrd US$ einen annähernd sechsfach so hohen Umsatz wie die europäischen Firmen und gaben ca. 4.3mal soviel wie diese für F&E aus (Abb. 2).

Auch im Hinblick auf die Zahl der Beschäftigten führten die US-Amerikaner (140 000 Mitarbeiter) nach wie vor deutlich vor den Europäern (39 000 Mitarbeiter). Dies trifft allerdings auch auf die erwirtschafteten Verluste zu, die sich 1997 auf 4.1 Mrd US$ beliefen.

Der Grund für die Verluste ist darin zu sehen, daß es sich meist um junge Unternehmen handelt, die mit einem speziellen biotechnologischen Know-how neue Produkte und Verfahren suchen und entwickeln. Hierfür sind hohe F&E-Aufwendungen notwendig, denen in den Anfangsjahren der Firmen-existenz keine oder nur geringe Einnahmen gegenüberstehen. Die sich daraus ergebende Durststrecke überleben viele Firmen nicht.

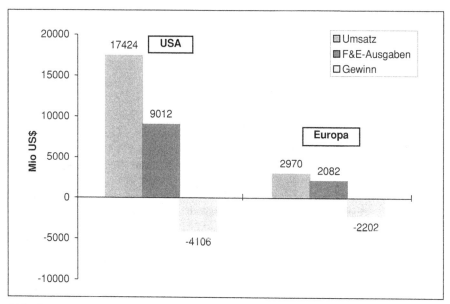

Abb. 2: Vergleich der europäischen und der US-Biotech-Industrie 1997 (in Mio US$) [7]

[7] Daten von: Ernst & Young, European Life Sciences 98, Continental Shift, S. 11

Die führenden Firmen

Der Börsenwert der fünf hinsichtlich der Marktkapitalisierung (Aktienkurs zum Stichtag × Zahl der ausstehenden Aktien) führenden Biotech-Unternehmen der USA summierte sich Ende 1997 auf knapp 27 Mrd US$ und war damit **7,4mal so groß** wie derjenige der entsprechenden europäischen Pendants (3.64 Mrd US$).

Angeführt wurde die US-Biotech-Industrie von Amgen mit einer Marktkapitalisierung von 15,4 Mrd US$, was mehr als dem Börsenwert der nachfolgenden vier Firmen zusammen entsprach. Von diesen hob sich die Firma Chiron, die vom dritten Platz Ende 1995 nunmehr auf den zweiten Platz vorgerückt ist, mit einem Wert von 3,9 Mrd US$ deutlich ab (Abb. 3a).

Im Vergleich dazu präsentierte sich das Feld der fünf entsprechenden europäischen Biotech-Unternehmen Ende 1997 wesentlich homogener. Der Fünfte (Shire Pharmaceuticals) kam immerhin noch auf 52 % der Börsenkapitalisierung des Erstplazierten, der British Biotech, die diesen Platz im ersten Quartal 1998 aber wieder abtreten mußte (1. Platz: Innogenetics, 2. Platz: Qiagen).

Keine einzige europäische Firma konnte sich hinsichtlich der Marktkapitalisierung mit den US-Top Five Firmen messen. Insgesamt entsprach ihr Marktwert nur knapp einem Viertel des Wertes von Amgen.

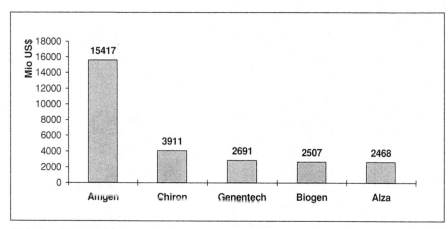

Abb. 3: a) Rangfolge der US-Biotech-Unternehmen (nach Börsenkapitalisierung Ende 1997) [8]

---

[8] Daten von: Ernst & Young, European Life Sciences 98, Continental Shift, S. 12

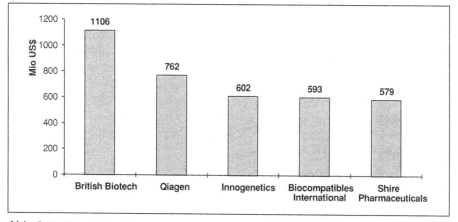

Abb. 3: b) Rangfolge der europäischen Biotech-Unternehmen
(nach Börsenkapitalisierung Ende 1997)[8]

Ordnet man die **höchstkapitalisierten Biotech-Firmen** nach ihrem Umsatz,
so ergibt sich eine andere Reihenfolge. In Europa nahm 1997 Qiagen mit
Umsatzerlösen von 74,3 Mio US$ die **Spitzenstellung** vor Scotia Holdings ein,
die in der Top Five der Marktkapitalisierung überhaupt nicht auftauchte. Auffällig ist, daß außer beim Spitzenreiter die F&E-Aufwendungen im Vergleich
zum Umsatz noch sehr hoch waren. Weiterhin sticht ins Auge, daß die Umsätze
der Europäer verglichen mit denen der Amerikaner sehr bescheiden ausfielen
(Abb. 4a).

Deren **Spitzenreiter Amgen** allein brachte es 1997 auf einen Umsatz von
respektablen 2,3 Mrd US$ (Abb. 4b) (→ Top Ten Biotech-Produkte).

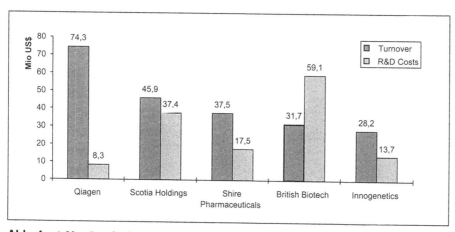

Abb. 4: a) Umsätze bedeutender europäischer Biotech-Firmen 1997[8]

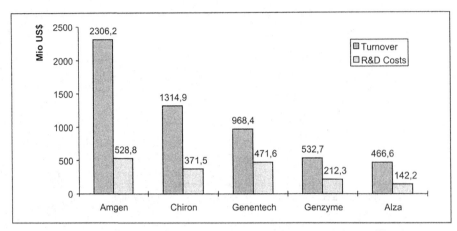

Abb. 4: b) Umsätze bedeutender amerikanischer Biotech-Firmen 1997[8]

Hohe Ausgaben für Forschung und Entwicklung

Biotech-Unternehmen zeichnen sich durch relativ hohe Aufwendungen für die Forschung aus. Die F&E-Kosten pro Mitarbeiter bewegten sich 1997 bei den **fünf forschungsintensivsten** der europäischen „Biotech-Flaggschiffe" (Unternehmen mit der höchsten Marktkapitalisierung) zwischen 155 000 US$ bei Celltech Group und 89 000 US$ bei Scotia Holdings (Abb. 5a). Bei den entsprechenden US-Firmen lagen diese Werte zwischen 196 000 US$ bei Biogen und 86 000 US$ bei Alza (Abb. 5b).

Ein Vergleich mit den Aufwendungen der forschungsintensivsten Firmen der pharmazeutischen Industrie – einer Branche, die für ihre hohen Forschungsaufwendungen hinreichend bekannt ist – verdeutlicht noch einmal eindrucksvoll die herausragende Bedeutung von Forschung und Entwicklung bei den Biotech-Unternehmen. Die aufgeführten europäischen „Biotechnologie-Flaggschiffe" gaben 1997 pro Mitarbeiter 2,5 – 4,3mal soviel für diese aus wie der Pharmariese Glaxo Wellcome.

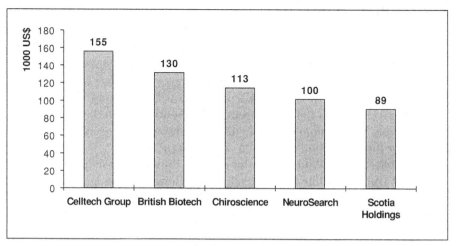

Abb. 5: a) F&E-Ausgaben pro Mitarbeiter in großen europäischen Biotech-Firmen[8]

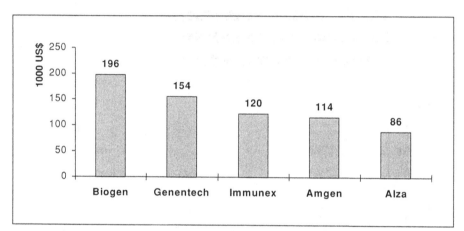

Abb. 5: b) F&E-Ausgaben pro Mitarbeiter in großen US-Biotech-Firmen[8]

---

[8] Daten von: Ernst & Young, European Life Sciences 98, Continental Shift, S. 12

Top Ten Biotech-Produkte

Die weltweiten Umsätze der Top Ten Biotech-Produkte summierten sich 1996 auf 6,35 Mrd US$. Fast die Hälfte davon wurde mit Produkten erzielt, die von Amgen entwickelt wurden. Aus diesem Haus stammt mit Epogen® – ein Blutwachstumsfaktor für rote Blutkörperchen zur Behandlung von Nierenerkrankungen - nicht nur der Spitzenreiter 1996, sondern auch die beiden anderen auf dem Siegertreppchen stehenden Produkte Neupogen® (Blutwachstumsfaktor für weiße Blutkörperchen) und Procrit®.

Im Hinblick auf die Zahl der aus der eigenen Entwicklung stammenden Produkte der Top Ten mußte man sich allerdings Genentech beugen. Deren Forscher steuerten nämlich vier Produkte zur Hitliste bei, wobei allerdings eines (Humatrope) zusammen mit Eli Lilly entwickelt wurde.

Gesamt: 6349 Mio US$

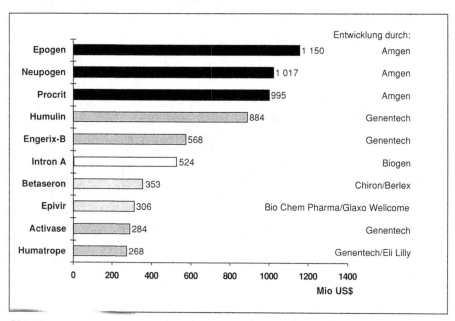

Abb. 6: Weltweiter Umsatz der Top Ten Biotech-Produkte 1996 (in Mio US$)[9]

---

[9] Daten von: Ernst & Young, Erster Deutscher Biotechnologie Report 98, S. 21

Agrar-Biotechnologie: Transgene Nutzpflanzen

Auch in der Landwirtschaft und bei der Lebensmittelherstellung ist die Biotechnologie immer weiter auf dem Vormarsch. Dort kommen immer öfter Nutzpflanzen zum Einsatz, deren Eigenschaften durch Genveränderungen verbessert wurden (zur Zeit vor allem Soja, Mais, Baumwolle, Sommer-Raps). So kann man jetzt Mais anbauen, der gegen die Larven des Maiszünslers widerstandsfähig ist (insektenresistent). Der Befall mit Maiszünslerlarven führt zu einem durchschnittlichen Ernteverlust von 7 – 20 %. Weiterhin hat man bestimmte Pflanzen widerstandsfähig gegen Unkrautvernichtungsmittel gemacht (herbizidresistent).

Diese gentechnisch veränderten Pflanzen wurden 1998 weltweit bereits auf 27.8 Mio ha Ackerland angebaut. Der größte Teil davon waren herbizidresistente Pflanzen.

Tabelle 3: Anbaufläche transgener Nutzpflanzen 1997 und 1998 nach Ländern[10]

Land	Anbaufläche für transgene Pflanzen 1998	Anbaufläche für transgene Pflanzen 1997
Mexiko	100 000 ha	30 000 ha
Australien	100 000 ha	50 000 ha
Kanada	2,8 Mio ha	1,3 Mio ha
Argentinien	4,3 Mio ha	1,4 Mio ha
Kanada	20,5 Mio ha	8,1 Mio ha

Im Vergleich zum Vorjahr 1997 haben sich die Anbauflächen für transgene Pflanzen verdoppelt.

Die **Hauptanbauregion für transgene Nutzpflanzen** war Nordamerika mit einem Anteil von fast ¾ an der Welt-Gesamtanbaufläche. Allein auf die USA entfielen 64 %. Dort wuchsen 1998 bereits auf 30 % der Soja- (1996 waren es noch 2 %) und auf 40 % der Baumwollanbaufläche gentechnisch veränderte Pflanzen. Die Anbaufläche für gentechnisch veränderten Mais beträgt in den USA 8.1 Mio ha. Das entspricht 20 % der gesamten US-amerikanischen Maisanbaufläche, 1997 waren es nur 10 %.

Der größte Teil (54 %) dieser Pflanzen war herbizidresistent. Qualitätsveränderungen wiesen nur 1 % der transgenen Pflanzen auf.[11]

[10] A. S. Moffat, *Science* **1998**, *282*, 2176.
[11] http://www.isaaa.cornell.edu.80/ISAA_WEB.html
 ISAA = International Service for the Acquisition of Agri-biotech Applications

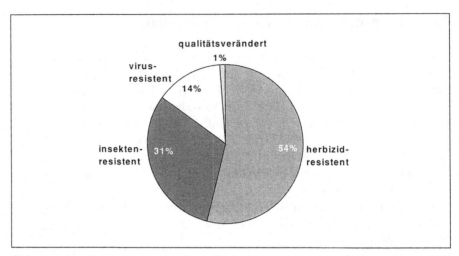

Abb. 7 Anbaufläche transgener Nutzpflanzen 1997, nach modifizierter Eigenschaft (in %)[11]

Das erste gentechnisch erzeugte Lebensmittel

Die Flavr Savr™ Tomate der Firma Calgene kam 1994 als erstes gentechnisch verändertes Lebensmittel in den USA auf den Markt.[1] Im selben Jahr wurden in den Vereinigten Staaten insgesamt zehn transgene Pflanzen mit unterschiedlichen Merkmalen für den uneingeschränkten landwirtschaftlichen Anbau zugelassen. Neben der Tomate gehörten dazu auch Baumwolle, Kartoffeln, eine Lorbeerart, Soja, Kürbis und Tabak.

---

[1] Textheft zur Folienserie Biotechnologie/Gentechnik des Fonds der Chemischen Industrie, 2. Auflage, 1996

Ammoniak

Ammoniak ist eine der bedeutendsten Grundchemikalien. In Bezug auf die Produktionskapazitäten rangiert er hinter der Schwefelsäure auf Platz zwei.

Ca. 87 % der Produktion werden zu Düngemitteln weiterverarbeitet (→ Düngemittel), den Rest verwendet man zur Herstellung einer Vielzahl von Chemieprodukten. Wie beim Blick auf die Hauptverwendung zu erwarten, hat die Nachfrage nach Ammoniak infolge des ungebremsten Bevölkerungswachstums in den letzten Jahrzehnten stetig zugenommen (Abb. 1a). Lediglich Anfang der 90er Jahre kam es, bedingt durch die Krise in Osteuropa, zu einem Einbruch. In der Zwischenzeit hat der Bedarf aber wieder angezogen, um 1998 **erstmals die Grenze von 100 Mio t/a N zu überschreiten.**

Weltweit standen in diesem Jahr Kapazitäten von 124.70 Mio t (bezogen auf Stickstoff) zur Verfügung. Im Gegensatz zum Ende der 60er Jahre, als Westeuropa und die USA noch mehr als die Hälfte der Weltkapazitäten besaßen, liegt deren **Schwerpunkt** heute in **Asien** (Abb. 1b). Eine besondere Rolle kommt hierbei China zu, welches allein ca. 21 % der Weltkapazität kontrolliert (allerdings vorwiegend kleine Anlagen mit alter Technologie). Trotz allem wurde die Top Ten 1998 mit deutlichem Vorsprung von einer westeuropäischen Firma, **Norsk Hydro**, angeführt, welche auch der **größte Hersteller mineralischer Düngemittel in Westeuropa** ist. Insgesamt entfielen auf die zehn bedeutendsten Produzenten 22 % (27.4 Mio t/a N) der weltweit zur Verfügung stehenden Ammoniak-Produktionskapazität.

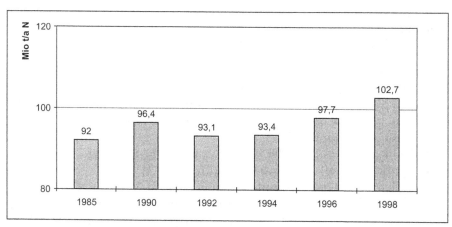

Abb. 1: a) Entwicklung des Ammoniakbedarfs (in Mio t/a N)

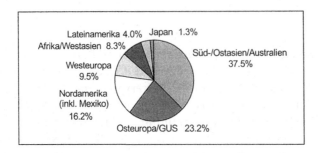

Abb. 1: b) Ammoniak-Produktionskapazitäten nach Regionen 1998[1]

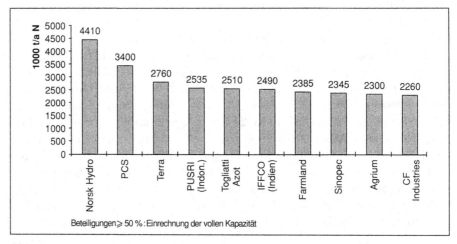

Abb. 2: Kapazitäten der Top Ten Produzenten von Ammoniak 1998[1]

Benzol

Benzol, vielen Mitbürgern vor allem als Zusatz zu Kraftstoffen für Ottomotoren bekannt, ist der Prototyp einer aromatischen Verbindung. Es ist Ausgangsstoff für eine Vielzahl von Derivaten, wobei dem Styrol-Vorprodukt Ethylbenzol die größte Bedeutung zukommt. Gewonnen wird Benzol vorwiegend durch Raffination von Erdöl.

Die Weltkapazität betrug 1998 38.35 Mio t; knapp die Hälfte davon entfiel auf Nordamerika (inkl. Mexiko) und Westeuropa (Abb. 3).

Unter den **bedeutendsten Produzenten** findet man naturgemäß viele Petrochemiefirmen (Abb. 4). Eine dieser Firmen, nämlich Shell, führte 1998 mit einer Kapazität von 2.44 Mio t/a (6.4 % der Weltkapazität) die Liste der wichtigsten Benzolproduzenten an. Insgesamt konnten die acht führenden Firmen mit 11.40 Mio t/a fast 30 % der weltweit zur Verfügung stehenden Kapazität auf sich vereinigen.

---

[1] Daten von: BASF AG

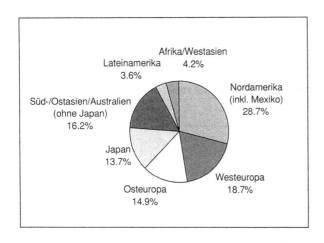

Abb. 3: Benzol-Produktionskapazitäten nach Regionen 1998[1]

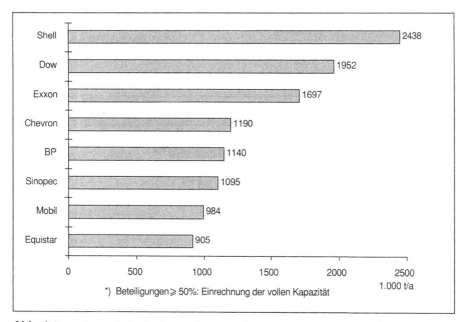

*) Beteiligungen ≥ 50%: Einrechnung der vollen Kapazität

Abb. 4: Kapazitäten* der bedeutendsten Produzenten von Benzol 1998[1]

Butadien

Butadien fällt als Beiprodukt der Ethylengewinnung durch Cracken von Naphtha an. Es ist ein wichtiger Baustein für die Herstellung von Kunststoffen (z. B. Styrol/Butadien, synthetischer Kautschuk usw.).

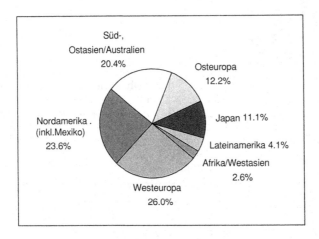

Abb. 5: Butadien-Produktionskapazitäten nach Regionen 1998[1]

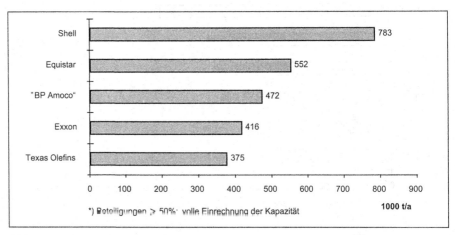

Abb. 6: Kapazitäten* der Top Five Produzenten von Butadien 1998[1]

Die Weltkapazität belief sich 1998 auf 9.15 Mio t/a. Ungefähr die Hälfte davon entstand in den führenden Produktionsregionen Westeuropa (2.38 Mio t/a) und Nordamerika (2.16 Mio t/a) (Abb. 5).

Der **wichtigste Produzent war Shell** mit einer Kapazität von 783 000 jato, was 8.6 % der Weltkapazität ausmachte (Abb. 6).

Chlor

Chlor ist eine wichtige Grundchemikalie, die vor allem für Chlorierungsreaktionen in der organischen Chemie verwendet wird. Ihre Bedeutung für eine hochveredelte Chemiewirtschaft läßt sich daran ermessen, daß nach Angaben des VCI 1995 ca. 60 % des Umsatzes der deutschen Chemiebranche auf Produkte entfielen, bei denen die Chlorchemie eine Rolle spielt.

Produziert wird Chlor hauptsächlich durch Elektrolyse wässriger Natriumchloridlösungen.

Die weltweiten Produktionskapazitäten beliefen sich 1998 auf 51.20 Mio t/a, wobei knapp die Hälfte auf Anlagen in Nordamerika und Westeuropa entfiel (Abb. 7). Bei weitem **die größten Kapazitäten** waren mit 12.55 Mio t/a in den USA zu finden. China und Japan folgten mit 5.01 Mio t/a und 4.65 Mio t/a.

Deutschland, **der mit Abstand bedeutendste Chlorproduzent Westeuropas**, verfügte weltweit gesehen über die viertgrößte Produktionskapazität.

Die wichtigsten Produzenten waren Dow und Occidental mit 10.9 % bzw. 6.5 % der Weltkapazität. Ihre Wettbewerber kamen jeweils nur auf Anteile von weniger als 4.3 % (Abb. 8).

Insgesamt wächst der Chlorbedarf leicht, wobei einem merklichen Wachstum bei PVC, ein nachlassender Verbrauch bei der Papierherstellung sowie bei FCKWs und chlorhaltigen Lösemitteln gegenübersteht.

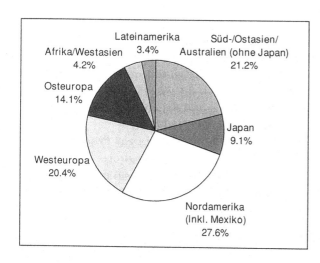

Abb. 7: Chlor-Produktionskapazitäten nach Regionen 1998[1]

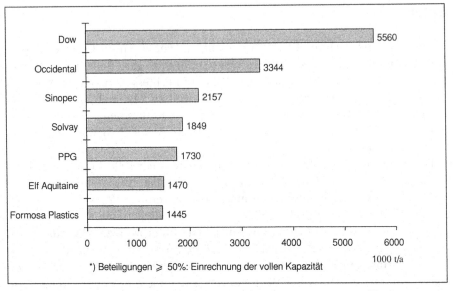

Abb. 8: Kapazitäten* der bedeutendsten Produzenten von Chlor 1998[1]

Ethylen (Ethen)

Ethylen, das **einfachste der Alkene** (Kohlenwasserstoffe mit einer Doppelbindung), ist **eines der bedeutendsten Zwischenprodukte** der sich vom Erdöl
und Erdgas ableitenden Chemie. Es wird aus diesen Rohstoffen durch thermische Spaltung gewonnen und zu einer Vielzahl von Produkten umgesetzt,
wobei Kunststoffe mengenmäßig im Vordergrund stehen. So geht ungefähr die
Hälfte der Produktion in die Herstellung von Polyethylen.

Weltweit standen 1998 Kapazitäten von 92.19 Mio t/a zur Produktion von
Ethylen zur Verfügung, davon rund 1/3 in der NAFTA-Region.

Kapazitätsspitzenreiter war Dow mit einem Anteil von etwas mehr als 6 % an
der Weltkapazität. Fast gleichauf folgten Exxon und Equistar, der **größte Polyethylenproduzent Nordamerikas** (Abb. 10).

Equistar ist 1997 aus der Zusammenlegung der Olefin- und Polymeraktivitäten von Lyondell Petrochemical und Millenium Chemicals hervorgegangen.
Dem Bündnis hat sich in der Zwischenzeit noch Occidental Chemical angeschlossen.

Insgesamt kamen die Top Ten 1998 auf einen Anteil von 38.1 % an der Weltkapazität.

Wußten Sie schon daß ...

Ethylen nicht nur für die chemische Industrie, sondern auch für den Obsthandel von Bedeutung ist. Das Gas zählt zu den pflanzlichen Hormonen und wird verwendet, um den Reifeprozeß bei gelagerten, noch nicht voll ausgereiften Bananen zu beschleunigen.

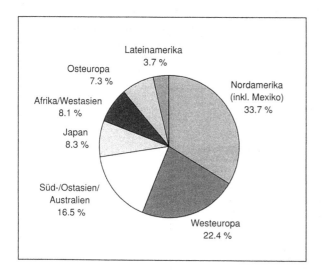

Abb. 9: Ethylen-Produktionskapazitäten nach Regionen 1998[1]

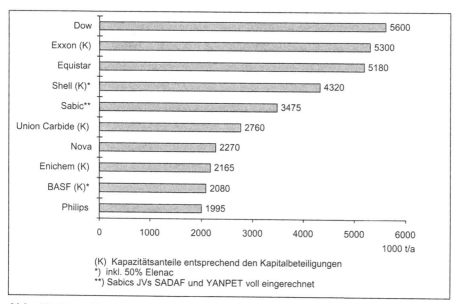

(K) Kapazitätsanteile entsprechend den Kapitalbeteiligungen
*) inkl. 50% Elenac
**) Sabics JVs SADAF und YANPET voll eingerechnet

Abb. 10: Kapazitäten der Top Ten Produzenten von Ethylen 1998
(Kapazitäten von Beteiligungen ≥ 50 % sind voll eingerechnet) [1]

Ethylenoxid (Oxiran)

Ethylenoxid ist ein farbloses Gas, das heute vor allem durch direkte Oxidation von Ethylen an einem Silber-Katalysator hergestellt wird. Es handelt sich um eine sehr reaktionsfähige Verbindung, die zu einer **Vielzahl von Chemikalien** umgesetzt werden kann (Beispiele: Ethylenglykol, Monoethanolamin, Glykolmonoalkylether).

Die weltweiten Kapazitäten beliefen sich 1998 auf 14.24 Mio t/a, wobei Nordamerika die mit Abstand führende Produktionsregion war (Abb. 11).

Der Weltkapazitäts-Anteil der acht **bedeutendsten Produzenten**, die von Union Carbide angeführt wurden, betrug 1998 49.0 % (Abb. 12).

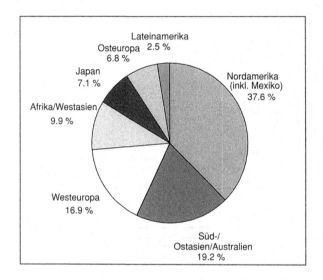

Abb. 11: Ethylenoxid-Produktionskapazitäten 1998[1]

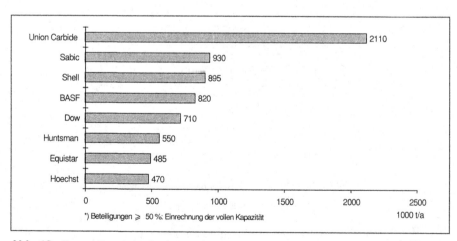

Abb. 12: Kapazitäten* der bedeutendsten Produzenten von Ethylenoxid 1998[1]

Propylen (Propen)

Propylen ist ein vielseitiger Ausgangsstoff für die Synthese chemischer Produkte. In dieser Hinsicht ist neben Acrylnitril und Propylenoxid ist vor allem der an Bekanntheit ständig zunehmende Kunststoff Polypropylen zu nennen.

Hergestellt wird Propylen durch Cracken von Erdöl. 1996 beliefen sich die Weltkapazitäten auf 50.34 Mio t/a. Die Rangfolge der wichtigsten Produktionsregionen entsprach in etwa derjenigen beim Ethylen (Propylen tritt als Begleitprodukt bei dessen Produktion auf, allerdings wird vor allem in Nordamerika in größerem Umfang Propan zu Propylen dehydrogeniert).

Hergestellt wird Propylen durch Cracken von Erdöl. 1998 belief sich die Weltkapazität auf 56.93 Mio t/a. Die Rangfolge der Haupt-Produktionsregionen entsprach derjenigen beim Ethylen (Propylen tritt oft als Begleitprodukt bei dessen Produktion auf), mit allerdings etwas geringerer Vorrangstellung Nordamerikas (Abb. 13).

Analogien gab es auch bei der **Top Ten Produzentenliste** (Abb. 14). Die ersten vier Plätze wurden bei beiden Gasen von denselben Firmen eingenommen, allerdings mit unterschiedlicher Reihenfolge. Shell und Exxon führten mit Weltkapazitätsanteilen von 8.0 % bzw. 7.5 % vor der aus der Zusammenlegung des Olefin- und Polymergeschäftes von Lyondell und Millenium in 1997 hervorgegangenen Equistar, der sich in der Zwischenzeit noch die Occidental Chemical angeschlossen hat.

Insgesamt belief sich der Anteil der Top Ten an der Weltkapazität auf 36.3 %

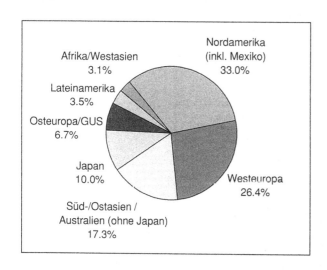

Abb. 13: Propylen-Produkionskapazitäten nach Regionen 1998[1]

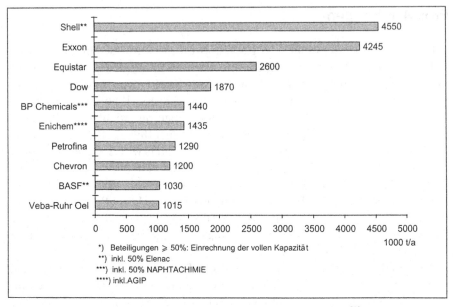

Abb. 14: Kapazitäten* der Top Ten Produzenten von Propen 1998[1]

Propylenoxid (Methyloxiran)

Propylenoxid ist ein aus Propylen herstellbares Epoxid, das als Zwischenprodukt für die Herstellung mehrwertiger Alkohole und die Produktion anderer Verbindungen von Bedeutung ist.

Knapp 3/4 der Weltkapazitäten von 5.17 Mio t/a standen 1998 in Nordamerika (bedeutendste Region) und Westeuropa. Der asiatische Raum außerhalb Japans spielte bislang eine untergeordnete Rolle (Abb. 15).

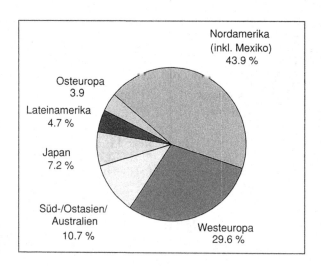

Abb. 15: Propylenoxid-Kapazitäten nach Regionen 1998[1]

Auf der Produzentenseite **dominierten eindeutig Arco und Dow** mit fast gleich großen Anteilen an der Weltkapazität (ca 33 %) das Geschehen. Keiner der Verfolger kam über 7 % hinaus (Abb. 16).

Zusammen kontrollierten die acht führenden Firmen 1998 86.4 % der weltweit zur Produktion von Propylenoxid bereitstehenden Kapazität.

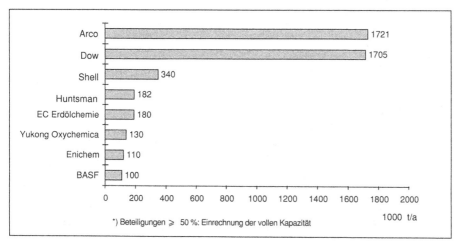

Abb. 16: Kapazitäten* der bedeutendsten Produzenten von Propylenoxid 1998[1]

Styrol

Styrol ist **einer der wichtigsten Bausteine zur Herstellung thermoplastischer Kunststoffe**. Es wird vor allem zu dem weithin bekannten Polystyrol sowie zu Styrol-Copolymeren verarbeitet. 1998 belief sich die weltweite Produktionskapazität auf 23.24 Mio t/a. Ähnlich wie bei Benzol ist auch hier Nordamerika die **bedeutendste Produktionsregion** (Abb. 17).

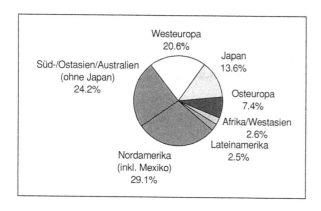

Abb. 17: Styrol-Kapazitäten nach Regionen 1998[1]

Das Top Ten Firmenfeld wurde von Dow mit einem Anteil von 7.9 % an der Weltkapazität angeführt. Dahinter folgte ein Trio mit vergleichbaren Kapazitäten, welches sich zusammen mit dem Viertplazierten deutlich von dem Verfolgerfeld abgesetzt hat (Abb. 18).

Insgesamt verfügten die Top Ten 1998 über fast die Hälfte der Weltkapazität.

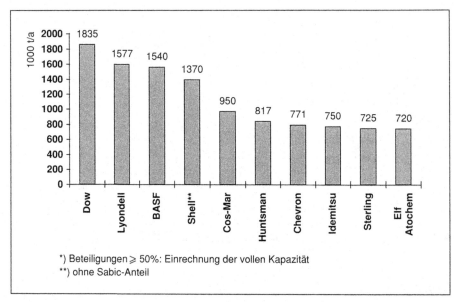

Abb. 18: Kapazitäten* der Top Ten Produzenten von Styrol 1998[1]

Weltweite Produktion von Fasern

Weltweit wurden 1997 rund 48.4 Mio t Fasern produziert. Die Chemiefasern gingen dabei mit einer Produktion von 27.3 Mio t mit **deutlichem Vorsprung vor der Baumwolle** ins Ziel. Weit abgeschlagen landete die Wolle auf Platz drei (Abb. 19).

Wegen der wachsenden Zahl Menschen wird der Anbau von Baumwolle zunehmend mit dem Anbau von Nahrungsmitteln konkurrieren.

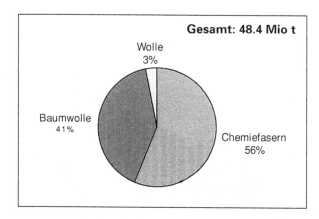

Gesamt: 48.4 Mio t

Wolle
3%

Baumwolle
41%

Chemiefasern
56%

Abb. 19: Faserproduktion nach Arten 1997[2]

Chemiefaserproduktion auf Rekordniveau

Die seit vielen Jahren wachsende Weltproduktion an Chemiefasern gipfelte 1997 in einer **neuen Rekordmarke** von 27.3 Mio t. Hiervon entfielen 24.4 Mio t (ebenfalls **neuer Produktionsrekord**) auf synthetische und 2.9 Mio t auf cellulosische Chemiefasern (vorläufige Zahlen). Deren prozentualer Anteil hat in den vergangenen Jahrzehnten kontinuierlich abgenommen.

Die **Haupttriebfedern des Wachstums** der Chemiefaserproduktion waren die Länder außerhalb der USA, Westeuropa und Japan. Ihr Anteil an der Weltproduktion stieg von 23.7 % (1.99 Mio t) in 1970 auf 63.1 % (17.23 Mio t) in 1997. Eine besondere Rolle in dieser Entwicklung spielten die Länder Asiens. Infolge des unaufhaltsamen Aufstiegs Chinas, Taiwans und Koreas zu den **weltweit führenden Verarbeitern von Textilfasern** verschob sich auch das Schwergewicht der Chemiefaserproduktion in diese Region der Welt. 1997 entfielen auf Asien etwas mehr als die Hälfte, auf Westeuropa und USA hingegen nicht einmal mehr 1/3 der Weltproduktion.

[2] Daten von: Industrievereinigung Chemiefaser, Mai 1998: Die Chemiefaser-Industrie in der Bundesrepublik Deutschland 1997, S. 2

Chemieprodukte Hitliste

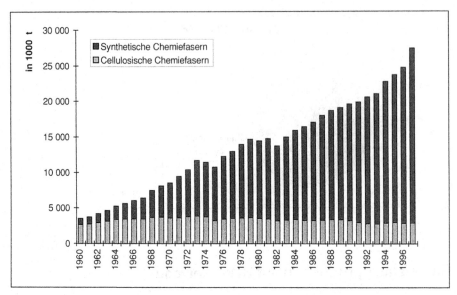

Abb. 20: a) Entwicklung der Chemiefaserproduktion 1960 – 1997 (nach Arten)[3]

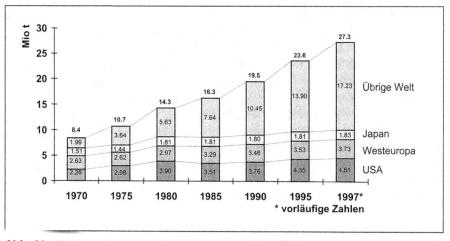

Abb. 20: b) Entwicklung der Chemiefaserproduktion 1960 – 1997 (nach Regionen)[3]

[3] Daten von: Akzo Nobel, *Das Chemiefaserjahr* **1997**, S. 16 f.

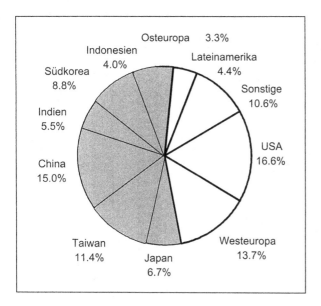

Abb. 21: Chemiefaser-produktion nach Ländern 1997[3]

Die im Jahr 1997 mit 24.4 Mio t auf einem neuen **Höchststand** angekom-mene Weltproduktion synthetischer Chemiefasern ist seit 1970 mit einer durchschnittlichen Jahresrate von 6.2 % gewachsen.

Hinter dieser Zahl verbergen sich allerdings sehr unterschiedliche jährliche Wachstumsraten für die drei bedeutendsten Faserarten. Sie reichen von 8.7 % p.a. für Polyester-, über 3.7 % p.a. bei Polyacryl- bis zu 2.7 % bei Polyamidfasern. Die Polyesterfasern konnten somit ihren Anteil an der Weltproduktion von 34 % in 1970 (was Platz zwei hinter den Polyamiden bedeutete) auf 63 % in 1997 ausbauen.

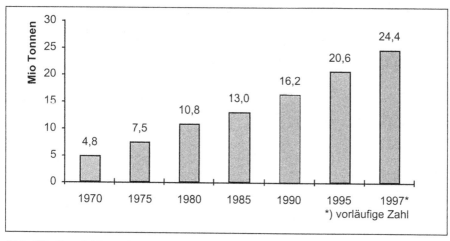

Abb. 22: Entwicklung der Weltproduktion synthetischer Chemiefasern[3]

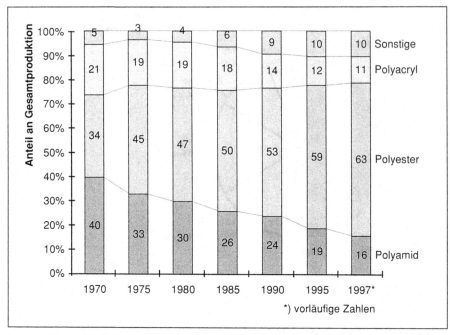

Abb. 23: Anteile der Arten synthetischer Chemiefasern

Bedeutendster westeuropäischer Produktionsstandort

Deutschland war 1997 der **bedeutendste Produktionsstandort für Chemie-fasern in Westeuropa**. Es wurden hierzulande 1.07 Mio t dieser Fasern produziert, davon 18.3 % cellulosische Fasern. Der größte Anteil der Synthetikfaser-produktion entfiel auf Polyester (38.3 %). Platz zwei nahm mit 29.3 % Polyamid ein, gefolgt von den Polyacrylfasern mit einem Anteil von 23.6 % (Abb. 24).

Mit Chemiefasern wurde in Deutschland 1997 bei weiterhin rückläufiger Beschäftigtenzahl (23 200 in 1994, 21 400 in 1995, 20 300 in 1996, 19 800 in 1997) ein Umsatz von 6.1 Mrd DM erwirtschaftet.

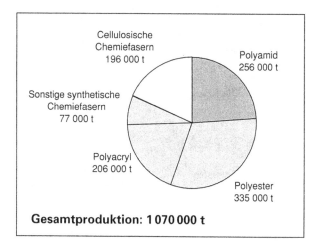

Abb. 24: Deutsche Chemiefaserproduktion 1997[4]

Cellulosische Chemiefasern 196 000 t

Polyamid 256 000 t

Sonstige synthetische Chemiefasern 77 000 t

Polyacryl 206 000 t

Polyester 335 000 t

Gesamtproduktion: 1 070 000 t

Kunststoffe

siehe eigenes Kapitel

Vitamine

Vitamine sind niedermolekulare Stoffe, die der tierische und menschliche Organismus, obwohl er sie für lebensnotwendige Prozesse braucht, nicht oder nicht in ausreichender Menge produzieren kann. Der Bedarf muß folglich über die Nahrung oder durch Symbiose mit Mikroorganismen (Darmflora) gedeckt werden.

Heute sind 13 Vitamine bekannt (Abb. 25), von denen Vitamin B_{12} ($\rightarrow$ Synthese Spitzenleistungen) als letztes (1948) isoliert wurde. Es ist das einzige Vitamin, das wegen seiner komplexen Struktur technisch nicht auf synthetischem Weg, sondern fermentativ hergestellt wird (Tabelle 1).

Die **weltweit bedeutendsten Vitamin-Produzenten** sind Hoffmann-La Roche und BASF. Die BASF hat als Zweitplazierter einen Marktanteil von 20 %.

Der **Weltmarkt** für Vitamine beläuft sich auf ca. 5 Mrd DM, wobei 2.2 Mrd DM auf die Humanernährung entfallen.

Mengenmäßig wurde der Markt 1994 von Vitamin C (60 000 t), Vitamin E (22 500 t) und Niacin (21 600 t) dominiert. Das weithin bekannte Vitamin C wird vor allem im Humanbereich (Pharma und Ernährung) eingesetzt; von Vitamin E und Niacin gehen hingegen ca. 3/4 der Jahresproduktion in die Tierernährung (Abb. 26).

[4] Daten von: Industrievereinigung Chemiefaser, Mai 1998, Die Chemiefaser-Industrie in der Bundesrepublik Deutschland 1997, S 5

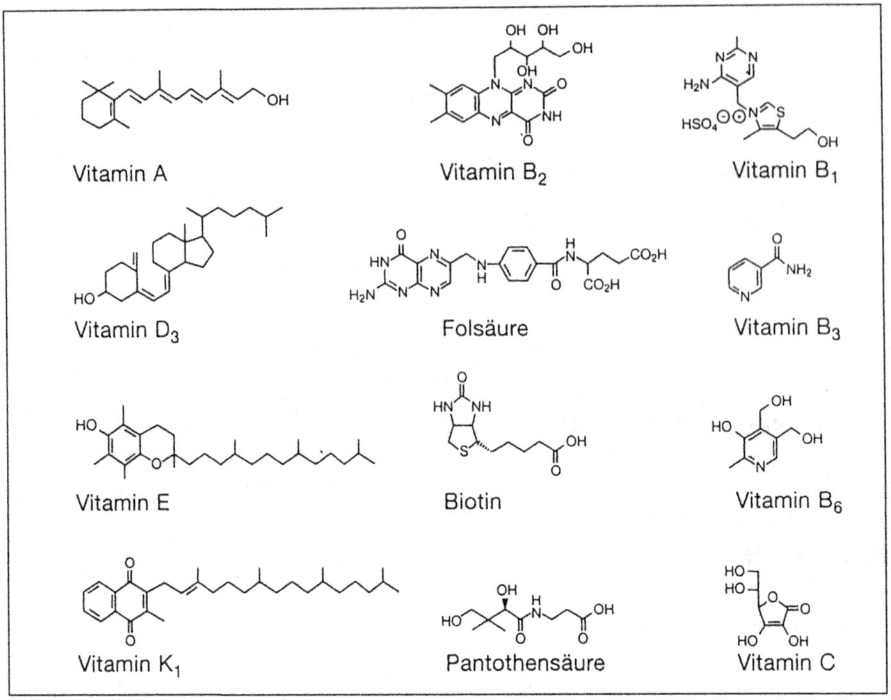

Vitamin A Vitamin B$_2$ Vitamin B$_1$

Vitamin D$_3$ Folsäure Vitamin B$_3$

Vitamin E Biotin Vitamin B$_6$

Vitamin K$_1$ Pantothensäure Vitamin C

Abb. 25: Strukturen der bekannten Vitamine
(Struktur von Vitamin B$_{12}$ → Synthese; Spitzenleistungen)

Tabelle 1: Technische Verfahren zur Gewinnung von Vitaminen[1]

	Synthese	Fermentation	Isolierung
Vitamin A	✗		●
Vitamin B$_1$	✗	●	
Vitamin B$_2$	✗	✗	
Vitamin B$_6$	✗	●	
Vitamin B$_{12}$		✗	
Vitamin C	✗	✗	
Vitamin D$_3$	✗		●
Vitamin E	✗		✗
Vitamin K	✗		●
Biotin	✗	●	
Folsäure	✗	●	
Niacin	✗		
Pantothensäure	✗	●	

✗ genutzt   ● möglich

Das mengenmäßig kleinste Vitamin ist B_{12}. Von diesem hochpreisigen Produkt wurden 1994 lediglich 14 t verbraucht. 55 % des Umsatzes entfielen auf die Tierernährung, der Rest auf den Humanbereich.

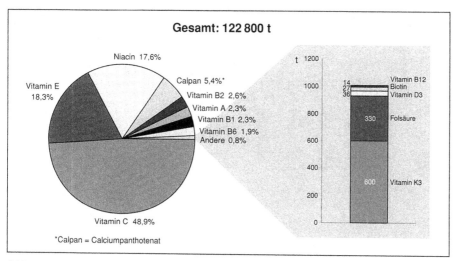

Abb. 26: Der Weltmarkt Vitamine 1994[1]

---

[1] Daten von: BASF

Chemieprodukte
Hitliste

Top Ten Arbeitgeber in der Chemiebranche

Weltweit gab es 1997 unter den **500 umsatzstärksten Firmen** ebenso wie 1996 nur noch drei Chemiefirmen (1995: vier) mit einer sechsstelligen Beschäftigtenzahl. Davon war Bayer mit 144 600 Mitarbeitern mit Abstand der **bedeutendste Chemiearbeitgeber**. Auf Platz zwei und drei folgten mit Hoechst und BASF zwei weitere deutsche Unternehmen, vor dem **größten US-Chemiearbeitgeber** DuPont mit ca. 98 400 Mitarbeitern (Abb. 1).

Die Gesamtzahl der bei den Top Ten Chemiearbeitgebern Beschäftigten belief sich auf ca. 812 200 (1995: 900 120). Dies entspricht annähernd der Beschäftigtenzahl von Wal-Mart Stores (825 000), dem nach U.S.Postal Service zweitgrößten Arbeitgeber unter den 500 umsatzstärksten Firmen der Welt.

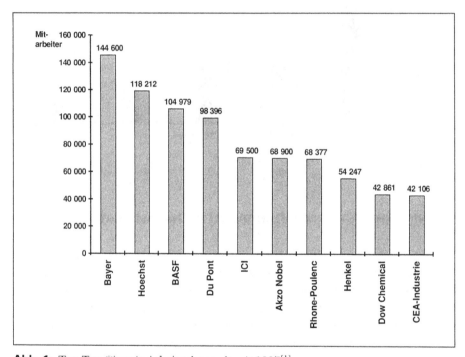

Abb. 1: Top Ten Chemie-Arbeitgeber weltweit 1997[1]

---

[1] Daten von: Fortune, The Global 500, 03. August 1998, S. 74 f

Chemiearbeitsplätze in der EU

Die chemische Industrie der EU, immer noch **bedeutendster Chemieproduzent der Welt**, bot 1997 für rund 1.68 Mio Menschen Arbeitsplätze. Davon
befanden sich annähernd 30 % in Deutschland (16 Bundesländer), welches
somit die Top Five anführte. Es stellte mehr Beschäftigte in dieser Branche als
die nachfolgenden Länder Frankreich und Großbritannien zusammen. Italien
und Spanien vervollständigten die Liste der EU-Länder, deren chemische
Industrie mehr als 100 000 Arbeitsplätze bereithielt (Abb. 2).

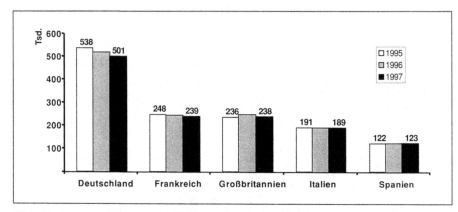

Abb. 2: Top Five Chemieländer der EU (nach Anzahl der Beschäftigten)[2]

Entwicklung der Beschäftigtenzahl in Deutschland

Ausgehend von einer Beschäftigtenzahl von 550 000 in 1984, nahm in den
80er Jahren das Niveau in der westdeutschen chemischen Industrie mit jährlichen Wachstumsraten zwischen 0.5 % und 1.8 % kontinuierlich auf 592 000
Mitarbeiter im Jahr 1990 zu. Als Folge der deutschen Wiedervereinigung wurde
1991 ein **Rekordniveau** von 717 000 Beschäftigten erreicht. Dieses Niveau
konnte allerdings nicht einmal annähernd gehalten werden. Vielmehr
schrumpfte der Beschäftigtenstand innerhalb von nur drei Jahren auf 570 000,
was ungefähr dem „Vorwiedervereinigungswert" aus dem Jahr 1986 entspricht
(Abb. 3).

In letzter Zeit hat sich diese Abwärtstendenz abgeschwächt. Mit 501 000 Mitarbeitern war die chemische Industrie 1997 nach dem Maschinenbau, dem
Straßenfahrzeugbau und den Herstellern von Metallerzeugnissen der viertgrößte Arbeitgeber in Deutschland.

---

[2] Daten von: 1. CEFIC, Facts & Figures 1998
             2. CHEManager 10/96, S. 2

Bis Dezember 1998 ist die Zahl der Beschäftigten weiter auf 483 300 zurück-gegangen, was man allerdings zu einem wesentlichen Teil auf Ausgliederungen von Unternehmensteilen zurückführt. Die dort Beschäftigten werden nun teil-weise anderen Branchen zugerechnet.

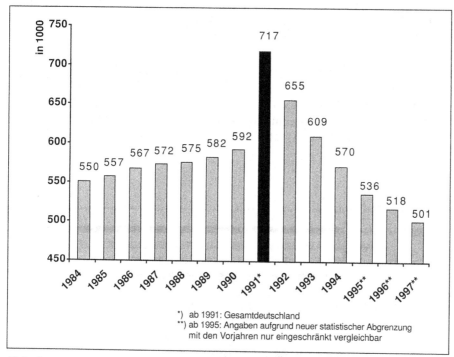

Abb. 3: Beschäftigte in der deutschen chemischen Industrie 1984 – 1997[3]

[3] Daten von: Verband der Chemischen Industrie (VCI), Chemiewirtschaft in Zahlen 1996 und 1998, sowie neuere Mitteilungen

Der Chemiestandort mit den höchsten Arbeitskosten

Arbeitskosten gehören im internationalen Wettbewerb zu den wichtigen Faktoren für die Konkurrenzfähigkeit eines Chemiestandortes. In dieser Hinsicht sah es für Deutschland (West) 1997 ebenso wie ein Jahr zuvor nicht sonderlich gut aus. Im Vergleich mit elf europäischen Konkurrenzstandorten sowie den USA und Japan fielen nämlich hier eindeutig die **höchsten Arbeitskosten je Beschäftigtenstunde** an. Diesen Spitzenplatz verdankt Deutschland u.a. den hohen Personalzusatzkosten, die sich auf 35.13 DM/h beliefen (Direktentgelt: 35.65 DM/h).

Der Abstand zu bedeutenden Wettbewerbern hat sich im Vergleich zum Vorjahr verringert, wozu sowohl Wechselkursänderungen als auch moderate Lohnsteigerungen beigetragen haben. Allerdings kostete 1997 die Arbeitsstunde in Japan (Platz vier) immer noch 16.54 DM oder 23.4 % und in den USA (Platz neun) sogar 31.05 DM oder 43.9 % weniger als in Deutschland (West).

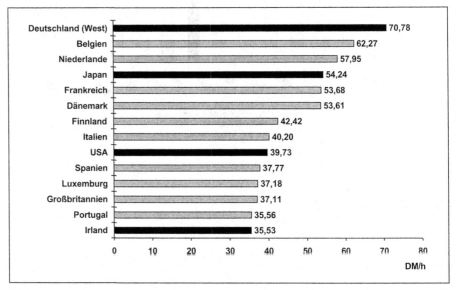

Abb. 4: Chemiearbeitskosten je Beschäftigtenstunde in ausgewählten Ländern 1997[4]

---

[4] Daten von: Europa Chemie 22-23/98, S. 6

Chemie und Auto

Die **Bedeutung der Chemie für das Automobil** hat in den letzten Jahren deutlich zugenommen. In einem modernen Mittelklassewagen stecken heutzutage bis zu 255 kg Chemiewerkstoffe, was ungefähr 25 % des Gesamtgewichtes ausmacht. Diese Werkstoffe entsprechen einem Wert von 1500 – 2000 DM. Sie leisten einen unverzichtbaren Beitrag zur Sicherheit des Autos (→ Energie im Molekül; Explosivstoffe) und zum Fahrkomfort. Durch die Gewichtsreduzierung und dem damit verbundenen geringeren Treibstoffbedarf wird zudem die Umwelt entlastet.

Da die weitere Zukunft des Automobils eng an die Entwicklung neuartiger Materialien gekoppelt ist, die vor allem in den Chemielabors erforscht werden, kann damit gerechnet werden, daß der Chemieanteil im Auto noch weiter ansteigt. Die Automobilbranche, die sich auch in den kommenden Jahren in fast allen Regionen der Welt – insbesondere im Fernen Osten – gut entwickeln wird (Abb. 1), ist somit für die Chemie eine interessante Wachstumsbranche.

Weltweit gab es 1997 ca. 650 Mio Automobile.

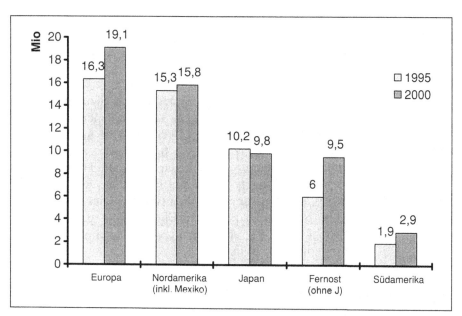

Abb. 1: Automobilproduktion nach Regionen (Mio Pkw + Nutzfahrzeuge)[1]

Zu den bis zu 255 kg Chemiewerkstoffen (Abb. 2), die man heutzutage **in einem modernen Mittelklassewagen** finden kann, steuern alleine die Kunststoffe 100 – 125 kg bei (Armaturentafeln, Karosserieteile, Scheinwerfer). Zweit-

[1] Daten von: Bayer Presseinformation, 12. 09. 1996

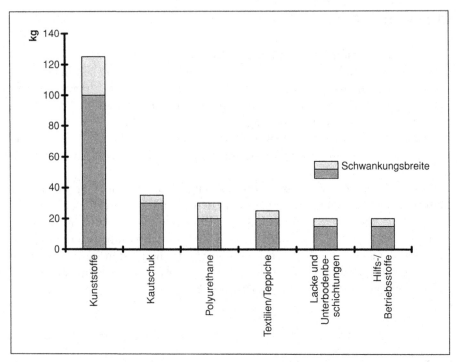

Abb. 2: Verbrauch von Chemiewerkstoffen in einem Mittelklassewagen[1]

wichtigster Werkstoff ist der Kautschuk. Man findet ihn vor allem in den Reifen, aber auch in Motorenlagern, Dichtungen, Antriebsriemen und ähnlichem. Polyurethane, von denen weltweit ca. 900 000 jato in die Automobilproduktion eingehen, werden vorzugsweise für Sitze, abgepolsterte Sicherheitsteile, Kotflügel und Seitenverkleidungen gebraucht. Für Behaglichkeit im Innenraum sorgen Textilien und Teppiche, für das ansprechende Äußere und den Korrosionsschutz des wertvollen Gefährts Lacke und Unterbodenbeschichtungen. Nicht zuletzt spielen Chemikalien als Hilfs- und Betriebsstoffe, man denke hier vor allem an Bremsflüssigkeiten und Frostschutzmittel, eine unverzichtbare Rolle.

Chemie und Bau

Die Bauwirtschaft ist **eine der wichtigsten Abnehmerbranchen** für die chemische Industrie. Ihr Anteil am Inlandsumsatz der deutschen Chemie (alte Bundesländer) belief sich nach Schätzungen des VCI 1994 auf 10.2 % (9.5 Mrd DM).

Von den zahlreichen Produkten, deren Anwendungsbereich von der Energieeinsparung über die Konstruktion bis zur Ästhetik reicht, seien im folgenden einige exemplarisch aufgeführt:

- Dämmstoffe
- Brandschutzplatten
- Leime und Tränkharze
- Dichtungsmassen
- Kunststoffe für Rohre
- Dispersionen für Bautenschutz
- Betonhilfsmittel
- Fasern für Teppiche und Heimtextilien
- Harze für Fassadenplatten

Vor dem Hintergrund, daß ca. 32 % des Energieverbrauchs in Deutschland auf die Gebäudeheizung entfallen, kommt einer wirkungsvollen Wärmedämmung eine zentrale Rolle bei der Energieeinsparung zu.[2]

Die Chemie liefert für diesen Zweck eine Reihe von Produkten wie z. B. Polyurethane, Melaminharze, extrudiertes Polystyrol (XPS) und expandierbares Polystyrol (EPS), welches weithin unter dem Markennamen Styropor® bekannt ist. Es verdankt seinen hohen Bekanntheitsgrad zwar eher seiner Verwendung als Verpackungsmaterial, wird aber hauptsächlich zur Dämmung im Baubereich eingesetzt. Weltweit gehen rund 60 % des EPS in diese Anwendung, in Deutschland sogar 85 %. Europaweit gesehen ist EPS nach den Mineralfasern (Glas- und Steinwolle) **der zweitwichtigste Dämmstoff** (Abb. 3).

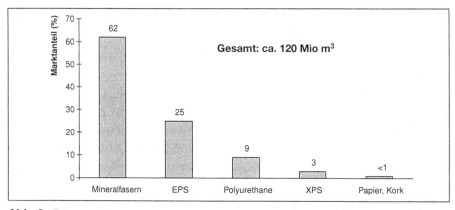

Abb. 3: Dämmstoffmarkt Westeuropa 1995

Erheblichen Nachholbedarf in Sachen Dämmung gibt es nicht nur in Deutschland, wo 70 % der Wohnungen noch als unzureichend gedämmt gelten, sondern vor allem in den Regionen außerhalb Westeuropas, wie der **Pro-Kopf-Verbrauch an EPS** zeigt (Abb. 4). Oft wird vergessen, daß in heißeren Zonen ein effektiverer Hitzeschutz durch Dämmung zu einer Senkung des Energieverbrauchs durch elektrische Klimageräte führt.

[2] BASF-Pressegespräch über Wärmedämmung und Umwelt, 17.06.96

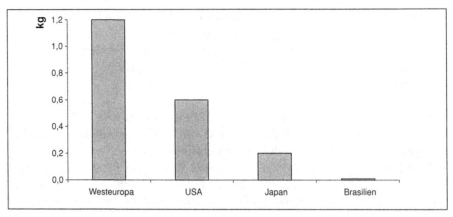

Abb. 4: Pro-Kopf-Verbrauch an EPS als Dämmstoff

Auch in diesen Regionen trägt somit eine wirkungsvolle Dämmung von Gebäuden zu einer Schonung der natürlichen Ressourcen und letztendlich zu einer Entlastung der Umwelt bei. Die Energieeinsparung führt nämlich auch zu einer Verringerung der mit der Energieerzeugung verbundenen Emission von Abgasen wie Kohlendioxid, Stickoxiden und Schwefeldioxid.

Wärmedämmung

Durch die Dämmung eines Einfamilienhauses mit EPS oder XPS (extrudiertes Polystyrol) lassen sich innerhalb von 50 Jahren 80 Tonnen Heizöl einsparen. Dies entspricht dem Verbrauch eines vollbesetzten Jumbo-Jets für den Flug von Frankfurt nach New York (→ Rohstoffe und Energie).

Kunststoffe und Verpackung

Verpackungen sind aus dem modernen Leben nicht mehr wegzudenken. Sie erfüllen eine Vielzahl von Funktionen, wovon der Schutz der verpackten Ware zweifelsohne am bedeutsamsten ist.

In Deutschland ist der Verpackungsverbrauch von 15.62 Mio t im Jahr 1991 auf 13.93 Mio t im Jahr 1995 zurückgegangen. Mit einem Anteil von 36.5 % war Papier/Pappe/Karton das **bedeutendste Verpackungsmaterial**. Die in der öffentlichen Diskussion in diesem Zusammenhang oft im Vordergrund stehenden Kunststoffe, die regelrechte **Verpackungskünstler** sind, kamen hingegen gewichtsmäßig nur auf einen Anteil von 11.2 % (Abb. 5).

---

[3] Daten von: a) Bundesministerium für Umwelt, Naturschutz und Reaktorsicherheit, Umweltbundesamt
b) Industrieverband Verpackung und Folien aus Kunststoff (IK)

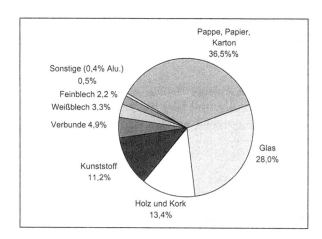

Abb. 5: Verpackungsmaterialien in Deutschland 1995[3]

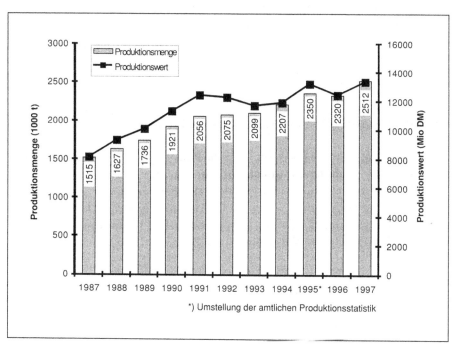

Abb. 6: Entwicklung der Kunststoffverpackungen in Deutschland[3]

Wußten Sie schon, daß in den Entwicklungsländern 30 – 50 % der Lebensmittel bei Lagerung und Transport verderben, in Westeuropa hingegen nur 1 – 2 %?

Die zum Absatz bestimmte Produktion von Kunststoffpackmitteln erreichte 1997 einen Wert von 13.36 Mrd DM. Mit einer Produktionsmenge von 2.51 Mio t knüpfte man an das seit 1987 andauernde, nur in 1996 unterbrochene stetige Wachstum an (Abb. 6).

Kunststoffe sind allerdings nicht der einzige Beitrag der Chemie zur Verpackung. Auch zur Herstellung von Papier und Glas, sowie zur Beschichtung und Beschriftung der Verpackungsmaterialien werden Chemieprodukte verwendet.

Die spektakulärste Verpackungsaktion

Eine besonders spektakuläre Verpackungsaktion fand 1995 in Berlin statt. Der weltbekannte bulgarische „Verpackungskünstler" Christo umhüllte den Berliner Reichstag mit rund 100 000 m² Polypropylen-Gewebe. Das schwer entflammbare, ca. 70 t schwere Tuch im Wert von ca. 500 000 DM wurde mit Aluminium bedampft, um so das gewünschte silbrige Aussehen zu erlangen.

Die bedeutendsten Verpackungskunststoffe

Mit einem Anteil von 74 % waren 1995 die Polyolefine (Polyethylen und Polypropylen) **die wichtigsten Kunststoffarten** für Verpackungen in Europa (→ Chemiewirtschaft; Branchenrekorde). Das Schwergewicht lag dabei eindeutig auf dem Polyethylen, wobei die LD-Variante (niedrige Dichte) vor der HD-Variante bevorzugt wurde. Das in der öffentlichen Diskussion oft erwähnte PVC lag 1995 noch hinter Polypropylen auf Platz vier (Abb. 7).

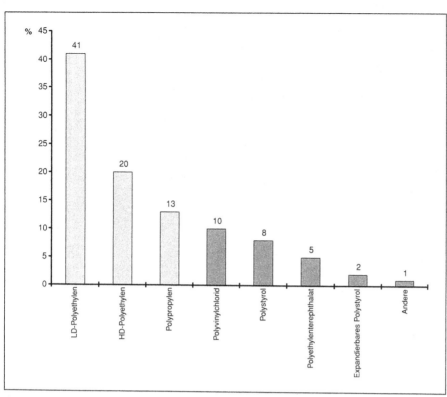

Abb. 7: Verpackungskunststoffe in Europa 1995[4]

---

[4] Daten von: CHEManager 9/96.

Chemiewirtschaft
Branchenrekorde

Die größten Chemiefirmen

Unter den 500 **nach Umsatz führenden Firmen der Welt** befanden sich 1997 16 Unternehmen der Chemiebranche (Firmen, bei denen der größte Teil des Umsatzes auf Chemie entfällt).

Eindeutiger Spitzenreiter im Top Ten Feld war DuPont (inkl. Conoco) mit Umsatzerlösen von 41.3 Mrd US\$. Mit deutlichem Abstand folgte ein rein deutsches Trio, hinter dem eine Umsatzlücke von ca. zehn Mrd US\$ zum Fünftplazierten klaffte.

Zusammen erzielten die **zehn größten Chemiefirmen** in 1997 Umsatzerlöse von 230.4 Mrd US\$. Zum Vergleich sei angeführt, daß es die drei größten Elektronikfirmen (General Electric, Hitachi und Matsushita Elec.) auf einen Umsatz von 224 Mrd US\$ brachten. Im Sinne der Relativierung ist weiterhin interessant, daß DuPont als **umsatzstärkste Chemiefirma** in der Rangfolge der 500 größten Firmen der Welt auf Rang 49 lag (1995: 58, 1996: 55).

Die große Bedeutung der europäischen Firmen in der Chemie zeigt sich darin, daß sieben der zehn größten Unternehmen aus Europa stammen. Auf sie entfiel etwas mehr als 2/3 des Umsatzes der Top Ten. Die USA stellten zwei, Japan nur einen Vertreter in dieser Gruppe.

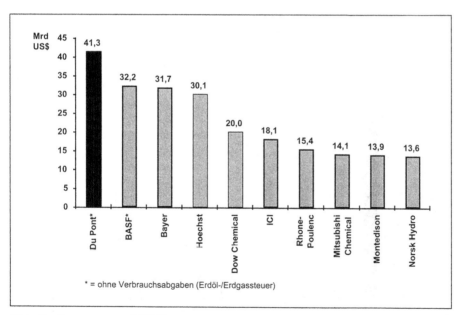

Abb. 1: Gesamtumsatz 1997[1]

---

[1] Daten von: Fortune, The Global 500, 03. August 1998, S. 74 f

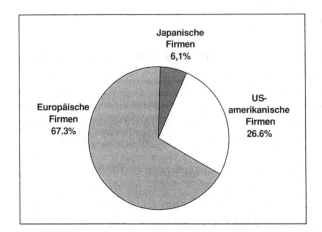

Abb. 2: Umsatzanteile nach Herkunft der Firmen[1]

Japanische
Firmen
6,1%

US-
amerikanische
Firmen
26.6%

Europäische
Firmen
67.3%

Die „ergebnisstärksten" Chemiefirmen

Der Umsatzspitzenreiter DuPont präsentierte sich 1997 auch als das Chemieunternehmen mit dem **höchsten Gewinn nach Steuern**. Platz zwei nahm als Anführer eines Verfolgertrios, welches sich deutlich vom restlichen Feld absetzen konnte, die BASF ein.

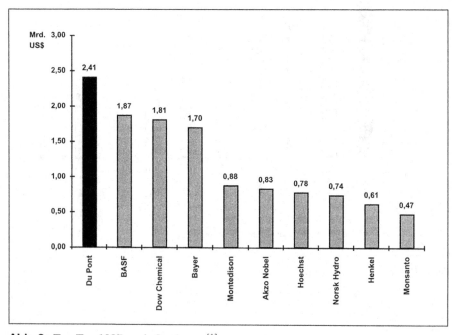

Abb. 3: Top Ten 1997 nach Gewinnen[1]

Chemieunternehmen mit den höchsten Umsatzrenditen

Die **Umsatzrenditen nach Steuern** (Gewinn nach Steuern/Umsatz) der 16 umsatzstärksten Chemieunternehmen der Welt reichten 1997 von 9.0 % (Dow Chemical) bis –4.3 % (Rhône-Poulenc). Schauen wir uns die Top Ten genauer an, so fällt auf, daß in diesem Feld keine einzige japanische Firma vertreten ist (Abb. 4). Diese findet man erst auf den Plätzen 13 und 14.

Im Top Ten Feld befanden sich neben sieben europäischen drei US-amerikanische Firmen.

Insgesamt ist die Umsatzrendite der in den „Global 500" (Fortune) vertretenen Chemiebranche mit 4.1 % in 1997 im Vergleich zu den 2.9 % der Automobilindustrie (inkl. Zulieferindustrie) als gut zu betrachten, auch wenn sie sich erwartungsgemäß bei weitem nicht mit derjenigen der Pharmabranche (15.1 %) messen kann.

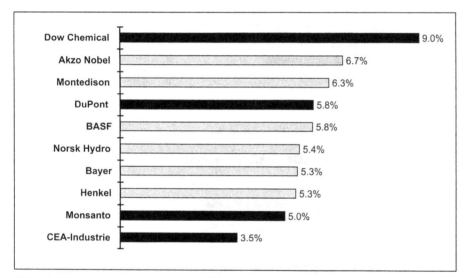

Abb. 4: Umsatzrendite Top Ten 1997[1]

Die bedeutendsten Produzenten von Chemieprodukten

Die 50 weltweit **größten Produzenten** (geordnet nach Chemieumsatz - ausgeschlossen sind formulierte Produkte wie Pharmazeutika und Kosmetika sowie Energie und andere „nicht-chemische Aktivitäten") erwirtschafteten im Jahr 1997 Erlöse von insgesamt 381 Mrd US$. Davon entfielen 55 % auf europäische Firmen, deren Dominanz sich auch in der Top Ten widerspiegelt.

Chemiewirtschaft
Firmennits

Diese wurde mit deutlichem Vorsprung von der BASF angeführt, welche den **Spitzenplatz** schon seit 1995 einnimmt. Hoechst, im letzten Jahr noch auf Platz zwei, ist infolge der neuen Firmenausrichtung auf Platz fünf zurückgefallen.

Obwohl die asiatischen Firmen immerhin 11 % des Umsatzes der Top 50 erzielten, konnte sich keine in den Top Ten plazieren.

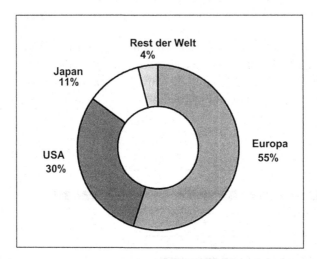

Abb. 5: Umsatz nach Herkunft der Firmen[2]

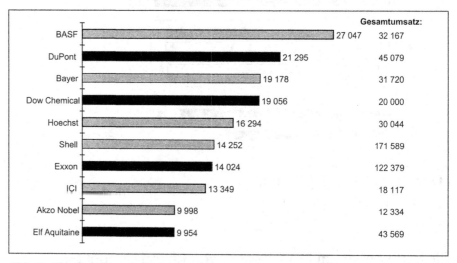

Abb. 6: Top Ten Chemieprodukte-Hersteller nach Umsatz 1997 (in Mio US$) [2]

---

[2] Daten von: Chemical & Engineering News, Juli 1998, 76 (29), S. 37–39

Forschung und Entwicklung

Ausgaben für Forschung und Entwicklung sind Investitionen in die Zukunft. In dieser Hinsicht hat man in Deutschland seit 1985 einiges für die Zukunftsvorsorge getan (Abb. 7a). So stiegen die Ausgaben der Gesamtwirtschaft für Forschung und Entwicklung 1997 auf ein **Rekordniveau** von ca. 61.7 Mrd DM. Dies entspricht einem durchschnittlichen jährlichen Zuwachs von 4.3 %. Allerdings liegen - und das kann durchaus nachdenklich stimmen - die Zeiten deutlicher Steigerung in der ersten Hälfte dieser Periode (6 % Steigerung p.a. im Zeitraum 1985 – 1990).

Die chemische Industrie gehört zusammen mit der Elektrotechnik und dem Straßenfahrzeugbau zu den **forschungsintensivsten Branchen** in Deutschland (Abb. 7b). Rund 6 % vom Umsatz werden für F&E aufgewandt, in den Bereichen Pflanzenschutz und Pharma sogar 12 – 20 %. Insgesamt stiegen die F&E-Ausgaben der Chemie von 7.83 Mrd DM im Jahr 1985 um durchschnittlich 3.4 % pro Jahr auf 11.70 Mrd DM in 1997.

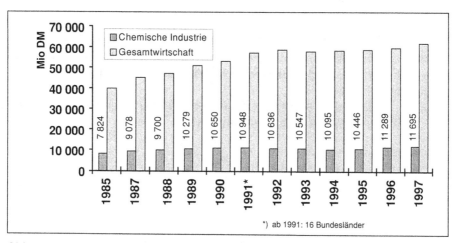

Abb. 7: a) F+E-Ausgaben der deutschen Chemie und der Gesamtwirtschaft[3]

Bienenfleißige Wissenschaftler

Neunzig Prozent aller Wissenschaftler, die je in der Menschheitsgeschichte geforscht haben, forschen und erfinden heute, im letzten Jahrzehnt des 20. Jahrhunderts. Jeden Tag werden mehr als 5000 wissenschaftliche Arbeiten publiziert.

---

[3] Daten von: VCI, Chemiewirtschaft in Zahlen 1996 und 1998, S. 99

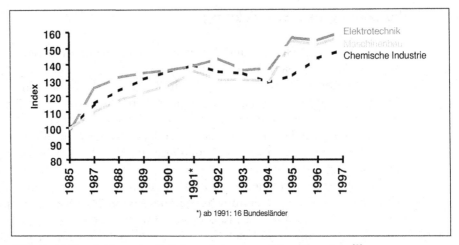

Abb. 7: b) Entwicklung der F+E-Ausgaben ausgewählter Branchen[3]

„Mega-Deals" seit 01/96

Die chemische Industrie verzeichnete in der jüngsten Vergangenheit zahlreiche Fusionen, Akquisitionen und Spin-offs. Die treibende Kraft dieser Aktivitäten war vor allem die **Strategie der Globalisierung** und der Konzentration auf Kernaktivitäten.

Auf diese Weise soll die Wettbewerbsfähigkeit gestärkt und die Rentabilität des eingesetzten Kapitals erhöht werden.

112

Tabelle 1:[4] **Mega-Deals**

a) Fusion*

Jahr	Neue Firma	Fusionspartner	Umsatz (Mrd. US$)
1998	Exxon Mobil (USA)**	Exxon (USA) und Mobil (USA)	203.0
1998	BP Amoco (UK)	Amoco (USA) und BP (UK)	109.0
1998	Total Fina (F)**	Total (F) und Petrofina (B)	53.0
1996	Novartis (CH)	Ciba-Geigy (CH) und Sandoz (CH)	28.5
1998	N. N. (D)**	Alusuisse-Lonza (CH) und Viag (D)	24.0
1998	Aventis (F)**	Hoechst (D) und Rhône-Poulenc (F)	23.5
1998	AstraZeneca (UK)**	Astra (S) und Zeneca (UK)	16.0
1998	Degussa-Hüls (D)	Degussa (D) und Hüls (D)	14.5
1997	Mitsui Chemicals (J)	Mitsui Toatsu (J) und Mitsui Petrochemicals (J)	10.5
1998	Sanofi-Synthelabo (F)**	Elf Sanofi (F) und Synthelabo (F)	5.3
1997	Nycomed Amersham (UK)	Amersham (UK) und Nycomed (N)	2.3

b) Spin-Off/Börsengang*

Jahr	Neue Firma	Ausgliederungsgegenstand	Umsatz (Mrd. US$)
1998	Rhodia (F)	Chemie von Rhône-Poulenc (F)	6.4
1998	Celanese (D)	Chemie von Hoechst (D)	5.6
1997	Ciba SC (CH)	Spezialchemie von Novartis (CH)	5.4
1997	Solutia (USA)	Chemie von Monsanto (USA)	3.0
1996	Millenium (USA)	Chemie von Hanson (UK)	3.0
1997	Orica (AUS)	Chemie von ICI (UK) in AUS	2.7
1996	Nycomed (N)	Pharma von Hafslund Nycomed (N)	1.1
1996	SGL Carbon (D)	Carbon von Hoechst	1.0

c) Beteiligungserhöhungen*

Jahr	Aquisiteur	Firma	TAW*** (Mrd. US$)
1998	Rhône-Poulenc (F)	32 % an Rhône-Poulenc Rorer (USA)	4.6
1997	Hoechst (D)	43 % an Roussel Uclaf (F)	3.2
1998	DuPont (USA)	50 % an DuPont Merck (USA)	2.6
1997	Shell (NL)	50 % an Montell (USA)	2.0
1997	Dow (USA)	50 % an Dow Elanco (USA)	1.2
1997	Trace (USA)	50 % an Foamex (CDN)	1.1

[4] Daten von: Presseberichte, Geschäftsberichte

Chemiewirtschaft
Firmennts

c) Beteiligungserhöhungen*

Jahr	Firmenteil/Firma	Produktbereich	Akquisiteur	TAW*** (Mrd. US$)
1998	Corange (inkl. Boehringer Mannheim)	Diagnostika und Pharma	Roche (CH)	11.0
1997	Chemie von Unilever (NL)		ICI (UK)	8.0
1998	Arco Chemical (USA)	Industriechemie	Lyondell (USA)	6.5
1998	Courtaulds (UK)	Fasern und Lacke	Akzo Nobel (NL)	3.8
1997	Spezialchemie von Hoechst (D)		Clariant (CH)	3.7
1998	Betz Dearborn (USA)	Wasserchemie	Hercules (USA)	3.1
1998	Herberts (D)	Lacke	DuPont (USA)	3.1
1997	Industriechemie von ICI (UK)		DuPont	3.0
1998	Polyester in Nordamerika von Hoechst		Kosa (USA)	2.5
1998	Allied Colloids (UK)	Wasserchemie	Ciba SC (CH)	2.4
1998	Dekalb (USA)	Saatgut und Schweinezucht	Monsanto (USA)	2.4
1998	Petrochemie von Occidental (USA)		Equistar (USA)	2.0
1998	Delta & Pine (USA)	Saatgut	Monsanto	1.9
1997	Arcadian (USA)	Düngemittel	Potash Corp. (CDN)	1.7
1997	Protein Technologies (USA)	Sojaproteine	DuPont	1.5
1998	Saatgut von Cargill (USA)		Monsanto	1.4
1998	Polystyrol von Huntsman (USA)		Nova (CDN)	1.4
1998	Gist-Brocades (NL)	Feinchemie	DSM (NL)	1.3
1997	Loctite (USA)	Klebstoffe	Henkel (D)	1.3
1998	Diagnostika von Chiron (USA)		Bayer (D)	1.1
1997	Tastemaker (USA)	Riech- und Geschmackstoffe	Roche	1.1
1998	Inspec (UK)	Spezialchemie	Laporte (UK)	1.0
1997	Holden's (USA)	Saatgut	Monsanto	1.0

*) Stand: Januar 1999 **) geplant ***) Transaktionswert

Die bedeutendsten Chemiemärkte

Der Weltchemiemarkt war 1997 1424 Mrd US$ groß. Bis 2010 soll er jährlich um durchschnittlich 3.0 % auf 2081 Mrd US$ wachsen.

Mit einem Anteil von 29.1 % und 28.2 % am Weltverbrauch waren **Nordamerika und Westeuropa in 1997 die wichtigsten Verbrauchsregionen**. Mit deutlichem Abstand folgten Süd-/Ostasien und Japan.

An der hier dargestellten regionalen Verteilung des Weltchemiemarktes dürfte sich in Zukunft einiges ändern (Abb. 1). Zwar werden alle Teilmärkte wachsen, doch wird dies mit deutlich unterschiedlichen Raten geschehen. Die prognostizierten durchschnittlichen realen jährlichen Wachstumsraten rei-

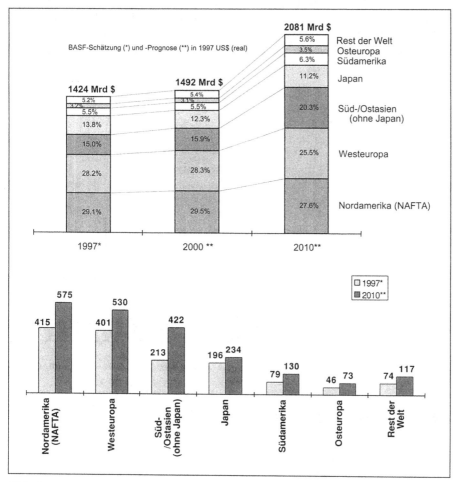

Abb. 1: Verbrauch Chemieprodukte nach Regionen (in Mrd US$)[1]

[1] Daten von: BASF

chen für den Zeitraum 1997 bis 2010 von 1.4 % in Japan über 2.2 % in Westeuropa und 2.5 % in Nordamerika bis zu 5.4 % in Süd-/Ostasien. Diese **wachstumsstärkste Region** wird folglich in den kommenden Jahren als Chemieverbraucher Japan noch deutlicher hinter sich lassen, ohne allerdings in ihrer Bedeutung bis zum Jahr 2010 mit Nordamerika und Westeuropa gleichziehen zu können.

Beitrag der Chemie zum Handelsbilanzüberschuß der EU

Das verarbeitende Gewerbe der EU erzielte mit 145.9 Mrd ECU (1 ECU = 1.96 DM) im Jahr 1997 den **höchsten Handelsbilanzüberschuß seit 1985**. Allein auf die Chemie entfiel ein Anteil von 27.4 %. Sie setzte mit 40.0 Mrd ECU ebenfalls eine neue **Rekordmarke**.

Der Tiefstand im betrachteten Zeitraum lag mit 20.7 Mrd ECU im Jahr 1990. Es fällt auf, daß der Handelsbilanzüberschuß der chemischen Industrie bei weitem nicht solchen Schwankungen unterworfen ist wie derjenige des restlichen verarbeitenden Gewerbes.

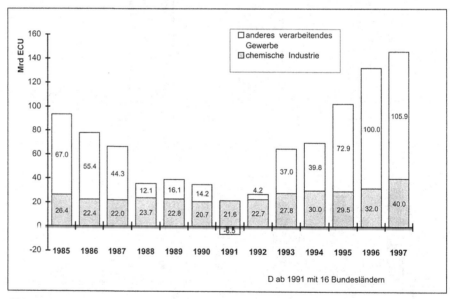

Abb. 2: Entwicklung des Handelsbilanzüberschusses 1985 – 1997[2]

[2] Daten von: CEFIC, Facts & Figures, 1998

Die größten Chemieexportländer

Die USA führten 1997 die Hitliste der **bedeutendsten Chemieexportländer** mit einem knappen Vorsprung vor Deutschland an. Frankreich lag mit deutlichem Abstand auf dem dritten Platz. Es führte eine Verfolgergruppe an, die - abgesehen von Japan auf Platz sieben - lediglich aus westeuropäischen Ländern bestand (Abb. 3).

Zusammen exportierten die Top Ten Länder Chemieerzeugnisse im Wert von 367 Mrd US$, wozu alleine USA und Deutschland 37.5 % beitrugen.

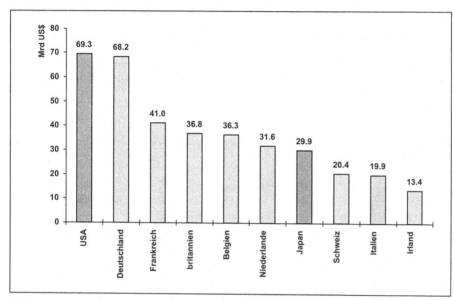

Abb. 3: Die größten Chemieexportländer der Welt 1997[3]

EU mit bester Chemiehandelsbilanz

Seit Jahren schon hat die EU in der Triade den **höchsten Überschuß beim Handel mit Chemieprodukten.** Er betrug im Jahr 1997 40,49 Mrd ECU und war damit 2,6 mal so groß wie derjenige der USA (15,46 Mrd ECU). Die Chemiehandelsbilanz Japans war in der zweiten Hälfte der 80er Jahre annähernd ausgeglichen, um sich dann in den positiven Bereich hinein zu entwickeln. (1997: 5,70 Mrd ECU).

Der Chemiehandelsbilanzüberschuß der EU rührte vor allem vom Handel mit Ländern außerhalb der Triade – insbesonders asiatischen Ländern – her.

[3] Daten von: Europa Chemie 22-23/98, S. 4

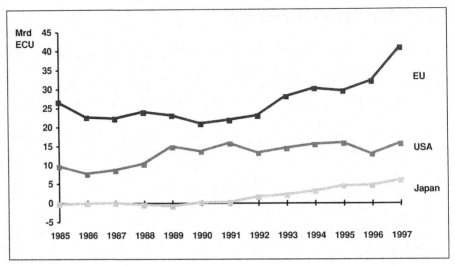

Abb. 4: Entwicklung der Chemiehandelsbilanz der EU, USA und von Japan 1985 – 1997 (Mrd ECU)[4]

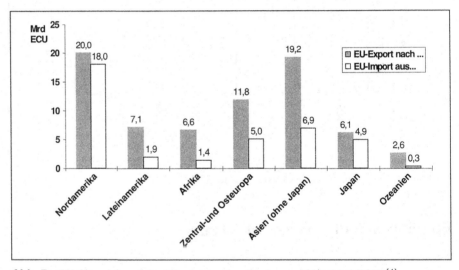

Abb. 5: EU-Chemiehandel mit bedeutenden Regionen 1997 (Mrd ECU)[4]

[4] Daten von: CEFIC, Facts & Figures 1998

Die bedeutendsten inländischen Abnehmer der Chemie

Die chemische Industrie selbst war 1996 nach Schätzungen des VCI die **bedeutendste Abnehmerbranche der Chemiewirtschaft** im Inland. Auf sie entfielen ungefähr 16.3 % des Inlandsumsatzes von insgesamt 93.1 Mrd DM. Das Gesundheitswesen und der private Konsum folgten gleichauf mit Anteilen von jeweils 13.3 %. Mit deutlichem Abstand fanden sich die Kraftfahrzeugindustrie (8.8 %) und die Bauwirtschaft (8.0 %) auf den Plätzen vier und fünf wieder. Die restlichen Branchen lagen – von der Landwirtschaft einmal abgesehen – deutlich unter der 5 %-Linie.

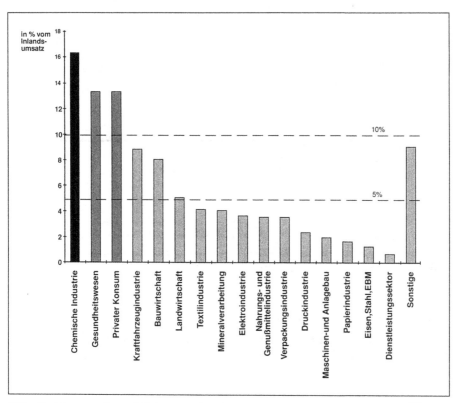

Abb. 6: Absatzstruktur (Schätzung) der chemischen Industrie im Inland 1996[5]

[5] Daten von: VCI, Chemiewirtschaft in Zahlen 1998, S. 88

Produktionswerte nach Sparten

Die größten Anteile der Chemieproduktion in Deutschland entfielen im Jahr 1994 wertmäßig gesehen auf Pharmazeutika (19.9 %), Organika (15.8 %) und Kunststoffe (15.7 %). Sie machten zusammen ca. 50 % des Gesamtproduktionswertes aus.

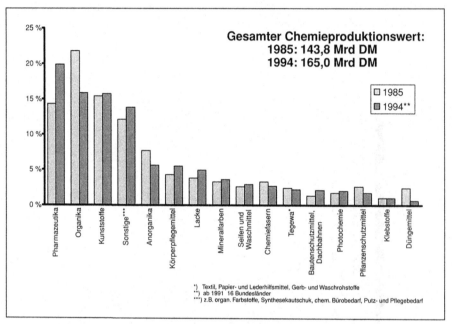

Gesamter Chemieproduktionswert:
1985: 143,8 Mrd DM
1994: 165,0 Mrd DM

□ 1985
▨ 1994**

*) Textil, Papier- und Lederhilfsmittel, Gerb- und Waschrohstoffe
**) ab 1991 16 Bundesländer
***) z.B. organ. Farbstoffe, Synthesekautschuk, chem. Bürobedarf, Putz- und Pflegebedarf

Abb. 7: Produktionswerte im 10-Jahresvergleich[6]

Im Vergleich zu 1985 (Abb. 7) fällt auf, daß diesen Sparten zwar auch damals die größte Bedeutung zukam, sich ihr relatives Gewicht allerdings geändert hat. Die Bedeutung der Pharmazeutika ist deutlich gewachsen, die der Organika deutlich gesunken. Die Kunststoffe konnten ihren relativen Anteil leicht ausbauen (→ Kunststoffe).

Markante Veränderungen gab es ebenfalls bei den Pflanzenschutzmitteln (2.6 % → 1.7 %) (→ Pflanzenschutz) und den Düngemitteln (2.4 % → 0.6 %) (→ Düngemittel).

[6] Daten von: VCI, Chemiewirtschaft in Zahlen 1995, S. 33

Wachstum der Weltbevölkerung

März 1999: 6.045 Mrd Menschen

2020: 8.050 Mrd Menschen (davon ca. 1.5 Mrd in China und 1.38 Mrd in Indien)

In jeder Minute wächst die Weltbevölkerung um 170 Menschen, an einem Tag somit um die Einwohnerzahl einer Großstadt (250 000). Ungebrochen ist das Wachstum mit einem Durchschnitt von 2.3 % p.a. in den Entwicklungsländern, was auf eine Verdoppelung in nur 30 Jahren hinausläuft.

Folgen: Urbanisierung (1950: nur zwei Städte mit mehr als zehn Mio Einwohnern; heute 14; 2020: wahrscheinlich 25) soziale Konflikte, Arbeitslosigkeit, Migration, Ernährungsprobleme.

Steigende Herausforderung an die Bodennutzung

Die Zahl der Menschen auf der Erde wächst ungebrochen. So stieg die Bevölkerungszahl von 2.5 Mrd Einwohnern im Jahr 1950 innerhalb eines Vierteljahrhunderts auf 4.3 Mrd an. Im Jahr 2000 werden 6.2 Mrd und weitere 25 Jahre später voraussichtlich 8.3 Mrd Menschen den blauen Planeten bevölkern. Innerhalb eines Dreivierteljahrhunderts wird sich somit die Erdbevölkerung mehr als verdreifachen (Abb. 1).

Eines der drängendsten Probleme, das durch diese Bevölkerungsexplosion ausgelöst wird, besteht darin, **die Ernährung der Menschheit zu gewährleisten**. Da die landwirtschaftliche Nutzfläche, die nur einen geringen Teil der Erdoberfläche ausmacht, nicht wesentlich vermehrbar ist, ohne die letzten

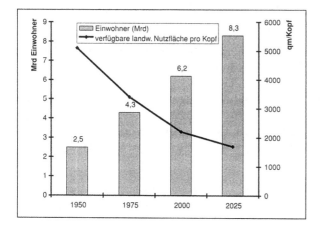

Abb. 1: a) Bevölkerungswachstum und verfügbare landwirtschaftliche Nutzfläche[1]

[1] Daten von: Industrieverband Agrar e.V. sowie BASF

Düngemittel Zahlen und Fakten

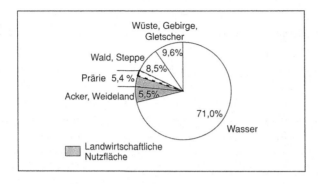

Wüste, Gebirge, Gletscher

Wald, Steppe 9,6%

8,5%

Prärie 5,4 %

Acker, Weideland 5,5%

71,0%

Wasser

Landwirtschaftliche Nutzfläche

Abb. 1: b) Oberfläche der Erde

Flächenknappheit

Die Fläche, die weltweit zur Nahrungsmittelproduktion zur Verfügung steht, ist kaum auszuweiten. Mit Einschränkungen wären dafür in geringem Umfang nur bestimmte Regionen Südamerikas und Afrikas geeignet.

1990: Ackerfläche pro Einwohner   in Deutschland 0.15 ha (bei hohem Ertragsniveau)
in Entwicklungsländern 0.27 ha.

Im Jahr 2020 werden in den Entwicklungsländern aufgrund des dortigen Bevölkerungswachstums pro Kopf auch nur noch 0.15 ha landwirtschaftliche Fläche zur Verfügung stehen, das entspricht einer Abnahme von 45 %. Derzeit gehen jährlich weltweit schon etwa 5 Mio ha durch Wohnbebauung, Industrieansiedlung, Straßenbau, aber auch Erosion verloren.

Waldgebiete abzuholzen, stehen pro Kopf ständig weniger Quadratmeter zur Nahrungsmittelerzeugung zur Verfügung. Dieser Trend wird weiter anhalten, so daß im Jahr 2025 drei Menschen von den Erträgen der Fläche leben müssen, die 1950 für nur einen Menschen bewirtschaftet wurde.[1] Dies stellt eine immense Herausforderung an die Bodennutzung dar, die vor allem durch die Anwendung der modernen Erkenntnisse der Biologie und Chemie (Düngemittel, Pflanzenschutz, Pflanzengenetik usw.) unter Beachtung ökologischer Erfordernisse gemeistert werden kann (→ Biotechnologie; Agrar-Biotechnologie: Transgene Nutzpflanzen).

Weltverbrauch an Düngemittel

Zur Ernährung der stetig wachsenden Weltbevölkerung mußten in den vergangenen Jahrzehnten pro Quadratmeter Anbaufläche immer größere Erträge erwirtschaftet werden. Dies gelang u.a. durch den **steigenden Einsatz von Mineraldüngern**. Innerhalb von drei Jahrzehnten stieg deren Weltverbrauch (bezogen auf die Nährstoffkomponenten) von 46.8 Mio t um durchschnittlich 3.5 % p.a. auf 134.4 Mio t im Düngejahr 1996/97 (Abb. 2).

Der Verbrauch wuchs dabei nahezu kontinuierlich an, um im Düngejahr 1989/90 bei 143.8 Mio t zu kulminieren. Auf diese lang anhaltende Wachstumsperiode mit einer durchschnittlichen jährlichen Wachstumsrate von 4.8 % folgte ein deutlicher Einbruch, der 1993/94 mit 120.4 Mio t Nährstoffkomponenten seinen **Tiefpunkt** erreichte. Hervorgerufen wurde er durch den Rückgang des Düngemittelverbrauchs in den entwickelten Ländern, insbesondere in Westeuropa (Umweltproblematik, Flächenstillegungen im Rahmen der EU-Agrarpolitik), und vor allem in Osteuropa und der ehemaligen Sowjetunion

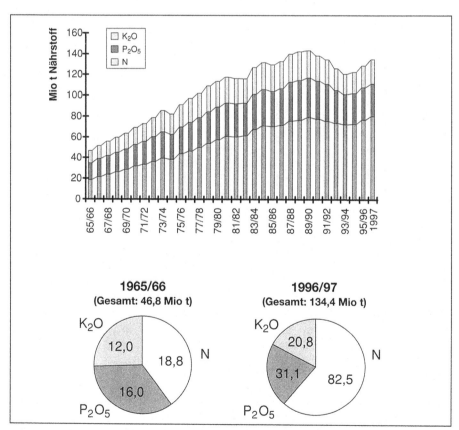

Abb. 2: Entwicklung des Weltverbrauchs von Düngemitteln[2]

(Zusammenbruch der Agrar-Märkte). In der Zwischenzeit wurde der Nachfragerückgang teilweise wettgemacht.

Der wichtigste **Hauptnährstoff** ist der Stickstoff. Seine relative Bedeutung hat in den letzten Jahrzehnten deutlich zugenommen. Mit 82.5 Mio t entfielen auf ihn gut 61 % des Weltbedarfs im Düngejahr 1996/97. Damit wurde Nahrung für 2.6 Mrd Menschen, d.h. für fast die Hälfte der Weltbevölkerung, erzeugt (ca. 980 Mio t Getreideeinheiten).

Wichtige Düngemittelsorten sind u.a. Harnstoff, Ammoniumsulfat, Kalkammonsalpeter, Super- und Ammonphosphate, Kaliumchlorid, Kaliumsulfat sowie Mehrnährstoffdünger.

Man schätzt, daß 1996 weltweit 55 % der Düngemittel für Getreidekulturen verwendet wurden, am meisten für den Weizen. Auf Reis, der ca. 1/3 der Menschheit als Grundnahrungsmittel dient, entfielen dabei nur 13 % des Verbrauchs.

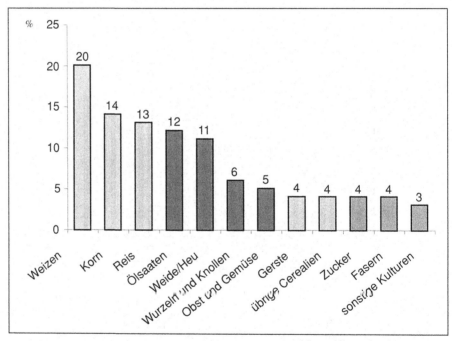

Abb. 3: Düngemittelverbrauch nach Kulturen 1996[2]

[2] Daten von: International Fertilizer Industry Association, IFA 1998

Ernährungsversorgung

Zwar konnte die Welternährungslage in den vergangenen 20 Jahren verbessert werden, aber noch immer hungern weltweit ca. 840 Mio Menschen. Die rückläufige Weltgetreideproduktion der letzten drei Jahre und gesunkene Lagerbestände lassen jedoch eine ernste Versorgungskrise befürchten. **Nach Berechnungen der FAO ist die Mindestreserve, die 18 % des Weltjahresverbrauchs betragen soll, mit derzeit 15 % nicht mehr gegeben, so daß die weltweiten Getreidevorräte nur noch für 50 Tage reichen.** Die Ernteerträge müßten allein in diesem Jahr um mindestens 4 % ansteigen, um den prognostizierten Verbrauch von etwa 1.4 Mrd t Getreide zu decken. Langfristig müssen aber Maßnahmen eingeleitet werden, um die Nahrungsmittelproduktion bis zum Jahr 2020 verdoppeln zu können. Der erforderlichen Produktionssteigerung sind jedoch durch Ressourcenknappheit bei Boden und Wasser Grenzen gesetzt.

Hauptrohstoff Ammoniak

Der für die Herstellung von fast allen Stickstoffdüngern notwendige Rohstoff Ammoniak wird heute zu über 95 % mit Hilfe des Haber-Bosch-Verfahrens und seiner Varianten produziert. Dabei wird bei hohem Druck und hoher Temperatur aus der Luft gewonnener Stickstoff mit Wasserstoff umgesetzt. Der aus 1 kg Ammoniak erhältliche Stickstoffdünger reicht zur Produktion von 12 kg Getreide. Um 1 kg Ammoniak herzustellen, benötigt man wiederum ca. 1 l Erdöl. Das Durchschnittsauto (8 l/100 km) fährt damit 12 km weit (→ Chemieprodukte; Hitliste).

Düngemittel
Zahlen und Fakten

Wichtige Verbrauchsregionen

Die bei weitem **bedeutendste Region** für den Verbrauch an Mineraldüngern ist Asien.

Einen großen Anteil an dieser herausragenden Stellung haben die Entwicklungsländer China und Indien. Hier versuchen die Regierungen, die Ertragskraft der Landwirtschaft durch Subventionen deutlich zu steigern, um somit die Ernährung der zahlreichen Bevölkerung zu sichern. China muß mit 7 % der landwirtschaftlichen Nutzfläche der Erde 22 % der Weltbevölkerung ernähren. Der Verbrauch an Düngemitteln hat in diesem Land seit 1980 um durchschnittlich 5.1 % im Jahr zugenommen, wobei allerdings deutliche Ausschläge in der Verbrauchsentwicklung zu verzeichnen waren. Auf beide Länder zusammen entfiel in 1995/96 geringfügig mehr als 1/3 des gesamten Weltverbrauchs an Düngemitteln (Tendenz steigend).

Geradezu dramatisch stellen sich im Vergleich hierzu die Verhältnisse in der ehemaligen Sowjetunion und in Osteuropa dar. Dort ist der Düngemittelverbrauch in den 90er Jahren im Verlauf der politischen und wirtschaftlichen Veränderungen eingebrochen. Den landwirtschaftlichen Betrieben fehlte es an Mitteln, um sich die notwendigen Düngemittel kaufen zu können.

Gesamt: 134.4 Mio t Nährstoffe (N, P_2O_5, K_2O)

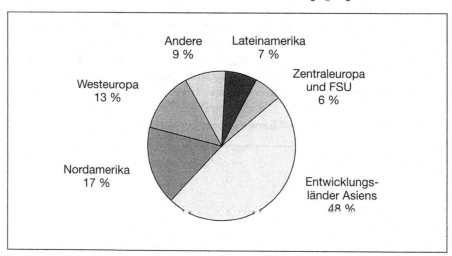

Abb. 4: Verbrauch von Düngemitteln nach Regionen 1996/97[2]

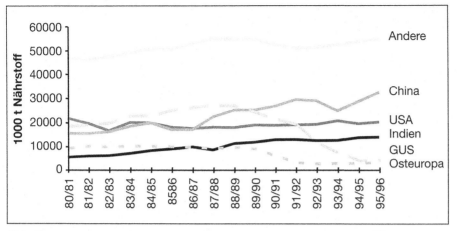

Abb. 5: Entwicklung des Verbrauchs von Düngemitteln nach Regionen[3]

Entwicklung der Nahrungsmittelnachfrage

Für das Jahr 2020 wird aufgrund des steigenden Wirtschaftswachstums in den Entwicklungsländern (durchschnittlich 3 % pro Jahr) eine weltweit dreimal so hohe Kaufkraft wie derzeit prognostiziert, die sich entscheidend auf die Nahrungsmittelnachfrage auswirken wird. **Gegenüber dem gegenwärtigen Welthandelsvolumen von 170 Mio t Getreide wird mit einem Volumen von etwa 800 Mio t Getreide gerechnet.** Insbesondere der weitere Importbedarf der VR China (in 1995 ca. 17 Mio t Getreide) wird die zukünftige Entwicklung des Weltgetreidemarktes ganz entscheidend bestimmen. Erwartet wird in den nächsten Jahrzehnten eine Zunahme des chinesischen Importbedarfs auf mehr als 100 Mio t Getreide. Diese Annahmen sind durchaus plausibel, wenn man sich vergegenwärtigt, daß allein 1 Flasche Bier für jeden Chinesen im Jahr einen Nachfragebedarf nach 270 000 t Getreide bedeuten würde.

Einhergehend mit der prognostizierten Verstädterung der Weltbevölkerung (60 % in 2020 gegenüber heutigen 45 %), wird sich auch das Konsumverhalten ändern, d. h. mehr Veredelungsprodukte und von der Lebensmittelindustrie bereitgestellte Fertigprodukte werden nachgefragt werden.

[3] Daten von: Current World Fertilizer Situation, FAO, 1994
      International Fertilizer Industry Association, IFA, 1998

Düngemittel
Zahlen und Fakten

Die höchsten und niedrigsten Schmelzpunkte

Die physikalischen Eigenschaften der uns bekannten chemischen Elemente sind äußerst vielfältig und oft ganz erstaunlich. Unter Normaldruck ist Wasserstoff das Element mit dem **niedrigsten Schmelzpunkt** (–259.34 °C, Abb. 1).

An zweiter Stelle findet man das Edelgas Neon (–248.59 °C); Fluor (–219.66 °C), Sauerstoff (–218.79 °C), Stickstoff (–210.01 °C) und Argon (–189.35 °C) fol-

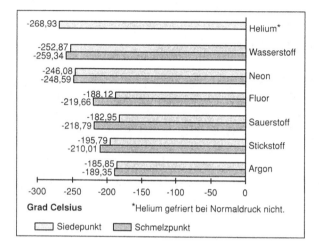

Abb. 1: a) Die Elemente mit den niedrigsten Schmelz- und Siedepunkten

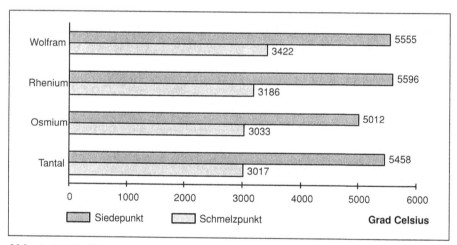

Abb. 1: b) Die Elemente mit den höchsten Schmelz- und Siedepunkten

gen auf den nächsten Plätzen. Wolfram hat den **höchsten Schmelzpunkt** (3422 °C),[a] gefolgt von Rhenium (3186), Osmium (3033) und Tantal (3017). Helium läßt sich unter Normaldruck gar nicht verfestigen. Statt dessen wird es bei –271 °C – sehr nahe am absoluten Nullpunkt – supraflüssig, was soviel bedeutet wie „flüssiger als flüssig", nicht jedoch überflüssig. Die Viskosität geht

hier auf den Wert null zurück. Eine **Supraflüssigkeit** fließt völlig reibungslos und kriecht auch Gefäßwände spielend leicht empor. Ein extrem kaltes Becherglas mit supraflüssigem Helium gösse sich quasi von selbst aus. Den niedrigsten Schmelzpunkt eines unter Normalbedingungen festen Elementes hat Cäsium (28.4 °C), den zweitniedrigsten Gallium (29.8). Das Metall mit dem niedrigsten Schmelzpunkt ist Quecksilber ($\rightarrow$ Atome und Moleküle; E = mc^2) (–38.8 °C); Brom, neben Quecksilber das einzige unter Normalbedingungen flüssige Element, schmilzt bei –7.2 °C.

Die höchsten und niedrigsten Siedepunkte

Helium hat den **niedrigsten Siedepunkt** aller Elemente (–268.93 °C), an zweiter Stelle steht Wasserstoff (–252.87 °C), gefolgt von Neon (–246.08 °C), Stickstoff (–195.79 °C), Fluor (–188.12 °C), Argon (–185.85 °C) und Sauerstoff (–182.95 °C). Den **höchsten Siedepunkt** findet man bei Rhenium (5596 °C), gefolgt von Wolfram (5555), Tantal (5458) und Osmium (5012); diese vier Metalle sind ja auch beim Schmelzpunkt bereits die Rekordhalter.[b] Neon weist mit 2.5 °C die **geringste Differenz zwischen Schmelzpunkt und Siedepunkt eines Elements** auf.

Dichte-Rekorde

Das Element mit der **niedrigsten Dichte** ist Wasserstoff (0.088 g/l unter Normalbedingungen, Abb. 2), gefolgt von den Edelgasen Helium (0.176) und Neon (0.885).

Das dichteste Element ist Osmium (22.587 kg/l);[1] Iridium liegt nur ganz knapp an zweiter (22.562),[1] Platin an dritter (21.37), Rhenium an vierter

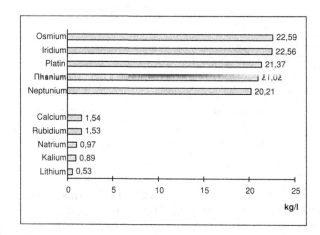

Abb. 2: Die spezifisch leichtesten und schwersten festen Elemente

[1] J. W. Arblaster, *Platinum Met. Rev.* **1995**, *39*, 164.

(21.02) und Neptunium[c] an fünfter Stelle (20.2). Unter den festen Elementen ist Lithium deutlich das leichteste; seine Dichte beträgt nur 0.53 kg/l. Auf Platz zwei folgt Kalium (0.89), dahinter Natrium (0.97), Rubidium (1.53) und Calcium (1.54).

Das härteste und das weichste Element

Eines der **weichsten** und zugleich das **härteste feste Element** ist der Kohlenstoff, und zwar in Form von Graphit bzw. Diamant. Einkristalliner Diamant erreicht auf der Härteskala nach Knoop den absoluten Höchstwert von 90 GPa.[2] Auf der physikalisch etwas weniger aussagekräftigen Schleifhärteskala nach Mohs hat er die **Härte** 10. Bor ist mit einer Mohshärte von 9.5 das zweithärteste Element. Das Kohlenstoffallotrop Graphit ist eine äußerst weiche Substanz mit einer Mohshärte von 0.5 bzw. einer Knoop-Härte von 0.12 Gpa (→ Atome und Moleküle; Härterekorde). Weicher sind nur die Alkalimetalle Rubidium und Cäsium (Mohshärte 0.3 bzw. 0.2).

Die größte und geringste Wärmeleitfähigkeit bei Elementen

Kohlenstoff in Form von Diamant ist zugleich Rekordhalter in der Disziplin **Wärmeleitfähigkeit**. Es werden Werte weit über 2000 W/m K bei Raumtemperatur angegeben. Im allgemeinen sind allerdings Metalle unter Normalbedingungen die **besten elementaren Wärmeleiter** (Abb. 3).

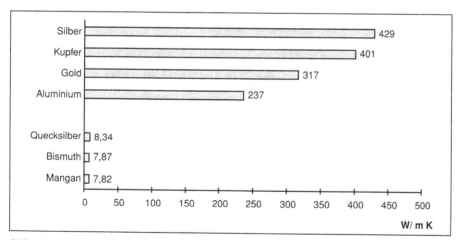

Abb. 3: Die besten und schlechtesten Wärmeleiter unter den metallischen Elementen

[2] C.-M. Sung, M. Sung, *Mater. Chem. Phys.* **1996**, 43, 1. Ein Gigapascal (1 GPa = 10⁶ Pa) entspricht einem Druck von 10 bar.

Hier führt Silber (429 W/m K) vor Kupfer (401), Gold (317) und Aluminium (237). Die schlechteste Wärmeleitung aller Metalle zeigen Mangan (7.82 W/m K), Bismuth (7.87) und Quecksilber (8.34). Noch viel niedrigere Wärmeleitfähigkeiten zeigen naturgemäß die gasförmigen Elemente. Xenon ist mit einem Wert von 0.0055 W/m K der **beste bekannte elementare Wärmeisolator**, während Wasserstoff (0.187) und Helium (0.157) die wärmeleitfähigsten Gase überhaupt sind. Die Wärmeleitfähigkeit von supraflüssigem Helium übertrifft die des „normalflüssigen" um den Faktor 10^6.

Die besten und schlechtesten Stromleiter

Das Element, das unter Normalbedingungen den **niedrigsten elektrischen Widerstand** (und damit die höchste Stromleitfähigkeit) aufweist (Abb. 4), ist Silber mit einem Wert von 1.617×10^{-8} Ω m, gefolgt von Kupfer (1.712×10^{-8}), Gold (2.255×10^{-8}), Aluminium (2.709×10^{-8}) und Calcium (3.42×10^{-8}). Die schlechtesten Stromleiter unter den Metallen sind Mangan (144×10^{-8} Ω m), Gadolinium (131×10^{-8}) und Terbium (115×10^{-8}).

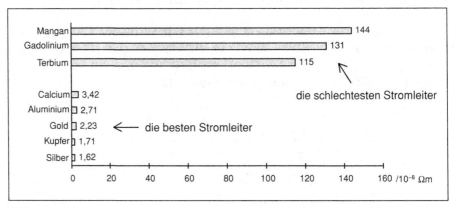

Abb. 4: Die metallischen Elemente mit dem höchsten und dem niedrigsten elektrischen Widerstand

[a] CRC *Handbook of Chemistry and Physics* (Ed.D.R. Lide), 76th ed. CRC Press, Boca Raton, **1995**, S. 4 – 92. Man findet auch die Angabe, daß der bei Normaldruck gegenüber Graphit metastabile Diamant mit einem Schmelzpunkt von ca. 3550 °C höherschmelzend sei als Wolfram (L. F. Trueb, Die Chemischen Elemente, Hirzel, Stuttgart, **1996**, S. 259).

[b] Alle Angaben aus CRC *Handbook of Chemistry and Physics* (Ed.D.R. Lide), 76th ed. CRC Press, Boca Raton, **1995**; man findet in der Literatur auch z. T. erheblich höhere Werte, beispielsweise für Re 5870, W 5700, Ta 5534 und für Os 5020 °C (A. F. Holleman, *Lehrbuch der anorganischen Chemie (Holleman-Wiberg)*, 101. Aufl. v. N. Wiberg, de Gruyter, Berlin, **1995**, S. XXXVIII).

[c] CRC *Handbook of Chemistry and Physics* (Ed.D.R. Lide), 76th ed. CRC Press, Boca Raton, **1995**, S. 4 – 72. Man findet in der Literatur auch einen Wert von 19.5 kg/l (L. F. Trueb, *Die Chemischen Elemente*, Hirzel, Stuttgart, **1996**, S. 380).

Die ersten bekannten Elemente

Das erste Element, das der Mensch kennenlernte und bewußt instrumental nutzte, war der Kohlenstoff. Davon zeugen Höhlenzeichnungen aus prähistorischer Zeit, die Kohlenstoff in Form von Ruß als Pigment enthalten (→ Farbstoffe; Rekorde: Der älteste Farbstoff). Den Steinzeitmenschen war die Elementnatur des Kohlenstoffs allerdings unbekannt; sie wurde erst 1789 von Lavoisier etabliert. Weitere **mindestens seit der Antike bekannte Elemente** sind Bismuth, Eisen, Gold, Kupfer, Platin, Quecksilber, Schwefel, Silber und Zinn. Mit Ausnahme des letzteren kommen sie elementar in der Natur vor. Blei und Zink, die sich sehr leicht aus ihren Erzen darstellen lassen, sind spätestens seit dem Mittelalter bekannt. Mendelejev und Meyer brachten 1869 unabhängig voneinander auf der Grundlage physikalischer und chemischer Daten Ordnung in das Durcheinander der zum damaligen Zeitpunkt bekannten Elemente. Sie stellten das Periodensystem der chemischen Elemente auf. Dieses enthielt allerdings mehrere Lücken, so daß die Existenz noch nicht entdeckter Elemente sowie deren wichtigste Eigenschaften erstmals korrekt vorausgesagt werden konnten.[1]

Derartige **vorausgesagte Elemente** waren z. B. Gallium (entdeckt 1875 durch de Boisboudran) und Germanium (entdeckt 1886 durch Winkler). **Die letztentdeckten nicht radioaktiven Elemente** waren Hafnium, das 1923 von Coster und v. Hevesy identifiziert wurde, und Rhenium, das 1925 von Tacke und Noddack in Mineralproben nachgewiesen und 1926 dann rein erhalten werden konnte. Ein wesentlicher Grund der späten Entdeckung ist die Tatsache, daß es für beide Metalle keine Erze gibt. Erst 1994 wurde ein Mineral mit Rhenium als Hauptkomponente gefunden – am Kraterrand eines Vulkans. Hafnium kommt zwar als ständiger Begleiter des Zirconiums in untergeordneter Menge in dessen Erzen vor, kann aber wegen der beinahe identischen Eigenschaften beider Metalle nur mühsam von diesem abgetrennt werden.

Uran ist **das erste radioaktive Element**, das entdeckt wurde (Klaproth, 1789; 1840 von Péligot erstmals elementar dargestellt), das zweite ist das Thorium (Berzelius, 1828). Die Radioaktivität beider Elemente blieb bis zur revolutionären (und eher zufälligen) Entdeckung dieses Phänomens (Becquerel, 1896) natürlich unbekannt. Polonium und Radium wurden als drittes und viertes instabiles Element hingegen auch und gerade wegen ihrer besonders hohen Radioaktivität entdeckt (Curie, 1898). Die von Marie Curie unter absolut primitivsten Bedingungen durchgeführte **Isolierung von ca. 100 mg Radiumchlorid**[2] aus zwei Tonnen Joachimsthaler Uranpechblende ist eine veritable Höchstleistung und zu Recht Legende. Das Ehepaar Marie und Pierre Curie erhielt für die Arbeiten zur Untersuchung der Radioaktivität gemeinsam

[1] Zur Entwicklung des modernen Periodensystems und zur Voraussage der Eigenschaften künstlicher Elemente siehe G. T. Seaborg, *J. Chem. Soc., Dalton Trans.* **1996**, 3899.
[2] A. F. Holleman, *Lehrbuch der anorganischen Chemie*, 101. Aufl. v. N. Wiberg, de Gruyter, Berlin **1995**, S. 1730. Man findet auch die Angabe, es habe sich um Radiumbromid gehandelt (L. F. Trueb, *Die chemischen Elemente*, Hirzel, Stuttgart, **1996**, S. 81).

mit Becquerel 1903 den Nobelpreis für Physik; 1911 wurde Marie Curie für die Entdeckung von Polonium und Radium und dessen Charakterisierung, Isolierung und näherer Untersuchung auch mit dem Chemie-Nobelpreis (→ Nobelpreise) ausgezeichnet. Die Curies wurden zu strahlenden Helden der Wissenschaft. Sie ruinierten ihre Gesundheit durch ihre Arbeiten, weil über die Schädlichkeit von Radioaktivität kurz nach deren Entdeckung noch nichts bekannt war. In der Steinzeit der männlich dominierten Naturwissenschaften erhielt Marie Curie übrigens erst 1904, ein Jahr nach Verleihung des Physik-Nobelpreises, eine bezahlte Stelle – als Laborantin ihres Mannes.[a]

Mit immerhin zwei Eintragungen liegt Marie Curie in der Disziplin „Elementendeckung" trotz allem nur im Mittelfeld. Angeführt wird diese Liste der **Entdecker der meisten Elemente** (Tabelle 1) von Klaproth, der als (Mit-)Entdecker von acht Elementen gilt (Beryllium, Cer, Chrom, Strontium, Tellur, Titan, Uran, Zirconium). Auf Platz zwei der Hitliste liegt Ramsay, der die fünf nicht radioaktiven Edelgase entdeckte (Helium, Neon, Argon, Krypton und Xenon). Faßt man den Begriff „Entdeckung" allerdings etwas weiter,[b] so werden diese beiden von Seaborg übertroffen, der mit seinem Forscherteam zwischen 1940 und 1958 neun Elemente künstlich herstellte, nämlich Plutonium, Americium, Curium, Berkelium Californium, Einsteinium, Fermium, Mendelivium und Lawrencium; später stellte sich heraus, daß Plutonium in Spuren auch in der Natur vorkommt. Seaborg dicht auf den Fersen ist eine Forschergruppe um Armbruster, Hofmann und Münzenberg, die zwischen 1981 und 1996 das Periodensystem um sämtliche sechs **letztentdeckte Elemente** (107 – 112) bereicherte. Dies gelang mit Hilfe des bei der Gesellschaft für Schwerionenforschung in Darmstadt befindlichen Linearbeschleunigers UNILAC, der in der Lage ist, Ionen aller chemischen Elemente elektrostatisch mit einer Beschleunigungsspannung von 150 Millionen Volt auf 20 % der Lichtgeschwindigkeit zu katapultieren.

Tabelle 1: Entdecker der meisten Elemente

Entdecker	Zahl der Elemente	Elemente
Seaborg	9	Pu, Am, Cu, Bk, Cf, Es, Fm, Md, Lr
Klaproth	8	Be, Ce, Cr, Sr, Te, Ti, U, Zr
Armbruster et al.	6	106 – 112
Ramsay	5	He, Ne, Ar, Kr, Xe

[a] Auch Maria Goeppert-Mayer erhielt einen Physik-Nobelpreis (1963) für unbezahlt durchgeführte Arbeiten. Vgl. hierzu: S. Bertsch McGrayne, *Nobel Prize Women: Their Lives, Struggles and Momentous Discoveries*, Carol Publishing, New York, **1993**.

[b] Im strengen Sinne kann nur bereits vorhandenes Verborgenes entdeckt werden. So entdeckte Kolumbus Amerika, Edison entdeckte jedoch nicht, sondern erfand die Glühbirne, und zwar mit Hilfe seiner Erfinderkunst. Künstliches wird demnach erfunden, Natürliches gefunden. Ein ähnlicher Unterschied zwischen Geschaffenem und Erschaffenem (d. h. erstmals Geschaffenem) ist in unserer Sprache inzwischen nur noch diffus vorhanden (vgl. J. Grimm, W. Grimm, *Deutsches Wörterbuch*, Bd. 3, Hirzel, Leipzig, **1862**, Sp. 952).

Rekorde beim Goldabbau

Nur wenige Elemente kommen in größeren Mengen gediegen in der Natur vor. Vor allem sind dies Schwefel und Kohlenstoff sowie die Edelmetalle. Letztere werden z. T. sehr mühsam aus edelmetallhaltigem Gestein durch physikalische und chemische Anreicherungsverfahren isoliert. Ein Rekord in puncto **Abbauwürdigkeit** ist die Untergrenze des Goldgehalts, die bei einem im Tagebau abbaubaren Vorkommen bei nur 1 Gramm pro Tonne Gestein liegt. **Die größte Tagebauanlage zur Goldgewinnung** ist der sogenannte „Superpit" von Kalgoorlie in Westaustralien, der im Endausbau stolze 5 km lang, 2 km breit und 500 m tief sein wird. **Die größte Goldlagerstätte der Welt** liegt in Südafrika nahe Johannesburg in einer als Witwatersrand bekannten geologischen Struktur, einem ehemaligen Binnenmeer. Hier wird in einer Tiefe bis zu 4 km Erz abgebaut.

Die größten Tagebaustätten

Die nicht in nennenswerten Mengen gediegen in der Natur vorkommenden Elemente werden aus geeigneten Verbindungen gewonnen. Bei einigen Elementen ist dies verhältnismäßig unproblematisch. So war z. B. Kupfer aus diesem Grund **das erste aus Erz gewonnene Metall**. Zufällig ist **die größte Tagebauanlage für Kupfererz** zugleich die derzeit **größte Tagebauanlage für Erz** überhaupt. Sie befindet sich in Chile und hat zur Zeit eine Fläche von 3.8×1.8 km bei einer Abbautiefe von ca. 600 m. **Die tiefstschürfende Tagebauanlage der Welt** und mit ca. 1200 m zugleich **das tiefste Loch von Menschenhand** liegt mitten in der südafrikanischen Großstadt Kimberley.[1] Dieses Loch wurde innerhalb von 43 Jahren gegraben und dient heute als Denkmal zur Erinnerung an den großen Diamantenrausch, der dort am 16. Juli 1871 begann. Bis zur Stilllegung im Jahre 1914 wurden 14 Millionen Karat Diamanten gefunden, und 25 Millionen Tonnen Erde und Gestein wurden als Abraum weit um das Loch herum angehäuft. **Die feuchtesten und tiefstgelegenen Tagebaugebiete der Welt** befinden sich in der Pazifischen Südsee und im Atlantik. Dort findet man auf dem Meeresboden die sogenannten Manganknollen. Diese sind wahrscheinlich durch die Wirkung von Mikroorganismen in der Umgebung untermeerischer Vulkane entstanden. Sie enthalten hauptsächlich Eisen- und Manganoxide, darüber hinaus aber auch gewisse Mengen an Buntmetallerzen. Derzeit ist ein Abbau noch nicht wirtschaftlich. **Die größte Bergbaustadt** und mit 40467 Quadratkilometern **die flächenmäßig größte Stadt der Welt** ist Mount Isa im Norden von Queensland in Australien. Hier befindet sich **das größte Blei-Silber-Bergwerk**.

[1] R. Gööck, *Alle Wunder dieser Welt*, Bertelsmann, Gütersloh, **1968**, S. 178 – 179.

Die aufwendigste Elementgewinnung

Daß die Gewinnung reiner Elemente aus ihren Verbindungen auch außerordentlich aufwendig sein kann, beweisen wohl am deutlichsten die insgesamt als „Seltenerdmetalle" bezeichneten Elemente [Scandium, Yttrium Lanthan sowie die Lanthanoiden (Cer bis Lutetium)], die sich chemisch nur wenig voneinander unterscheiden und in ihren Mineralien miteinander vergesellschaftet vorkommen. (Aus vergleichbaren Gründen ist die Abtrennung von Zirconiumspuren aus Hafnium außerordentlich schwierig.) Zur **Trennung der Seltenerdmetalle** voneinander sind veritable Höchstleistungen nötig. Sie gelingt heute u. a. durch modernste automatisierte Ionenextraktionsverfahren. Zu Beginn unseres Jahrhunderts standen solche Möglichkeiten noch nicht zur Verfügung, und man war auf zeitraubende Handarbeit angewiesen. So kristallisierte beispielsweise der Amerikaner James zur Gewinnung reinen Thuliums eine Thuliumbromatprobe rekordverdächtige 15 000 Mal um. Die Seltenerdmetalle waren so schwer voneinander zu trennen, daß zwischen 1787, als erstmals ein Seltenerdmineral gefunden wurde, und 1907, als mit Lutetium das letzte stabile Seltenerdelement entdeckt wurde, ca. einhundert Mal Gemische dieser Metalle oder sogar bloße Verunreinigungen als neue Elemente deklariert wurden.

Namen: Wissenswertes und Kurioses

Die Namen vieler Elemente sind geographischen Ursprungs. Daß Elemente nach Himmelskörpern (z. B. Uran, Neptunium), Kontinenten (z. B. Europium, Americium), Ländern (z. B. Germanium, Polonium) oder zumindest nach Hauptstädten (Hafnium, Lutetium, Holmium, abgeleitet von den lateinischen Namen für Kopenhagen, Paris und Stockholm) benannt wurden, verwundert nicht so sehr. Gleich vier Elemente wurden aber nach dem 30 Kilometer nördlich von Stockholm gelegenen kleinen Ort **Ytterby** benannt, nämlich die Seltenerdmetalle Yttrium, Ytterbium, Terbium und Erbium. In der legendären Feldspatgrube von Ytterby wurde 1787 ein neues Mineral, der Ytterbit, gefunden. In diesem erkannte der finnische Chemiker Gadolin 1794 ein neues Element, das man nach dem Fundort Yttrium nannte. Gadolin zu Ehren hieß das Mineral fortan Gadolinit. Aus Gadolinit wurden später noch weitere zehn Seltenerdmetalle isoliert, die aber nun wirklich nicht alle nach diesem Örtchen benannt werden konnten. **Frankreich** ist das einzige Land, nach dem mehr als ein Element benannt wurde (Gallium und Francium). **Das einzige Land, das nach einem Element benannt wurde**, ist **Argentinien** (nach lat. argentum = Silber). **Der entfernteste Ort, nach dem ein Element benannt wurde**, ist **Pluto**, der äußerste Planet unseres Sonnensystems. Viele Elemente sind nach Naturwissenschaftlern benannt worden. Beim 1880 entdeckten Element 64 war dies erstmals der Fall: Es wurde **Gadolin** zu Ehren Gadolinium getauft. Etliche künstlich hergestellte Elemente erhielten so ihre Namen, beispielsweise Curium,

Einsteinium, Fermium, Mendelevium, Nobelium und Lawrencium. Der von seinen Entdeckern für Element 106 vorgeschlagene Name „Seaborgium" fand 1995 die Zustimmung der zuständigen IUPAC-Kommission, so daß **Seaborg**, der wissenschaftliche Vater von neun Elementen, der erste Mensch ist, nach dem noch zu Lebzeiten ein Element offiziell benannt wurde.[a]

Das erste künstlich hergestellte Element ist Technetium, das Perrier und Segré 1937 durch Bestrahlung von Molybdän mit Deuterium-Kernen erhielten. Der Name leitet sich vom griechischen Wort für „künstlich" ab. Auf der Erde kommt es nur in geringsten Spuren vor. Als instabiles Zerfallsprodukt des Urans wurde Technetium 1961 erstmals und in winzigsten Mengen (ca. ein millionstel Gramm) aus einem natürlichen Material, nämlich dem Uranmineral Pechblende, isoliert.[5] Bereits am 11. Juni 1925 berichteten Tacke und Noddack über den röntgenspektroskopischen Nachweis dieses Elementes (zusammen mit Rhenium, siehe oben) in bestimmten Mineralien.[6] Im Unterschied zum Rhenium konnten sie trotz größter Anstrengungen allerdings keine Substanzprobe vorlegen. Die von ihnen beanspruchte Entdeckung des Elementes, für das sie den Namen „Masurium" vorschlugen (nach Masuren, der Heimat Noddacks), wurde daraufhin stark angezweifelt und wird heutzutage in Lehrbüchern als Irrtum gehandelt. Eine ca. 60 Jahre später erfolgte gründliche Überprüfung der Interpretation ihrer experimentellen Befunde ergab jedoch, daß Tacke und Noddack vielleicht doch die eigentlichen Entdecker dieses Elementes sind.[7] Die Mineralienproben, bei denen ihnen der Nachweis gelang, waren sämtlich uranhaltig – und Technetium ist, wie oben bereits bemerkt, ein natürliches Spaltprodukt des Urans.

[5] B. T. Kenna, P. K. Kuroda, *J. Inorg. Nucl. Chem.* **1961**, *23*, 142.

[6] W. Noddack, I. Tacke, O. Berg, *Sitzungsberichte der Preussischen Akademie der Wissenschaften, phys.-math. Klasse XIX*, **1925**, 400

[7] Pro: P. H. M. Van Assche, *Nucl. Phys. A* **1988**, *480*, 205. Contra: P. K. Kuroda, *Nucl. Phys. A* **1989**, *503*, 178.

[a] Auf die Namen der Elemente Einsteinium und Fermium, die im Rahmen geheimer Kernwaffenversuche entdeckt wurden, soll man sich bereits zu Lebzeiten Einsteins und Fermis geeinigt haben. Da diese Nuklearforschung „top secret" war, erfolgte die offizielle Namensgebung mit großer Verspätung und erst nach dem Tod der beiden Physiker.

Die teuersten Elemente

Die teuersten Elemente sind nicht notwendigerweise zugleich die seltensten. Bei einigen besonders teuren Elementen beruht die relativ zum Angebot unverhältnismäßig große Nachfrage nicht allein auf praktisch-technischem Nutzen, sondern wird auch durch einen von ästhetischem Empfinden und mythischen Werten genährten Symbolcharakter geschürt. Dies merkt man deutlich beim teuersten der kommerziell zugänglichen natürlichen Elemente, dem Kohlenstoff. In seiner praktisch-technisch völlig nutzlosen Form, als Schmuckstein nämlich, kann das Kohlenstoff-Allotrop **Diamant** Karatpreise von mehreren Zehntausend Mark erzielen (1 Karat = 0.2 g). Die Gründe, weshalb man für ein Gramm Kohlenstoff dieser Art durchaus weit mehr als DM 100000 ausgeben kann,[a] sind so alt wie die menschliche Psyche: Diamanten, zumal lupenreine und hochkarätige, sind selten. Dafür halten sie aber, obwohl sie gegenüber Graphit thermodynamisch instabil sind, aus kinetischen Gründen nach menschlichen Maßstäben ewig (Mohshärte 10, „Diamonds are forever."). Ihr „kaltes Feuer" (hoher Brechungsindex, höchste Wärmeleitfähigkeit) ist sinnlich faszinierend. Für viele sind sie einfach sexy und nach Marilyn Monroe „a girl's best friend". **Edelmetalle folgen in der Preisliste auf den nächsten Plätzen.** Hier liegen derzeit die Platinmetalle vorn (Wall-Street-Ankaufpreise vom 04.01.99: 750.00 US$ für die Feinunze Rhodium, 362.20 US$ für die Feinunze Platin, 325.00 US$ für die Feinunze Palladium, 349.10 US$ für die Feinunze Gold; eine Unze = 31.1 g). Gold ist ebenfalls ein mythisches Element, dessen Symbolkraft nach wie vor im Währungswesen und in der Schmuckherstellung bedeutsam ist. Platin, Palladium und Rhodium sind als wichtige Katalysatormetalle von großem technischen Interesse. Verblüffend ist, daß man bei entsprechender Autorisierung auch künstliche Elemente, z.B. Americium und Berkelium käuflich erwerben kann. Die Isotope ^{243}Am und ^{249}Bk kosten ca. 100 US$ pro Milligramm. Letzteres läßt sich schlecht horten, da es eine Halbwertszeit von 314 Tagen besitzt; die Halbwertszeit von ^{243}Am beträgt hingegen 8.8×10^3 Jahre.

---

[a] Diamantpreise sind progressiv größenabhängig, d. h. der Karatpreis steigt mit der Karatzahl.

Das reinste Element und der perfekteste Kristall

Ganz allgemein ist die Abtrennung letzter Spuren von Verunreinigungen recht schwierig, so daß der damit verbundene große Aufwand nur in besonderen Fällen gerechtfertigt ist. Ein solcher Fall ist das Element Silicium, das in ultrareiner Form in großen Mengen für die Halbleitertechnologie benötigt wird. Man kann Silicium als **das reinste kommerziell erhältliche Element** bezeichnen.[a] Einkristallines Reinstsilicium, das durch Zonenschmelzen gewonnen wird, enthält weniger als 10^{-9} Atom % metallische Verunreinigungen.[1] Löst man ein Stück Würfelzucker (2.7 g) in 2.7 Millionen Litern Wasser – das entspricht ungefähr der Füllmenge eines kleinen Tankschiffs –, dann liegt die Zuckerkonzentration in diesem Bereich. Selbst sehr sensible Gaumen wären mit dem Herausschmecken des Zuckers bei dieser gleichsam homöopathischen Verdünnung überfordert. Die Kristallperfektion ist schier unglaublich: Ein Kubikzentimeter einkristallinen Siliciums enthält 5×10^{22} Si-Atome, aber nur ca. 10^4 Kristallgitterfehler;[2] lediglich etwa jedes 1 000 000 000 000 000 000ste (10^{18}te) Atom ist falsch eingebaut. 1998 wurden weltweit 23 000 Tonnen einkristallines Reinstsilicium produziert. Man kann Silicium-Einkristalle mit einem Durchmesser von 30 cm, einer Länge von 2.5 m und einem Gewicht von über 100 kg herstellen. Aus den Einkristallen werden nach Salami-Art dünne Scheiben (Wafer) produziert, die in der Mikroelektronik verwendet werden. Die Oberfläche der Wafer muß zu diesem Zweck außerordentlich eben sein und wird daher speziell poliert: Würde man einen typischen Silicium-Wafer (20 cm) so stark vergrößern, daß er den Durchmesser der Erde am Äquator hätte (12900 km), so wäre er 47 km dick, und seine Oberfläche wäre so platt, daß in einem Bereich der Größe von Frankreich, Italien und Deutschland zusammen der größte Höhenunterschied nur 20 m betrüge (dagegen ist selbst Ostfriesland gebirgig). Ein Atom auf der Oberfläche eines derart vergrößerten Wafers wäre ungefähr so groß wie ein Tischtennisball. Die Verunreinigung der Oberfläche mit fremden Metallatomen ist so gering, daß sie im Durchschnitt nur einen einzigen Tischtennisball auf einer Fläche von 70×70 m² ausmachen würde. Es ist klar, daß zum Nachweis dieser rekordverdächtig geringen Spuren von Verunreinigungen rekordverdächtig empfindliche Analysemethoden eingesetzt werden müssen.[b] Hier haben sich die ICP-Massenspektrometrie,[c] die Totalreflexions-Röntgenfluoreszenz und die Neutronenaktivierungsanalyse bewährt, deren Nachweisgrenzen ausreichen, um hundertstel oder sogar nur tausendstel Nanogramm bestimmter Verunreinigungen zu erfassen (→ Atome und Moleküle: Highlights der Analytik).[3]

[1] W. Zulehner, *Mater. Sci. Eng.* **1989**, *B4*, 1.
[2] A. Ikari, K. Izunome, S. Kawanishi, S. Togawa, K. Terashima, S. Kimura, *J. Cryst. Growth* **1996**, *167*, 361.
[3] L. Fabry, S. Pahlke, L. Kotz, G. Tölg, *Fresenius J. Anal. Chem.* **1994**, *349*, 260.
[a] Die nachfolgenden Informationen wurden freundlicherweise von Dr. H. Fußstetter und Dr. L. Fabry (Wacker Siltronic, Burghausen) zur Verfügung gestellt.
[b] Zu generellen Problemen der Ultraspurenanalytik, z. B. Allgegenwartskonzentrationen der Elemente und systematische Fehler, siehe G. Tölg, *Naturwissenschaften* **1976**, *63*, 99.
[c] ICP ist eine vom englischen Begriff 'inductively coupled plasma' abgeleitete Abkürzung für ein Ionisierungsverfahren mittels eines Hochfrequenzfeldes; siehe z. B. A. L. Gray in *Inorganic Mass Spectrometry* (Eds. F. Adams, R. Gijbels, R. Van Grieken), Wiley, New York, **1988**, S. 257 – 300.

Die reaktivsten Elemente

Das reaktionsfähigste Element ist das Nichtmetall Fluor, und zwar sowohl im thermodynamischen als auch im kinetischen Sinne. **Das reaktivste Metall** ist Cäsium. Während Fluor **das elektronegativste Element** ist, ist Cäsium das am wenigsten elektronegative („elektropositivste"). **Am wenigsten reaktiv** sind die Edelgase (von Helium, Neon und Argon sind keine Verbindungen im eigentlichen Sinn bekannt). Auch die Edelmetalle sind äußerst reaktionsträge. So löst sich das zu den schweren Platinmetallen zählende Iridium in kompakter Form selbst in Königswasser nicht, höchstens noch in heißem Euchlorin (als Königswasser ist eine Mischung aus drei Volumenteilen konzentrierter Salzsäure und einem Volumenteil konzentrierter Salpetersäure bekannt, die selbst den „König der Metalle", das Gold, auflöst; Euchlorin ist eine Mischung aus konzentrierter Chlorsäure und rauchender Salzsäure) (→ Nobelpreis; Rekorde).

Die Elemente mit der höchsten Oxidationsstufe

Die höchste formale Oxidationsstufe, nämlich +VIII, findet man bei Ruthenium, Osmium und Xenon, **die niedrigste formale Oxidationsstufe**, –IV, bei Kohlenstoff und Silicium.[a] **Das höchstgeladene Ion**, das bisher experimentell erzeugt und beobachtet wurde, und zwar mit Hilfe einer Elektronenstrahl-Ionenfalle, ist U^{82+}.[1] Derartig hochgeladene Ionen können nur unter speziellen Bedingungen in der Gasphase gehandhabt werden. In kondensierter Phase werden als höchstgeladene Ionen die Spezies C^{4-} und Si^{4-} gehandelt. Diese Anionen sind in salzartigen Carbiden und Siliciden anzutreffen – cum grano salis; denn man sollte diese hohen Ionenladungen nicht ganz wörtlich nehmen, sondern eher als die Beschreibung eines Grenzstrukturextrems auffassen, da in einem völlig ionisch aufgebauten Carbid oder Silicid wegen der hohen Ionenladungen enorme Coulomb-Kräfte wirken würden. In stark saurer, wäßriger Lösung sind vierfach geladene Kationen einiger Metalle (z. B. Cer und Uran), bekannt, die natürlich nicht „nackt", sondern solvatisiert – in Form der Aquokomplexe $[M(H_2O)_n]^{4+}$ – vorliegen.

[1] D. H. G. Schneider, M. A. Briere, *Phys. Scr.* **1996**, *53*, 228, zit. Lit.

Besondere Eigenschaften

Gold ist **das am besten dehn- und walzbare Metall**. Dünnstes Blattgold ist nur 0.0001 mm dick.

Silber besitzt **das höchste Reflexionsvermögen aller Metalle**, daher seine Verwendung in Spiegeln.

Palladium hat die für ein Metall einzigartige Fähigkeit, **extrem durchlässig für Wasserstoff** zu sein. Es wird daher als Reinigungsfilter für die Produktion hochreinen Wasserstoffs benutzt, da außer diesem kein anderes Gas hindurchdiffundiert.[b]

---

[a] Es sei angemerkt, daß die formale Oxidationsstufe keine Auskunft über die wirkliche Elektronendichte an einem Atom gibt.
[b] Die in der Literatur zu findende Angabe, Palladium absorbiere das 900fache des eigenen Gewichts an Wasserstoff (L. F. Trueb, *Die chemischen Elemente*, Hirzel, Stuttgart, **1996**, S. 179), muß angezweifelt werden.

Die ersten und häufigsten Elemente im Weltall

Die Elemente sind die Bausteine der Chemie. Von den 112 bekannten Elementen kommen 94 in der Natur vor – einige radioaktive allerdings nur in allerwinzigsten Mengen.[a] Im Anfang[1] – unmittelbar nach dem Urknall[b] – war der Wasserstoff, **das erste Element im Universum.** Aus Wasserstoff wurde durch Neutroneneinfang sein Isotop Deuterium gebildet und aus diesem entstand durch nucleosynthetische „Dimerisierung" dann das Helium; bei diesem Prozeß wurde fast alles Deuterium verbraucht.[c] Im Weltall sind Wasserstoff und Helium **die mit Abstand häufigsten Elemente**: Die relative Atomhäufigkeit von Wasserstoff beträgt 88.6 %, die von Helium 11.3 %. Der Anteil der Atome aller anderen Elemente im Weltall (Abb. 1) beträgt zusammen also gerade einmal ein Promille (in Gewichtsanteilen gerechnet ist es ca. 1 %) – die Nucleosynthese der schwereren Elemente, die sich vor allem im Inneren der Sterne und bei stellaren Explosionsprozessen vollzieht, ist also noch nicht sehr weit fortgeschritten.[2] In Sternen der Größe unserer Sonne können durch Fusionsprozesse nur die leichteren Elemente bis zum Sauerstoff entstehen. Schwere Elemente bis zum Eisen können in massereicheren Sternen synthetisiert werden.[3] Insgesamt sind es subtile Eigenschaften kernphysikalischer Prozesse, die die Häufigkeit der gebildeten Elemente bestimmen. Leicht verstehen kann man, daß das Eisenisotop ^{56}Fe wegen seiner **maximalen Kernbindungsenergie** unter den schweren Elementen im Universum besonders häufig ist. Es ist das stabile Endprodukt der kosmischen Kernreaktionen. Gleichgültig, ob man es spalten oder durch Fusionsreaktionen schwerere Elemente aus ihm aufbauen will, es muß dazu Energie aufgewendet werden. Mit der Ausbildung eines Kerns aus Eisen hat ein Stern endgültig die Entwicklungsphase beendet, in der er aus Kernprozessen Energie produziert.[4] Ein sehr massereicher Stern, etwa zwanzigmal schwerer als die Sonne, hat demzufolge nach Ablauf dieser beim Eisen endenden Fusionskaskade keine Möglichkeit mehr, die für die Stabilisierung gegen die Schwerkraft nötige Energie aufzubringen. Er kollabiert innerhalb weniger Millisekunden. Dieses Ereignis führt zu dem mit Abstand **leuchtkräftigsten Phänomen des Weltalls**, der Supernova-Explosion, bei der so viel Energie abgestrahlt wird wie von allen anderen Sternen des Universums während dieser Zeit zusammen.[5] In der Stoßwelle der Supernova-Explosion entstehen etliche neue Elemente, da die enorme Hitze Kernreaktionen ermöglicht, die sonst in Sternen nicht ablaufen. Eisenkerne werden so durch Neutronenbombardement zu Gold- und diese zu Bleikernen (Alptraum jedes Alchimisten);

[1] Siehe z. B. S. Weinberg, *Die ersten drei Minuten*, Piper, München, **1986**. Eine Kurzdarstellung der Entwicklung des Universums geben P. J. E. Peebles, D. N. Schramm, E. L. Turner, R. G. Kron, *Spektrum d. Wiss. Spezial* Dezember **1994**, *3*, 20.
[2] Zur Entstehung der chemischen Elemente siehe z. B. N. Langer, *Leben und Sterben der Sterne*, Beck, München, **1995**, S. 105 – 119 sowie Greenwood, Earnshaw, S. 1 – 23. Eine Kurzdarstellung gibt R. P. Kirshner, *Spektrum d. Wiss. Spezial* Dezember **1994**, *3*, 28.
[3] Um alle möglichen thermonuklearen Fusionsphasen erreichen zu können, muß ein Stern mindestens die sogenannte Chandrasekhar-Grenzmasse haben, die 1.4 Sonnenmassen beträgt (N. Langer, *Leben und Sterben der Sterne*, Beck, München, **1995**, S. 48).
[4] Ibid., S. 75.
[5] Ibid., S. 78.

Elementevorkommen

aus Blei entstehen dann die schweren, radioaktiven Elemente.[6] Allesamt werden sie durch die Wucht der Explosion ins Universum geschleudert. Die Eisenatome im Hämoglobin des menschlichen Blutes stammen aus solchen Supernova-Explosionen, die vor mehr als fünf Milliarden Jahren stattgefunden haben.[7] Manche mögen es als tröstlich empfinden, daß wir aus solchem Sternenstaub hervorgegangen sind. Neben den „Oldies" des Universums, Wasserstoff und Helium, gibt es noch drei weitere Elemente, die fast gänzlich außerhalb von Sternen gebildet werden, nämlich die leichten Elemente Lithium, Beryllium und Bor. Diese entstehen vornehmlich im interstellaren Raum durch die Einwirkung kosmischer Strahlung aus schwereren Atomkernen, die durch die Strahlung regelrecht zertrümmert werden.[8]

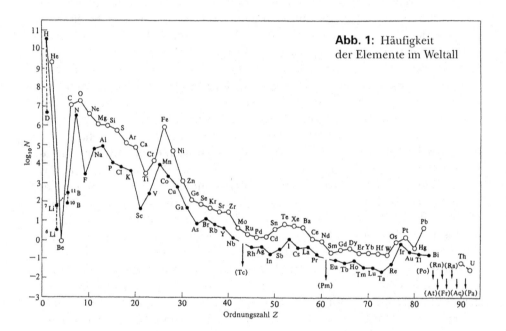

Abb. 1: Häufigkeit der Elemente im Weltall

Die häufigsten Elemente auf der Erde

Die Materie ist im Universum nicht gleichmäßig verteilt. Auf der Erde beispielsweise fallen nicht Wasserstoff und Helium,[d] sondern gerade die anderen, anteilsmäßig zum „kläglichen Rest" des Universums gehörenden Elemente besonders ins Gewicht. Die Hitliste für **die nach Gewichtsanteilen häufigsten Elemente** in der gesamten Erdhülle (Abb. 2) wird angeführt von Sauerstoff (48.9 Gew. %), gefolgt von Silicium (26.3), Aluminium (7.7), Eisen (4.7) und

[6] R. P. Kirshner, *Spektrum d. Wiss. Spezial* Dezember **1994**, 3, 28.
[7] U. Borgeest, *Spektrum d. Wiss. Digest* Februar **1996**, 4, 6.
[8] N. Langer, *Leben und Sterben der Sterne*, Beck, München, **1995**, S. 106 – 107.

Calcium (3.4). Die drei häufigsten Elemente, O, Si und Al, kommen in der festen Erdkruste oft gemeinsam vor, und zwar in den weit verbreiteten Alumo-silicat-Mineralien (z. B. Feldspäte, Zeolithe und Tone). Unser Leben ist mit dem häufigsten Element, Sauerstoff, untrennbar verbunden: Die Erde ist ca. 4.5 Milliarden Jahre alt. Es gibt Hinweise auf sehr frühe Lebensformen vor etwa 3.8 Milliarden Jahren. Für die Entwicklung höheren Lebens auf der Erde war die Anreicherung der Erdatmosphäre mit elementarem Sauerstoff, O_2, von größter Bedeutung.[9] O_2 wurde schon sehr früh in der Erdgeschichte durch Photosynthese betreibende primitive Organismen in die Ozeane abgegeben. Der meiste Sauerstoff reagierte zunächst mit gelösten, in niedrigen Oxidati-onsstufen (reduziert) vorliegenden Metallionen. Nachdem die reduzierten Minerale im Meer oxidiert waren, reicherte sich der Sauerstoff rasch in der Erd-atmosphäre an. Neuere Untersuchungen weisen darauf hin, daß die Sauer-stoffzunahme vor ca. 2.1 Milliarden Jahren abrupt einsetzte. Damit war das an-aerobe Zeitalter endgültig vorbei. Bereits vor 1.5 Milliarden Jahren hatte die O_2-Konzentration in der Atmosphäre annähernd den heutigen Wert erreicht.

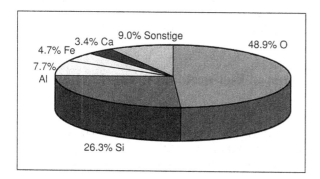

Abb. 2: Die häufigsten Elemente auf der Erde

Die seltensten Elemente auf der Erde

Die seltensten Elemente in der Natur sind trotz ihres Namens nicht die soge-nannten „seltenen Erden" (Scandium, Yttrium, Lanthan und die 14 Lantha-noidmetalle), die in der Häufigkeitsliste auf mittleren Rängen zwischen 25 (Cer, häufiger als Kupfer) und 63 (Thulium, häufiger als Silber) rangieren. **Die seltensten nicht radioaktiven Elemente** in der Erdhülle sind Krypton (1.9 10^{-8} Gew. %), Iridium und Rhenium (jeweils 10^{-7} Gew. %). Besonders selten sind in der Natur radioaktive Elemente ohne langlebige Isotope vertreten. Von eini-gen dieser **seltensten natürlichen Elemente** gibt es auf der Erde nur so geringe Spuren, daß eine Angabe der absoluten Menge kaum möglich ist. Man schätzt,

[9] Siehe hierzu C. J. Allègre, S. H. Schneider, *Spektrum d. Wiss. Spezial*, Dezember **1994**, *3*, 36. J. F. Kasting, *Science* **1993**, *259*, 920.

daß in der Erdkruste nur ca. 1.2 t Neptunium, 25 kg Plutonium, 12 kg Promethium, 100 g Francium und lediglich 45 mg Astat vorhanden sind.[e] Vom in der Natur noch nie nachgewiesenen Element Americium, das in Kernreaktoren entsteht, gibt es dagegen mittlerweile schon etliche Tonnen. Das wohl bekannteste radioaktive Element, Uran, ist sehr langlebig und kommt in der Erdkruste etwa so häufig vor wie beispielsweise Zinn oder Wolfram.[9] Die Halbwertszeit des häufigsten Uranisotops, ^{238}U, ist mit 4.5 Milliarden Jahren ungefähr so groß wie das Alter unseres Sonnensystems. **Die mit Abstand seltensten aller Elemente** sind diejenigen, von denen mit den aufwendigen Methoden der Hochenergiephysik gerade einmal einige wenige Atome erzeugt werden können und die nach kürzester Zeit wieder zerfallen. Vom letztentdeckten Element, 112, wurden nur zwei Atome erzeugt, die sich dann in weniger als einer Millisekunde auch schon wieder von den Forschern verabschiedeten, indem sie zum – ebenfalls sehr instabilen – Element 110 zerfielen.[10] Auch ein **Antielement** wurde schon künstlich erzeugt: Aus Antiprotonen und Positronen konnten insgesamt mindestens elf Antiwasserstoffatome synthetisiert werden – mehr, als von den schwersten „richtigen" Elementen.[11] Unter den experimentellen Bedingungen überlebten die Antiatome nur winzige Sekundenbruchteile. Von einem Materie-Antimaterie-Antrieb à la Raumschiff Enterprise[f] oder gar von einer Antichemie ist man noch lichtjahrweit entfernt.

Die häufigsten und seltensten Elemente im menschlichen Körper

Im menschlichen Körper ist, ebenso wie in der Erdhülle, der Sauerstoff mit 65.4 Gewichtsprozent **das häufigste Element** (Abb. 3). Den zweiten Rang nimmt Kohlenstoff ein (18.1), gefolgt von Wasserstoff (10.1), Stickstoff (3.0), Calcium (1.5), Phosphor (1.0) und Schwefel (0.25). Der große Wassergehalt des Körpers (im Durchschnitt ca. 55 – 60 %)[g] kommt in den vergleichsweise sehr hohen Werten für Sauerstoff und Wasserstoff zum Ausdruck. Zugleich sind sie, ebenso wie Kohlenstoff, in quasi allen organischen Biomolekülen zu finden. Auch Stickstoff, Phosphor und Schwefel sind elementare Bestandteile vieler Biomoleküle. Ein großer Teil Calcium und Phosphor befindet sich, vor allem als Hydroxylapatit, in der Knochensubstanz. Ein 70 kg schwerer Mensch enthält ca. 45.5 kg Sauerstoff, 12.6 kg Kohlenstoff, 7.0 kg Wasserstoff, 2.1 kg Stickstoff, 1.05 kg Calcium, 700 g Phosphor und 175 g Schwefel; häufigstes Schwermetall ist das Eisen (4.2 g).[12] **Die seltensten essentiellen Elemente**

[10] S. Hofman, V. Ninov, F. P. Heßberger, P. Armbruster, H. Folger, G. Münzenberg, H. J. Schött, A. G. Popeko, A. V. Yeremin, S. Saro, R. Janik, M. Leino, *Z. Phys. A* **1996**, *354*, 229.
[11] G. Baur, G. Boero, S. Brauksiepe, A. Buzzo, W. Eyrich, R. Geyer, D. Grzonka, J. Hauffe, K. Kilian, M. LoVetere, M. Macri, M. Moosburger, R. Nellen, W. Oelert, S. Passaggio, A. Pozzo, K. Röhricht, K. Sachs, G. Schepers, T. Sefzick, R. S. Simon, R. Stratmann, F. Stinzing, M. Wolke, *Phys. Lett. B* **1996**, *368*, 251.
[12] W. Kaim, B. Schwederski, *Bioanorganische Chemie*, 2. Aufl., Teubner, Stuttgart, **1995**, S. 7.

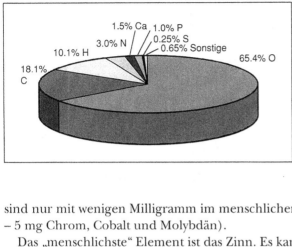

Abb. 3: Die häufigsten Elemente im menschlichen Körper

1.5% Ca 1.0% P
3.0% N 0.25% S
10.1% H 0.65% Sonstige
18.1% C 65.4% O

sind nur mit wenigen Milligramm im menschlichen Körper vertreten (je ca. 3 – 5 mg Chrom, Cobalt und Molybdän).

Das „menschlichste" Element ist das Zinn. Es kann nämlich „krank" werden (Zinnpest),[h] und wenn man es verbiegt, dann „schreit" es. Seine essentielle Rolle für den Menschen ist umstritten.[12]

[a] L. F. Trueb, *Die chemischen Elemente*, Hirzel, Stuttgart, **1996**, passim. 90 Elemente werden hier als „stabil" bezeichnet (S. 3), was allerdings auf der Grundlage der Halbwertszeiten der längstlebigen Isotope der radioaktiven Elemente zu hoch gegriffen ist. Auch in etwas älteren Werken taucht die Zahl 90 nach dem heutigen Kenntnisstand fälschlicherweise auf; so findet man die Angabe, daß von den 92 Elementen von Wasserstoff bis Uran lediglich 90 auf der Erde vorkommen (vgl. z. B. N. N. Greenwood, A. Earnshaw, *Chemistry of the Elements*, 2nd ed. Pergamon, Oxford, **1997**, S. 1).

[b] Im angelsächsischen Sprachraum heißt der Urknall „big bang". Dieser Begriff hört sich amerikanischer an als er ist: Er wurde 1950 vom britischen Astronomen Fred Hoyle geprägt, der ihn in einer Reihe von BBC-Interviews erstmals verwendete, um den Begriff selbst und damit die an ihn geknüpfte Theorie vom expandierenden Weltall lächerlich zu machen. Es ist dokumentiert, daß noch vor Hoyle der belgische Domherr Abbé Lemaître den Begriff „big noise" benutzte, und zwar in einem Vortrag über die Entstehung des Universums, den er im Beisein Einsteins am Mount-Wilson-Observatorium in Pasadena hielt (S. Ortoli, N. Witkowski, *Die Badewanne des Archimedes: Berühmte Legenden aus der Wissenschaft*, Piper, München, **1997**, S. 145 – 151).

[c] Die Elemente entstanden bzw. entstehen zunächst in Form der entsprechenden Atomkerne (Protonen, Deuteronen etc.). Wenige Minuten nach dem Urknall betrug die Temperatur des Universums ca. eine Milliarde °C, und bei derartig hohen Temperaturen sind Atome noch nicht stabil. Zum frühen Kosmos siehe C. J. Hogan, *Spektrum d. Wiss.* Februar **1997**, 38. Die Temperaturen im Inneren von nucleosynthetisch aktiven Sternen sind ebenfalls extrem hoch; im Innern der Sonne herrscht beispielsweise eine Temperatur von 15 Millionen °C. Bei Supernova-Explosionen treten noch sehr viel höhere Temperaturen auf.

[d] Elementarer Wasserstoff (H_2) und Helium sind so leicht, daß sie von der Erdgravitation nicht am Entweichen ins Weltall gehindert werden (R. P. Kirshner, *Spektrum d. Wiss. Spezial*, Dezember **1994**, *3*, 28).

[e] A. F. Holleman, *Lehrbuch der anorganischen Chemie (Holleman-Wiberg)*, 101. Aufl. v. N. Wiberg, de Gruyter, Berlin, **1995**, S. 454. Aus dem dargelegten Grund findet man in der Literatur auch ganz andere Angaben bezüglich der seltensten Elemente, so beispielsweise, daß Radon und Plutonium hier die Spitzenstellung einnehmen (Trueb, S. 364).

[f] Nähere Details bezüglich des von Zefram Cochrane im Jahre 2061 erfundenen Warp-Antriebs der Enterprise findet man z. B. bei M. Okuda, D. Okuda, D. Mirek, *The Star Trek Encyclopedia*, Pocket Books, New York, **1994**, S. 371 – 373. Die Materie-Antimaterie-Reaktion wird durch einen Dilithium-Kristall reguliert (ibid., S. 196).

[g] Der Wassergehalt nimmt mit zunehmendem Alter etwas ab. Bei mageren Menschen kann er bis über 70 %, bei fetten nur 45 % betragen (E. Betz, K. Reutter, D. Mecke, H. Ritter, *Biologie des Menschen (Mörike/Betz/Mergenthaler)*, 13., überarb. Aufl., Quelle & Meyer, Heidelberg, **1991**, Kap. 11.1). Menschliches Blut besteht zu ca. 80.5 % aus Wasser (F. E. Davis, K. Kenyon, J. Kirk, *Science* **1953**, *118*, 276) und ist damit noch vor Sperma (ca. 88.7 % Wasser, siehe C. Huggins, W. W. Scott, J. H. Heinen, *Am. J. Physiol.* **1942**, *136*, 467) die wasserärmste Körperflüssigkeit. Das Gehirn eines Erwachsenen enthält ca. 77.4 %, das eines Neugeborenen ca. 89.7 % Wasser (E. M. Widdowson, J. W. T. Dickerson, *Biochem. J.* **1960**, *77*, 30); der Wassergehalt vieler Organe liegt ebenfalls um 80 %.

[h] Unterhalb von 13.2 °C wandelt sich das metallische β-Zinn in das halbmetallische, bröselige α-Zinn (graues Zinn) um. Ist erst einmal ein kleiner Teil des metallischen Zinns infiziert, greift diese sogenannte Zinnpest unterhalb der Umwandlungstemperatur rasch um sich, wobei das Maximum der Umwandlungsgeschwindigkeit bei –48 °C liegt. Aus diesem Grund stand 1812 Napoleons Armee in Moskau innerhalb weniger Tage buchstäblich im Hemd da: Hunderttausende zinnerner Uniformknöpfe zerfielen zu grauem Pulver.

Elemente Vorkommen

Die gespanntesten Moleküle

Wird der idealisierte Bindungswinkel um ein Kohlenstoffatom gegebener Hybridisierung deformiert, so wird eine Spannung erzeugt, die den Energieinhalt des Moleküls deutlich anhebt. Häufig anzutreffen ist diese Situation beim Aufbau von Kleinringsystemen. Den Zusammenhang zwischen Ringschluß und Ringspannung erkannte zuerst Adolf von Baeyer, der 1885 seine berühmte Spannungstheorie[1] formulierte. Dieses Konzept, das in der Zwischenzeit mehrfach erweitert wurde, hat sich als überaus befruchtend für die Organische Chemie erwiesen, denn es führte unter anderem zu einem besseren Verständnis der chemischen Bindung (→ Molekülgestalt; Bindungsrekorde), gestattete die Interpretation intramolekularer Wechselwirkungen, trug entscheidend zur Klärung von Reaktionsmechanismen bei und war dadurch nicht zuletzt häufiges Bindeglied zwischen experimenteller und theoretischer Chemie. Darüber hinaus sind hochgespannte Verbindungen chemisch natürlich auch hoch spannend.

Die Spannungsenergie eines Moleküls ist definiert als die Differenz aus seiner Bildungsenthalpie mit der einer „spannungsfreien" Modellverbindung mit gleicher Atomzahl und -anordnung. Das Dilemma dieser Definition ist offensichtlich: Je nach Wahl der Modellverbindung, die zu alledem auch noch bar jeder Realität gänzlich ungespannt sein soll, gelangt man zu unterschiedlichen Spannungsenergien. Bei den Carbocyclen hat sich allgemein eingebürgert, das Cyclohexan als spannungsfreies Referenzmolekül zu wählen und darauf aufbauend Energie-Inkremente für die wichtigsten in einem Kohlenwasserstoff vorkommenden Atomgruppen zu bestimmen.[2] Mit dieser Methode läßt sich bei Kenntnis der Bildungsenthalpie eines Moleküls rasch der Energieinhalt einer spannungsfreien Modellverbindung und somit auch die Spannungsenergie des Moleküls berechnen.

Was aber sind nun die existenzfähigen **Substanzen mit der höchsten Spannungsenergie**? Auf diese Frage eine Hitparade aufzulisten wäre zwar einfach, jedoch sind derartige Vergleiche nicht sehr nützlich, da die Gesamt-Spannungsenergie eines Moleküls zum Beispiel mit der Zahl seiner Atome zunimmt. So hat Buckminsterfulleren C_{60} **1** mit ca. 480 kcal mol^{-1} sicher eine der höchsten jemals ermittelten Spannungsenergien.[3] Bei 60 Atomen relativiert sich diese Zahl jedoch auf ca. 8 kcal mol^{-1} pro C-Atom und somit auf gar nicht so unübliche Werte. Ein für alle Verbindungen einheitliches Normierungsverfahren ist jedoch wenig praktikabel und so können Spannungsenergien verschiedener Moleküle nur als Anhaltspunkte für ihren relativen Energieinhalt dienen. Daher werden auch im folgenden nur spannungsreiche Verbindungen ohne Anspruch auf eine Rangfolge aufgelistet (Abb. 1).

[1] A. von Baeyer, *Ber. Dt. Chem. Ges.* **1885**, *18*, 2278 – 2280.
[2] J. L. Franklin, *Ind. Eng. Chem.* **1949**, *41*, 1070.
[3] A. Hirsch, *The Chemistry of the Fullerenes*, Thieme, Stuttgart, **1994**, S. 186.

Energie im Molekül
Spannung

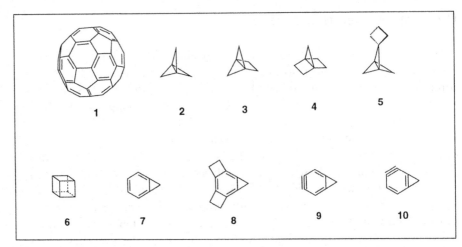

Abb. 1: Substanzen mit hoher Spannungsenergie

Zu den zweifellos gespanntesten Molekülen gehören zwei Verbindungen, die schon aufgrund ihrer besonderen Geometrien (→ Molekülgestalt; Symmetrie-Highlights) aufsehenerregend sind. Für das zuerst von Wiberg,[4] später von Szeimies[5] synthetisierte [1.1.1]Propellan **2** wurde eine Spannungsenergie von 98 kcal mol^{-1} berechnet.[6] Die Größe dieses Wertes wird deutlich, wenn man sich vor Augen hält, daß die Bindungsenergie der C-C-Einfachbindung im Ethan lediglich 88 kcal mol^{-1} beträgt (→ Molekülgestalt; Bindungsrekorde). Trotzdem ist **2** bei Raumtemperatur stabil. Interessanterweise wurde seine Synthese erst angegangen, als quantenchemische Berechnungen auf die mögliche Stabilität dieses außergewöhnlichen Moleküls hinwiesen. Entgegen der chemischen Intuition geht eine schrittweise Erhöhung der Zahl der Brückenglieder nicht mit einer Zunahme der Stabilität einher: Die größeren Homologen **3** und **4** sind bei Raumtemperatur nicht haltbar,[7] und auch die kürzlich synthetisierte tetracyclische Spiroverbindung **5** polymerisiert rasch bei Raumtemperatur.[a]

Auch das würfelförmige Cuban **6** aus der Arbeitsgruppe von Eaton[8] verdankt seine Existenz weniger seiner thermodynamischen als vielmehr seiner kinetischen Stabilität. Oder wie es Philip Eaton ausdrückt: „**6** is kinetically a rock, but thermodynamically a powerhouse!" Etwas weniger plastisch läßt sich dieser Sachverhalt dadurch verdeutlichen, daß **6** mittlerweile im Kilogramm-maßstab routinemäßig synthetisiert wird, und das obwohl der Verbindung eine Spannungsenergie von 155 kcal mol^{-1} zugeschrieben wird.[6]

[4] K. B. Wiberg, F. H. Walker, *J. Am. Chem. Soc.* **1982**, *104*, 5239 – 5240.
[5] M. Werner, D. S. Stephenson, G. Szeimies, *Liebigs Ann.* **1996**, 1705 – 1715.
[6] K. B. Wiberg, *Angew. Chem.* **1986**, *98*, 312 – 322.
[7] K. B. Wiberg, *J. Am. Chem. Soc.* **1983**, *105*, 1227 – 1233.
[8] P. E. Eaton, T. W. Cole, Jr., *J. Am. Chem. Soc.* **1964**, *86*, 3157 – 3158.

Die Bindungsäquivalenz des Benzols hat die Chemiker immer wieder dazu herausgefordert, die Delokalisierung der π-Elektronen und damit die Reaktivität des Aromaten durch eine Anellierung kleiner Ringe zu beeinflussen. Den Auftakt in dieser Reihe macht das Cyclopropabenzol **7**[9] mit einer Spannungsenergie von ca. 68 kcal mol^{-1}. Ob diese relativ hohe Spannungsenergie mit den besonderen olfaktorischen Qualitäten (→ Sensorik; Geruchs-Hitliste) der Verbindung zusammenhängt, wäre sicherlich ein lohnendes Forschungsgebiet. Fakt ist, daß die Arbeiten an **7** an der Universität Heidelberg trotz attestierter toxikologischer Unbedenklichkeit der Substanz wegen des selbst in geringsten Mengen unerträglichen Geruchs eingestellt werden mußten. Mit der Anellierung eines einzelnen Dreirings an den Benzolkern ist aber bereits der Höhepunkt dieser „Spannungsreihe" erreicht. Zwar konnten noch zwei Vierringe zum Dicyclobutacyclopropabenzol **8**[10] hinzugefügt werden, doch gelang die Anellierung eines weiteren Dreirings bislang nicht. Totzdem war auch beim Cyclopropabenzol eine Steigerung möglich: Ausgehend von halogenierten Derivaten von **7** gelang dem Team von Brian Halton[11] die Synthese der als Cycloaddukte abfangbaren, hochgespannten Arine **9** und **10**. Obwohl deren Bildungsenthalpien nicht experimentell bestimmt werden konnten, lassen theoretische Untersuchungen für diese beiden Moleküle auf Spannungsenergien von 170 (**9**) bzw. 173 – 177 kcal mol^{-1} (**10**) schließen.

[9]   (a) E. Vogel, W. Grimme, S. Korte, *Tetrahedron Lett.* **1965**, 3625 – 3631. (b) W. E. Billups, A. J. Blakeney, W. Y. Chow, *J. Chem. Soc. Chem. Commun.* **1971**, 1461 – 1462.
[10] W. E. Billups, B. E. Arney, L.-J. Lin, *J. Org. Chem.* **1984**, *49*, 3436 – 3437.
[11] Y. Apeloig, D. Arad, B. Halton, C. J. Randall, *J. Am. Chem. Soc.* **1986**, *108*, 4932 – 4937.
[a]   Cyclopropanderivate sind trotz der hohen Spannungsenergie des Dreirings durchaus in der Natur vertreten. Ester der in Pflanzen der Gattung *Pyrethrum* vorkommenden Chrysanthemum- oder der Pyrethrinsäure finden als für den Menschen untoxische, natürliche Insektizide (sogenannte Pyrethroide) Verwendung (→ Pflanzenschutz).

Energie im Molekül
Spannung

Die wichtigste energieliefernde Verbindung des Lebens

Spontan ablaufende chemische Reaktionen verlaufen stets unter Energieabgabe oder sind mit solchen Reaktionen derart verbunden, daß eine positive Energiebilanz besteht. Dies gilt auch für die biochemischen Umsetzungen, die im Organismus stattfinden. Die bei der Oxidation der Nährstoffe gewonnene Energie wird in Form von energiereichen Verbindungen zwischengelagert und so den energieverbrauchenden Prozesssen zugeführt. Die wichtigste **„Energiewährung" der Zelle** ist das Adenosintriphosphat (ATP) (Abb. 1), für dessen Hydrolyse in ADP und Phosphat unter physiologischen Bedingungen (37 °C, pH=7.2, Atmosphärendruck) die Reaktionsenthalpie ca. 50 kJ mol^{-1} beträgt.

Die Freie Enthalpie unter Standardbedingungen (T = 298 K, p = 1 bar) von einigen biologisch wichtigen energiereichen Phosphatbindungen ist in Tabelle 15 aufgeführt:

Tabelle 1: Energiereiche Phosphatverbindungen

Verbindung	G° [kJ mol^{-1}]
Phosphoenolpyruvat	– 61,9
1, 3-Bisphosphoglycerat	– 49,4
Acetylphosphat	– 43,1
Phosphocreatin	– 43,1
PPi	– 33,1
ATP → AMP + PPi	– 32,2
ATP → ADP + PPi	– 30,5
Glucose-1-phosphat	– 20,9
Fructose-6-phosphat	– 13,8
Glucose-6-phosphat	– 13,8
Glycerin-3-phosphat	– 9,3

Der ATP-Gehalt einer Zelle reicht nur aus, um ihren Bedarf an freier Enthalpie für wenige Minuten zu decken. Hydrolysiertes ATP muß also ständig regeneriert werden. Ein gesunder Mensch verbraucht und regeneriert ATP im Ruhezustand mit einer Geschwindigkeit von ca. 3 mol (1,5 kg) pro Stunde. [1,2] Das wichtigste Energiespeichermolekül ist das Phosphocreatin (Abb. 1), das für die rasche Regeneration von ADP zu ATP sorgt. Die reversible Phosphorylierung von Creatin durch ATP mit Hilfe der Creatin-Kinase ist unter phy-

[1] D. Voet; J. G. Voet (Übers. hersg. von A. Maelicke und W. Müller-Esterl) Wiley-VCH **1992**, S. 410.
[2] F. H. Westheimer, *Science* **1987**, *235*, 1173.

siologischen Bedingungen im Gleichgewicht, d. h. im Ruhezustand bei hohen ATP-Konzentrationen wird Phosphocreatin synthetisiert. Wird der Zelle unter Belastung (hohe Stoffwechselaktivität) ATP entzogen, verschiebt sich das Gleichgewicht so, daß ATP produziert wird.

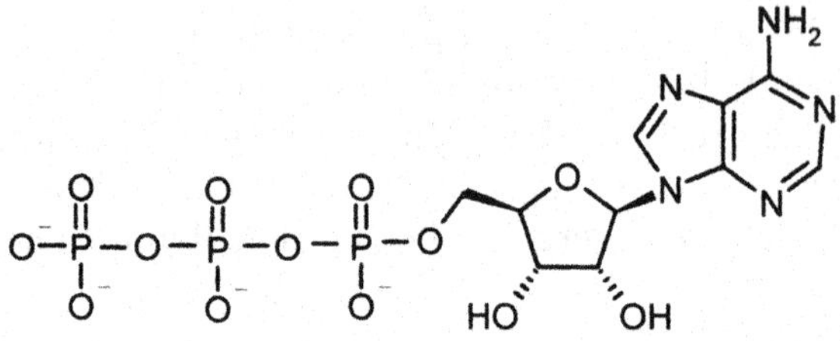

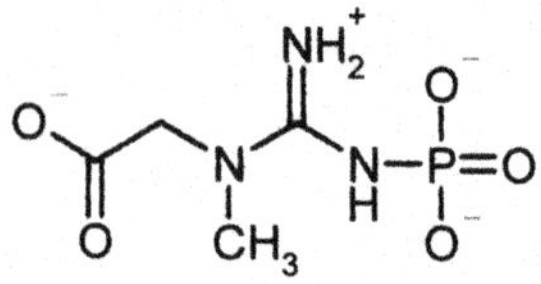

Abb. 1: Strukturen von ATP und Phosphocreatin

Explosive Rekorde

Natürlich liegt es auf der Hand, Verbindungen mit hoher Spannungsenergie (→ Energie im Molekül; Spannung) in Form von Explosiv- oder Sprengstoffen auch praktisch zu nutzen. Und tatsächlich bestehen Pläne, etwa das bislang noch nicht synthetisierte Octanitrocuban als energiereichen Raketentreibstoff zu verwenden.[1] Generell jedoch müssen Explosivstoffe neben einem hohen Energieinhalt auch noch andere, anwendungsbedingte Eigenschaften wie eine sichere Handhabbarkeit, eine hohe Dichte, eine hohe Detonationsgeschwindigkeit, und nach der Detonation eine große Gasentwicklung aufweisen, um ihre Nutzung in der Bauindustrie, dem Bergbau oder für militärische Zwecke zu ermöglichen.

Der älteste Sprengstoff

Das Schwarzpulver, ein explosives Gemisch aus Kaliumnitrat, Holzkohle und Schwefel, wird bereits seit dem 13. Jahrhundert[2] in Europa verwendet und kann somit als **ältester Sprengstoff** angesehen werden. Es wurde gegen Ende des auslaufenden 19. Jahrhunderts abgelöst, nachdem es Alfred Nobel (→ Nobelpreise) 1866 gelungen war, das bereits 1847 erfundene, gegen Erschütterungen hochempfindliche Nitroglycerin durch Vermengen mit Kieselgur in eine gut handhabbare Form zu überführen und als „Dynamit" zum wirtschaftlichen Erfolg zu führen.

Der billigste Sprengstoff

Aber auch dieser ökonomisch bedeutenden Fortentwicklung wurde mengenmäßig der Rang abgelaufen: **Der billigste Sprengstoff** mit einem Marktanteil von derzeit rund 80 % ist der sogenannte ANFO-Sprengstoff, ein Gemisch aus Ammoniumnitrat und Dieselöl.[2]

Die leistungsfähigsten Explosivstoffe

Neben diesen Massensprengmitteln werden für Spezialanwendungen natürlich besonders leistungsfähige Explosivstoffe benötigt. Als Kriterium für eine große Sprengkraft dienen bei der Einordnung energiereicher Verbindungen zwei Parameter: Die Detonationsgeschwindigkeit, die die Ausbreitung der durch die Explosion erzeugten Stoßwelle beschreibt, sowie die physikalische

Energie im Molekül
Explosivstoffe

[1] P. Eaton, Vortrag am 22. November 1996 in Heidelberg.
[2] A. Homburg, N. Fiederling, *Spektrum der Wissenschaft*, **1996**, Heft 8, 92 – 95.

Dichte der Stoffe als Maß für die „Energiekonzentration" einer Substanz. Eine Verbindung mit großer Explosivkraft zeigt bei beiden Parametern besonders hohe Werte. Eine Übersicht über bekannte Explosivstoffe gibt Tabelle 1.[3]

Tabelle 1: Die leistungsstärksten Explosivstoffe.[a]

Jahr der Einführung	Verbindung und Kurzbezeichnung	Detonations- geschwindigkeit [m s^{-1}]	Dichte [g/cm^3]
1870	Nitroglycerin	7580	1.58
1910	TNT (**11**)	6930	1.63
1940	RDX (**12**)	8754	1.80
1955	HMX (**13**)	9110	1.89
1990	CL20 (**14**)	9380	1.98

[a] Aufstellung nach H. Schubert, Fraunhofer Institut für Chemische Technologie, Pfinztal.

Man erkennt deutlich, daß im vergangenen Jahrhundert kontinuierlich an einer Maximierung dieser beiden Parameter gearbeitet wurde und dabei erstaunliche Fortschritte erzielt werden konnten. Klassenbester ist derzeit das erst vor wenigen Jahren in den USA entwickelte, unter dem Kürzel CL20 bekannte Hexanitro-Isowurtzitan **14** (Abb. 2), dessen Synthese jedoch für mengenmäßig größere Anwendungen derzeit zu aufwendig ist. Bei der enorm großen Detonationsgeschwindigkeit von 9380 m s^{-1} breitet sich die von der explodierten Verbindung erzeugte Stoßwelle mit mehr als 33 700 km h^{-1} aus! Zum Vergleich: Die Schallgeschwindigkeit in Luft beträgt nur etwa 1 080 km h^{-1} und ist damit mehr als 30mal niedriger. **Der leistungsfähigste Explosivstoff**, der derzeit auch in technischen Mengen herstellbar ist, ist das auch als Octogen oder HMX bezeichnete Tetramethylentetranitramin **13**. Die kleinere und auch billigere homologe Verbindung Hexogen (RDX) **12** wird als wichtiger Zusatzstoff in Raketentreibsätzen verwendet. Nicht nur auf militärische Anwendungen beschränkt ist die Verwendung des bereits im letzten Jahrhundert eingeführten Trinitrotoluols **11**, dessen Schmelzpunkt von über 80 °C trotz seiner großen Sprengkraft noch einigermaßen sicher bestimmt werden kann.

Sprengstoffe aber haben durchaus nicht nur zerstörerische, sondern mitunter auch lebensrettende Wirkung. Der vielleicht **im täglichen Leben präsenteste**, doch hoffentlich nur selten einzusetzende Sprengsatz besteht aus Bleiazid $Pb(N_3)_2$.[4] Der in vielen modernen PKW als Rückhaltesystem eingebaute Airbag wird nach einem Aufprall in der extrem kurzen Zeit eines Sekundenbruchteils durch eine Stickstoff-Gaswolke aufgeblasen und kann so schwere Verletzungen der Insassen abwenden. Der zum Aufblasen der Airbags benötigte Stickstoff stammt aus der Explosion eines Pulvergemisches aus Natri-

[3] H. Schubert, Fraunhofer Institut für Chemische Technologie, private Mitteilung. Siehe auch H. Schubert, *Spektrum der Wissenschaft*, **1996**, Heft 8, 97 – 101.
[4] P. W. Atkins, J. A. Beran, *Chemie – einfach alles*, VCH, Weinheim, **1996**, S. 757.

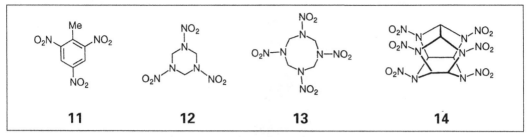

Abb. 2: Explosivstoffe für Spezialanwendungen

umnitrat und amorphem Bor, das durch elektronische Initialzündung von Blei-azid zur Explosion gebracht wird.

Übrigens werden Explosivstoffe nicht nur durch den Menschen genutzt. Auch die Natur bedient sich explosiver Gemische. In einer wohl einmaligen Abwehrreaktion verscheucht der Bombardierkäfer *Brachynus explodans*[5] potentielle Angreifer dadurch, daß er in einer kleinen Blase mit dem Enzym Katalase Wasserstoffperoxid in Wasser und Sauerstoff zerlegt und in einer Parallelreaktion Hydrochinone unter Peroxidase-Einwirkung mit H_2O_2 zu Chinon oxidiert (Abb. 3). Bei diesen Reaktionen wird im Innern der Blase die Gasentwicklung so heftig, daß das ätzende Gemisch explosionsartig mit laut hörbarem Knall entweicht und in Richtung des Verfolgers ausgestoßen wird.

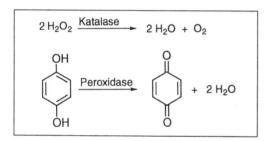

Abb. 3: Chemische Vorgänge bei der Abwehrreaktion des Bombardierkäfers

Hauptanwendungsgebiete industrieller Explosivstoffe

Explosivstoffe sind explosionsfähige Stoffe, die zum Sprengen (Sprengstoffe), als Treibstoffe für Geschosse (Schießpulver), als Zündstoffe oder für pyrotechnische Zwecke verwendet werden.

Haupteinsatzgebiet industrieller Explosivstoffe ist der Bergbau, wobei der Kohlebergbau mit einem Anteil von 58 % am Weltverbrauch im Vordergrund

[5] H. Schildknecht, *Angew. Chem.* **1970**, *82*, 17 – 25.

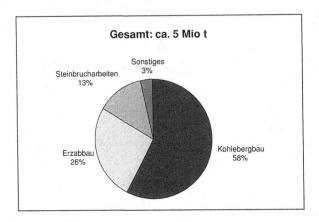

Gesamt: ca. 5 Mio t

Steinbrucharbeiten
13%

Sonstiges
3%

Erzabbau
26%

Kohlebergbau
58%

Abb. 4: Hauptanwendungsgebiete industrieller Explosivstoffe 1995[6]

Airbag

Ein interessantes Beispiel dafür, daß Explosivstoffe auch Leben retten können, ist der Airbag. Er wird seit ca. 10 Jahren als Rückhaltesystem eingesetzt und könnte, wenn alle PKWs sowohl auf der Fahrer- als auch auf der Beifahrer-Seite damit ausgerüstet wären, jährlich ca. 1.000 Verkehrsteilnehmern das Leben retten.

Seine Funktionsweise beruht darauf, daß bei einem Crash ein Feststofftreibsatz von einem empfindlichen Steuergerät innerhalb von Sekundenbruchteilen gezündet wird und die bei der explosionsartigen Verbrennung entstehenden Stickstoffgase den Airbag aufblasen.

steht. Neben Anwendungen in Steinbrüchen kommen industrielle Sprengstoffe vor allem in westlichen Ländern auch noch im Tiefbau zum Einsatz (hier nicht aufgeführt).

Die bedeutendsten Produzenten industrieller Explosivstoffe sind ICI und Dyno Industrier.

---

[6] Daten von: Chemical Economic Handbook, SRI, Nov. 1995.

Der älteste Farbstoff

Der vielleicht **älteste Farbstoff** der Welt kam schon rasch nach der Entdeckung des Feuers zum Einsatz: Ruß wird seit ca. 20 000 v. Chr. als färbendes Medium verwendet und ist in den beeindruckenden steinzeitlichen Höhlenmalereien wie zum Beispiel in Lascaux im Zusammenspiel mit braunrötlichen Farbtönen zu bewundern.[1] Auch heute noch bildet Ruß die Grundlage schwarzer Druckfarben, wie wir sie bei der täglichen Lektüre der Zeitungen an den Fingern spüren.

Indigo: Der „blaueste" Farbstoff

Eine besondere Rolle in der Geschichte der Farbstoffe spielt seit alters her **die Farbe Blau**. Dieser ubiquitäre Farbton (Himmel, Wasser), war in Substanz jedoch sehr schwer zu fassen und galt lange Zeit als größte Kostbarkeit („Königsblau"). Der Zeitpunkt, ab dem erstmals mit blauen, mineralischen Farbpigmenten künstlerische Effekte erzielt werden sollten, läßt sich durch Funde bei Ausgrabungen der Sumererstadt Ur in Chaldäa auf das 4. Jahrtausend v. Chr. datieren. Man fand dort Tierfiguren aus Gold und Silber, die mit blauem *Lapis Lazuli*, dem als Farbpigment **Ultramarin** genannten Halbedelstein, verziert worden sind.[2] Die molekulare Ursache für das Blau des *Lapis Lazuli* konnte jedoch erst mit neuzeitlicher Wissenschaft geklärt werden. Das Radikalanion S_3^-, das durch ein Gerüstgitter aus Alumosilikat stabilisiert wird, ist dafür verantwortlich (→ Reaktive Zwischenstufen; Radikale).

Noch ein anderer blauer Farbstoff, diesmal organischer Provenienz, hat Geschichte geschrieben.[3] Der Indigo **1** (Abb. 1) trat im 3. vorchristlichen Jahrtausend vom indischen Subkontinent aus seinen Siegeszug um die Erde an. Als farblose Vorstufe (Indoxyl) kommt er dort in Pflanzen der Gattung *Indigofera*, in Europa in der als Färberwaid bekannten Pflanze *Isatis tinctoria* vor. Gewonnen wurde der Farbstoff daraus in mühevoller Handarbeit durch Vergären des pflanzlichen Materials mit Urin (!) und anschließender Oxidation an Sonne und Luft. Aus diesen Anfängen entwickelte sich eine gut gehende handwerkliche Tradition des Färbens, die jedoch stets mit einer variablen Qualität von Farbton und Farbstoff zu kämpfen hatte. Im Zuge der Geburt der Chemie als Wissenschaft beschäftigten sich auch Chemiker des 19. Jahrhunderts, allen voran Adolf von Baeyer (→ Energie; Spannung im Molekül) mit der Erforschung des Indigos. Ihm gelang 1883 (etwa 18 Jahre nach dem Beginn seiner Arbeiten auf diesem Gebiet und ca. 5000 Jahre nach der Entdeckung des Indigos) die Strukturaufklärung. Am 19. März 1880 wurde von ihm eine technisch zwar wenig praktikable, jedoch prinzipiell durchführbare Synthese ausgehend

[1] G. Pfaff, *Chem. Unserer Zeit* **1997**, *31*, 6 – 16.
[2] F. Seel, G. Schäfer, H.-J. Güttler, G. Simon, *Chem. Unserer Zeit* **1974**, *8*, 65 – 71.
[3] M. Seefelder, *Indigo- Kultur, Wissenschaft und Technik*, Ecomed, Landsberg, 2. Auflage **1994**.

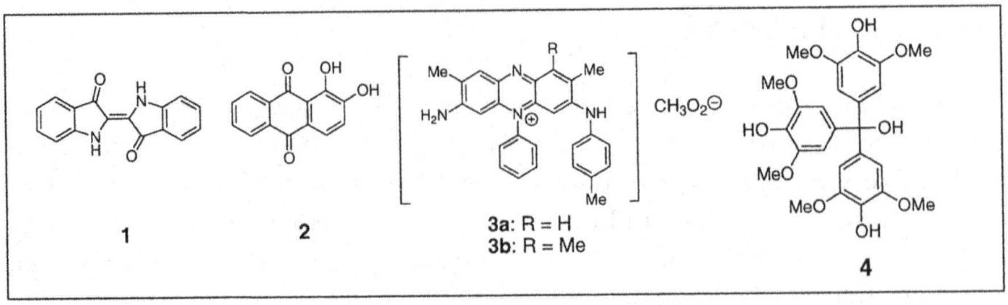

Abb. 1: Historisch bedeutsame Farbstoffe

von Phenylessigsäure, patentiert (→ Patente). Nach einem Verfahren des Zürichers Karl Heumann gelang es der BASF 1887, ausgehend von preiswertem Phenylglycin, Indigo auch in industriellen Mengen herzustellen. Die Ludwigshafener investierten dafür 18 Mio Goldmark – eine Summe, die das damalige Grundkapital der Firma bei weitem überstieg – ein Rekord, der sich heute nicht mehr wiederholen ließe. Diese mutige Entscheidung rechtfertigte sich damals und auch heute noch in Anbetracht der unzähligen Jeansträger des auslaufenden 20. Jahrhunderts.

Der erste künstliche Farbstoff

Auf dem Weg zu synthetischem Indigo sind auch einige andere Rekorde aufgestellt worden: Graebe und Liebermann, zwei Schülern Adolf von Baeyers, gelang 1869 die Strukturaufklärung des roten Farbstoffes der Krappwurzel, dem Alizarin (**2**) (Abb. 1).[3,4] Das von ihnen entwickelte Herstellungsverfahren war die Grundlage für die **erste industrielle Synthese eines Naturstoffs** durch Heinrich Caro bei der BASF. Bereits 1856 legte der erst 18jährige Brite William Perkin mit der **Darstellung von Mauvein (3)** den Grundstein zur **ersten industriellen Herstellung eines synthetischen Farbstoffs**.[3,4] Mit dem Mauvein, das durch die Oxidation des aus dem Teerdestillat herstellbaren Anilins erhalten wurde, begann die Ära der Teerfarbstoffe. Zwar bemerkte bereits Perkin, daß sein purpurner Farbstoff ein Gemisch aus hauptsächlich zwei Komponenten war, doch reichten die damaligen Methoden der Strukturaufklärung zu einer Identifizierung nicht aus. Diese Unklarheit führte zu einer völlig falschen Hypothese. Es etablierte sich eine Strukturformel für Mauvein, die sich unter den von Perkin verwendeten Reaktionsbedingungen synthetisch gar nicht verwirklichen ließe! Die Auflösung kam 1994, mehr als 130 Jahre später: An zwei vom British Museum und vom Archiv der Firma Zeneca zur Verfügung gestellten Originalproben von Perkins Mauvein konnten Otto Meth-Cohn und

[4] J. R. Partington, *A Short History of Chemistry*, Dover, New York, **1989**, Nachdruck der 3. Auflage **1957**, S. 318.

Mandy Smith[5] mit NMR-spektroskopischen Methoden Mauvein eindeutig als Gemisch aus **3a** und **3b** identifizieren.

War Mauvein auch **der erste künstliche Farbstoff**? Vermutlich nicht.[6] Bereits im Jahr 1832 beschäftigte sich Karl Ludwig von Reichenbach mit den Inhaltsstoffen des Teers, der in mit Buchenholz befeuerten Holzkohleöfen zurückblieb. Verärgert über den Mißbrauch seines Gartenzauns als bequeme Markierungsstelle nachbarlicher Vierbeiner, entschloß er sich, den Zaun mit dem übelriechenden Teeröl aus den Öfen zu imprägnieren, um dem Untreiben ein Ende zu bereiten. Zwar ließen sich die Hunde nicht beirren, doch ihr Urin reagierte auf der Holzoberfläche mit dem Teeröl und färbte den Zaun tief blau. Reichenbach isolierte die dafür verantwortliche Verbindung, nannte sie Pittical und versuchte mit geringem Erfolg, sie zu kommerzialisieren. Erst Jahre später gelang es, Pittical als Triphenylcarbinol zu charakterisieren und ihm die Struktur **4** (Abb. 1) zuzuordnen. Unter Basen- und Urineinwirkung gibt der sonst orangefarbene Neutralstoff eine blaue Lösung seines Anions.

Safran – der Farbstoff, der auch noch schmeckt

5

Abb. 2: Der Safran-Inhaltsstoff Crocin

Wer hätte die intensiv gelbe Farbe einer Augen und Gaumen gleichermaßen erfreuenden Paella oder eines geheimnisvoll aromatisch duftenden, indischen Currys noch nicht bewundert? Der Safran, der aus den getrockneten Stempeln der im Herbst blühenden Pflanze *Crocus sativus* gewonnen wird, und der bereits im Altertum von Homer als Gleichnis für den Sonnenaufgang herangezogen wurde, ist heute **das teuerste gebräuchliche Gewürz** (1 g kostet über 5 DM).[7] Um ein Gramm zu erhalten, müssen ca. 70 000 Stempel gesammelt werden.

[5] O. Meth-Cohn, M. Smith, *J. Chem. Soc. Perkin Trans. 1*, **1994**, 5–7. O. Meth-Cohn, A. S. Davis, *Chem. Brit.* **1995**, 547–549.
[6] G. B. Kauffman, *J. Chem. Educ.* **1977**, *54*, 753.
[7] A. Butler, J. Moffett, *Chem. Brit.* **1997**, Oktober, 37–38.

Farbstoffe Rekorde

Trotz dieses hohen Preises hat man Safran auch zur Textilfärberei verwendet, wovon noch heute der Name der ehemaligen Tuchhochburg Saffron Walden in East Anglia, UK zeugt. Auf molekularer Ebene ist die gelbe Farbe auf das Polyengerüst des **Safran-Inhaltsstoffs Crocin** (**5**) (Abb. 2) zurückzuführen. Mangelnde Lichtechtheit, rasches Auswaschen und der hohe Preis haben jedoch dazu geführt, daß Safran heute nicht mehr als Faserfarbstoff verwendet wird.

Absorptionsrekorde

Die Wechselwirkung des Lichtes mit dem Chromophor eines Farbstoffmoleküls hängt mitunter dramatisch vom Medium ab, in dem die Substanz vermessen, eventuell appliziert wird. Großen Einfluß auf **Absorptionsmaxima** organischer Verbindungen können Lösemittel haben, und die Variation der Absorption von Farbstoffen in verschiedenen Solventien nennt man Solvatochromie.[1] Spitzenreiter in dieser Disziplin ist die Pyridinium-Verbindung **1** (Abb. 1), die ein Absorptionsmaximum in Wasser bei 452.9 nm, in Diphenylether hingegen bei 809.7 nm hat. Die Differenz beträgt somit beachtliche 356.8 nm, eine Spanne, die größer ist als der Wellenlängenbereich des sichtbaren Lichts (violett 420 nm, rot 700 nm). Auch „umgekehrte" Solvatochromie ist bekannt. Die Verbindung **2** absorbiert in unpolaren Lösemitteln bei niedrigeren Wellenlängen (462.1 nm, Hexan) als in polaren (597.0 nm, Formamid/H_2O).

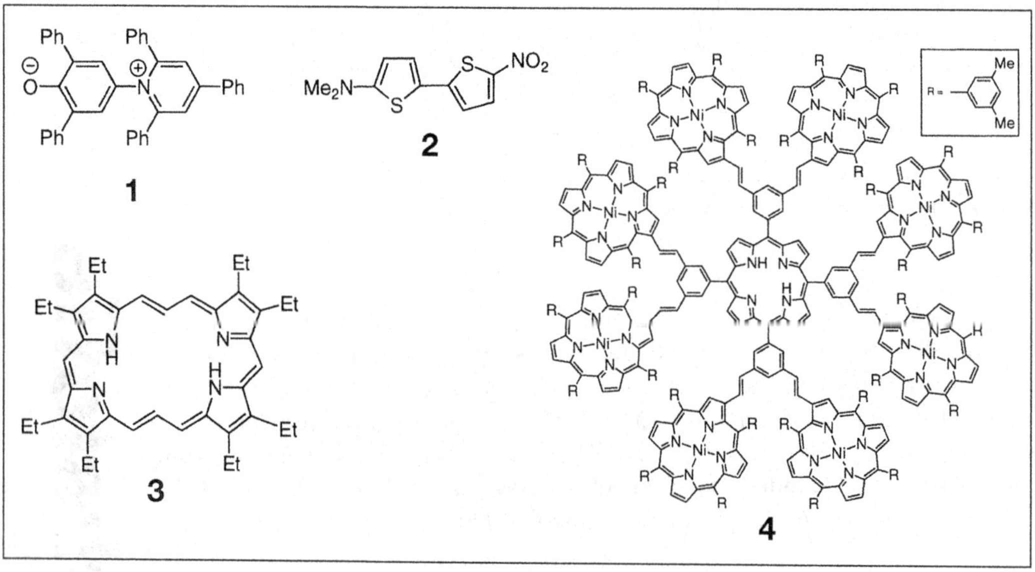

Abb. 1: Farbstoffe mit bemerkenswertem Absorptionsverhalten

[1] C. Reichardt, *Chem. Rev.* **1994**, *94*, 2319 – 2358.

Neben der Absorption spielt auch der Extinktionskoeffizient als, wenngleich nicht absolutes, Maß für die Intensität eines Farbstoffes eine große Rolle. Lange Zeit galt das Octaethyl-[22]porphyrin **3**[2] mit dem Extinktionskoeffizienten ε = 1 120 000 $M^{-1}cm^{-1}$ [λ_{max} (CHCl$_3$/1 % TFA) = 460 nm] als die absorptionsstärkste Verbindung. Kürzlich jedoch wurde diese Verbindung durch das Porphyrin-Nonamer **4** vom Sockel gestoßen.[3] Dieses Molekül bricht nicht nur den Rekord des höchsten Extinktionskoeffizienten (ε = 1 150 000 $M^{-1}cm^{-1}$, λ_{max} = 620 nm), sondern ist auch **die (nichtpolymere) Verbindung mit der größten Anzahl von π-Elektronen**. In **4** bringen es 8 Doppelbindungen, 36 Benzolringe und 9 Porphyrin-Einheiten auf eine Gesamtzahl von 430 π-Elektronen!

Die fünf meistverkauften Farbstoffe[1]

Indigo
(Küpenfarbstoff)   15 000 t*

Disperse Blue 79   15 000 t
(Dispersionsfarb-
stoff für Polyester)

Sulfur Black 1   10 000 t
(Schwefelfarbstoff
für Baumwolle)

(exakte Struktur unbekannt)

Reactive Black 5   8 000 t
(Reaktivfarbstoff für
Baumwolle)

Acid Black 194   7 000 t
(Säurefarbstoff für
Polyamid, Wolle
und Leder)

[1] Daten von: BASF

*) Jahrestonnen

---

[2] B.Franck, A. Nonn, *Angew. Chem.* **1995**, *107*, 1941 – 1957.
[3] D. L. Officer, A. K. Burrell, D. C. W. Reid, *J. Chem. Soc. Chem. Commun.* **1996**, 1657 – 1658.

Farbstoffe Rekorde

Die größten Lackmärkte

Der Weltmarkt für Lacke und Farben ist 1997 um 1.7 % auf ca. 25 Mio t gewachsen, was einem Wert von 58 – 60 Mrd US$ entspricht. Während sich in Asien die wirtschaftlichen Probleme in einer Wachstumsrate von lediglich 0.5 % niederschlugen, konnten Lateinamerika (2.8 %) und Nordamerika (2.0 %) ein überdurchschnittliches Wachstum erzielen.

Die letztgenannte Region war mit einem Weltmarktanteil von 27.2 % das **führende Absatzgebiet**. Allerdings belief sich der Vorsprung auf Westeuropa und Asien, denen man derzeit eine gleich große Bedeutung beimessen kann, lediglich auf 2.4 %.

Für die kommenden Jahre rechnet man wieder mit einer Beschleunigung des Wachstums, da insbesondere der Bedarf in den Schwellenländern anziehen dürfte. Dort liegt der jährliche Pro-Kopf-Verbrauch bei Lacken und Farben noch weit unter dem für Nordamerika und Westeuropa üblichen Wert von 15 – 20 kg.

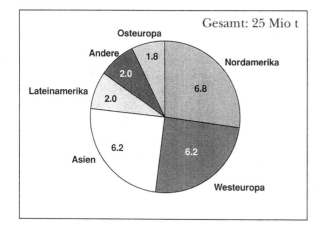

Abb. 1: Weltmarkt für Lacke und Anstrichfarben 1997 (in Mio t) [1]

[1] Daten von: Christoph Maier, Farbe und Lack 7/1998, 104, S. 98-100

Führende Farben- und Lackproduzenten

Durch eine Reihe von Übernahmen in den vergangenen Jahren war es ICI gelungen, sich an die Spitze der **weltweit führenden Hersteller** von Lacken und Anstrichfarben zu setzen. Als einzige Firma kam man 1996 auf einen Anteil von mehr als 10 % am Weltabsatz.

Diese Positionierung hatte auch 1997 noch Bestand. Mit 3.7 Mrd US$ Umsatz führte ICI die Top Ten mit knappem Vorsprung vor Akzo Nobel an. Insgesamt erwirtschafteten die Top Ten Firmen einen Umsatz von 24 Mrd US$.

1998 gelang es nun aber Akzo Nobel, für ca. 3 Mrd US$ Courtaulds zu übernehmen (drittgrößte Übernahme in der niederländischen Wirtschaftsgeschichte!) und somit zum weltweit führenden Farben- und Lackproduzenten aufzusteigen.

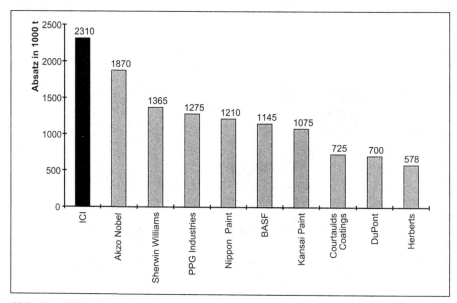

Abb. 2: a) Führende Farben- und Lackproduzenten (Absatz 1996 in 1000 t) [2]

---

[2] Daten von: Farbe und Lack 2/1997, 103, S. 25; bis 1999 keine aktuellen Zahlen erhältlich.

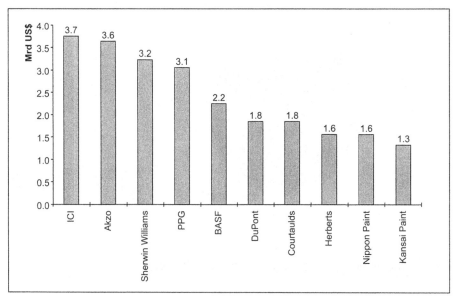

Abb. 2: b) Führende Farben- und Lackproduzenten 1997 (Umsatz in Mrd US$) [3]

Einsatzgebiete

Die **Hauptmenge** an Lacken und Farben wurde 1997 für den Bautenanstrich verbraucht. In einzelnen Ländern steuerte diese Anwendung bis zu 70 % zum Gesamtverbrauch bei.

Die restlichen Anwendungsgebiete kamen – außer der allgemeinen Industrie – lediglich auf Anteile von weniger als 8 %, wobei die Rangfolge regionenspezifisch ist. So ist in Europa, im Gegensatz zu Nordamerika, die Bedeutung des Korrosionsschutzes größer als die des Holzschutzes.

Die Anwendungsgebiete Autoreparaturlacke und Blechemballagenlacke führen zwar mengenmäßig ein Schattendasein, sind aber wertmäßig von großer Bedeutung.

[3] Daten von: BASF Coatings

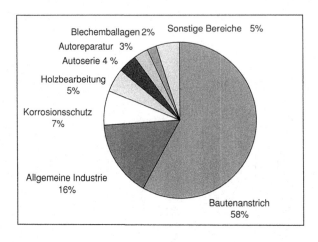

Abb. 3: Einsatzgebiete für Lacke und Farben 1997 (weltweit in % der Gesamtmenge)[1]

Die im Bild enthaltenen Beschriftungen:
Blechemballagen 2%
Autoreparatur 3%
Autoserie 4 %
Holzbearbeitung 5%
Korrosionsschutz 7%
Allgemeine Industrie 16%
Sonstige Bereiche 5%
Bautenanstrich 58%

Die führenden Technologien bei Lackierungen

Im Lackmarkt waren bislang lösemittelhaltige Systeme weit verbreitet. Zunehmend wünscht aber der Verbraucher aus Umweltschutzgründen Lacke, die weniger oder gar keine organischen Lösemittel mehr enthalten (→ Atome und Moleküle; Lösemittelrekorde). Zu solchen „sauberen Technologien" rechnet man wässrige Anstrichstoffe, Pulverbeschichtungen, strahlenvernetzte Anstrichmittel und Systeme auf Lösemittelbasis mit hohem Festkörpergehalt (High Solids).

Von diesen sauberen Technologien schien man zumindest bis 1996 in Japan im Bereich der Industrielacke nicht viel zu halten. Sie kamen dort nur auf 17 % der Gesamtmenge. In Westeuropa und USA hingegen belief sich ihr Anteil immerhin auf 43 % bzw. 45 %.

Während wasserhaltige Lösemittel in den betrachteten Regionen von vergleichbarer Bedeutung waren, spielten die High Solids in USA eine wesentlich größere Rolle als in Westeuropa. Dort wiederum konnten die Pulversysteme größere Marktanteile als in den anderen Regionen gewinnen.

Welchen Technologien wird wohl die Zukunft gehören? Für Westeuropa geht man davon aus, daß die Lacke auf Wasserbasis ihren Anteil am Markt Bautenanstrichstoffe und Industrielacke auf Kosten der konventionellen Lacke weiter erhöhen werden. Diese sollen aber auch noch Mitte des nächsten Jahrzehnts einen maßgeblichen Anteil besitzen.

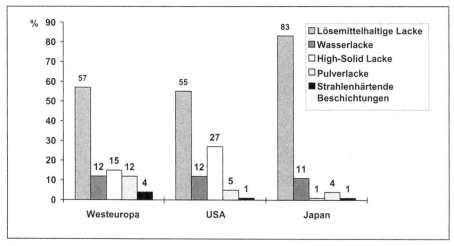

Abb. 4: a) Anteil verschiedener Technologien am Industrieverbrauch 1996[4] (in % vom Gesamtverbrauch)

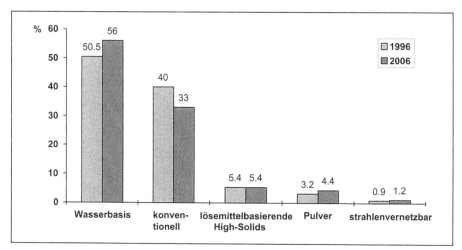

Abb. 4: b) Trends der Farbentechnologie in Westeuropa 1996-2006[5] (in % vom Gesamtverbrauch)

[4] Daten von: Chemical & Engineering News, Okt. 1997, 75 (43), S. 34-42
[5] Daten von: Franco Busato, Farbe & Lack 9/97, 103, S. 114-116

Die toxischsten Verbindungen

Mit nur wenigen Substanzklassen verbindet man einen so enormen Schatz an Mythen, Halbwahrheiten und Übertreibungen wie mit den Giften. Nüchterner betrachtet befruchten Untersuchungen zur physiologischen Wirkung von Verbindungen wichtige Teilbereiche der Chemie ($\rightarrow$ Chemieprodukte; Hitliste), wie zum Beispiel die Pharmaforschung ($\rightarrow$ Arzneimittel; Hitliste), den Pflanzenschutz, aber auch Arbeitssicherheit und Umweltschutz ($\rightarrow$ Umweltschutz).

Unter toxikologischen Gesichtspunkten wird die sogenannte letale Dosis (LD_{50}), nach deren Verabreichung die Hälfte der Versuchstiere verendet, als ein Maß für die Toxizität von Verbindungen herangezogen. Problematischerweise können die ermittelten Werte in den seltensten Fällen bedenkenlos von einer Tierart auf eine andere übertragen werden, und sowohl die biologische Verfügbarkeit als auch die physiologische Reaktion des Menschen können sich drastisch vom Experiment unterscheiden. Auch werden nichtletale Organschäden und Langzeitwirkungen durch diesen Parameter nicht erfaßt. Auf der anderen Seite erkannte schon Paracelsus (1493 – 1541), daß die heilende oder schädigende Wirkung einer verabreichten Substanz von der Dosis abhängt, und so ist es nicht verwunderlich, daß viele der im folgenden zu diskutierenden Verbindungen in geeignet niedrigen Konzentrationen auch zu therapeutischen Zwecken herangezogen werden.

Die mit Abstand toxischsten Verbindungen (Tabelle 1) sind hochmolekulare Eiweiße aus Bakterien, die bereits im Subnanogrammbereich eine Giftwirkung auf den Organismus ausüben. Der **Spitzenreiter, das Botulinum Toxin**, wird von einem Bakterium produziert, das sich bevorzugt auf verdorbenen oder unzureichend konservierten Lebensmitteln vermehrt. Glücklicherweise übersteht das Toxin höhere Temperaturen (z. B. beim Kochen) nicht, und so treten Botulinum-induzierte Lebensmittelvergiftungen relativ selten auf. Im Gegensatz dazu ist wohl fast jeder bereits mit dem Tetanus-Toxin in Berührung gekommen: Es wird in inaktiver Form bei der Impfung gegen Wundstarrkrampf verabreicht und bewirkt in unserem Immunsystem die Bildung schützender Antikörper. Die Kombination aus hohem Molekulargewicht und extrem niedriger Wirkschwelle gestattet beinahe, die Zahl der physiologisch aktiven Moleküle einzeln abzuzählen. Beim Botulinum Toxin genügen bereits ca. 120 Millionen, beim Tetanus Toxin ca. 400 Millionen und beim sehr viel kleineren Schlangengift β-Bungaro-Toxin 5.7×10^{11} Moleküle. Bedenkt man, daß in einem Mol eines Stoffes 6.023×10^{23} Moleküle enthalten sind, sind dies beachtlich niedrige Zahlen.

Gifte Hitliste

Tabelle 1: Die toxischsten Verbindungen.

Giftstoff	Vorkommen	Verbindungsklasse	Mol.-gew. [g mol^{-1}]	LD$_{50}$ [µg kg^{-1}][a]	Lit.
Botulinum Toxin	Bakterium *Clostridium botulinum*	Protein	150 000	0.0003 – 0.00003 MLD, Maus, i.p	[1, 2]
Tetanus Toxin (Tetano spasmin)	Bakterium *Clostridium tetani*	Protein	150 000	0.001 – 0.0001 MLD, Maus, i.p.	[1, 2]
β-Bungaro-Toxin	Südostasiatische Schlangenart *Bungarus multicinctus*	Protein	20 000	0.019 Maus, i.p	[3]
Maitotoxin (**1**)	Dinoflagelum *Gambierdiscus toxicus*	Polyketid	3 422	0.050 Maus, i.p.	[4]
Ciguatoxin	Dinoflagelum *Gambierdiscus toxicus*	Polyketid	1 061	0.35 Maus, i.p.	[5]
Palytoxin (**2**)	Korallenart *Palythoa toxica*	Polyketid	2 679	0.45 Maus, i.v.	[6]
Taipoxin	Australische Taipanschlange *Oxyuranus scutellatus*	Glycoprotein	45 600	2 Maus, i.v.	[7]
Batrachotoxin (**3**)	Kolumbianischer Pfeilgift-Frosch *Phyllobates aurotaenia*	Steroid-Alkaloid	539	2 Maus, s.c.	[8]
Tetrodotoxin (**4**)	Kugelfisch *Spheroides rubripes*	Saccharidderivat	319	10 Maus, i.p.	[9]

[a] i.p. = intraperitoneal, i.v. = intravenös, s.c. = subcutan, MLD = minimum lethal dose.

[1] E. J. Schantz, E. A. Johnson, *Microbiol. Rev.* **1992**, *56*, 80 – 99.
[2] J. L. Middlebrook, *J. Toxicol. Toxin Rev.* **1986**, *5*, 177 – 190.
[3] K. Kondo, K. Narita, C.-H. Lee, *J. Biochem. (Tokyo)* **1978**, *83*, 101 – 115.
[4] M. Murata, H. Naoki, S. Matsunaga, M. Satake, T. Yasumoto, *J. Am. Chem. Soc.* **1994**, *116*, 7098 – 7107.
[5] M. Murata, A. M. Legrand, Y. Ishibashi, M. Fukui, T. Yasumoto, *J. Am. Chem. Soc.* **1990**, *112*, 4380 – 4386.
[6] J. S. Wiles, J. A. Vick, M. K. Christensen, *Toxicon* **1974**, *12*, 427 – 433.
[7] J. Fohlman, D. Eaker, E. Karlsson, S. Thesleff, *Eur. J. Biochem.* **1976**, *68*, 457 – 469.
[8] T. Tokuyama, J. Daly, B. Witkop, *J. Am. Chem. Soc.* **1969**, *91*, 3931 – 3938.
[9] C. Y. Kao, F. A. Fuhrmann, *J. Pharmacol. Exp. Ther.* **1963**, *140*, 31 – 40.

Die giftigsten niedermolekularen Verbindungen

Die giftigsten niedermolekularen Verbindungen kommen aus dem Meer, wobei die Algenart *Gambierdiscus toxicus* als Produzent zweier hochwirksamer Gifte vielleicht als der **toxischste aller Organismen** bezeichnet werden kann. Über den Verzehr von Korallenfischen gelangen diese Toxine auch in den menschlichen Organismus und rufen eine als Ciguatera bezeichnete Fischvergiftung hervor, von der jährlich ca. 20 000 Menschen betroffen sind. Die beeindruckend komplexen Naturstoffe Maitotoxin **1** und Palytoxin **2** (Abb. 1) sowie das Ciguatoxin sind strukturell ähnlich aufgebaut (→ Synthese; Spitzenleistungen). Unter ihnen ragt das Maitotoxin nicht nur als die **giftigste nichtpeptidische Verbindung** heraus, sondern ist zugleich auch der **Naturstoff mit dem höchsten Molekulargewicht** (→ Molekülgestalt; Giganten), der kein Biopolymer ist.

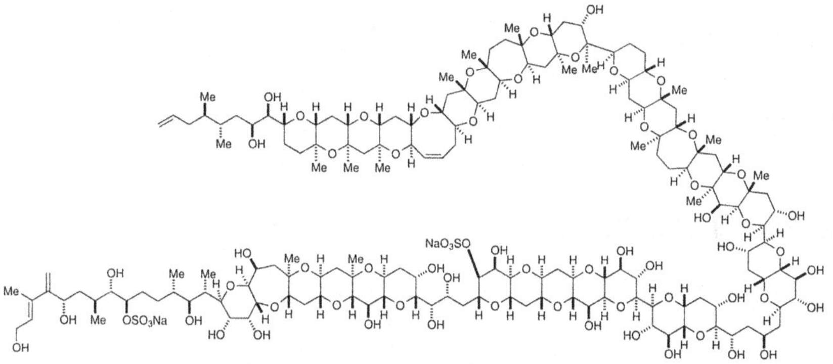

Abb. 1: Maitotoxin **1** und Palytoxin **2**

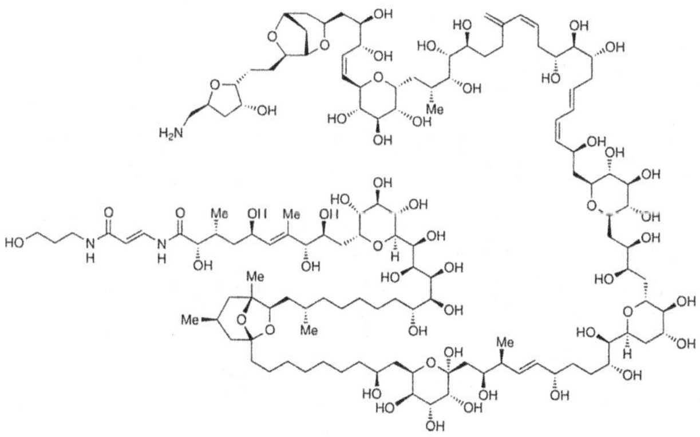

173

Unter den hochtoxischen Verbindungen sind die **Substanzen niedrigsten Molekulargewichts** die beiden Gifte Batrachotoxin **3** und Tetrodotoxin **4**. Der Kontakt mit dem Hautgift des kolumbianischen Pfeilgiftfrosches (**3**) ist im allgemeinen recht unwahrscheinlich: Um zur Charakterisierung ausreichende Mengen zu isolieren, kämpften sich in acht Jahren vier Expeditionen durch den kolumbianischen Dschungel. Aus dem Extrakt von 5 000 Froschhäuten ließen sich schließlich 11 mg reinen Batrachotoxins isolieren.[1] Im Gegensatz dazu gibt es jährlich unter den Genießern des als Delikatesse geltenden Kugelfisches Fugu mehrere auf Tetrodotoxin zurückzuführende Vergiftungsfälle.

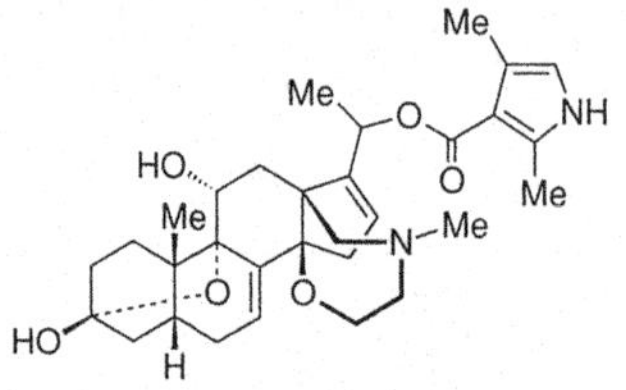

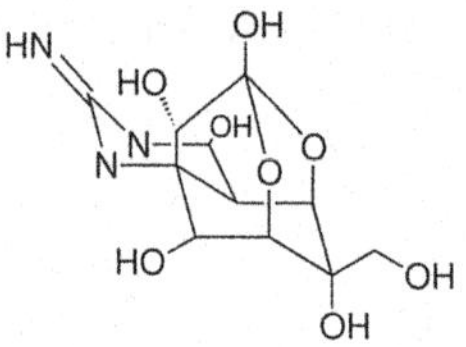

Abb. 2: Hochtoxische Verbindungen niedrigsten Molekulargewichts

Die toxischsten Pflanzengifte

Unter den pflanzlichen Giftstoffen (Tabelle 2) zeigt das im Samen der Christuspalme vorkommende Glycoprotein Ricin die bei weitem höchste Toxizität. Die aus der großen, strukturell sehr heterogenen Gruppe der Alkaloide stammenden Verbindungen Nicotin **5** und Strychnin **6** (Abb. 3) sind bereits drei Zehnerpotenzen weniger toxisch. Hervorzuheben ist beim Nicotin die Dauerschädigung menschlicher Organe durch wiederholtes Einatmen von Tabakrauch. Die physiologische Wirkung des Nicotins wird deutlich, wenn man sich vergegenwärtigt, daß bereits die im Tabak einer Zigarre enthaltene Menge Nicotin ausreicht, um nach Verschlucken bei einem Erwachsenen den Tod herbeizuführen.[2] Im direkten Vergleich dazu erscheint das von südamerikanischen Indianerstämmen als Pfeilgift verwendete „Curare" **8** geradezu harmlos, denn es ist noch einmal zwei Zehnerpotenzen weniger toxisch, als die beiden anderen erwähnten pflanzlichen Alkaloide. Eine orale Toxin-Aufnahme ist auch die **häufigste Ursache für Vergiftungen durch Atropin 9**, das Gift der Tollkirsche. Besonders kleine Kinder sind gefährdet, da sie die süßen schwarzen Beeren mit richtigen Kirschen verwechseln und bei ihnen bereits 3 – 4 Beeren zum Tode führen können.[2]

[1] T. Tokuyama, J. Daly, B. Witkop, *J. Am. Chem. Soc.* **1969,** *91,* 3931 – 38. Die Synthese des racemischen Batrachotoxin A ist kürzlich gelungen: M. Kusoso, L. R. Marcin, T. J. Grinsteiner, Y. Kishi, *J. Am. Chem. Soc.* **1998,** *120,* 6627 – 6628.
[2] L. Roth, M. Daunderer, K. Kormann, *Giftpflanzen – Pflanzengifte,* Ecomed, Landsberg/Lech, 4. Auflage, **1994.**

Tabelle 2: Die toxischsten Pflanzengifte.

Giftstoff	Vorkommen	Verbindungsklasse	Mol.-gew. [g mol^{-1}]	LD$_{50}$[a] [µg kg^{-1}]	Lit.
Ricin	Christuspalme *Ricinus communis*	Glycoprotein (Lectin)	62 400	0.10 Maus, i.p.	[1]
Nicotin (**5**)	Tabakpflanze *Nicotiana tabacum*	Alkaloid	162	300 Maus, i.v.	[2]
Strychnin (**6**)	Brechnuß *Strychnos nux-vomica*	Alkaloid	334	750 Katze, oral	[1]
Cymarin (**7**)	*Strophantus*-Arten tropischer Schlingstrauch	Digitalisglycosid	549	25 000 Ratte, i.v.	[3]
Tubocurarin-chlorid (**8**) „Curare"	*Chondrodendron tomentosum*	Alkaloid	682	33 200 Maus, oral	[4]
Atropin (**9**)	Tollkirsche *Atropa belladonna*	Alkaloid	289	400 000 Maus, oral	[1]

[a] i.p. = intraperitoneal, i.v. = intravenös.

[1] L. Roth, M. Daunderer, K. Kormann, *Giftpflanzen – Pflanzengifte, Ecomed*, Landsberg/Lech, 4. Auflage, **1994**.
[2] R. B. Barlow, L. J. McCleod, *Brit. J. Pharmacol.* **1969**, *35*, 161 – 174.
[3] V. G. Vogel, E. Kluge, *Arzneimittel-Forsch.* **1961**, *11*, 848 – 850.
[4] R. D. Sofia, L. C. Knobloch, *Toxicol. Appl. Pharmacol.* **1974**, *28*, 227 – 233.

Gifte-Hitliste

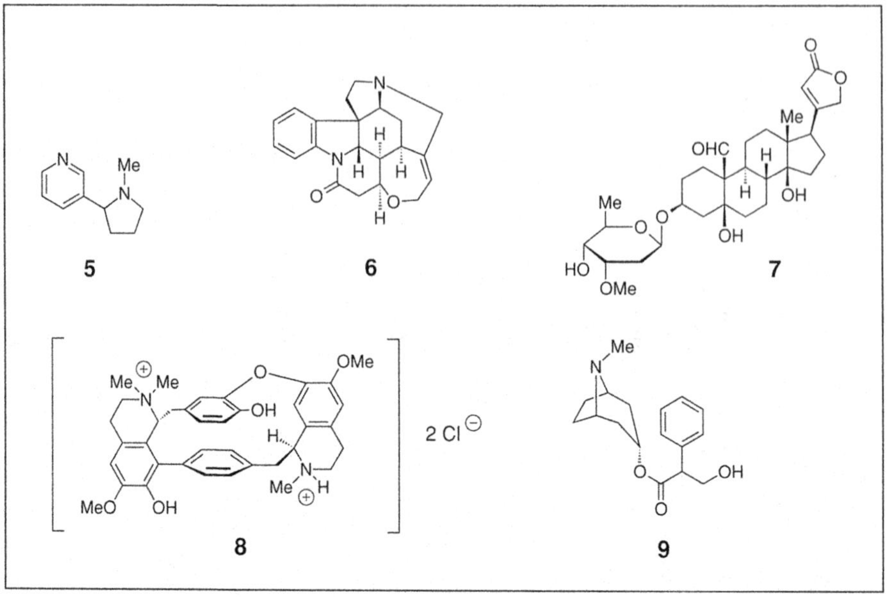

Abb. 3: Pflanzliche Giftstoffe

Die toxischsten Pilzgifte

Die in Tabelle 3 aufgeführten Pilzgifte unterstreichen die große Giftigkeit, die vom **Fliegenpilz** mit dem Inhaltsstoff Muscarin **10** (Abb. 4) und vom α-Amanitin des grünen Knollenblätterpilzes ausgeht. Während der Fliegenpilz mit seinem charakteristischen roten Hut nur selten mit anderen Pilzen verwechselt wird, ist beim Knollenblätterpilz erhöhte Vorsicht geboten, denn wegen seiner nur schwachen Signalfarbe kann er mit einigen Täublingen verwechselt werden. In 100 g frischen Knollenblätterpilzen sind ca. 8 mg α-Amanitin enthalten, die dazu beitragen, daß bis zu 90 % aller tödlich verlaufenden Pilzvergiftungen auf den Verzehr dieses Pilzes zurückzuführen sind.[3]

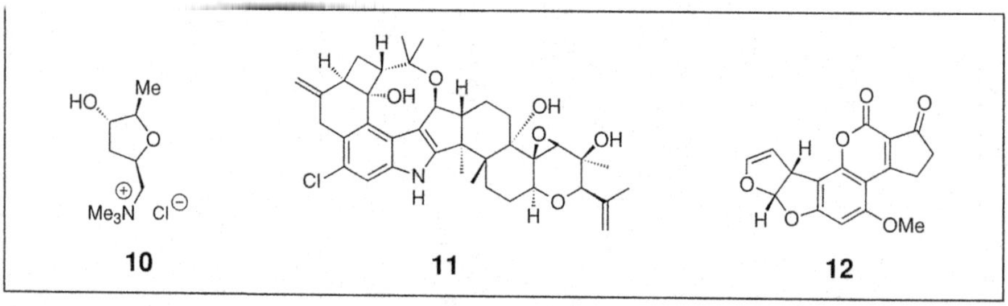

Abb. 4: Pilzgifte

[3] L. Roth, H. Frank, K. Kormann, *Giftpilze, Pilzgifte, Schimmelpilze, Mykotoxine*, Ecomed, Landsberg/Lech, **1990**.

Tabelle 3: Die toxischsten Pilzgifte.

Giftstoff	Vorkommen	Verbindungsklasse	Mol.-gew. [g mol^{-1}]	LD$_{50}$ [µg kg^{-1}][a]	Lit.
L-(+)-Muscarin (**10**)	Fliegenpilz *Amanita muscaria*	Alkaloid	174	230 Maus, i.v.	[1]
α-Amanitin	grüner Knollenblätterpilz *Amanita phalloides*	Bicyclisches Octapeptid	919	300 Maus	[1]
Penitrem A (**11**)	Schimmelpilz *Penicillium crustosum*	Polycyclisches Indolderivat	634	1050 Maus, i.p.	[1]
Aflatoxin B$_1$ (**12**)	Schimmelpilz *Aspergillus flavus*	Difuran-Cumarinderivat	312	1700 Maus, oral	[1]

[a] i.p. = intraperitoneal, i.v. = intravenös.

[1] L. Roth, H. Frank, K. Kormann, *Giftpilze, Pilzgifte, Schimmelpilze, Mykotoxine*, Ecomed, Landsberg/Lech, **1990**.

Gifte Hitliste

Auch bei den Mycotoxinen Penitrem A **11** und Aflatoxin B$_1$ **12** aus den Schimmelpilzarten *Penicillium crustosum* bzw. *Aspergillus flavus* handelt es sich um toxische Stoffwechselprodukte, die im Tiermodell bereits bei etwas mehr als einem Milligramm pro kg eine letale Wirkung haben. Der Ausgangspunkt der Mycotoxin-Forschung ist mit einer durch verschimmelte Erdnüsse ausgelöste Massenvergiftung englischer Truthähne verknüpft, dessen molekulare Ursache auf Aflatoxin B$_1$ zurückzuführen war.[4] Auch der sogenannte „Fluch der Pharaonen", an dem Grabforscher auf wundersame Weise nach der Öffnung der Pyramide von Tut-ench-Amun (1347 – 1339 v. Chr.) zu Tode kamen, wird auf das im Innern der Grabkammern von Schimmelpilzen produzierte Cumarinderivat **12** zurückgeführt.[3] Neben seiner akut toxischen Wirkung ist Aflatoxin B$_1$ bis heute **die stärkste, oral wirkende**, Leberkrebs erzeugende **Verbindung**, und zeigt bei Ratten eine Wirkschwelle von bereits 10 μg kg^{-1}.[3] Zum Glück ersparen uns Menschen Instinkt und Ekelgefühl in aller Regel die Einnahme größerer Mengen dieses gefährlichen Toxins.

Die toxischsten künstlichen Gifte

Nicht nur die oben beschriebenen Naturstoffe sind als besonders potente Toxine bekannt, sondern auch einige organische Verbindungen anthropogener Natur sowie eine Anzahl anorganischer Stoffe werden gemeinhin als typische Gifte bezeichnet (Tabelle 4). Das mitunter reißerisch „Ultragift" genannte 2,3,7,8-Tetrachlordibenzodioxin **13** (TCDD, Abb. 5) ist seit dem folgenschweren Unfall im italienischen Seveso am 10. Juli 1976, bei dem etwa 2 kg dieser Verbindung in die Umwelt gelangten, „in aller Munde". Vom toxikologischen Standpunkt ist Dioxin sicherlich als sehr starkes Gift einzustufen, es verursacht bei Menschen Chlorakne und hat im Tierversuch zu Krebs geführt. Einer der grundlegenden Unterschiede zu den toxischen Naturstoffen liegt jedoch in der enormen Persistenz des synthetischen TCDDs, das von Organismen nicht metabolisiert und in Sedimenten nicht abgebaut wird. Seine Halbwertszeit im Boden beträgt 2 – 9 Jahre, in der Luft bis zu 32 Tagen.[5] So ist es dringend notwendig, den Eintrag dieser Verbindung in die Umwelt weiter ständig zu kontrollieren und zurückzudrängen.

13 **14** **Abb. 5:** Synthetische Gifte

[4] B. Franck, *Angew. Chem.* **1984**, *96*, 462 – 474.
[5] D. Lenoir, S. Leichsenring, *Chem. Unserer Zeit* **1996**, *30*, 182 – 191.

Tabelle 4: Anorganische und synthetische Gifte

Giftstoff	Verbindung	LD$_{50}$ [μg kg^{-1}]	Lit.
2,3,7,8-TCDD „Dioxin"	**13**	22 Ratte, oral	[1]
Parathion „E 605"	**14**	3600 Ratte, oral	[2]
Kaliumcyanid „Zyankali"	KCN	10000 Ratte, oral	[3]
Arsenoxid „Arsenik"	As$_2$O$_3$	15100 Ratte, oral	[4]

[1] B. A. Schwetz, J. M. Norris, G. L. Sparschu, V. K. Rowe, P. J. Gehring, J. L. Emerson, C. G. Gerbig, *Chlorodioxins – Origin and Fate*, ACS Symp. Ser. **1973**, *120*, 55 – 69.
[2] T. B. Gaines, *Toxicol. Appl. Pharmacol.* **1969**, *14*, 515 – 534.
[3] W. J. Hayes, Jr., *Toxicol. Appl. Pharmacol.* **1967**, *11*, 327 – 335.
[4] J. Harrison et al., *Arch. Ind. Health* **1958**, *17*, 118.

Die Toxizität des als Pflanzenschutzmittel (→ Pflanzenschutz) verwendeten Parathions **14** („E 605", Abb. 5), das als Selbstmordgift traurige Berühmtheit erlangt hat, ist etwa um das 100fache niedriger als die des Dioxins. Ein weiterer Unterschied besteht in der vergleichsweise schnellen Abbaurate des Phosphorsäureesters. Die „traditionellen" Gifte wie Kaliumcyanid („Zyankali") und Arsenoxid („Arsenik"), die chemische Hauptdarsteller unzähliger Kriminalromane sind, müssen dagegen in relativ hohen Dosen aufgenommen werden, um einen letalen Effekt zu bewirken. Insgesamt ist bemerkenswert, daß die starken Toxine aus der Natur die synthetischen um Größenordnungen an Wirksamkeit übertreffen.

GifteHitliste

Spektakuläre Irrtümer

Irren ist menschlich. Wissenschaftler sind Menschen. Also ist Irren wissenschaftlich? Ein schiefer Syllogismus, aber nicht völlig falsch. Denn natürlich gibt es in allen Wissenschaften, also auch in der Chemie, Irrtümer. Redliche Wissenschaftler rechnen mit dem Irrtum. Versuch und Irrtum (trial and error) bilden ja sogar eine Kernmethode empirischer Wissenschaft. In den Naturwissenschaften beruhen viele Irrtümer auf unzureichenden Daten, die zu voreiligen und gegebenenfalls falschen Schlüssen verleiten können. Kritisch wird es, wenn Mechanismen der menschlichen Psyche in Kraft treten, die einem Entlarven derartiger Irrtümer entgegenwirken und krankhafte Züge annehmen. Das klassische Symptom ist der Objektivitätsverlust. Für die „pathologische Wissenschaft"[1] gibt es noch mehrere wesentliche Charakteristika:[2] Die Phänomene, die studiert werden, sind oft geradezu sensationell und laufen gängigen Lehrmeinungen zuwider; dadurch machen sie Furore, und die beteiligten Wissenschaftler gelangen ins Rampenlicht der Öffentlichkeit. Die experimentellen Effekte beim Untersuchen dieser Phänomene sind meist so klein, daß sie gerade noch an der Nachweisgrenze sind; Grundrauschen wird dann leicht subjektiv als ein echter Effekt interpretiert. Bei „infizierten" Wissenschaftlern findet man eine große Bereitschaft, sich über etablierte Theorien, denen die beobachteten Effekte zuwiderlaufen, einfach hinwegzusetzen – durch simples Ignorieren oder durch Aufstellen einer neuen, oft revolutionären Theorie. Im Streit mit den Anhängern der etablierten Lehrmeinung entsteht dann bisweilen ein veritabler Glaubenskrieg, der nach dem Motto „viel Feind, viel Ehr" geführt wird und eine objektive und (selbst-)kritische Auseinandersetzung mit der Problematik gar nicht mehr zuläßt. Wohlgemerkt, es handelt sich nicht um absichtliche wissenschaftliche Betrügereien,[a] sondern vielmehr um Selbsttäuschungen. „Infizierte" glauben nicht mehr das, was sie sehen, sondern sie sehen das, was sie glauben. Deshalb werden oft einfachste Experimente, die diesen Streit klar entscheiden könnten, von ihnen selbst nicht unternommen und, wurden sie von Zweiflern oder Gegnern durchgeführt, ignoriert oder prinzipiell in Frage gestellt.

Polywasser und **kalte Fusion** sind zwei besonders prominente chemische Beispiele aus neuerer Zeit.[2] In den 60er Jahren berichteten sowjetische Wissenschaftler, unter ihnen der angesehene Derjaguin, von einer neuen Form des Wassers, die sich angeblich aus normalem Wasser in Glaskapillaren bildet. Leider konnte man immer nur geringste Mengen dieses sogenannten Polywassers erzeugen. Verglichen mit normalem Wasser, sollte Polywasser ganz ungewöhnliche Eigenschaften aufweisen, beispielsweise einen Siedepunkt von ca. 300 °C und eine enorm hohe Viskosität. Diese sensationelle neue Form des Wassers wurde mehrere Jahre lang weltweit intensiv erforscht, bis letztlich klar wurde,

---

[1] Dieser Begriff wurde von Langmuir (→ Nobelpreise) (Nobelpreis für Chemie, 1932) geprägt. Siehe dazu I. Langmuir (Hrsg. R. N. Hall), *Phys. Today* October **1989**, 36.
[2] D. L. Rousseau, *Am. Sci.* January-February **1992**, *80*, 54.

daß Polywasser ein ganzes Sammelsurium von konzentrierten Verunreinigungen im normalen Wasser war. Selbst berühmte Forschungsinstitute hatten sich von Schliffett und Experimentatorenschweiß nur zu gerne narren lassen. Polywasser war nicht nur ein sensationelles, sondern zugleich auch ein preiswertes Forschungsobjekt.[3]

Etwas Ähnliches gilt für die sogenannte **kalte Fusion**. Die dazu notwendige elektrochemische Versuchsanordnung läßt sich in jedem besseren Schullaboratorium aufbauen. Bei der Elektrolyse einer Lösung von Lithiumdeuteroxid (LiOD) in schwerem Wasser (D_2O) mittels einer Platinanode und einer Palladiumkathode stellten die beiden Elektrochemiker Pons und Fleischmann eine Wärmeabgabe fest, die so stark war, daß in einem Fall angeblich sogar eine Elektrode schmolz. Die Forscher erklärten diesen experimentellen Befund mit der Annahme, daß aus dem bei der Elektrolyse gebildeten Deuterium in der Palladiumelektrode durch bei Raumtemperatur einsetzende Kernfusion Helium, Tritium und Neutronen entstünden – ein sehr exothermer Prozeß, der aber wegen der enorm großen elektrostatischen Abstoßung zweier zu verschmelzender Deuteriumkerne voraussetzt, daß diese beim Zusammenprall eine gigantische kinetische Energie von über 10 000 Elektronenvolt besitzen, was nur bei extrem hohen Temperaturen (ca. 100 Millionen °C) der Fall ist, beispielsweise in Sternen oder thermonuklearen Bombenexplosionen.[4] Die kalte Fusion sollte nach dieser Theorie durch die elektrochemische Kompression, die das Kristallgitter des Palladiums auf absorbierte Deuteronen ausübt und die umgerechnet einem Druck von 10^{24} bar entspricht, hervorgerufen werden.[5] Zur gleichen Zeit wie Pons und Fleischmann arbeitete der Physiker Jones an ganz ähnlichen Experimenten,[b] bei denen er nicht die Wärmetönung bei der Elektrolyse, sondern den dabei auftretenden Neutronenfluß maß. Er kam in der Tat zu ähnlichen Schlußfolgerungen wie seine Konkurrenten. Zwischen beiden Arbeitsgruppen entstand ein mit nicht ganz lauteren Mitteln geführter Wettbewerb um die Priorität der Veröffentlichung der sensationellen Resultate. Bei diesem Publikationswettrennen, das Pons und Fleischmann knapp gewannen,[6] litt naturgemäß die Genauigkeit der wissenschaftlichen Darstellung. Zwei Seiten Errata waren die Folge – ein eher trauriger Rekord. Die Resultate von Pons und Fleischmann und auch von Jones hielten einer kritischen Überprüfung nicht stand. Um sie zu retten, wurden mutige Theorien aufgestellt. So schlugen beispielsweise Pons und Fleischmann zur Erklärung der äußerst geringen Neutronenemission in ihren Experimenten vor, dies sei auf eine bisher unbekannte Kernreaktion zurückzuführen. Der Streit zwischen Skeptikern und „Gläubigen" ist auch heute noch nicht geschlichtet,[c] man kann aber mit Sicherheit feststellen, daß die kalte Fusion bislang mehr Aufregung als Energie produziert hat.

[3] Siehe z. B. F. Franks, *Polywater*, MIT Press, Cambridge, Mass., **1981**.
[4] Vgl. hierzu J. W. Schultze, U. König, A. Hochfeld, *Nachr. Chem. Tech. Lab.* **1989**, *37*, 707.
[5] Vgl. hierzu den redaktionellen Beitrag in *Phys. Unserer Zeit* **1989**, *20*, 93.
[6] M. Fleischmann, S. Pons, *J. Electroanal. Chem.* **1989**, *261*, 301.

In eine ganz andere Kategorie der Irrtümer sollte man die berühmt-berüchtigte **Phlogiston-Theorie** einordnen, die von Stahl 1697 entwickelt wurde. Nach dieser Theorie sollte jeder brennbare Stoff eine gasförmige Substanz enthalten, Phlogiston genannt, die beim Verbrennen entweicht. Diese Theorie erklärte auf Anhieb, warum beim Verbrennen vieler Stoffe nur wenig Asche zurückbleibt – es handelte sich dann um besonders phlogistonreiche Stoffe. Auch die Tatsache, daß „verbrannte" Metalle mittels phlogistonreicher Stoffe wie z. B. Holzkohle wieder in den Zustand vor ihrer Verbrennung zurückgeführt werden konnten, war einleuchtend. Stahl stellte den Verbrennungsvorgang und dessen Umkehrung erstmals auf eine über das rein Stoffliche hinausgehende Grundlage; er entdeckte das, was wir in der heutigen Terminologie als Oxidation und Reduktion bezeichnen.[7] Seine Interpretation dieser Vorgänge war der heutigen geradezu diametral entgegengesetzt, und das ist ein Grund, weshalb sich seine Theorie sehr lange hielt: Viele naturwissenschaftliche Theorien behalten ihre innere Stimmigkeit, wenn lediglich die Vorzeichen gewechselt werden. Den Sturz der Phlogiston-Theorie verdanken wir Lavoisier, der mit der Einführung der analytischen Waage bei chemischen Experimenten die Chemie als exakte Naturwissenschaft etablierte. Er zeigte 1777, daß der kurz zuvor von Scheele und Priestley entdeckte Sauerstoff für jede Verbrennung absolut notwendig ist und daß die Verbrennungsprodukte insgesamt schwerer sind als der unverbrannte Stoff, daß also nicht, wie von der Phlogiston-Theorie propagiert, eine Gewichtsabnahme beobachtet wird.[d] Damit war die Phlogiston-Theorie eigentlich widerlegt. Man versuchte sie aber noch zu retten, indem man annahm, Sauerstoff sei dephlogistonierte Luft, die ein großes Bestreben habe, anderen Stoffen deren Phlogiston zu entziehen. Somit mußte das Phlogiston eine negative Masse besitzen. Um das Ende der Phlogiston-Theorie möglichst plakativ deutlich zu machen, inszenierte der sonst eher bescheidene und zurückhaltende Lavoisier 1789 ein öffentliches Autodafé: Seine Ehefrau verbrannte, als weißgekleidete Verkörperung des Sauerstoffs, die Bücher Stahls.[8]

Die Phlogiston-Theorie gehört nicht in die Kategorie der pathologischen Wissenschaft. Vielmehr zeigt ihr Schicksal sehr pointiert, wie „gesunde" Wissenschaft in der Regel funktioniert. Zum Zeitpunkt ihrer Formulierung entsprach diese Theorie dem Stand der Erkenntnis und hatte einen hohen Erklärungswert für viele experimentelle Beobachtungen. Sie war überprüfbar und wurde schließlich durch neue und genauere experimentelle Daten widerlegt.[e] Auch Zusatzhypothesen, die zur Rettung der Theorie von ihren Anhängern herangezogen wurden, halfen nichts: Es fand schließlich ein Paradigmenwechsel statt – die alte wurde durch eine neue, bessere Theorie abgelöst.[9] Damit erging es der Phlogiston-Theorie wie vielen anderen Theorien. Auch ihr

[7] G. Prause, T. v. Randow, *Der Teufel in der Wissenschaft*, Rasch und Röhring, Hamburg, **1985**, S. 189 – 192.
[8] M. Speter in *Das Buch der großen Chemiker* (Hrsg. G. Bugge), Bd. 1, 6. unveränderter Nachdruck d. 1. Aufl., VCH, Weinheim, **1984**, S. 331. J. Dettmann, *Fullerene: die Bucky-Balls erobern die Chemie*, Birkhäuser, Basel, **1994**, S. 20 – 22.
[9] Siehe hierzu T. S. Kuhn, *Die Struktur wissenschaftlicher Revolutionen*, Suhrkamp, Frankfurt am Main, **1973**.

zähes Verweilen in den Köpfen der Chemiker des 18. Jahrhunderts ist nicht so ungewöhnlich. Sie hatte durch ihren großen Erfolg über die Jahrzehnte schon den Status eines Dogmas erhalten. Etablierte Theorien sterben langsam – aber vielleicht ist das auch nur eine dieser etablierten Theorien?

Als ganz besonders folgenschwerer Irrtum der Analytischen Chemie gilt **die Überschätzung des Eisengehaltes von Spinat um das Zehnfache**.[10] Millionen und Abermillionen von Babies und Kleinkindern bekamen dies am eigenen Leib zu spüren – mit zum Teil dramatischen Konsequenzen für die Kleidung oder die Wohnungseinrichtung der Fütternden. Es handelte sich hier jedoch nicht um einen Analysenfehler, sondern um einen Tippfehler: das Komma war beim Abschreiben des Analysenergebnisses versehentlich eine Stelle nach rechts verrutscht. Also doch kein Irrtum der Chemie!

[10] W. Krämer, G. Trenkler, *Lexikon der populären Irrtümer*, 10. Aufl., Eichborn, Frankfurt am Main, **1996**, S. 294 – 295, zit. Lit.

[a] Absichtliche wissenschaftliche Betrügereien im großen Stil sind heutzutage eher selten, aber sie kommen vor. Schwarze Schafe gibt es überall; vgl. hierzu W. Broad, N. Wade, *Betrayers of the Truth*, Simon and Schuster, New York, **1982**.

[b] Auch russische Arbeitsgruppen beschäftigten sich mit kalter Fusion, die sie Fractofusion nannten. Sehr aktiv war hier der schon vom Polywasser bekannte Derjaguin. Eine sehr ausführliche Bibliographie dazu existiert am Chemischen Institut der Universität Aarhus (Dänemark) und kann über Internet eingesehen werden (http://www.kemi.aau.dk/˜britz/fusion).

[c] Zur anhaltenden Kontroverse und den Hintergründen siehe z. B. F. D. Peat, *Cold Fusion: the making of a scientific discovery*, Contemporary Books, Chicago, **1990**. E. F. Mallove, *Fire from ice: searching for the truth behind the cold fusion furor*, Wiley, New York, **1991**. F. E. Close, *Too hot to handle: the race for cold fusion*, Princeton University Press, Princeton, **1991**. J. R. Huizenga, *Cold fusion: the scientific fiasco of the century*, Oxford University Press, Oxford, **1993**. G. Taubes, *Bad science: the short life and weird times of cold fusion*, Random House, New York, **1993**.

[d] Lavoisier erkannte sogar, daß insgesamt die Masse bei Verbrennungsreaktionen erhalten bleibt. Er stellte mit dem Postulat der Massenerhaltung den ersten Erhaltungssatz der Chemie auf. Etwa zeitgleich und unabhängig von ihm stellte auch Lomonossow diesen Erhaltungssatz auf.

[e] Nach Popper ist eine akzeptable Theorie dadurch gekennzeichnet, daß sie prinzipiell falsifizierbar ist. Vgl. hierzu K. R. Popper, *Logik der Forschung*, 10. verb. Auflage, Mohr, Tübingen, **1994**, passim.

Die kleinsten und die größten Katalysatoren

Der **kleinste Katalysator** ist das **Proton, die größten (homogenen) Katalysatoren** sind **Enzyme**. Enzyme haben Molmassen zwischen ca. 10 000 und 400 000 g/mol.[a] Sie können also annähernd viermillionenmal schwerer sein als ein Proton. Entsprechend kompliziert ist ihr molekularer Aufbau. Etliche Enzyme sind, vereinfacht gesprochen, nichts anderes als Protonen mit raffiniert ausgeklügelter Umgebungsarchitektur: Die protonenkatalysierte Reaktion läuft nur mit solchen Substraten ab, die in diese Umgebung gut hineinpassen.

Der aktivste synthetische Katalysator

Als aktivster Katalysator bei der Polymerisation von Ethen wird mit Methylaluminoxan (MAO) aktiviertes **1** (Abb. 1) beschrieben; die Aktivität beträgt 60 kg Polyethylen pro Milligramm Zirconium und Stunde (bzw. 5473 kg pro Millimol Zirconium und Stunde) bei 100 °C in Toluol unter 14 bar Ethen.[1] Höchstwahrscheinlich ist **2**, mit MAO aktiviert, **der aktivste Katalysator für die Polymerisation von Propen**; die Aktivität beträgt 9.6 kg isotaktisches Polypropylen pro Milligramm Zirconium und Stunde (bzw. 875 kg pro Millimol Zirconium und Stunde) bei 70 °C in flüssigem Propen.[2]

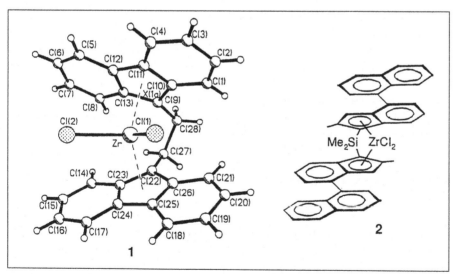

Abb. 1: Aktivste Katalysatoren (Metallocene) für die Polymerisation von Olefinen

[1] H. G. Alt, W. Milius, S. J. Palackal, *J. Organomet. Chem.* **1994**, *472*, 113.
[2] M. Aulbach, F. Küber, *Chem. Unserer Zeit* **1994**, *28*, 197.

Der Weltmarkt für Katalysatoren

Nach Angaben des Marktforschungsinstituts The Catalyst Group belief sich der Weltmarkt für Katalysatoren 1995 auf 8.6 Mrd US$.[1]

Den größten Teil dieses Marktes machten Katalysatoren zur Emissionsbegrenzung aus (3.1 Mrd US$), worunter sowohl solche für den Kfz- als auch für den Industriebereich zu verstehen sind (Abb. 2).

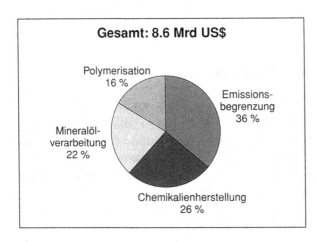

Abb. 2: Weltmarkt für Katalysatoren 1995[1]

Der bedeutendste Markt für Katalysatoren war 1995 mit einem Volumen von annähernd 3 Mrd US$ Nordamerika, vor Westeuropa mit ca. 2.2 Mrd US$ und Japan mit knapp 0.9 Mrd US$. Den Märkten der Triade gemeinsam war im Gegensatz zu den anderen Märkten die Vorrangstellung der Katalysatoren zur Emissionsbegrenzung. Diesen traut man auch weltweit für die kommenden Jahre die **höchsten Wachstumsraten** zu.

Insgesamt gilt der Katalysatormarkt als ein Wachstumsmarkt; sein Volumen soll bis zum Jahr 2001 auf 10.7 Mrd US$ anwachsen.

Enzymatische Reaktionen

Enzyme gehören zu den mit Abstand fleißigsten und wirksamsten Katalysatoren, die man kennt. So beträgt die **maximale Wechselzahl** k_{cat} der Carboanhydrase 10^6 s^{-1} und die der Katalase sogar 4×10^7 s^{-1}. Mit anderen Worten können von einem dieser rekordverdächtig aktiven Enzymmoleküle pro

---

[1] ECN Chemscope (06), 01.06.96, S. 22 – 23; Chem. Marketing Reporter (18), 29.04.96.
[a] Die Desulfovibriohydrogenase ist mit einer Molmasse von ca. 9000 g/mol ein besonders kleines Enzym. Multienzymkomplexe wie die Pyruvatdehydrogenase besitzen oft Molmassen in der Größenordnung von 10^6 g/mol.

Sekunde eine Million bzw. 40 Millionen Moleküle des jeweiligen Substrats umgesetzt werden (die Carboanhydrase katalysiert die Hydrolyse von CO_2, die Katalase die Zersetzung von H_2O_2)! Eine wichtige Kenngröße für Enzyme ist die sogenannte Michaelis-Konstante K_M. Diese entspricht derjenigen Substrat-konzentration, bei der die Hälfte der maximalen Umsatzgeschwindigkeit erreicht wird. Der Quotient k_{cat}/K_M ist auf ca. $10^8 - 10^9$ $M^{-1}s^{-1}$ begrenzt, weil die Bildungsgeschwindigkeit des Enzym-Substrat-Komplexes, die implizit in K_M enthalten ist, durch Diffusionsprozesse auf diese Größenordnung beschränkt ist. Enzyme, die diese Werte erreichen, bezeichnet man als katalytisch perfekt, weil sie mit Substratmolekülen nicht lange fackeln, sondern sie instantan umsetzen. Das Verhältnis aus dem Quotienten k_{cat}/K_M zur Geschwindigkeit der unkatalysierten Reaktion ist ein Maß für die Tüchtigkeit oder „Professionalität" eines Enzyms. In diesem Sinne ist **das wirksamste Enzym** die Orotidinmo-nophosphat-Decarboxylase, bei der der Zahlenwert für dieses Verhältnis 10^{23} beträgt.[4]

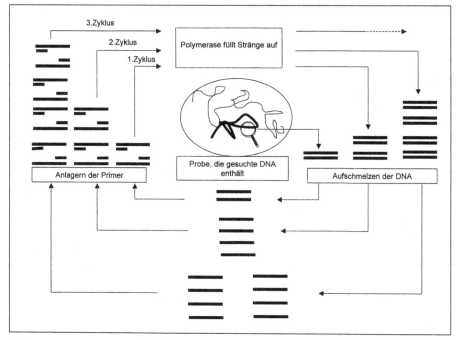

Abb. 1: Polymerasekettenreaktion

[4] A. Radzicka, R. Wolfenden, *Science* **1995**, *267*, 90. J. K. Lee, K. N. Houk, *Science* **1997**, *276*, 942.

Die effizienteste Vervielfältigungsmethode

Das effizienteste enzymatische Verfahren zur Auswahl und Vervielfältigung bestimmter Nucleinsäuresequenzen *in-vitro* ist die **Polymerasekettenreaktion** (PCR).[1] Sie findet die sprichwörtliche Nadel im Heuhaufen, z. B. Virus-DNA in einer Blutprobe oder veränderte Gene in Lebensmitteln, und kopiert sie so oft, daß sie schließlich „mit bloßem Auge" sichtbar werden, d.h. die gesuchte Sequenz liegt in so hoher Konzentration vor, daß man sie mit laborüblichen Methoden identifizieren und charakterisieren kann.

Die PCR macht sich die Spezifität der Basenpaarung und die Temperaturstabilität der DNA-Polymerase des Bakteriums *Thermophilus aquaticus* (Taq-Polymerase) zunutze. Dieser Mikroorganismus lebt am Meeresgrund in der Nähe thermischer Schlote und hält Temperaturen bis nahe 100 °C aus. Zum Nachweis einer bestimmten DNA-Sequenz, zum Beispiel eines Virus in einer Blutprobe, wird die Probe mit Taq-Polymerase, einzelnen Nucleotidbausteinen und sogenannten Primern versetzt. Die Primer sind kurze DNA-Stücke, deren Sequenz komplementär zur Virus-DNA ist, und die deshalb nur an diese binden. Beim Erwärmen auf ca. 80 – 95 °C denaturiert die DNA, d. h. die Doppelhelix trennt sich in zwei Einzelstränge auf. Beim anschließenden Abkühlen auf höchstens 60 °C bilden sich wieder Doppelstrangmoleküle. Allerdings lagern sich jetzt die Primer spezifisch an die entsprechenden komplementären Sequenzen der Virus-DNA an, so daß hier unvollständige Doppelstränge entstehen. Nun tritt die Polymerase in Aktion: sie bindet an die Primer und benutzt die einzelsträngige DNA als Matrize für die Synthese des komplementären Stranges aus den entsprechenden Nucleotiden, so daß der neu synthetisierte DNA-Strang mit dem Matrizenstrang eine Doppelhelix bilden kann. Im Ergebnis sind damit aus jedem Molekül der Virus-DNA, das ursprünglich in der Probe enthalten war, zwei geworden. Da die Taq-Polymerase die hohen Temperaturen, die man beim Denaturieren der DNA braucht, unbeschadet übersteht, lassen sich wiederholte Zyklen von abwechselndem Erwärmen und Abkühlen in einem Reaktionsansatz durchführen. Mit jedem Reaktionszyklus verdoppelt sich die Menge der gesuchten DNA, so daß nach zwanzig Schritten aus zwei Molekülen mehr als eine Million geworden sind.

Zur „Kriminologie" der Entdeckung der PCR:
[1] K. B. Mullis, The unusual origin of the polymerase chain reaction, *Sci. Amer.* **1990**, *262*, 56.
(→ Nobelpreise)

Die bedeutendsten Produktionsregionen

1997 wurden weltweit 126 Mio t Kunststoffe (ohne Fasern, Dispersionen, Klebstoffe, Lacke etc.) produziert, davon das meiste in Nordamerika. Zweitwichtigste Produktionsregion war Westeuropa mit einem deutlichen Vorsprung vor Süd-/Ostasien/Australien (Abb. 1).

Diese Region soll Westeuropa allerdings in den nächsten Jahren überholen. Die für sie prognostizierte Wachstumsrate von gut 8 % p. a. ist mehr als doppelt so groß wie die für Westeuropa und Nordamerika erwartete. Der **bedeutendste Produktionsstandort** wird aber auch 2005 Nordamerika sein.

Insgesamt geht man von einem durchschnittlichen Wachstum der Weltkunststoffproduktion von 5 % p. a. auf 186 Mio t im Jahr 2005 aus.

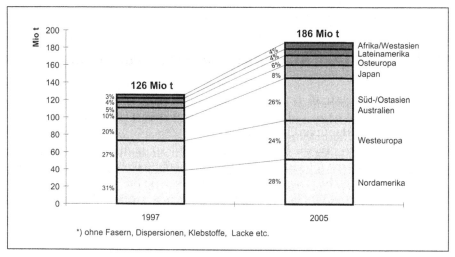

Abb. 1: Weltweite Kunststoffproduktion* 1997–2005[1]

Die größten Märkte

Wie bei der Kunststoffproduktion, ist Nordamerika auch beim Verbrauch **die derzeit führende Region** (Abb. 2). Auf sie entfielen im Jahr 1997 28 % des Weltverbrauchs von 126 Mio Tonnen. Die Differenz zu Süd- und Ostasien, die sich 1985 noch auf 17 %-Punkte belief, hat sich auf nur noch 2 %-Punkte verringert. Süd-/Ostasien/Australien hat somit von 1985 bis 1997 deutlich an Bedeutung gewonnen. Es hat zunächst Japan von Platz drei und dann Westeuropa von Platz zwei verdrängt. Doch damit noch nicht genug. Bis zum Jahr 2000 wird diese Region zu Nordamerika aufschließen.

---

[1] Daten von: BASF AG (auf Seiten 189 – 199)

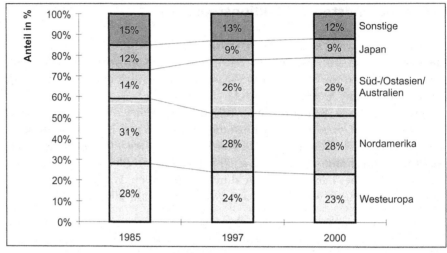

Abb. 2: Regionale Aufteilung des Kunststoffmarktes[1]

Die bedeutendsten Abnehmerbranchen in Westeuropa

Der Kunststoffverbrauch in Westeuropa ist in den letzten Jahren deutlich gestiegen und erreichte im Jahr 1997 einen **Höchstwert** von knapp 31 Mio t.

Wer waren die **Hauptverbraucher?**

In erster Linie ist hier die Verpackungsindustrie zu nennen. Sie und die Baubranche dominierten mit einem Anteil von zusammen 60 % am Verbrauch den Markt. Im Vergleich hierzu geradezu bescheiden wirkt die Nachfrage der Elektro- und Automobilbranche. Auf andere Branchen entfielen sogar deutlich weniger als je 5 % der Gesamtnachfrage (Abb. 3).

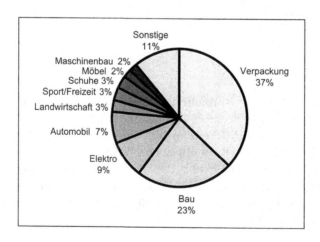

Abb. 3: Bedeutendste Abnehmerbranchen in Westeuropa 1997[1]

Der am dynamischsten wachsende Kunststoff

Im Zeitraum 1990 – 1997 wuchs der Kunststoffverbrauch um knapp 6 % pro Jahr auf 126 Mio t. Zwei der drei bedeutendsten Kunststoffklassen, nämlich Polyethylen und Polyvinylchlorid, wiesen unterdurchschnittliche Wachstumsraten auf, während Polypropylen mit einer Zunahme von gut 9 % p. a. glänzte. Dieses dürfte auch in den nächsten Jahren **der wachstumsstärkste Kunststoff** bleiben und sich schon in Kürze als alleiniger Inhaber des zweiten Platzes in der Rangliste der meistgebrauchten Kunststoffe etablieren.

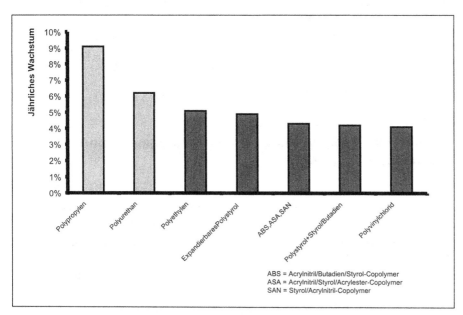

Abb. 4: Wachstum verschiedener Kunststoffe 1990 – 1997[1]

Die meistgebrauchten Kunststoffe

Vom Kunststoff-Weltverbrauch, der sich 1997 auf 126 Mio t belief (ohne Fasern, Dispersionen, Klebstoffe, Lacke u.ä.), entfielen etwa 2/3 auf lediglich drei Klassen: auf das mit 33 % am Verbrauch bei weitem führende Polyethylen und die in ihrer Bedeutung mittlerweile gleichgewichtigen Kunststoffe Polyvinylchlorid und Polypropylen. Daneben konnten nur noch Polystyrol sowie Polyurethan Marktanteile von über 5 % auf sich vereinigen (Abb. 5).

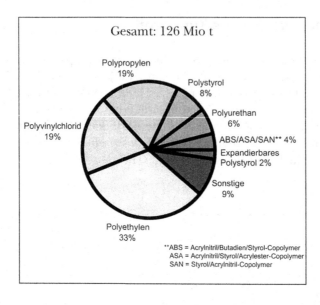

Gesamt: 126 Mio t

Polypropylen
19%

Polystyrol
8%

Polyurethan
6%

ABS/ASA/SAN** 4%

Expandierbares
Polystyrol 2%

Sonstige
9%

Polyvinylchlorid
19%

Polyethylen
33%

**ABS = Acrylnitril/Butadien/Styrol-Copolymer
ASA = Acrylnitril/Styrol/Acrylester-Copolymer
SAN = Styrol/Acrylnitril-Copolymer

Abb. 5: Kunststoffverbrauch nach Klassen (1997)[1]

Polyethylen: Bedeutendste Produktionsregionen und Produzenten von HDPE

HDPE (high density polyethylene) ist ein teilkristalliner, thermoplastischer Kunststoff, der durch Niederdruck-Polymerisation von Ethylen hergestellt wird und eine Dichte von ca. 0.94 – 0.97 g/cm^3 besitzt. Er besteht vor allem aus unverzweigten Molekülketten. Es handelt sich um einen Massenkunststoff, der im täglichen Leben in vielfältiger Form begegnet, z. B. als Flasche, Kanister, Eimer, Blumenkasten oder auch als Folie.

Wie schon bei Ethylen, so war auch beim HDPE Nordamerika 1998 **die Region mit den größten Kapazitäten** (Abb. 6). Die Bedeutung von Süd-/Ostasien/Australien (ohne Japan) als Produktionsregion war deutlich größer als bei Ethylen und übertraf diejenige Westeuropas.

Durch Bildung von Equistar Chemicals, einem Joint Venture aus den Olefin- und Polymeraktivitäten von Lyondell und Millenium, ist 1997 ein neuer, bedeutender Ethylen- und Polyethylenproduzent entstanden. Er nahm 1998 beim HDPE mit einem Anteil an der Weltkapazität von 8 % die **Spitzenstellung** ein.

Insgesamt verfügten die Top Ten über 47.2 % der weltweiten Kapazität von 23.0 Mio t/a.

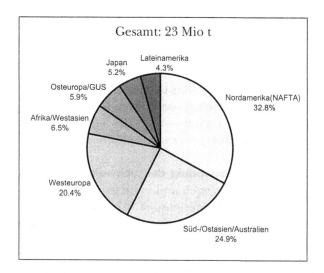

Gesamt: 23 Mio t

Japan
5.2%

Lateinamerika
4.3%

Osteuropa/GUS
5.9%

Afrika/Westasien
6.5%

Nordamerika(NAFTA)
32.8%

Westeuropa
20.4%

Süd-/Ostasien/Australien
24.9%

Abb. 6: Kapazitäten der HDPE-Produzenten nach Regionen 1998[1]

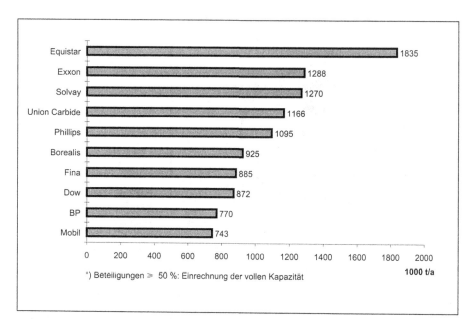

*) Beteiligungen ≥ 50 %: Einrechnung der vollen Kapazität

1000 t/a

Abb. 7: Kapazitäten* der Top Ten Produzenten 1998[1]

Kunststoffe
Zahlen und Fakten

Polyethylen: Bedeutendste Produktionsregionen und Produzenten von LDPE

LDPE (low density polyethylene) ist ein teilkristalliner thermoplastischer Kunststoff, der durch Hochdruckpolymerisation von Ethylen hergestellt wird. Seine im Vergleich zum HDPE geringere Dichte von ca. $0.91 - 0.94$ g/cm^3 ist auf eine größere Verzweigung der Molekülketten zurückzuführen. LDPE wird vor allem zu Folien verarbeitet.

Im Gegensatz zum HDPE lag der **Schwerpunkt der weltweiten Produktionskapazitäten,** die 1998 18.39 Mio t/a betrugen und somit geringer als diejenigen für HDPE waren, mit 5.76 Mio t/a in Westeuropa (Abb. 8). Die nordamerikanische Region folgte mit deutlichem Abstand auf Platz zwei. Der Anteil Osteuropas an der Weltkapazität war deutlich höher als bei HDPE und vor allem bei LLDPE.

Die Gesamtkapazität der zehn führenden Firmen belief sich auf 8.19 Mio t/a (44.6 % der Weltkapazität). An der Spitze lag mit Dow eine Firma, die auch über die weltweit größten Ethylen-Kapazitäten verfügte.

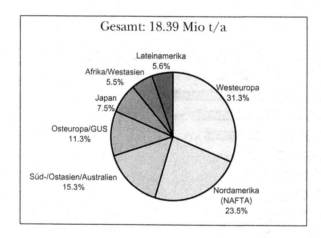

Abb. 8: Kapazitäten der LDPE-Produzenten nach Regionen 1998[1]

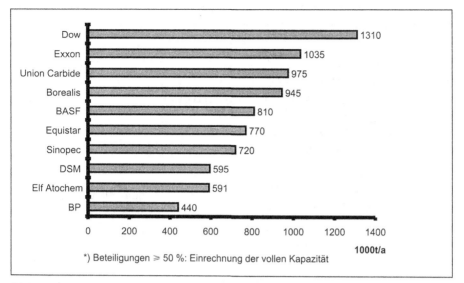

Abb. 9: LDPE-Kapazitäten* der Top Ten Produzenten 1998[1]

Polyethylen: Bedeutendste Produktionsregionen und Produzenten von LLDPE

Beim LLDPE (linear low density polyethylene) handelt es sich um ein spezielles Polyethylen niedriger Dichte, welches bei der Niederdruck-Polymerisation von Ethylen in Gegenwart von 1-Alkenen entsteht. Durch deren statistische Einpolymerisation haben die langen Molekülketten definierte kurze Verzweigungen. Das behindert die Kristallisation. Durch Variation der 1-Alkene lassen sich die Produkteigenschaften breit variieren.

Die Weltkapazität belief sich 1998 auf 14.71 Mio t/a (Abb. 10). Die Rangfolge der wichtigsten Produktionsregionen glich dabei eher derjenigen von HDPE, d. h. Nordamerika war mit deutlichem Abstand die **bedeutendste Region,** Westeuropa hingegen mußte sich mit Platz drei begnügen. Interessanterweise spielte Osteuropa, welches beim LDPE eine nicht zu vernachlässigende Größe darstellt, beim LLDPE lediglich eine marginale Rolle.

Dow und Exxon, die führenden Firmen der LDPE Top Ten, waren 1998 auch beim LLDPE an der Spitze zu finden, allerdings mit deutlich höheren Anteilen an der Weltkapazität (Abb. 11). Insgesamt konnten die Firmen der Top Ten knapp 57 % der weltweiten Kapazität ihr Eigen nennen.

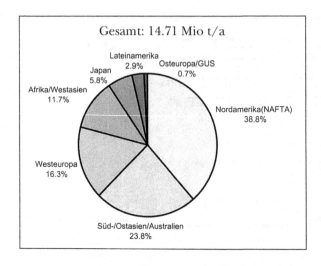

Gesamt: 14.71 Mio t/a

Lateinamerika 2.9%
Osteuropa/GUS 0.7%
Japan 5.8%
Afrika/Westasien 11.7%
Nordamerika(NAFTA) 38.8%
Westeuropa 16.3%
Süd-/Ostasien/Australien 23.8%

Abb. 10 Kapazitäten nach der LLDPE-Produzenten nach Regionen 1998[1]

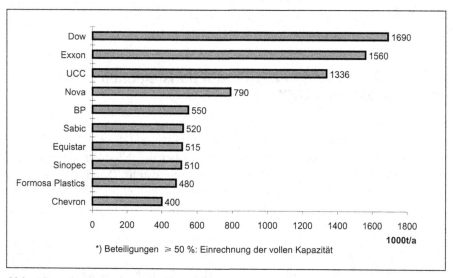

Dow 1690
Exxon 1560
UCC 1336
Nova 790
BP 550
Sabic 520
Equistar 515
Sinopec 510
Formosa Plastics 480
Chevron 400

0   200   400   600   800   1000   1200   1400   1600   1800

1000t/a

*) Beteiligungen ≥ 50 %: Einrechnung der vollen Kapazität

Abb. 11: Kapazitäten* der Top Ten Produzenten 1998[1]

Polypropylen: Bedeutendste Produktionsregionen und Produzenten

Polypropylen ist ein durch Polymerisation von Propylen herstellbarer thermoplastischer Kunststoff, der in letzter Zeit immer mehr an Bedeutung gewonnen hat. Man begegnet ihm nicht nur in Form von Folien und Fasern, sondern auch als Werkstoff in vielerlei Anwendungen wie z. B. im Automobil oder in Haushaltsgeräten. Im Gegensatz zum Polyethylen sind bei diesem Kunststoff die Kapazitäten, die 1998 insgesamt 29.80 Mio t/a betrugen, fast gleichmäßig auf **die wichtigsten Produktionsregionen** Westeuropa, Süd-/Ostasien/Australien und Nordamerika verteilt (Abb. 12).

Bei den Top Ten Firmen gab es 1998 hingegen mit Shell einen eindeutigen Marktführer, der mit 12.7 % der Weltkapazität mehr als doppelt so groß wie der Zweitplazierte BASF (5.7 %) war (Abb. 13). Der Anteil der Top Ten an der Weltkapazität bewegte sich mit 45.7 % in derselben Größenordnung wie beim HDPE und LDPE.

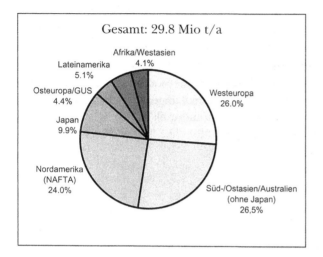

Abb. 12 Kapazitäten der Polypropylen-Produzenten nach Regionen 1998[1]

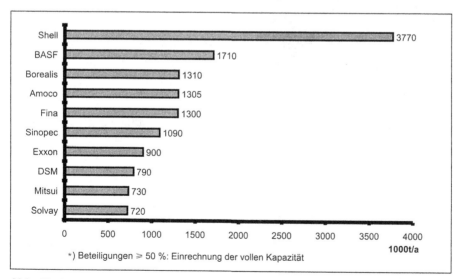

Abb. 13: Kapazitäten* der Top Ten Produzenten 1998[1]

Polystyrol: Bedeutendste Produktionsregionen und Produzenten

Durch Polymerisation von Monostyrol, welches erstmals 1929 durch katalytische Dehydrierung aus Ethylbenzol hergestellt wurde, stellte die BASF ihren ersten technischen Kunststoff her, das Polystyrol. Heute ist dieser Kunststoff in breiten Bevölkerungskreisen vor allem unter dem Markennamen Styropor® bekannt (treibmittelhaltiges, expandierbares Polystyrol) und als Verpackungs- und Isoliermaterial weithin geschätzt (→ Chemiewirtschaft; Branchenrekirde und → Kunststoffe).

Weltweit standen 1998 Kapazitäten von 13.12 Mio t/a zur Produktion von Polystyrol zur Verfügung, davon 1/3 in Süd-/Ostasien (Abb. 14).

Die **bedeutendsten Produzenten** waren 1998 allerdings westliche Firmen. Alleine das **Führungsduo Dow und BASF** verfügte in diesem Jahr über 26.2 % der Weltkapazität. Von Huntsman (6.7 %) einmal abgesehen, brachte es keiner der restlichen Konkurrenten auf Anteile von mehr als 4.2 %.

Insgesamt konnten die Top Ten im Jahr 1998 58.5 % der Polystyrol-Weltkapazität auf sich vereinigen (Abb. 15).

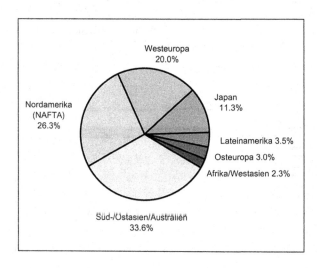

Abb. 14 Kapazitäten der Polystyrol-Produzenten nach Regionen 1998[1]

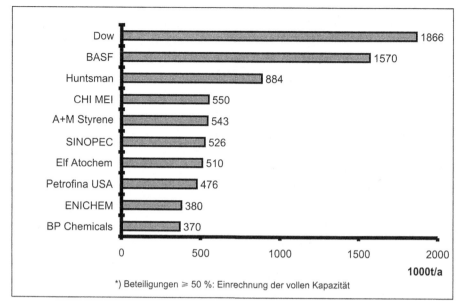

Abb. 15: Styrol-Kapazitäten* der Top Ten Produzenten 1998[1]

Rekorde und Kuriositäten wissenschaftlicher Veröffentlichungen

Einen nicht geringen Teil ihrer Arbeitszeit verbringen Chemiker damit, ihre Ergebnisse zu Papier zu bringen, um sie entweder als Patente (→ Patente) schützen zu lassen, oder aber, um sie in den verschiedensten Fachzeitschriften zu publizieren. Von den vielen Funktionen einer solchen Veröffentlichung ist sicherlich die Dokumentation eines auf dem jeweiligen Gebiet erzielten Fortschritts die ursprünglichste und vielleicht selbst heute noch, in einer von der Maxime des „publish or perish" dominierten Scientific Community, die hauptsächliche. Daneben haben die salopp als „paper" bezeichneten Veröffentlichungen noch andere Funktionen, die damit zu tun haben, daß sich durch sie die Namen der Autoren einprägsam mit den dort abgehandelten Forschungsgebieten verbinden lassen.

Der „markigste" Schlußsatz

In seither nur selten erreichter Offenheit unterstrich zum Beispiel Moses Gomberg im Jahr 1900 seinen Anspruch auf das von ihm bearbeitete Gebiet der Triphenylmethylradikale. Ein derart **nachdrücklicher Schlußsatz** (Abb. 1) fiele heutzutage, bald hundert Jahre später, sicherlich der streichenden Feder der Redaktion zum Opfer.

„This work will be continued and I wish to reserve this field to myself."

M. Gomberg, „The Instance of Trivalent Carbon: Triphenylmethyl", *J. Am. Chem. Soc.* **1900**, *22*, 757 – 771.

Abb. 1: Der ungewöhnlichste Schlußsatz

Ein politisches Statement

Daß man Veröffentlichungen auch für **politische Statements** nutzen kann, belegt der Beitrag von László von Szentpály, der seinen Unmut über die 430 entlassenen hessischen Kollegen durch eine höchst ungewöhnliche Widmung seiner Arbeit im *Journal of the American Chemical Society* (JACS) Ausdruck verlieh (Abb. 2).

> „This article is dedicated to the 430 former assistant professors dismissed in Hessen State (FRG) between 1978 and 1980 and cum grano salis to Hans Krollmann (Wiesbaden) who signed responsible for this deed. "

L. v. Szentpály, „Carcinogenesis by Polycyclic Aromatic Hydrocarbons", *J. Am. Chem. Soc.* **1984**, *106*, 6021 – 6028.

Abb. 2: Die ungewöhnlichste Widmung

Gibt es mehr Verbindungen mit gerader als mit ungerader Kohlenstoffzahl?

Kürzlich bemerkte ein Team indischer und schweizerischer Chemiker,[1] daß in der Datenbank des Beilstein Informationssystems, in der ca. 7 Mio organische Verbindungen erfaßt sind, deutlich mehr Verbindungen mit einer geraden Zahl von Kohlenstoffatomen gespeichert sind als solche mit einer ungeraden Zahl. Auch die statistische Untersuchung kleinerer Teilmengen organischer Substanzen, die zum Beispiel in der *Cambridge Crystallographic Database*, im *CRC Handbook of Chemistry and Physics*, aber auch in den Katalogen kommerzieller Chemikalienhändler enthalten sind, führt zu identischen Ergebnissen. Eine mögliche Erklärung[2] für dieses Ungleichgewicht liegt vielleicht darin, daß organische Verbindungen ursprünglich aus biologischen Quellen gewonnen wurden. Die Natur jedoch benutzt zum Aufbau organischer Verbindungen häufig das Acetat als C_2-Baustein. Über die bevorzugte Verwendung relativ kostengünstiger, von natürlichen Vorläufern abstammender Ausgangsstoffe durch Chemikalienproduzenten und synthetisch arbeitende Chemiker kann sich also die Vorliebe der Natur bis in Chemikalienkataloge und Datenbanken fortgepflanzt haben.

[1] J. A. R. P. Sarma, A. Nangia, G. R. Desiraju, E. Zass, Jack D. Dunitz, *Nature*, **1996**, *384*, 320.
[2] B. J. Gaede, *Chem Eng. News*, 20. Januar **1997**, S. 4.

Die längste Fußnote

Absolut rekordverdächtig ist die wohl mit Abstand **längste Fußnote**: J. R. Murdoch benötigte in seiner ebenfalls in JACS erschienenen Arbeit mit dem Titel „Theory of nuclear substitution and the hemistructural relationship" für eine *kurze* Diskussion zur Störungstheorie in einer Fußnote mehr als zwei volle Druckseiten mit insgesamt 134 Zeilen![1]

[1] J. R. Murdoch, „Theory of nuclear substitution and the hemistructural relationship", *J. Am. Chem. Soc.* **1982**, *104*, 588 – 600.

Die Veröffentlichung mit den meisten Autoren

Ähnlich groß war der Platzbedarf, den zwei physikalische Fachzeitschriften für die Auflistung der Wissenschaftler freimachen mußten, die die Ergebnisse ihrer an zwei Teilchenbeschleunigern durchgeführten Experimente vorstellen wollten: Während die 406 (!) Autoren des in den *Physical Review Letters* erschienenen Beitrags „First Measurement of the Left-Right Cross Section Asymmetry in Z-Boson Production by e⁺ e⁻ Collisions"[3] zwei Druckseiten benötigten, gelang es der Redaktion der *Physical Reviews*, die 271 Autoren der Arbeit „Limit on the top quark mass from proton-antiproton collisions at $\sqrt{s}$ = 1.8 TeV" mitsamt ihrer Institutszugehörigkeit auf eine Seite zu bringen. Angesichts dieser **enormen Autorenzahl** ist es zu begrüßen, daß sich beim Zitieren wissenschaftlicher Arbeiten das arbeitserleichternde Kürzel „et al." eingebürgert hat. Da beim chemischen Experimentieren im allgemeinen mit sehr viel geringerem Personalaufwand gearbeitet wird, ist die Zahl der Coautoren in chemischen Fachzeitschriften in aller Regel um eine ganze Zehnerpotenz niedriger. Ein guter Kandidat für die **chemische Veröffentlichung mit den meisten Coautoren** ist R. B. Woodwards (→ Nobelpreise) posthum publizierte Totalsynthese des Erythromycins[1], an der 49 Personen beteiligt waren. Man darf jedoch gespannt sein, wieviele Autoren in der zusammenfassenden Veröffentlichung zum Human Genome Project genannt werden.

Die am häufigsten zitierte Veröffentlichung

Ein Maßstab für die Bedeutung einer wissenschaftlichen Arbeit, zumindest jedoch für das Interesse, das sie in der Scientific Community hervorruft, ist die Häufigkeit mit der diese Arbeit von anderen Wissenschaftlern zitiert wird. Die mit Abstand **am häufigsten zitierte Veröffentlichung** aller Zeiten ist die bereits 1951 erschienene Arbeit von O. H. Lowry und Mitarbeitern zur photometrischen Proteinbestimmung („Protein Measurement with the Folin Phenol Reagent", *J. Biol. Chem.* **1951**, *193*, 265 – 275).[4] Nach einer von Eugene Garfield publizierten Statistik[2] wurde dieser Klassiker seit seinem Erscheinen bis heute über 245 000 mal zitiert.

[1] R. B. Woodward et al., *J. Am. Chem. Soc.* **1981**, *103*, 3210 – 3213.
[2] E. Garfield, *The Scientist,* **1996**, *10 (17)*, 13 – 16.
[3] „First Measurement of the Left-Right Cross Section Asymmetry in Z-Boson Production by e⁺ e⁻ Collisions",
Phys. Rev. Lett. **1993**, *70*, 2515 – 2520.
Der Vizemeister ist eine Veröffentlichung mit 271 Autoren: „Limit on the top quark mass from proton-anti-proton collisions at $\sqrt{s}$ = 1.8 TeV", *Phys. Rev. D: Part. Fields* **1992**, *45*, 3921 – 3948.
[4] O. H. Lowry, N. J. Rosebrough, A. L. Farr, R. J. Randall, „Protein Measurement with the Folin Phenol Reagent", *J. Biol. Chem.* **1951**, *193*, 265 – 275.

Rekorde wissenschaftlicher Journale

Nicht nur einzelne Veröffentlichungen haben rekordverdächtige Besonderheiten aufzuweisen, sondern auch die Journale, in denen die wissenschaftlichen Arbeiten erscheinen. Das in Philadelphia ansässige *Institute for Scientific Information* wertet jährlich etwa 3400 Wissenschaftsjournale statistisch aus und veröffentlicht seine Ergebnisse unter anderem in Form des Science Citation Index . Aus der Analyse der Daten für 1994 geht hervor, daß das *Journal of Biological Chemistry* (JBC), das **Journal** ist, **in dem die meisten Artikel erschienen sind** (Tabelle 1), dicht gefolgt allerdings von den amerikanischen *Proceedings of the National Academy of the Sciences*. Bei um die 4 900 Artikeln allein im Jahr 1994 verwundert es nicht, daß JBC und die *Proceedings* auch in der Statistik der **meistzitierten Journale** 1994 (Tabelle 2) in der Spitzengruppe zu finden sind. Die Tatsache, daß beide Journale auch hier die Rangliste anführen, ist sicherlich Indiz dafür, daß die vielen dort publizierten Artikel auch die gewünschte Leserschaft erreichen. In Tabelle 2 tauchen neben den produktivsten Journalen der Tabelle 1 auch die wöchentlich erscheinenden Zeitschriften *Nature* und *Science* auf, deren große Reputation den Ritterschlag für eine dort akzeptierte wissenschaftliche Veröffentlichung bedeutet.

Tabelle 1: Die produktivsten Journale (Zahl der Artikel)[1]

Journal	Zahl der Artikel
J. Biol. Chem.	4915
Proc. Natl. Acad. Sci.	4894
Tetrahedron Lett.	2448
J. Am. Chem. Soc.	2134
J. Chem. Phys.	2107

[1] E. Garfield, *The Scientist*, **1996**, *10* (17), 13 – 16.

Tabelle 2: Die meistzitierten Journale[1]

Journal	Zahl der Zitationen
J. Biol. Chem.	265 300
Proc. Natl. Acad. Sci.	259 900
Nature	246 500
Science	190 900
J. Am. Chem. Soc.	153 000

[1] E. Garfield, *The Scientist*, **1996**, *10* (17), 13 – 16.

Setzt man die den Tabellen 1 und 2 zugrunde liegenden Daten zueinander ins Verhältnis und berücksichtigt ein paar zusätzliche Kriterien, gelangt man zum sogenannten **Impact-Factor** (Tabelle 3), der den Einfluß eines Journals in der Scientific Community beschreiben soll und für die Verlage ein wichtiges

Verkaufsargument geworden ist. Die beiden Spitzenplätze dieser Statistik werden von Journalen eingenommen, die Übersichtsartikel veröffentlichen. Besonders der Impact-Faktor der *Chemical Reviews* hebt sich deutlich von allen anderen chemischen Printmedien ab. Von den Zeitschriften, in denen hauptsächlich chemische Originalarbeiten veröffentlicht werden, ist die internationale Ausgabe des Wiley-VCH-Flaggschiffs *Angewandte Chemie* führend. Und dies noch vor dem Review-Journal der britischen Royal Chemical Society und JACS, dem Paradeblatt der American Chemical Society.

Tabelle 3: Die einflußreichsten Journale (Impact-Faktoren)[1]

Journal	Impact-Faktor
Chem. Rev.	18.2
Acc. Chem. Res.	14.0
Angew. Chem. Int. Ed. Engl.	8.6
Chem. Soc. Rev.	6.6
J. Am. Chem. Soc.	5.6
Chem. Eur. J.	4.8

[1] Journal Citation Reports 1997, Science Citation Index.

Die wissenschaftliche Literatur verschiedener Länder

Unter der Überschrift „Der wissenschaftliche Reichtum der Nationen" veröffentlichte kürzlich Robert M. May in der Zeitschrift *Science*[1] eine auf dem Science Citation Index basierende statistische Analyse wissenschaftlicher Publikationen in verschiedenen Staaten. Dabei ergab sich folgendes Bild (Tabelle 1):

Tabelle 1: Die publizierfreudigsten Länder[1]

	Anteil wissenschaftl. Veröffentlichungen [%]	Anteil Citationen [%]	Citationen pro Veröffentlichung (Plazierung)
USA	34.6	49.0	1.42 (1)
GB	8.0	9.1	1.14 (5)
J	7.3	5.7	0.78 (18)
D	7.0	6.0	0.86 (15)
F	5.2	4.5	0.87 (14)

[1] R. M. May, *Science* **1997**, *275*, 793 – 796.

---

[1] R. M. May, *Science* **1997**, *275*, 793 – 796.

Die USA produzieren mit einem Anteil von 34.6 % an der Gesamtzahl bei weitem **die meisten wissenschaftlichen Veröffentlichungen** und liegen deutlich vor Großbritannien (8 %), Japan (7.3 %), der Bundesrepublik (7.0 %) und Frankreich (5.2 %). Die 15 EU-Staaten zusammen können jedoch die Dominanz der USA brechen, da in diesen Ländern insgesamt 32 % aller Veröffentlichungen entstehen. Die gleiche Rangfolge ergibt sich auch bei der **Häufigkeit, mit der die Publikationen der einzelnen Länder zitiert werden**. Das Ranking der Nationen ändert sich aber drastisch, wenn die Zahl der Veröffentlichungen mit der Zahl der Zitationen ins Verhältnis gesetzt wird. Zwar führen die USA auch nach diesem mit Einschränkungen als „Qualitätsindikator" zu betrachtenden Merkmal die Rangliste an, doch folgen auf den Plätzen 2 – 5 die Schweiz, Schweden, Dänemark und Großbritannien. Deutschland nimmt einen unspektakulären 15. Platz ein. Beschränkt man die statistische Auswertung auf chemische Veröffentlichungen, ergibt sich nach der Zahl der Zitationen eine Top Five aus den USA, Japan, Deutschland, Großbritannien und Frankreich. Interessant auch der Vergleich der **Veröffentlichungen pro Einwohner**: Hier liegt die Schweiz (167) deutlich an der Spitze, gefolgt von Israel (152) und Schweden (147). Wiederum erreicht hier die Bundesrepublik (67) mit Platz 17 nur einen Rang im unteren Mittelfeld.

Der längste gedruckte Index

Die Ausgabe des „Chemical Abstracts Twelfth Collective Index, Volumes 109 – 115, 1987 – 1991" ist der vermutlich längste gedruckte Index überhaupt: Er besteht aus 115 gebundenen Bänden, in denen auf über 200 000 Seiten mehr als 35 Mio Einträge aufgeführt sind. Für dieses gigantische Opus wird ein etwa 6.7 Meter langes Regal benötigt, das stabil genug ist, um das Gesamtgewicht von 246.7 kg zu tragen. Als leichter handhabbare Alternative dazu kann auf dieselbe Informationsmenge auch über vier CD-ROM Disks zugegriffen werden, die zusammen lediglich 45 g wiegen.[1]

[1] *Chem. Int.* **1993**, *15*, 103.

Der Chemical Abstract Service der American Chemical Society

Um der Flut der jedes Jahr erscheinenden Veröffentlichungen Herr zu werden, haben sich sogenannte Abstract Services, die eine kurze Zusammenfassung der Originalarbeiten wiedergeben, als unschätzbare Hilfe erwiesen. Die Idee eines solchen „Summariums" für Chemiker geht zurück ins letzte Jahrhundert, als am 14. Januar 1830 das **Pharmaceutische Centralblatt** des Leipziger Verlegers Leopold Voss seine Arbeit aufnahm. Der erste dort veröffentlichte redaktionelle Beitrag war eine biographische Skizze über Carl Wilhelm Scheele (1742 – 1786), die E. F. Aschoff am 8. September 1829 „bei der Versammlung des Vereins im nördlichen Teutschland" vortrug. Ab 1897 wurde das Zentralblatt als **Chemisches Zentralblatt** unter der Herausgeberschaft der Deutschen Chemischen Gesellschaft, später auch der Chemischen Gesellschaft in der DDR und der Akademien der Wissenschaften zu Göttingen und zu Berlin, fortgeführt. Sein Erscheinen wurde erst im 140. Jahrgang 1969 eingestellt.

Spätestens seit dieser Zeit beherrscht das amerikanische Pendant zum Zentralblatt, der **Chemical Abstract Service** (CAS) der American Chemical Society, insbesondere durch seine elektronisch recherchierbare Datenbank (CAS-Online) die Szene. Die erste Zusammenfassung, die CAS von einem wissenschaftlichen Artikel abdruckte, erschien am 1. Januar 1907 und beschrieb eine Arbeit von A. Kleine aus der *Zeitschrift für Angewandte Chemie* über eine Apparatur zur Bestimmung von Schwefel und Kohlenstoff. Die erste chemische Verbindung, die in CAS registriert wurde, ist die Säure „Carbonyl-hydroferrocyanic acid" $H_3FeCO(CN)_5 \cdot H_2O$, deren Natriumsalz als Natriumcarbonylprussiat bekannt ist, und deren Bildungsenthalpie von J. A. Muller[1] bestimmt wurde. Seit diesen Anfängen eilt der CAS besonders seit den fünfziger Jahren zu immer neuen Rekorden (vgl. Abb. 1). Während im ersten Jahr lediglich knapp zwölftausend Abstracts abgedruckt wurden und man für eine Gesamtzahl von einer Million Abstracts genau 30 Jahre benötigte, liegt die Abstract-Rate heute bei über 687 789 Stück (1995) pro Jahr, die Gesamtzahl der Abstracts seit 1907 beträgt 16.2 Mio und etwa alle 18 Monate kommt die nächste Million hinzu.[2] Nicht nur die **Zahl der chemischen Veröffentlichungen** wächst kontinuierlich, sondern auch die der Verbindungen, von denen jährlich über eine Million neu registriert werden (1995: 1.186.334 Verbindungen) (→ Chemiewirtschaft; Firmenhits: Bienenfleißige Wissenschaftler). Da chemische Substanzen erst seit 1965 systematisch in einem Registry File erfaßt werden, deckt sich der Bestand dort nicht mit der tatsächlich vom CAS aufgenommenen Zahl der Verbindungen. Die **Gesamtzahl der registrierten Verbindungen** wurde 1997 auf 16.8 – 17.3 Mio geschätzt,[3] davon sind ca. 94.5 % kohlenstoffhaltig (berücksichtigt sind in dieser Zahl also auch Verbindungsklassen wie die Carbide und die metallorganischen CO-Komplexe).

[1] J. A. Muller, *Ann. chim. phys.* **1906**, *9*, 263 – 271.
[2] CAS Statistical Summary 1907 – 1995, Chemical Abstract Service, Ohio, USA, **1996**.
[3] Dr. W. Val Metanomski, Senior Editor, Chemical Abstracts Service, private Mitteilung.

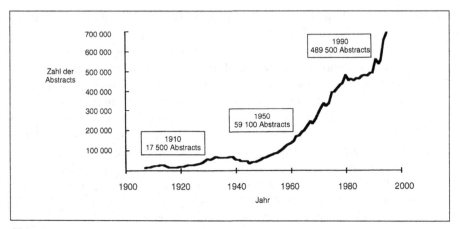

Abb. 1: Rasanter Anstieg der jährlich vom Chemical Abstract Service erfaßten chemischen Literatur

Chemiker als Künstler und Literaten

Chemiker verfassen nicht unbedingt ausschließlich Patentschriften und Publikationen in wissenschaftlichen Journalen. Einige schreiben z. B. auch Lehrbücher. Das vermutlich traditions-, auf jeden Fall aber **das umfangreichste aktuelle deutschsprachige Chemie-Lehrbuch** ist der berühmte „Holleman/Wiberg", dessen erste Auflage im Jahr 1900 erschien. Die 101. Auflage wurde 1995 herausgebracht und hat über 2 000 Seiten. Allein das Sachregister umfaßt 163 engbedruckte Seiten; zwar enthält es nicht mehr, wie in früheren Auflagen, das Stichwort „Gott", aber immer noch viele herzerfrischend detaillierte Eintragungen wie z. B. das „Knistersalz v. Wieliczka" oder die „Bologneser Flasche".

Ein kleiner Teil der Chemiker ist noch literarischer veranlagt als Lehrbuchautoren. An erster Stelle ist hier sicherlich **Elias Canetti** zu nennen. Canetti studierte Chemie in Wien und promovierte dort 1929 zum Dr. phil. nat. Er wurde als Romancier, Dramatiker und Aphoristiker weltberühmt und erhielt 1981 den Nobelpreis für Literatur. Eine naturwissenschaftliche Veröffentlichung von Canetti scheint, abgesehen von der Doktorarbeit, nicht zu existieren. Canetti stellt ein Gegenstück zu **Yuri T. Struchkov** dar, der **der Autor mit den meisten chemischen Veröffentlichungen in einem Jahrzehnt** ist; von 1981 bis 1990 publizierte er sage und schreibe 948 wissenschaftliche Arbeiten – das entspricht einer Publikationsrate von 0.26 pro Tag. Dafür erhielt er 1992 den Anti-Nobelpreis (IgNobel Prize)[a] für Literatur. Canetti ist nicht der einzige Chemiker, der als Künstler reüssierte. Einige weitere Beispiele aus neuerer Zeit sind **Primo Levi**, **Johannes Mario Simmel** und **Rafik Schami**. Diese drei arbeiteten mehrere Jahre als Chemiker, gaben ihren Beruf aus unterschiedlichen Gründen dann aber zugunsten der Schriftstellerei auf. Zu den chemisch vorbelasteten Belletristikern gehören auch der große Parodist **Robert Neumann**, der Romancier und Filmautor **Alain Robbe-Grillet**, der berühmte Hollywood-Regisseur **Frank Capra** (Arsen und Spitzenhäubchen), die englische Krimiautorin **Agatha Christie**,[1] und sogar **Friedrich von Schiller**;[2] **August Strindberg**[3] und **Theodor Fontane**, der nach einer Apothekerlehre Pharmazie studierte, dann aber nicht die väterliche Apotheke übernahm, sondern sich dem Schreiben verschrieb. Auch **Georg Christoph Lichtenberg**, u. a. Experimentalphysiker, Philosoph, Satiriker, Aphoristiker und Wissenschaftsjournalist, gehörte zu den chemisch gebildeten Autoren seiner Zeit. Von ihm stammt der Aphorismus: „Wer nur die Chemie versteht, versteht auch die nicht recht." Seine als Philosophen hochberühmten Zeitgenossen **Jean-Jacques Rousseau**[4] und **François Marie Arouet** (**Voltaire**)[5] entfalteten ebenfalls chemische Aktivitäten. Als Musiker wurde der Chemiker und Mediziner **Alexander Borodin** weltberühmt. Immerhin stand er Pate für eine Namensreaktion, die 1861 entwickelte „Borodinsche Silbersalz-Decarboxylierung".[6] Auch unter Chemikern dürften aber wohl seine „Polowetzer Tänze" bekannter sein.

Nur ganz wenigen Chemikern gelingt heutzutage die Grätsche zwischen Kunst und Wissenschaft – die Zeit der großen Generalisten und Universalgenies ist vorbei. Zu denen, die einer solchen Höchstleistung fähig sind und erfolgreich in beiden Sparten publizieren, gehören der Chemie-Nobelpreisträger (→ Nobelpreise) **Roald Hoffmann** sowie **Carl Djerassi**. Auch die beiden Biochemie-Professoren **Erwin Chargaff**[b] und der 1992 verstorbene **Isaac Asimov** waren als Autoren sehr aktiv. Vor allem Asimovs literarische Produktivität war geradezu unglaublich: Er ist Autor von über 400 Büchern! Seine schriftstellerischen Aktivitäten waren äußerst vielfältig und reichten von Fachbüchern und populärwissenschaftlichen Darstellungen über Science-Fiction-Romane bis hin zu Limericks für Kinder.

Der amerikanische Chemiker **Ebenezer Emmet Reid** ist ein gleich zweifach rekordverdächtiger Kandidat, nämlich in den Sparten „Autorenalter" und „Originalität des Buchtitels": Mit 100 Jahren veröffentlichte er seine Autobiographie unter dem wirklich passenden Titel „My First Hundred Years".[7]

[1] O. Krätz, *Das Rätselkabinett des Doktor Krätz*, VCH, Weinheim, **1996**, S. 157 – 160.
[2] Ibid., S. 130 – 133.
[3] Ibid., S. 144 – 148 und 193.
[4] Ibid., S. 126 – 129.
[5] Ibid., S. 13 – 15 und 178.
[6] Ibid., S. 188.
[7] E. E. Reid, *My First Hundred Years*, Chemical Publishing Co., New York, **1972**.
[a] Ein IgNobel Prize wird für Forschungsarbeiten, die nicht reproduziert werden können oder sollten, verliehen. Zur Institution dieser Anti-Nobelpreise siehe S. Mirsky, *Sci. Am.* December **1994**, *271*, 17. Weitere Informationen zum IgNobel Prize können über Internet erhalten werden (http://walk.pci.on.ca/dgilbert/ignobel).
[b] Wie Canetti wurde auch Chargaff während seines Studiums in Wien von Karl Kraus stark beeinflußt.

Die Top Ten der am häufigsten zitierten Chemiker 1981 – 1997

Mit der gewaltigen Datenbank des *Institutes for Scientific Information* lassen sich natürlich auch die meistzitierten Autoren im Bereich der Chemie aufspüren. Dieser Aufgabe hat sich David A. Pendlebury gestellt, und ist in der statistischen Auswertung chemischer Journale zwischen 1981 und Juni 1997 zu folgenden Ergebnissen gekommen (Tabelle 1).

Tabelle 1: Die meistzitierten Autoren 1981 – 1997[6]

Autor	Veröffentlichungen 1981 – Juni 1997	Zitationen 1981 – Juni 1997	Zitationen pro Veröffentlichung
A. Bax	152	21655	142.47
J. A. Pople [N]	176	14044	79.80
P. v. R. Schleyer	525	13559	25.83
R. R. Ernst [N]	182	13969	71.81
G. M. Whitesides	318	12310	38.71
H. F. Schaefer	515	11921	23.15
J. C. Huffmann	577	11654	20.20
A. L. Rheingold	830	11317	13.63
D. Seebach	349	11275	32.31
J. M. Lehn [N]	307	10823	35.25

In dem untersuchten Zeitraum fanden sich Eintragungen von über 627 000 verschiedenen Autoren, von denen jedoch lediglich 1,7 % mehr als 500mal zitiert wurden. Die fünfzig meistzitierten Autoren stellen dabei lediglich 0,01 % der weltweiten chemischen Autorenschaft dar. In den Top Ten finden sich drei Nobelpreisträger (markiert mit [N]), in den Top Fünfzig sind es insgesamt sieben, und man mag spekulieren, ob sich auch künftige Laureaten aus diesem illustren Kreise rekrutieren werden.

[6] Näheres hierzu: siehe http://www.crystal.org/citation.html

Bindungsextrema von Kohlenstoffverbindungen

Die enorme Zahl der jedes Jahr neu synthetisierten Kohlenstoffverbindungen (→ Literatur) ist ein eindrucksvoller Beleg für die Bedeutung des Kohlenstoffs für die Chemie, aber auch für die Vielseitigkeit, die dieses Element in seinen Bindungen zu anderen Atomen und zu sich selbst (→ Molekülgestalt; Ketten und Cyclen) zeigt. Die sich daraus ergebende strukturelle Vielfalt der Kohlenstoff-Verbindungen konnte in ihrer Breite erst erfaßt werden, als es gelang, das von Max von Laue und den Braggs (→ Nobelpreise) eingeführte Prinzip der Röntgenbeugung auf organische Verbindungen anzuwenden. Heutzutage sind Röntgenstrukturuntersuchungen an Kristallen dank verfeinerter Techniken und schneller Datenverarbeitung zu einer Standardmethode der Strukturaufklärung gereift, und es ist dieser Entwicklung zu verdanken, daß wir auf umfangreiche und detaillierte Kenntnisse über die Bindungsparameter kohlenstoffhaltiger Moleküle wie ihre Bindungslängen und -winkel zurückgreifen können.

Rekordverdächtige C–C–Bindungslängen

Mit der Entwicklung genauer Methoden der Strukturuntersuchung wurde rasch deutlich, daß Kohlenstoff-Kohlenstoff-Bindungen mitnichten in allen Verbindungen von uniformer Länge sind, sondern daß die als Kernabstand definierte Bindungslänge sowohl von der Hybridisierung des Kohlenstoffs (sp^3, sp^2 und sp in Einfach-, Doppel- bzw. Dreifachbindungssystemen) als auch von anderen strukturellen Gegebenheiten wie Winkelspannung, Elektronendelokalisierung, sterischer Überfrachtung etc. abhängt. Einige **Extremwerte der C–C–Bindungslängen** sind ohne Anspruch auf Vollständigkeit in Tabelle 1 zusammengefaßt. Bei der Betrachtung der Verbindungen **1 – 6** (Abb. 1), aus deren Daten die Tabelle erstellt wurde, wird deutlich, daß zumindest bei den meisten Rekordhaltern stets besondere Strukturverhältnisse in den Molekülen herrschen, mit denen sich die beobachteten Extremwerte erklären lassen. So

Tabelle 1: Extremwerte der C–C–Bindungslängen

	Bindungslängen [Å]		
	Minimalwert (Verbindung)	Standard[a]	Maximalwert (Verbindung)
$C_{sp^3} - C_{sp^3}$	1.458(8) (**1**)	1.530 **C – C**	1.724(5) (**2**)
$C_{sp^2} - C_{sp^2}$	1.294(3) (**3**)	1.316 **C = C**	1.416(2) (**4**)
$C_{sp} - C_{sp}$	1.158(4) (**5**)	1.181 **C ≡ C**	1.248(1) (**6**)

[a] Kristallographische Durchschnittswerte nach F. H Allen, O. Kennard, D. G. Watson, L. Brammer, A. G. Orpen, R. Taylor, *J. Chem. Soc. Perkin Trans. 2*, **1987**, S1 – S19.

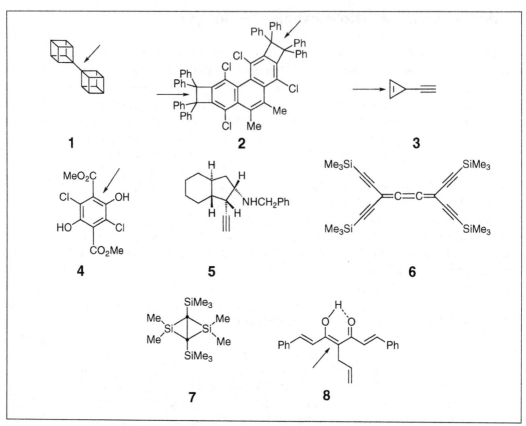

Abb. 1: Moleküle mit extremen Bindungslängen

resultiert aus der Winkelspannung des Cubylcubans **1**[1] eine Rehybridisierung des Kohlenstoffs, die zu einer im Vergleich zum Durchschnittswert von 1.530 Å[2] extrem kurzen exocyclischen Bindung der Länge 1.458(8) Å führt. Die **längste formale C–C–Einfachbindung** hingegen wurde in dem substituierten Disilabicyclo[1.1.0]butan **7**[3] mit 1.781(15) Å ermittelt. Hier jedoch ist Vorsicht geboten und man sollte eher von einem C–C–Abstand sprechen, denn die Bindung zwischen den C-Atomen hat lediglich eine Bindungsordnung von 0.5 und durch die d-Orbitalbeteiligung der Si-Atome haben die Bindungen zwischen ihnen und den Brückenkopf-C-Atomen zumindest partiellen Doppelbindungscharakter. Von einem echten Rekord bei ungewöhnlich langen C–C–Einfachbindungen hat kürzlich die Arbeitsgruppe von Toda berichtet,[4] der die Synthese und die Kristallstrukturuntersuchung des Di(cyclobuta)phenanthren-Derivats **2** gelang. Die für das im Kristall unsymmetrisch vorlie-

---

[1] R. Gilardi, M. Maggini, P. E. Eaton, *J. Am. Chem. Soc.* **1988**, *110*, 7232 – 7234.
[2] Durchschnittswerte einer Auswertung der Cambridge Crystallographic Database nach F. H. Allen, O. Kennard, D. G. Watson, L. Brammer, A. G. Orpen, R. Taylor, *J. Chem. Soc. Perkin Trans. 2*, **1987**, S1 – S19.
[3] G. Fritz, S. Wartanessian, E. Matern, W. Hönle, H. G. v. Schnering, *Z. Anorg. Allg. Chem.* **1981**, *475*, 87 – 108.
[4] F. Toda, K. Tanaka, Z. Stein, I. Goldberg, *Acta Crystallogr.* **1996**, *C52*, 177 – 180.

gende Molekül ermittelten C–C–Bindungslängen sind im Bereich von 1.710(5) und 1.724(5) Å und somit sicherlich bemerkenswert[5] (über-)lang. Als Begründung für die großen Kernabstände in **2** werden sterische Überfrachtung durch die vicinalen Phenylsubstituenten, Ringspannung der Cyclobutabenzol-Untereinheiten, sowie Hyperkonjugationseffekte geltend gemacht.

Die längste und die kürzeste C=C–Doppelbindung

Während die Spanne der Länge von C–C–Einfachbindungen also etwa 0.3 Å beträgt, ist sie bei C=C–Doppelbindungen merklich geringer, da diese Bindungen stärker sind und den Molekülen weniger Freiraum zur Variation lassen. Auch bei Doppelbindungen wird der **Minimalwert** von einer Kleinringverbindung, dem Cyclopropen-Derivat **3**[6] mit einer Bindungslänge von 1.294(3) Å erreicht. Die **längste C=C–Doppelbindung** hingegen wurde für zwei Phenylkohlenstoffe des Terephthalsäuredimethylesters **4**[7] ermittelt, bei denen der Kernabstand 1.416(2) Å beträgt. Bei dieser Verbindung ist die große Bindungslänge sicherlich auf die Delokalisierung der π-Elektronen im aromatischen Ringsystem zurückzuführen. Auch in dem acyclischen Derivat **8**[8] können Konjugationseffekte eine Rolle spielen, doch ist der Hauptgrund für die 1.413(2) Å lange C–C–Bindung des Enols die Tautomerie zum benachbarten Ketonsauerstoff.

Die längsten und die kürzesten C≡C–Dreifachbindungen

Noch etwas kleiner als bei den Doppelbindungssystemen ist die Breite der Variation in den Bindungslängen bei **C≡C–Dreifachbindungen**. Dabei überrascht das Perhydroindan-Derivat **5**[9] mit dem Minimalwert von 1.158(4) Å. Überraschend ist dieser Befund deshalb, da sich weder aus der Konstitution der Verbindung noch aus ihrer röntgenographischen Untersuchung ergibt, warum gerade die Dreifachbindung dieses Moleküls einen unterdurchschnittlich niedrigen Wert haben sollte. Konjugations- oder Hyperkonjugationseffekte hingegen könnten die Ursache für die mit 1.248(1) Å relativ lange Alkinbindung im tetraalkinylierten 1,2,3-Butatrien **6**[10] sein. Insgesamt jedoch sind die Bindungslängen bei Alkinderivaten längst nicht so stark unterschiedlich wie die Kernabstände bei C–C–Einfachbindungen. Die Differenz beträgt bei Dreifachbindungen gerade mal 0.09 Å.

[5] Für eine kritische Übersicht zu überlangen C-C-Bindungen siehe G. Kaupp, J. Boy, *Angew. Chem.* **1997**, *109*, 48 – 50.
[6] K. K. Baldridge, B. Biggs, D. Bläser, R. Boese, R. D. Gilbertson, M. M. Haley, A. H. Maulitz, J. S. Siegel, *Chem. Commun.* **1998**, 1137 – 1138.
[7] Q.-C. Yang, M. F. Richardson, J. D. Dunitz, *Acta Crystallogr.* **1989**, *B45*, 312 – 323.
[8] C. H. Görbitz, A. Mostad, *Acta Chem. Scand.* **1993**, *47*, 509 – 513.
[9] R. M. Borzilleri, S. M. Weinreb, M. Parvez, *J. Am. Chem. Soc.* **1994**, *116*, 9789 – 9790.
[10] J.-D. van Loon, P. Seiler, F. Diederich, Angew. Chem. 1993, 105, 1235 – 1238.

Die größten und die kleinsten C–C–C–Bindungswinkel

C–C–Bindungen zeigen jedoch nicht nur extreme Längenunterschiede, auch die kristallographisch bestimmten Bindungswinkel weichen mitunter deutlich von den idealisierten Werten für tetraedrische, trigonal-planare oder lineare Umgebungen ab (Tabelle 2). Nicht ganz unerwartet sind unter den

Tabelle 2: Extremwerte der C–C–C–Bindungswinkel

	Bindungswinkel [°]		
	Minimalwert (Verbindung)	Standard	Maximalwert (Verbindung)
C-C$_{sp^3}$-C tetraedrisch	50.7(1) **(3)**	109.4	127.6(3) **(9)**
C-C$_{sp^2}$-C trigonal-planar	61.9(1) **(10)**	120	176.9(1) **(11)**
C-C$_{sp}$ -C linear	145.8(7) **(12)**	180	–

Rekordhaltern dieses Bindungsparameters ausschließlich Carbocyclen anzutreffen, bei denen spannungsinduzierte Deformationen zu besonders großen Abweichungen von der Norm führen. Die **Minimalwerte für C–C–C–Bindungswinkel** sowohl um sp^3- als auch um sp^2-hybridisierte Kohlenstoffatome weist wiederum das Cyclopropen-Derivat **3**[6] auf (Abb. 1), das bereits durch eine extrem kurze C–C–Bindungslänge aufgefallen war. Die Geometrie des Dreirings bedingt eine beeindruckende Kompression der inneren C–C–C–Winkel zu Werten, die um die Hälfte kleiner sind als die der idealisierten Standardwinkel. Den **größten Winkel um einen sp^3-Kohlenstoff** findet man in dem Bariumsalz der Spiro[3.3]heptandicarbonsäure **9** (Abb. 2),[11] wo die Spiroverknüpfung von zwei viergliedrigen Ringen zu einer Winkelaufweitung auf 127.6(3)° führt. Beeindruckend ist auch die Verkleinerung des sp^2-Valenzwinkels von 120° auf nur 61.9 (1)° in **10**[11-1]. Noch dramatischer ist die Vergrößerung des sp^2-Bindungswinkels in 1,2-Dihydrocyclobuta[a]cyclopropa[c]benzol **11**.[12] Der C–C–C–Winkel um das näher zum Vierring liegende, gemeinsam zum Sechs- und Dreiring gehörende C-Atom ist im Vergleich zur Norm nahezu linear (176.9°)! Ein stark gespannter Ring erzwingt auch den Rekordwert der Deformation um einen sp-hybridisierten Kohlenstoff. Da für das Thiacycloheptin-Derivat **12**[13] eine lineare Anordnung um die Dreifachbindung nicht realisierbar ist, beträgt der C–C–C–Bindungswinkel lediglich 145.8(7)°.

[11]   L. A. Hülshoff, H. Wynberg, B. van Dijk, J. L. de Boer, *J. Am Chem. Soc.* **1976**, 98, 2733 – 2740.
[11–1] J. J. Crossland, *Acta Chem. Scand.* **1993**, 47, 509.
[12]   R. Boese, D. Bläser, W. E. Billups, M. M. Haley, A. H. Maulitz, D. L. Mohler, K. P. C. Vollhardt, *Angew. Chem.* **1994**, 106, 321 – 324.
[13]   Bestimmung durch Elektronenbeugung. J. Haase, A. Krebs, *Z. Naturfosch. Teil A,* **1972**, 27, 624 – 627.

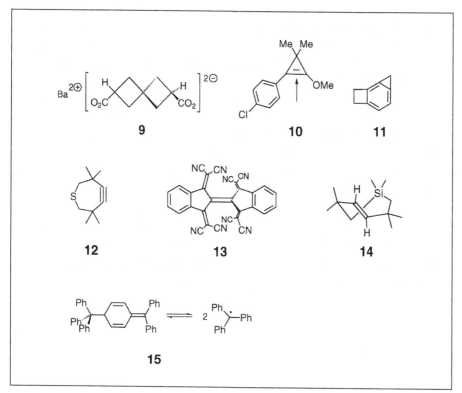

Abb. 2: Verbindungen mit außergewöhnlichen Bindungswinkeln

Die „verdrehtesten" Doppelbindungen

Die trigonal-planare Umgebung um sp^2-hybridisierte Kohlenstoffatome bedingt normalerweise eine koplanare Anordnung der vier Substituenten einer C=C–Doppelbindung. Stehen sterische Gründe dem entgegen, kommt es zu einer Verdrillung dieser Geometrie, die in Form des Diederwinkels ausgedrückt wird. So stehen bei einem Diederwinkel von 90° die Ebenen einer Hälfte der Doppelbindung senkrecht zu der anderen. **Die am stärksten verdrillten Doppelbindungen** finden sich in den Verbindungen **13**[14] und **14**[15] (→ Molekülgestalt; Ketten und Cyclen) mit Diederwinkeln von 49.7° bzw. 49.0°.

[14] A. Beck, R. Gompper, K. Polborn, *Angew. Chem.* **1993**, *105*, 1424 – 1427.
[15] A. Krebs, K.-I. Pforr, W. Raffay, B. Thölke, W. A. König, I. Hardt, R. Boese, *Angew. Chem.* **1997**, *109*, 159 – 161.

Ein „abgedrehtes" Molekül

Einen neuen Rekord für die Verdrillung eines polycyclischen aromatischen Kohlenwasserstoffs (PAH) vermelden R. A. Pascal jr. et al.[1] Die von ihnen synthetisierte orange Verbindung (1) weist laut Kristallstrukturanalyse einen *end-to-end-twist* von 105° auf. Dieser Winkel ist um den Faktor 1.5 höher als der größte bisher beobachtete. Alle vier Benzolringe der Naphthacen-Einheit haben einen etwa vergleichbaren Anteil an der Gesamtverdrillung des Moleküls. Das Molekül verfügt immer noch über ein konjugiertes π-Elektronensystem. Trotz der sterischen Belastung ist (1) sehr stabil: Die Verbindung zeigt selbst bei 400 °C noch keine Zersetzungserscheinungen.

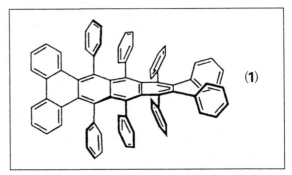

(1)

[1] R. A. Pascal, *Angew. Chem.* **1997**, *109*, 1588

Die stärkste C–C–Einfachbindung

Die obige Zusammenstellung der strukturellen Bindungsextrema unterstreicht nachdrücklich, wie flexibel der Kohlenstoff in seinen Verbindungen auftritt. Diese Sonderstellung unter den Elementen des Periodensystems wird auch bei einer Betrachtung der Bindungsenergie (genauer: Bindungsdissoziationsenthalpie) der C–C–Einfachbindung deutlich (→ Energie im Molekül; Spannung).[16] Während der Wert für Ethan mit 368.2 kJ mol^{-1} Ausdruck einer relativ starken Bindung ist, beträgt er im berühmten Gombergschen Triphenylmethylradikal-Dimeren **15** (→ Literatur) lediglich 50.2 kJ mol^{-1}. Die größte bislang bestimmte C–C–Bindungsenthalpie zeigt mit 603 ± 21 kJ mol^{-1} das Dicyan NC-CN.[17]

[16] C. Rüchardt, H.-D. Beckhaus, *Angew. Chem.* **1980**, *92*, 417 – 429.
[17] J. A. Dean (Hrsg.), „*Langs Handbook of Chemistry*", McGraw-Hill, New York, 14. Aufl. **1992**, S. 4.25.

Die größten Moleküle

Eine Frage darf ein Buch über Rekorde in der Chemie natürlich nicht unbeantwortet lassen: Welches ist **das größte Molekül**? Oder genauer: welches Molekül hat das höchste Molekulargewicht? Um sich nicht im uferlosen Gebiet der polymeren Aggregate zu verlieren, ist zunächst die folgende Einschränkung zu treffen: Zugelassen werden nur einzeln definierte Moleküle (keine Molekülverteilungen), die ausschließlich kovalent aufgebaut sind. Dadurch entfallen zum Beispiel im Bereich der Biopolymere alle Proteine, bei denen verschiedene, nichtkovalent verknüpfte Untereinheiten durch Wasserstoffbrücken zusammengehalten werden. Auch synthetische Makromoleküle (→ Chemieprodukte/Chemiewirtschaft/→ Kunststoffe), die aus einem Gemisch von eng verwandten, jedoch leicht unterschiedlichen Molekülen aufgebaut sind, werden in dieser Kategorie nicht berücksichtigt.

Moleküle sind in der Regel extrem klein. Ein typisches Beispiel soll dies veranschaulichen:[a] Gösse man ein Schnapsglas voll Weizenkorn (32 Vol % Alkohol) ins Meer, so enthielte nach vollständiger Verteilung des darin enthaltenen Alkohols (etwa 5 g) ein Schnapsglas voll Meerwasser, egal aus welchem Ozean und aus welcher Tiefe, durchschnittlich ein Molekül dieses Alkohols.

Die größten jemals gefundenen Moleküle sind Diamanten (→ Elemente), die als Riesenmoleküle aus dreidimensional miteinander vernetzten Kohlenstoffatomen aufgefaßt werden können.[b] Der größte unter ihnen ist der sogenannte Cullinan, der am 25. Januar 1905 in Südafrika gefunden wurde und es auf ein Gewicht von 621.2 g (3106 Karat) brachte.[1] Der Cullinan existierte leider nur drei Jahre: 1908 wurde er in neun große Diamanten und 95 kleinere Bruchstücke zerteilt.[c] Das größte von Menschenhand synthetisierte Molekül ist ein künstlicher Diamant von 38.4 Karat, zu dessen Wachstum 25 Tage nötig waren. Künstliche Diamanten dieser Größe stellt man unter rekordverdächtig extremen Bedingungen her, nämlich in Hochdruckpressen bei Temperaturen zwischen 1500 und 1800 °C und Drücken zwischen 70 000 und 100 000 Atmosphären.[2] Man kann sie auch in den **kleinsten chemischen Hochdruckreaktoren der Welt** erzeugen: im Innern von nur ca. 50 – 100 nm großen „Kohlenstoffzwiebeln", die aus vielen ineinandergeschachtelten Fullerenen bestehen.[3]

[1] N. N. Greenwood, A. Earnshaw, *Chemistry of the Elements*, Pergamon, New York, **1989**, S. 300.
[2] L. F. Trueb, *Die Chemischen Elemente*, Hirzel, Stuttgart, **1996**, S. 262 – 263.
[3] F. Banhart, P. M. Ajayan, *Nature* (*London*) **1996**, *382*, 433

Die größten Biomoleküle

Bei spontaner Beantwortung der Frage nach dem größten Molekül hätten wohl nicht wenige auf Rekordhalter aus dem Bereich der Biomoleküle getippt. Und tatsächlich lassen sich auch hier Verbindungen mit geradezu gigantischen Dimensionen ausfindig machen. Unter den Proteinen gibt es nur einige wenige, deren Molekulargewicht 200 000 Dalton übersteigt.[4] Ein Vertreter dieser Verbindungsklasse ragt jedoch heraus: Das nach dem Molekulargewicht bislang **größte bekannte Protein** ist das Titin,[5] auch Connectin genannt, ein Muskelprotein, das neben den Actin- und Myosin-Filamenten entscheidend zur Elastizität der Muskeln beiträgt. Es besteht aus einer linearen Sequenz von 26 926 Aminosäuren, hat ein Molekulargewicht von annähernd drei Millionen (!) (genauer: 2 993 000) Dalton und die für molekulare Ausmaße enorme Länge von über 1 µm.

An die Spitzenposition des Schwergewichtlers Titin reichen nur wenige Biomoleküle heran. Ein Beispiel dafür und somit vielleicht der Bronzemedaillengewinner ist das Ribosom,[6] ein ubiquitäres, kovalent aufgebautes Ribonucleoprotein, das eine Schlüsselrolle in der Proteinbiosynthese einnimmt. Das Ribosom des Bakteriums *Escherichia coli* zum Beispiel besteht aus drei Ribonucleinsäure-Strängen (aus insgesamt 4560 Nucleotiden) und 55 Proteinen, die zusammen ein Molekulargewicht von ca. 2.7 Mio. Dalton ergeben.

[4] M. Barinaga, *Science* **1995**, *270*, 236.
[5] S. Labeit, B. Kolmerer, *Science* **1995**, *270*, 293 – 296.
[6] J. A. Lake, *Ann. Rev. Biochem.* **1985**, *54*, 507 – 530.
[a] Frei nach A. F. Holleman, *Lehrbuch der anorganischen Chemie*, (Holleman-Wiberg), 101. Auflage, W. de Gruyter, Berlin **1995**, S. 47. Der tägliche Alkoholeintrag ins Meerwasser allein durch Folgen von Kinetosen bei Schiffsreisenden übertrifft die angegebene Menge beträchtlich (S. Hehn, private Mitteilung).
[b] Die freien Valenzen der die Oberfläche bildenden Kohlenstoffatome sind hauptsächlich mit Wasserstoff und Sauerstoff gesättigt.
[c] Aus dem Cullinan wurden unter anderem die berühmten Diamanten „Stern von Afrika" (530 Karat) und „Cullinan II" (371 Karat) geschliffen. (J. Dettmann, *Fullerene: die Bucky-Balls erobern die Chemie*, Birkhäuser, Basel, **1994**, S. 29.) Die aus dem Cullinan hervorgegangenen großen Diamanten gehören zu den britischen Kronjuwelen.

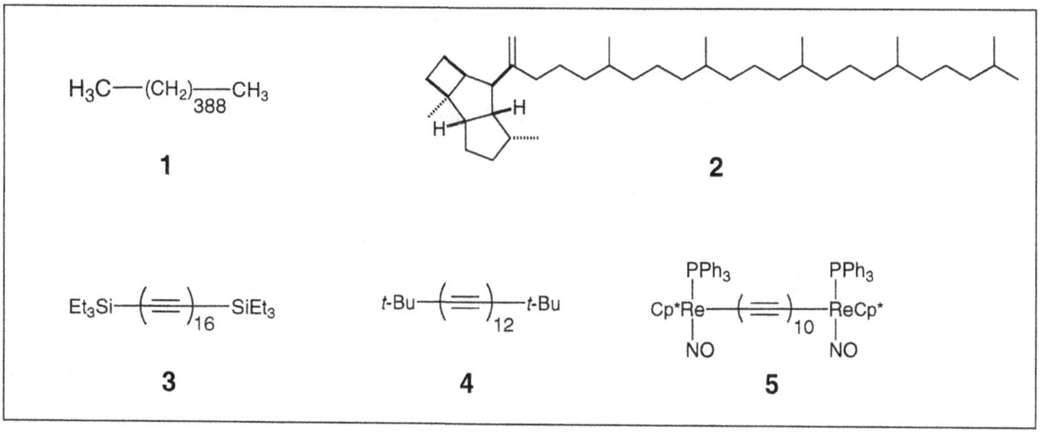

Abb. 1: Verbindungen mit bemerkenswert langen Kohlenstoffketten

Die längsten Kohlenstoffketten

Die Existenz eines auf Kohlenstoff aufbauenden „organischen" Lebens verdanken wir unter anderem der Tatsache, daß Kohlenstoff mit weiteren Kohlenstoffatomen stabile Bindungen ($\rightarrow$ Molekülgestalt; Bindungsrekorde) eingehen kann. Zusammen mit seiner Vierwertigkeit lassen sich mit diesen Bindungsprinzipien ketten- und ringförmige Strukturen verschiedener Länge und Größe aufbauen.

Der längste lineare, als Einzelmolekül synthetisierte Kohlenwasserstoff wurde 1985 von Bidd und Whiting vorgestellt.[1] Es handelt sich um das Nonacontatrictan **1** mit einer Kohlenstoff-Kette von 390 Atomen und der Summenformel $C_{390}H_{782}$ (Abb. 1). Die gezielte Synthese dieses Paraffins gelang, ausgehend von C_{12}-Vorstufen, durch sechs hintereinander ausgeführte Wittig-Reaktionen ($\rightarrow$ Synthese; Spitzenleistungen) und wurde zur Bestimmung des Kristallisationsverhaltens langkettiger Kohlenwasserstoffe (linear oder gefaltet?) herangezogen.

Auch die Natur bedient sich der Kohlenwasserstoffe: Bei Untersuchungen über die Abwehrstoffe der „Springtails" *Podura aquatica* wurde das Tetraterpen Poduran **2** mit der Summenformel $C_{40}H_{74}$ isoliert.[2] Diese Verbindung könnte **der größte in lebenden Organismen vorkommende reine Kohlenwasserstoff** sein.

Im Gegensatz zu den konformativ recht flexiblen Alkanketten sind die Polyalkine, in denen die Kohlenstoffatome durch $C \equiv C$-Dreifachbindungen ($\rightarrow$ Molekülgestalt; Bindungsrekorde) zusammengehalten werden, starr und deshalb für das Design **molekularer Drähte** in der Nanotechnologie von Inter-

[1] J. Bidd, M. C. Whiting, *J. Chem. Soc. Chem. Commun.* **1985**, 543 – 544.
[2] S. Schulz, C. Messner, K. Dettner, *Tetrahedron Letters* **1997**, *38*, 2077 – 2080.

Molekülgestalt
Ketten und Cyclen

esse. Ein Problem bei der Verwirklichung dieses Konzepts ist der relativ hohe Energiegehalt der Dreifachbindungen, der Alkine zu sehr reaktionsfähigen Verbindungen macht. So wundert es vielleicht nicht, wenn der **Rekord hintereinander aufgereihter C-Atome in Polyalkinen** auf dem bereits 1972 erreichten Niveau einer Kettenlänge von 32 C-Atomen stehengeblieben ist.[3] Die kinetische Stabilisierung der Verbindung **3** wird durch die terminalen Silylgruppen erreicht, doch gelang es auch mit diesem Kunstgriff nicht, die Substanz in analysenreiner Form zu erhalten. Die Handhabbarkeit von Vertretern dieser Verbindungsklasse wird mit abnehmender Kettenlänge einfacher, was durch das ebenfalls im Arbeitskreis von D. R. M. Walton synthetisierte Molekül **4** demonstriert wird.[2] Die durch zwei terminale *tert*-Butylgruppen geschützten zwölf Alkineinheiten lassen sich problemlos chemisch und physikalisch charakterisieren. Die Idee eines molekularen Drahtes wurde jüngst erneut von Gladysz und Mitarbeitern aufgegriffen, die als Endgruppen einer Polyalkinkette metallorganische Fragmente verwenden. Der bisherige Rekord ihrer Bemühungen liegt bei Verbindung **5**,[4] in der zwei Rhenium-Zentren über eine Kette von zwanzig Kohlenstoff-Atomen verbunden sind und elektronisch miteinander kommunizieren können.

Die langkettigsten Biomoleküle

Rekordträchtige Kettenlängen lassen sich aber nicht nur bei synthetischen Verbindungen konstatieren. Auch die Natur bringt Moleküle hervor, die ein beeindruckend **langes lineares Kohlenstoff-Grundgerüst** aufweisen. Die Linearmycine A und B[5] sind Carbonsäurederivate mit einem nicht-konjugierten Polyen-Rückgrat, deren Ketten 60 bzw. 62 C-Atome lang sind. Der größere Vertreter ist das Linearmycin B (**6**) (Abb. 2). Diese langkettigen Naturstoffe wurden erst kürzlich im Mycel der Streptomyceten entdeckt und sind die ersten lineare Polyen-Antibiotika, die nicht nur antibakterielle, sondern auch antifungale Wirkung zeigen.

Sucht man nach den **längsten konjugierten acyclischen Polyenen natürlichen Ursprungs**, so wird man bei den Carotinoiden fündig.[6] Das Trisanhydrobacterioruberin **7**, ein Pigment halophiler Bakterienstämme, weist 14 konjugierte C=C-Doppelbindungen auf und gehört damit sicherlich zur Spitzenklasse in dieser Rubrik. Das ubiquitär in allen Organismen vorkommende Pigment β-Karotin **8**, farbgebende Komponente der Möhren und als natürlicher Farbstoffzusatz (→ Farbstoffe; Rekorde) für die satte Gelbfärbung der Butter verantwortlich, landet mit elf konjugierten Doppelbindungen auf einem guten zweiten Platz. Auch in der Disziplin größter, natürlich vorkom-

[3] R. Eastmond, T. R. Johnson, D. R. M. Walton, *Tetrahedron* **1972**, *28*, 4601 – 4616.
[4] T. Bartik, B. Bartik, M. Brady, R. Dembinski, J. A. Gladysz, *Angew. Chem.* **1996**, *108*, 467 – 469.
[5] M. Sakuda, U. Guce-Bigol, M. Itoh, T. Nishimura, Y. Yamada, *J. Chem. Soc. Perkin Trans. 1*, **1996**, 2315 – 2319.
[6] I. Lakomy, D. Sarbach, B. Traber, C. Arm, D. Zuber, H. Pfander, *Helv. Chim. Acta* **1997**, *80*, 472 – 486.

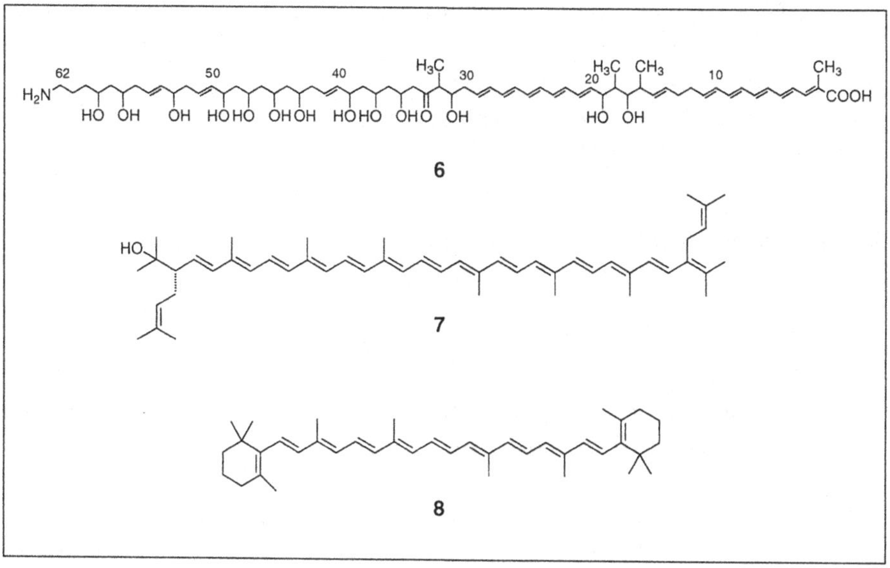

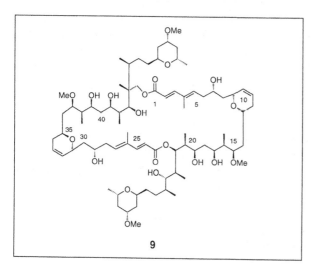

Abb. 2: Die langkettigsten Biomoleküle

mender Kohlenwasserstoffe ist **8** mit der Summenformel $C_{40}H_{56}$ Vizemeister und wird nur von **2** übertroffen.

Die größten natürlichen Makrocyclen

Neben den linearen Kohlenstoffgrundgerüsten sind bei Naturstoffen auch cyclische Systeme ein weit verbreitetes Strukturmotiv. Möglicher Rekordhalter

Abb. 3: Der vielleicht größte natürliche Kohlenstoff-Makrocyclus

auf dem Gebiet der **größten natürlichen Makrocyclen** ist das Isoswinholid A (**9**) (Abb. 3) mit seinem 46gliedrigen Bislacton-Ringsystem. Kitagawa und Mitarbeiter[7] konnten **9**, das *in vitro* vielversprechende cytotoxische Eigenschaften zeigt, aus dem vor der Küste Okinawas (Japan) vorkommenden Meeresschwamm *Theonella swinhoei* isolieren.

Die größten synthetischen Ringe

Unter den synthetischen Kohlenwasserstoffen weist das größte durch die Chemical Abstracts erfaßte Ringsystem einzelner Cyclen 288 Kohlenstoff-Atome auf. Zu dieser Verbindungsklasse gehören das ungesättigte Alkan Cyclooctaoctacontadictan $C_{288}H_{576}$ (**10**),[8] sowie das 24 Dreifachbindungen enthaltende makrocyclische Polyalkin $C_{288}H_{480}$.[9]

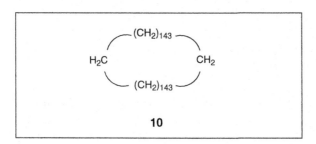

Abb. 4: Das größte synthetische Cycloalkan

Die größten und die kleinsten Cycloalkine

Gerade die mit dem Einbau von CC-Dreifachbindungen in cyclische Strukturen verbundenen Herausforderungen haben die Chemiker immer wieder zu synthetischen Höchstleistungen angespornt. So gelangen Maier et al.[10] erst vor wenigen Jahren der matrixspektroskopische Nachweis des Silacyclopropin (**11**), des **kleinsten cyclischen Alkins** (Abb. 5). Die Existenz dieser hochreaktiven Dreiringverbindung wurde erst durch den Einbau eines Silicium-Atoms in den Cyclus ermöglicht, da durch das Heteroatom die Bindungslängen und -winkel (⁴ Molekülgestalt, Bindungsrekorde) und die Dreifachbindung im Vergleich zu denen in den reinen Carbocyclen deutlich größer sind. Das aus diesem Grund wesentlich gespanntere Cyclopropin ist daher noch unbekannt. Erst bei einer Ringgröße von fünf C-Atomen beginnt **die Reihe der carbocyclischen Alkine**: Das Cyclopentin konnte in Form des Acenaphthins (**12**) auf photochemischem Wege erzeugt und durch Abfangreaktionen nachgewiesen wer-

[7] M. Kobayashi, J. Tanaka, T. Katori, I. Kitagawa, *Chem. Pharm. Bull.* **1990**, *38*, 2960 – 2966.
[8] K. S. Lee, G. Wegner, *Makromol. Chem. Rapid Commun.* **1985**, *6*, 203 – 208.
[9] G. Schill, C. Zürcher, H. Fritz, *Chem. Ber.* **1978**, *111*, 2901 – 2908.
[10] G. Maier, H. P. Reisenauer, H. Pacl, *Angew. Chem.* **1994**, *106*, 1347 – 1349.

den.[11] Unter normalen Laborbedingungen ist von den unsubstituierten cyclischen Kohlenwasserstoffen erst das achtgliedrige Cyclooctin stabil.

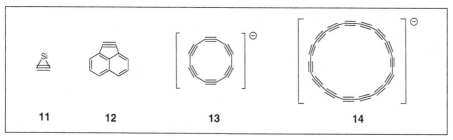

Abb. 5: Die größten und kleinsten synthetischen Cycloalkine

Die Goldgräberstimmung, die durch die Entdeckung der Fullerene (→ Molekülgestalt; Symmetrie-Highlights) entfacht wurde, veranlaßte die Forscher u. a. dazu, molekulare Kohlenstoffallotrope auch auf Alkin-Basis zu synthetisieren. In Verbindungen dieser Art, den sogenannten **Cyclo[n]kohlenstoffen**[12] (n ist die Anzahl der C-Atome), wird das Ringsystem ausschließlich aus aneinander gebundenen C-Atomen aufgebaut. Die Schwierigkeit dieses Unterfangens wird auch dadurch deutlich, daß sich bislang Moleküle dieser Substanzklasse nur als Ionen im Massenspektrometer aus geeigneten Vorstufen erzeugen und detektieren ließen. **Die Verbindung mit dem kleinsten n** ist das von Tobe und Mitarbeitern vermessene C_{12} **13** in Form seines einfach geladenen Anions.[13] **Der Rekord des größten Cyclo[n]kohlenstoffs** gebührt den Ionen des C_{30} **13** aus der Arbeitsgruppe von Diederich.[14] Interessanterweise koalesziert **14**$^+$ im Massenspektrometer zu einem Kation der doppelten Masse, für das experimentell die Fullerenstruktur von C_{60} bestätigt werden konnte.

Die kleinsten cyclischen Alkene

Der Einbau von C=C-Doppelbindungen als limitierendes Strukturelement in cyclischen Kohlenwasserstoffen gestaltet sich sehr viel problemloser, und so handelt es sich bei dem kleinsten Vertreter, **Cyclopropen** (→ Molekülgestalt; Bindungsrekorde), zwar um eine leicht polymerisierbare, jedoch bei tiefen Temperaturen gut handhabbare Verbindung. Aber auch bei den **cyclischen Alkenen** lassen sich einige Rekorde aufspüren. Aus der Geometrie um sp²-hybridisierte Kohlenstoffatome ergibt sich, daß in kleinen Cycloalkenen eine

[11] O. L. Chapman, J. Gano, P. R. West, M. Regitz, G. Maas, *J. Am. Chem. Soc.* **1981**, *103*, 7033 – 7036.
[12] F. Diederich, *Nature* **1994**, *369*, 199 – 207.
[13] Y. Tobe, H. Matsumoto, K. Naemura, Y. Achiba, T. Wakabayashi, *Angew. Chem.* **1996**, *108*, 1924 – 1926.
[14] S. W. McElvany, M. M. Ross, N. S. Goroff, F. Diederich, *Science* **1993**, *259*, 1594 – 1596.

Z-Konfiguration der Doppelbindung (*cis*-Alken) die thermodynamisch günstigere ist. *Trans*-Alkene mit niedriger Ringgliederzahl lassen sich nur mit einigem Aufwand herstellen. So ist **das kleinste**, UV- und NMR-spektroskopisch charakterisierbare ***trans*-Cycloalken** das Cyclohepten (**15**),[15] das durch photochemische Umwandlung des entsprechenden *cis*-Isomers erhalten werden konnte. Erst vor kurzem ließ sich mit *trans*-1,1,3,3,6,6-Hexamethyl-1-silacyclohept-4-en (**16**)[16] durch Methyl-Substitution und Einbau eines Silicium-Atoms auch ein bei Raumtemperatur stabiles Derivat dieses Grundkörpers synthetisieren. **Das kleinste** bei Raumtemperatur **stabile**, unsubstituierte ***trans*-Cycloalken** ist das erstmals von Ziegler dargestellte Cycloocten[17] mit acht Kohlenstoffatomen.

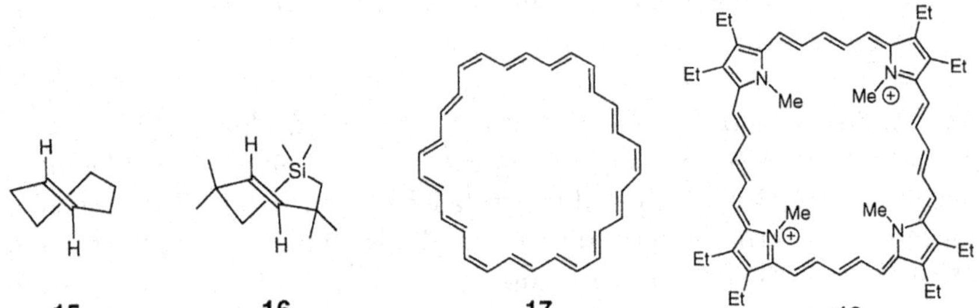

Abb. 6: Die kleinsten und die größten Cycloalkene

Die größten konjugierten Cycloalkene

Auch die Frage, wie viele Doppelbindungen sich in konjugierter Weise in eine carbocyclische Verbindung einbauen lassen, wurde präparativ untersucht. **Die größten konjugierten carbocyclischen Alkene** wurden im Arbeitskreis von Sondheimer hergestellt, der mit seinen Annulenen grundlegende Beiträge zur experimentellen Bestätigung der Hückel-Regel leistete. Das [30]Annulen **17**[18] ist trotz des kleinen „Schönheitsfehlers", daß es instabil ist und nie in Reinsubstanz erhalten werden konnte, der größte Vertreter dieser Verbindungsklasse und sollte in Übereinstimmung mit seiner π-Elektronenzahl aromatisches Verhalten zeigen.

[15] M. Squillacote, A. Bergman, J. De Felippis, *Tetrahedron Lett.* **1989**, *30*, 6805 – 6808. Siehe auch E. J. Corey, F. A. Carey, R. A. E. Winter, *J. Am. Chem. Soc.* **1965**, *87*, 934 – 935.
[16] A. Krebs, K.-I. Pforr, W. Raffay, B. Thölke, W. A. König, I. Hardt, R. Boese, *Angew. Chem.* **1997**, *109*, 159 – 161.
[17] K. Ziegler, H. Wilms, *Liebigs Ann.* **1950**, *567*, 1-43.
[18] F. Sondheimer, R. Wolovsky, Y. Amiel, *J. Am. Chem. Soc.* **1962**, *84*, 274 – 284. Auch das nächstkleinere Homologe, das aromatische [26]Annulen ist beschrieben worden: B. W. Metcalf, F. Sondheimer, *J. Am. Chem. Soc.* **1971**, *93*, 5271 – 5272.

Will man die Zahl der Ringlieder weiter erhöhen, stößt man auf konformative Probleme, da die Cyclen mit zunehmender Größe immer flexibler werden und schließlich verdrillte, nicht-planare Formen annehmen, die intermolekular reagieren und somit immer instabiler werden. So zersetzt sich **17** beispielsweise innerhalb weniger Stunden bei Raumtemperatur. Dieses Problem kann durch den Einbau heterocyclischer Versteifungseinheiten gelöst werden: Im [34]Porphyrin **18** aus dem Arbeitskreis Franck[19] gelingt die Konjugation von 17 Doppelbindungen (gegenüber den 15 des carbocyclischen Rekordhalters **17**). **Das expandierte Porphyrin ist aber nicht nur Rekordhalter der konjugierten Cycloalkene**: Der (Hückel-)aromatische Charakter des 34π-Elektronen Cycloalkens läßt sich eindrucksvoll auch durch die unterschiedlichen chemischen Verschiebungen der inneren und der äußeren Protonen im ^{1}H-NMR-Spektrum belegen: Die Differenz beträgt 31.5 ppm. Diese Zahl beeindruckt besonders, wenn man berücksichtigt, daß der gängige Spektralbereich organischer Verbindungen sich lediglich auf ca. 11 ppm erstreckt. Das Porphyrin **18** hält damit wohl auch den **intramolekularen $\Delta\delta$-Weltrekord** nicht-metallorganischer Verbindungen.

Die kleinsten cyclischen Cumulene

Das bekannteste Annulen, das auch als [6]Annulen zu bezeichnende Benzol **19**, ist Ausgangspunkt für Versuche, die drei Doppelbindungen des sechsgliedrigen Ringsystems nicht in (formal) konjugierter, sondern in kumulierter Form anzuordnen. Die reaktiven Benzolisomere 1,2,3-Cyclohexatrien **20**[20] und 1,2,4-Cyclohexatrien **21**[21] konnten durch geschickt ausgewählte Eliminierungsreaktionen dargestellt und über Abfangreaktionen nachgewiesen werden. Damit ist der Rekord der **kleinsten cyclischen Cumulene** aber noch nicht erreicht. Der gebührt nämlich dem 3,4-Didehydrothiophen **22**,[22] dessen Existenz erst kürzlich durch Cycloaddukte bestätigt werden konnte.

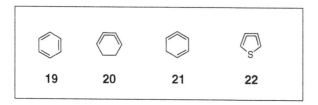

19	**20**	**21**	**22**

Abb. 7: Cyclische Cumulene

[19] B. Franck et al., *Angew. Chem.* **1988**, *27*, 1170 – 1172.
[20] W. C. Shakespeare, R. P. Johnson, *J. Am. Chem. Soc.* **1990**, *112*, 8578 – 8579.
[21] M. Christl, M. Braun, G. Müller, *Angew. Chem.* **1992**, *104*, 471 – 473.
[22] X.-S. Ye, W.-K. Li, H. N. C. Wong, *J. Am. Chem. Soc.* **1996**, *118*, 2511 – 2512.

Symmetrische Molekülstrukturen

In der Organischen Chemie ist die Ästhetik, die mit der Gestalt hochsymmetrischer Moleküle verbunden ist, für Chemiker Quelle der Inspiration und treibt sie immer wieder zu synthetischen Höchstleistungen, um die Grenzen des theoretisch und präparativ Machbaren zu erweitern. Dabei ist nicht nur die gelungene Synthese einer reizvollen Verbindung des Forschers Lohn, sondern häufig entstehen durch Arbeiten an symmetrischen Strukturen neue Molekülarchitekturen mit zum Teil rekordträchtigen Funktionen und Eigenschaften.

Platonische Körper und Fullerene

Schon früh begannen Versuche, **die platonischen Grundkörper** wie Tetraeder, Würfel und Dodecaeder auf der Basis von Kohlenwasserstoffen aufzubauen. Maier et al.[1] gelang es Ende der siebziger Jahre, mit der Darstellung des Tetra-*tert*-butyl-tetrahedrans **1** (Abb. 1) ein aus vier gleichseitigen Dreiecken bestehenden Kohlenwasserstoff-Tetraeder aufzuspannen. Die voluminösen Alkylgruppen an der Peripherie sind dabei zur Stabilisierung dieser stark gespannten Verbindung notwendig, und es gelang bislang nicht, den unsubstituierten Stammkohlenwasserstoff, das **Tetrahedran**, zu isolieren. Zwar auch hoch gespannt, jedoch als unsubstituierter Kohlenwasserstoff isolierbar ist das von Eaton und Cole[2] erstmals hergestellte, würfelförmige **Cuban 2** (→ Energie im Molekül; Spannung). Die durch die besondere Geometrie dieser Verbindung erzwungenen Bindungsverhältnisse führen in einigen Derivaten zu extrem kurzen C-C Bindungslängen (→ Molekülgestalt; Bindungsextrema).

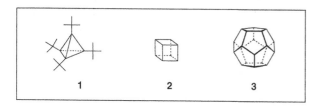

Abb. 1: a) Platonische Körper auf Basis von Kohlenwasserstoffen

Eine weitere synthetische Meisterleistung ist die Darstellung des ausschließlich aus Fünfringen bestehenden Kohlenwasserstoffs **Dodecahedran 3**, das die Arbeitsgruppe von Paquette[3] in 23 Reaktionsschritten ausgehend von Cyclopentadien aufbauen konnte. Als alternative Synthesestrategie dazu entwickel-

[1] G. Maier, S. Pfriem, U. Schäfer, R. Matusch, *Angew. Chem.* **1978**, *90*, 552 – 553. G. Maier, *Angew. Chem.* **1988**, *100*, 317 – 341.
[2] P. E. Eaton, T. W. Cole, Jr., *J. Am. Chem. Soc.* **1964**, *86*, 3157 – 3158.
[3] R. J. Ternasky, D. W. Balogh, L. A. Paquette, *J. Am. Chem. Soc.* **1982**, *104*, 4503 – 4504. L. A. Paquette, *Chem. Rev.* **1989**, *89*, 1051 – 1065.

ten Prinzbach et al.[4] die sogenannte Pagodan-Route zu den Dodecahedranen. An dieser hochsymmetrischen Verbindung (Punktgruppe I_h) können 120 Symmetrieoperationen durchgeführt werden, die wiederum zur Identität führen.

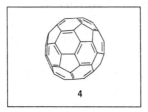

4

Abb. 1: b) Buckminsterfulleren C_{60}

Zur gleichen Punktgruppe wie **3** gehört das erstmals 1990 in Substanz isolierte Buckminsterfulleren C_{60} **4** (Abb. 1b),[5] für dessen Entdeckung[6] 1996 der Nobelpreis für Chemie vergeben wurde (→ Nobelpreise). Die dreidimensionale Gestalt dieser Kohlenstoffkugel ist eine Folge aus der Verknüpfung von 20 Sechsecken mit 12 Fünfecken in einer Anordnung wie bei einem herkömmlichen Fußball. Trotz dieses hochkomplexen Aufbaus sind die synthetischen Anforderungen minimal: Das Fulleren C_{60} läßt sich durch rasches Abkühlen von im Lichtbogen verdampftem Graphit gewinnen und ist sogar kommerziell erhältlich. Bei dieser Methode fallen gleichzeitig in geringen Mengen weitere, mehr oder weniger kugelförmige Kohlenstoffverbindungen (C_{70}, C_{76}, C_{78}, C_{80},...) an, die sich nur durch die Anzahl der Sechsringe unterscheiden. Der Hohlraum dieser Kohlenstoffkugeln reizt Chemiker natürlich dazu, die äußere Hülle zu durchbrechen, um im Innern eventuell andere Moleküle zu verpacken und somit gezielt endohedrale Komplexe (Stichwort: Drug-Carrier, Molekularsonden, etc.) darstellen zu können. **Das größte Loch**, das zu diesem Zweck bislang in ein Fulleren geschnitten wurde, ist die Aufweitung eines ehemals sechsgliedrigen Rings in **4** zu einem 15gliedrigen.[7] So scheint es nur noch eine Frage der Zeit, bis das erste, nach Methoden der chemischen Synthese dargestellte, gefüllte Fulleren beschrieben wird.

Die spitzesten Nadeln und die kleinsten Drähte

Aus dem Reaktionsgemisch der Darstellung von **4** lassen sich jedoch nicht nur kugelförmige Moleküle isolieren, sondern auch innen hohle, längliche Kohlenstoffröhren, sogenannte *Bucky-Tubes*, die eine Miniaturform von Graphitkapillaren darstellen. Da diese Röhren elektrische Leitfähigkeit besitzen (→ Elemente; Rekorde) und an ihrer Spitze einen Durchmesser von nur

[4] H. Prinzbach, K. Weber, *Angew. Chem.* **1994**, *106*, 2329 – 2348.
[5] W. Krätschmer, L. D. Lamb, K. Fostiropoulos, D. R. Huffmann, *Nature*, **1990**, *347*, 354 – 358.
[6] H. W. Kroto, J. R. Heath, S. C. O'Brian, R. F. Curl, R. E. Smalley, *Nature* **1985**, *318*, 162 – 163.
[7] M.-J. Arcre, A. L. Viado, Y.-Z. An, S. J. Khan, Y. Rubin, *J. Am. Chem. Soc.* **1996**, *118*, 3775 – 3776.

5 – 20 nm aufweisen, werden Bucky-Tubes mit Erfolg als **die spitzesten verfügbaren Nadeln zum Abtasten von Oberflächen** in der Rastertunnelmikroskopie und Rasterkraftmikroskopie eingesetzt.[8] Sogar noch dünnere Bucky Tubes, sogenannte **einwändige Kohlenstoff Nanotubes**, mit einem Durchmesser von nur 1 nm (einem Millionstel Millimeter) und einer Länge von 3 Mikrometern (drei Tausendstel Millimeter) lassen sich herstellen. Kürzlich gelang der Nachweis, daß diese Kohlenstoff-Fasern tatsächlich den elektrischen Strom leiten können und sie somit als Minidrähte, oder vornehmer als **eindimensionale Quantendrähte**, angesehen werden können.[9]

Rekordverdächtige Strukturen aus kondensierten Ringen

Die symmetrische, sechseckige Form des Benzolrings gestattet den systematischen Aufbau von Molekülarchitekturen, deren Formenvielfalt wohl nur durch die Phantasie der Chemiker begrenzt wird. So ist das **Molekül mit der längsten linearen Anordnung von anellierten Benzolringen** das sogenannte Heptacen **5**,[10] mit sieben Sechsringen (Abb. 2). Auch das Phenanthrenmotiv wurde zum Design benzoider Molekülstrukturen verwendet, und es konnten auf diese Weise bislang maximal elf Benzolringe zum Tetrapentyl-[11]phenacen **6** miteinander verknüpft werden.[11] Ohne die Alkylsubstituenten verhindert die extrem niedrige Löslichkeit der Verbindungen die Synthese von Phenacenen mit mehr als sieben Ringen. Behält man beim Bauprinzip der

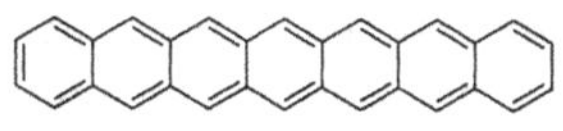

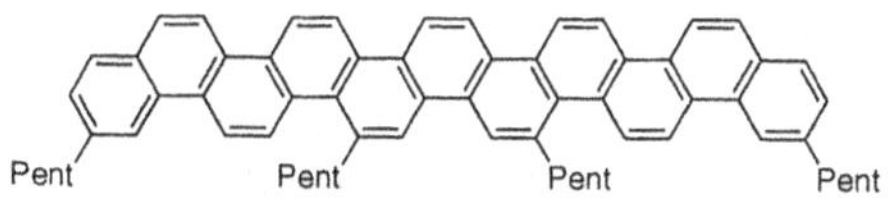

Abb. 2: a) Bemerkenswerte Moleküle aus anellierten Benzolringen

[8] H. Dai, J. H. Hafner, A. G. Rinzler, D. T. Colbert, R. E. Smalley, *Nature*, **1996**, *384*, 147 – 150.
[9] S. J. Tans, M. H. Devoret, H. Dai, A. Thess, R. E. Smalley, L. J. Geerlings, C. Dekker, *Nature* **1997**, *386*, 474 – 477.
[10] W. J. Bailey, C.-W. Liao, *J. Am. Chem. Soc.* **1955**, *77*, 992 – 993.
[11] F. B. Mallory, K. E. Butlar, A. C. Evans, E. J. Brondyke, C. W. Mallory, C. Yang, A. Ellenstein, *J. Am. Chem. Soc.* **1997**, *119*, 2119 – 2124.

Anellierung konsequent eine Drehrichtung (die *ortho*-Anellierung) bei, so gelangt man rasch zu sich überlagernden Benzolstrukturen, den sogenannten **Helicenen**. Bei diesen Molekülen liegt der Rekord bislang bei dem aus 14 Benzolkernen aufgebauten [14]Helicen **7**, dessen Synthese, ähnlich wie bei den Phenacenen, durch Photocyclisierungsreaktionen von Stilbenderivaten gelang.[12] Nicht nur strukturell, sondern auch bei bestimmten physikalischen Eigenschaften sind die Helicene als Rekordhalter vertreten.

Der größte Ausschnitt aus Graphit

Betreibt man die Benzolanellierung *ad infinitum*, so gelangt man schließlich zu einem Ausschnitt der Oberfläche des Graphits, das sich als Polymer nicht mehr durch die Anzahl der Ringsysteme klassifizieren läßt. Durch iterative Methoden, die im Arbeitskreis von Müllen am Mainzer Max-Planck-Institut für Polymerforschung entwickelt worden sind, wurde mit dem beeindruckend großen, polycyclischen aromatischen Kohlenwasserstoff **8**, der aus 34 aneinander anellierten Benzolringen besteht, wohl der bislang **größte Graphitausschnitt** synthetisiert.[13] Doch damit scheint eine Grenze erreicht zu sein, denn nicht einmal die sechs peripheren *tert*-Butylgruppen können dem Molekül eine nennenswerte Löslichkeit in organischen Lösemitteln verleihen. Charakterisiert wurde das Molekül massenspektrometrisch.

Das größte Kohlenstoffringsystem (abgesehen von höheren Fullerenderivaten), das in der Datenbank des Chemical Abstracts Service (CAS) erfaßt ist (→ Literatur; Rekorde und Kurioses), ist der Kohlenwasserstoff $C_{150}H_{30}$ **9**, dessen 61 Ringe Dias[14] in einer theoretischen Arbeit untersucht hat. Entlang der Peripherie dieses Moleküls befinden sich 54 Kohlenstoffatome. In der gleichen Veröffentlichung berichtet Dias auch über das noch größere $C_{170}H_{32}$, das entlang seines äußeren Umfangs 58 C-Atome aufweist. Vor der Registrierung dieses großen polycyclischen Kohlenwasserstoffs scheint CAS jedoch kapituliert zu haben.

Auf der präparativen Seite wurde ein Meilenstein der „Anellierungskunst" durch das von Staab und Diederich[15] synthetisierte **Kekulen 10**, dem vielleicht populärsten Vertreter der Klasse der Cycloarene, gesetzt. Nicht nur seine Synthese, sondern auch die Strukturaufklärung verlangte von den beteiligten Chemikern einiges an Erfindungsgabe: Die NMR-spektroskopische Charakterisierung von **10** mußte aufgrund seiner enormen Schwerlöslichkeit in gängigen Lösemitteln bei 155 °C in [D_2]-1,2,4,5-Tetrachlorbenzol durchgeführt werden. Ebenso konnten zur röntgenographischen Untersuchung geeignete Kri-

[12] R. H. Martin, *Angew. Chem.* **1974**, *86*, 727 – 738.
[13] V. S. Iyer, M. Wehmeier, J. D. Brand, M. E. Keegstra, K. Müllen, *Angew. Chem.* **1997**, *109*, 1676 – 1679.
[14] J. R. Dias, *Can. J. Chem.* **1984**, *62*, 2914 – 2922.
[15] H. A. Staab, F. Diederich, *Chem. Ber.* **1983**, *116*, 3487 – 3503.

stalle[16] von **10** nur durch langsames Abkühlen seiner Schmelze in Pyren von 450 auf 150 °C über 24 Stunden erhalten werden.

Damit ist das Kapitel von **auf Benzol beruhenden Rekordstrukturen** noch keineswegs erschöpft. Man kann sich zum Beispiel fragen, mit wie vielen Phenylringen ein einzelnes Kohlenstoffatom substituiert werden kann (Abb. 3). Wegen der Vierbindigkeit des Kohlenstoffs ist diese Frage rasch mit der Struktur des **Tetraphenylmethans** beantwortet. Geht man eine Sphäre weiter, gelangt man zum Tetrakis(biphenyl)methan. Der derzeitige Rekord in dieser Reihe wird bei reinen Kohlenwasserstoffen bereits auf der nächsten Stufe mit dem Tetrakis(terphenyl)methanderivat **11** erreicht, das Griffin ausgehend von Tetraphenylmethan synthetisieren konnte.[17] Läßt man auch Heteroatome zu, ist der Spitzenreiter auf diesem Gebiet das Tetrakis(diazaquaterphenyl)methan **12** aus dem Arbeitskreis von Gompper.[18]

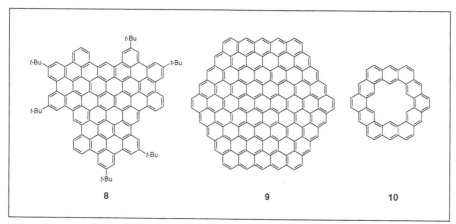

Abb. 2: b) „Graphit-Ausschnitte"

Geht man nicht von Methan sondern von Benzol als Ausgangspunkt aus, können statt vier in der ersten Sphäre sechs weitere Benzolringe angebunden werden. Auch dieses Spiel läßt sich fortsetzen und erreichte einen vorläufigen Gipfel in der Darstellung der ästhetischen und überraschend gut löslichen Verbindung **13**, in der 37 Phenylringe miteinander verknüpft sind.[13]

Werden zwei Benzolringe von mindestens zwei aliphatischen Ketten miteinander verknüpft, gelangt man zu den **Cyclophanen**, die strukturell eine Vielzahl von Rekordleistungen zu bieten haben (Abb. 4). Bei dem von Boekelheide et al.[19] in zehn Stufen dargestellten Superphan **14** beispielsweise sind alle

[16] H. A. Staab, F. Diederich, C. Krieger, D. Schweitzer, *Chem. Ber.* **1983**, *116*, 3504 – 3512.
[17] L. M. Wilson, A. C. Griffin, *J. Mat. Chem.* **1993**, *3*, 991 – 994.
[18] O. Freundel, Dissertation, Ludwig-Maximilians-Universität München, **1996**.
[19] Y. Sekine, M. Brown, V. Boekelheide, *J. Am. Chem. Soc.* **1979**, *101*, 3126 – 3127.

Ecken der beiden Benzolringe durch jeweils eine Ethylenbrücke miteinander verklammert. Wie eine Kristallstrukturuntersuchung[20] zeigt, werden dadurch die beiden aromatischen Ringsysteme in einem rekordverdächtig kurzen Abstand von 2.624 Å zueinander fixiert. (Zum Vergleich: Im verwandten [2.2]Paracyclophan beträgt der Abstand zwischen den beiden Ringflächen 3.093 Å.[21]) Verlängert man die Brückenglieder um jeweils eine Methylengruppe auf drei C-Atome, ergibt sich Struktur **15**, in der aufgrund von sterischen Zwängen die mittleren Positionen der Brückenglieder wie in einem **molekularen Schaufelrad** ineinandergreifen.[22] Ein strukturell verwandtes, auf dem Cyclopentadienyl-Anion basierendes **Super-Cyclophan** ist das sogenannte Superferrocenophan **16** von Hisatome und Mitarbeitern[23], in dessen Käfiginnerem ein Eisenatom eingeschlossen ist. Doch ist bei der Umklammerung von nur zwei Benzolbausteinen noch lange nicht Schluß: Der japanischen Arbeitsgruppe um Misumi[24] gelang die Synthese von **17**, einem sechsfach gestapelten Cyclophan.

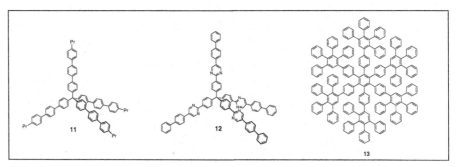

Abb. 3 Verbindungen mit der größten Zahl von Phenylringen als Substituenten

Rekordverdächtige Dreiringsysteme und Spiroverbindungen

Auch **Dreiringsysteme** haben die Chemiker immer wieder zum Design ausgefallener Molekulstrukturen angespornt. Eine der größten Herausforderungen auf diesem Gebiet war lange Zeit die Synthese des extrem gespannten (→ Energie im Molekül; Spannung) [1.1.1]Propellan (**18**) (Abb. 5), die zuerst 1982 Wiberg[25] in einem vielstufigen Verfahren gelang. Mittlerweile wurde das

[20] Y. Sekine, V. Boekelheide, *J. Am. Chem. Soc.* **1981**, *103*, 1777 – 1785.
[21] F. Vögtle, *Reizvolle Moleküle der Organischen Chemie*, Teubner, Stuttgart, **1989**, S. 255.
[22] Y. Sakamoto, N. Miyoshi, T. Shinmyozi, *Angew. Chem.* **1996**, *108*, 585 – 586. Y. Sakamoto, N. Miyoshi, M. Hirakida, S. Kusumoto, H. Kawase, J. M. Rudzinski, T. Shinmyozu, *J. Am. Chem. Soc.* **1996**, *118*, 12 267 12 275.
[23] M. Hisatome, J. Watanabe, K. Yamakawa, Y. Iitaka, *J. Am. Chem. Soc.* **1986**, *108*, 1333 – 1334.
[24] T. Otsubo, S. Mizogami, I. Otsubo, Z. Tozuka, A. Sakagami, Y. Sakata, S. Misomi, *Bull. Chem. Soc. Jpn.* **1973**, *46*, 3519 – 3530.
[25] K. B. Wiberg, F. H. Walker, *J. Am. Chem. Soc.* **1982**, *104*, 5239 – 5240.

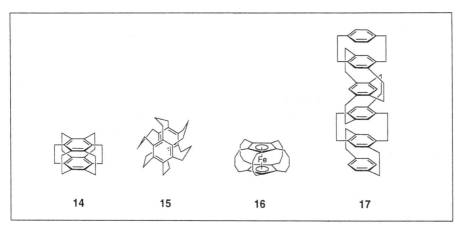

Abb. 4 Rekordträchtige Cyclophane

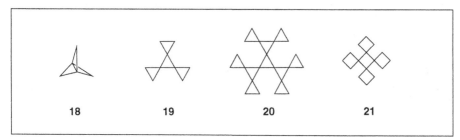

Abb. 5: Dreiringverbindungen

Darstellungsverfahren für **18** besonders durch Arbeiten aus der Gruppe von Szeimies[26] derart verbessert, daß sich nicht nur die Folgechemie, sondern auch die Eigenschaften unterschiedlich substituierter Derivate von **18** untersuchen lassen.

Im Unterschied zu der Seitenverknüpfung von Dreiringen, wie wir sie in Propellanen vorfinden, lassen sich Ringsysteme auch über gemeinsame Ecken als sogenannte Spiro-Verbindungen miteinander verknüpfen. Verknüpft man die drei Ecken eines Dreirings mit jeweils der Spitze eines weiteren Dreirings, gelangt man zum [3.3]Rotanen **19**. Auf die Spitze trieb es dabei das Team von de Meijere,[27] das das als perspirocyclopropaniertes [3]**Rotan** bezeichnete Molekül **20** aufbauen konnte. Diese Struktur kann als ein Ausschnitt aus einem Kohlenstoffnetzwerk betrachtet werden, das aus Spirocyclopropaneinheiten aufgebaut ist. Trotz der im Vergleich zum Cuban zehnmal höheren Spannungsenergie (→ Energie im Molekül; Spannung) ist Verbindung **20** thermisch bemerkenswert belastbar und schmilzt ohne Zersetzung erst ab 200 °C!

[26] M. Werner, D. S. Stephenson, G. Szeimies, *Liebigs Ann.* **1996**, 1705 – 1715.
[27] S. J. Kozhushkov, T. Haumann, R. Boese, A. de Meijere, *Angew. Chem.* **1993**, *105*, 426 – 429.

Molekülgestalt Symmetrie-Highlights

Mit der Darstellung von **19** und **20** scheint jedoch erst der Anfang in der Reihe symmetrischer Rotane gemacht worden zu sein. Kürzlich berichteten Fitjer et al. über die Synthese des **[4.4]Rotan 21**,[28] dessen zentraler Vierring an den Ecken jeweils mit einem weiteren Vierring spiroverknüpft ist. Höhere Rotane, auch die symmetrischen [5.5]- und [6.6]Rotane wurden als lohnenswerte Synthesetargets postuliert.

Olympisches

In ganz neue Dimensionen dringt die treffend als **Olympiadan** bezeichnete Verbindung **22** aus dem Arbeitskreis von Stoddart[29] vor: In diesem Molekül sind **fünf in sich geschlossene Cyclen wie die olympischen Ringe miteinander verflochten** und stilisieren damit auf molekularer Ebene das Motto dieses Buches. In einer bestechend einfachen zweistufigen Synthese konnte dieses komplexe Molekülensemble, das zur Gruppe der **Catenane** gehört, nach den Prinzipien der Selbstorganisation aufgebaut werden. Zwar ist strenggenommen die Symmetrie des Olympiadans recht niedrig, doch zeigt sich auch an diesem Beispiel aus der supramolekularen Chemie, daß reizvolle Strukturen die Chemiker immer wieder zu Spitzenleistungen herausfordern. Übrigens ist das aus fünf Ringen zusammengesetzte Olympiadan noch nicht einmal **das größte Catenan**: Kürzlich erschien aus demselben Arbeitskreis sogar ein [7]Catenan,[30] das mit sieben ineinandergreifenden Ringen wohl der derzeitige Rekordhalter ist.

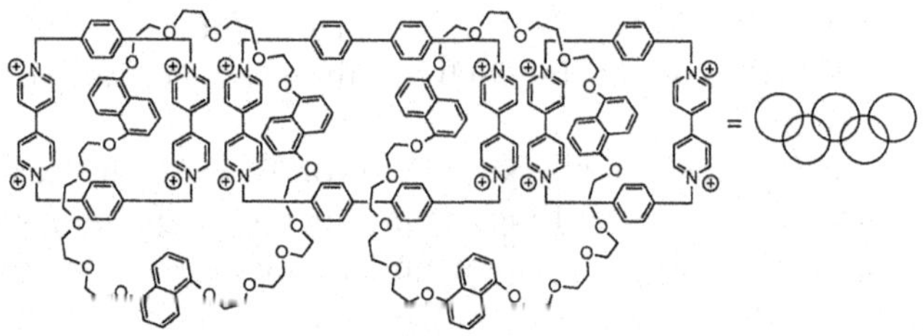

Abb.6: Olympiadan

[28] L. Fitjer, C. Steeneck, S. Gaini-Rahimi, U. Schröder, K. Justus, P. Puder, M. Dittmer, C. Hassler, J. Weiser, M. Noltemeyer, M. Teichert, *J. Am. Chem. Soc.* **1998**, *120*, 317 – 328.
[29] D. B. Amabilino, P. R. Ashton, A. S. Reder, N. Spencer, J. F. Stoddart, *Angew. Chem.* **1994**, *106*, 1316 – 1319.
[30] D. B. Amabilino, P. R. Ashton, V. Balzani, S. E. Boyd, A. Credi, J. Y. Lee, S. Menzer, J. F. Stoddart, M. Venturi, D. J. Williams, *J. Am. Chem. Soc.* **1998**, *120*, 4295 – 4307.

Un-Symmetrie

Auf dem Gebiet der Anorganischen Chemie hingegen ist von einem symmetriegetriebenen Synthesewettbewerb nur wenig zu spüren. Hier ist die Zahl hochsymmetrischer Moleküle wie zum Beispiel SF_6 (Punktgruppe O_h), $W(NMe_2)_6$ (T_h) und SiF_4 (T_d) so groß, daß **unerwartet unsymmetrische Moleküle** viel Aufsehen erregen. Beispielsweise besitzt WF_6 die nach dem einfachen VSEPR-Modell erwartete hochsymmetrische oktaedrische Struktur,[31] festes WMe_6 hingegen ist stark verzerrt trigonal prismatisch gebaut.[32]

Das Molekül mit den meisten Elementen

Das Grundgerüst der Moleküle wird aus der kovalenten Verbindung von Atomen aufgebaut. Im einfachsten Fall, wie im Wasserstoff H_2, **dem kleinsten Molekül,** oder im Schwefel S_8 sind dies Atome derselben Art. Aber auch wesentlich komplexere Moleküle, wie beispielsweise die Proteine (→ Molekülgestalt; Giganten), bestehen in aller Regel nur aus Atomen der fünf Elemente C, H, N, O und S, zu denen sich gelegentlich noch das eine oder andere Metallatom gesellen kann.

Im Gegensatz zu diesen einfach zusammengesetzten Molekülen bestehen metallorganische Verbindungen häufig aus sehr viel mehr unterschiedlichen Elementen. So präsentiert sich die Verbindung **23**[1] mit der Summenformel $C_{30}H_{34}AuBClF_3N_6O_2P_2PtW$ mit 11 (!) verschiedenen Atomarten als der Spitzenreiter dieser Kategorie. Doch bei aller Komplexität ist diese große Varietät in der Zusammensetzung noch nicht einmal

23

einmalig. In derselben Veröffentlichung[1] beschreiben die Chemiker noch zwei weitere strukturell verwandte Verbindungen mit den Summenformeln $C_{30}H_{34}BClCuF_3N_6O_2P_2PtW$ und $C_{35}H_{34}AuBF_3MnN_6O_7P_2PtW$, in denen ebenfalls elf unterschiedliche Elemente zum Molekülaufbau beitragen.

[1] P. K. Byers, F. G. A. Stone, *J. Chem. Soc. Dalton Trans.* **1991**, 93 – 99.

[31] N. N. Greenwood, A. Earnshaw, *Chemistry of the Elements*, Pergamon, Oxford, **1985**, S. 1493.
[32] V. Pfennig, K. Seppelt, *Science* **1996**, *271*, 626.

Molekülgestalt Symmetrie-Highlights

Zur Geschichte des Nobelpreises

Seit 1901 werden am 10. Dezember eines jeden Jahres mit der Verleihung der Nobelpreise für Chemie, Physik, Medizin/Physiologie und Ökonomie (seit 1968), sowie der nichtwissenschaftlichen Nobelpreise für Literatur und Frieden, Laureaten für herausragende Leistungen auf den jeweiligen Gebieten gewürdigt. Diese Auszeichnungen sind unbestritten die ehrenvollsten, die Forschern im Laufe ihrer Karriere verliehen werden können.

Der Nobelpreis geht zurück auf den schwedischen Chemie-Ingenieur Alfred Nobel (1833 – 1896), der mit der Erfindung einer gut kontrollierbaren, auch in industriellem Maßstab handhabbaren Form des Nitroglycerins, dem sogenannten Dynamit (→ Energie im Molekül; Explosivstoffe), wirtschaftlich äußerst erfolgreich war. Im Laufe seiner unternehmerischen Tätigkeit gründete Nobel neunzig Fabriken und Laboratorien in mehr als zwanzig verschiedenen Ländern, von denen einige (z.B. ICI) noch heute eine bedeutende Rolle auf dem Weltmarkt spielen (→ Chemiewirtschaft; Firmenhits). Aus Nobels nicht unerheblichem Nachlaß wurde eine nach ihm benannte Stiftung gegründet, die die jährlich an seinem Todestag auszuschüttenden Preisgelder (1996: 7.4 Mio SKr pro Nobelpreis, ca. 1.7 Mio DM) verwaltet. Die Auswahl der Laureaten in den Naturwissenschaften obliegt einer von der Stiftung unabhängigen Expertenkommission der Königlich-Schwedischen Akademie der Wissenschaften und orientiert sich an den dort eingegangenen Vorschlägen und einem intensiven Begutachtungsverfahren. Eine vollständige Auflistung der Preisträger für Chemie, Physik und Medizin/Physiologie von 1901 bis 1996 mit einer stichwortartigen Beschreibung der jeweils gewürdigten Leistungen, findet sich im Anhang dieses Buches.

Mehrfache Nobelpreisträger

Unter den bereits als Spitze ihrer Zunft gewürdigten Forschern auf besondere Spitzenleistungen aufmerksam zu machen, hieße sicherlich, Eulen nach Athen zu tragen. Dennoch sind auch bei Nobelpreisträgern in den Naturwissenschaften einige Superlative herauszustellen.

So gibt es unter den bislang 438 Laureaten in Chemie, Physik und Medizin/Physiologie (Stand: 1996) nur vier, die **mehrfach mit einem Nobelpreis ausgezeichnet** wurden. Dabei handelt es sich um **Marie Curie** (Preisträgerin für Chemie 1911 und Physik 1903), **John Bardeen** (Preisträger für Physik 1972 und 1956), **Linus Pauling** (Preisträger für Frieden 1962 und Chemie 1954) und **Frederick Sanger** (Preisträger für Chemie 1980 und 1958). Dreifache Laureaten sind bis heute nicht gekürt worden. Während unter den genannten vier Pauling der einzige ist, dem zwei ungeteilte Nobelpreise zuerkannt worden sind, sind Bardeen und Sanger die einzigen, die durch je zwei Nobelpreise in einem Fach geehrt wurden. Mme Curie hingegen ist nicht nur die einzige Frau, deren Werk mit zwei Nobelpreisen gewürdigt wurde, sie ist auch die mit

Abstand „**populärste**" Nobelpreisträgerin überhaupt: Im Rahmen einer Internet-Statistik des Nobelprize-Internet-Archives (www.almaz.com/nobel) wurden ihre biographischen Daten mehr als dreimal so häufig abgefragt wie die des „nächstpopulärsten" Laureaten, Albert Einstein (Nobelpreisträger für Physik, 1921).

Die jüngsten und die ältesten Nobelpreisträger

Daß einen der Ruf aus Stockholm in ganz unterschiedlichen Lebensabschnitten ereilen kann, belegt ein Blick auf das Alter der Nobelpreisträger. So war Sir **William Lawrence Bragg** (geb. 1890, Preisträger für Physik 1915, zusammen mit seinem Vater Sir William Henry Bragg) mit 25 Jahren der bei der Preisverleihung **jüngste aller Laureaten**. Andere mußten bis ins hohe Alter auf die Krönung ihres Lebenswerkes warten: **Robert F. Furchgott** (geb. 1916, Preisträger für Medizin 1998), **Pyotr Leonidovich Kapitsa** (geb. 1894, Preisträger für Physik 1978), **Charles J. Pedersen** (geb. 1904, Preisträger für Chemie 1987) und **Georg Wittig** (geb. 1897, Preisträger für Chemie 1979) waren **die ältesten**

Aufgelöste Nobelpreismedaillen

Der hohe symbolische Wert, den die zusammen mit dem Nobelpreis verliehenen Goldmedaillen für die Preisträger haben, läßt sich anhand zweier Ereignisse, an denen jeweils der Däne Niels Bohr (Nobelpreis für Physik 1922) beteiligt war, erahnen.

Während der Herrschaft des Dritten Reiches sandten die in Deutschland lebenden Laureaten Max von Laue (Nobelpreis für Physik 1914) und James Franck (Nobelpreis für Physik 1925), aus Angst, die Nazis würden das in Kriegszeiten noch wertvollere Gold konfiszieren, ihre Medaillen zur Aufbewahrung an Niels Bohr in das als sicher geltende Kopenhagen. Als die deutschen Truppen im April 1940 auch Dänemark besetzten, entschloß sich Bohr zusammen mit seinem Freund, dem Physikochemiker Georg von Hevesy (Nobelpreis für Chemie 1943), die ihm anvertrauten Medaillen durch Auflösen in Königswasser (HCl/HNO_3 3:1) vor dem Zugriff der Nationalsozialisten zu schützen. Nach dem Krieg wurde das gelöste Gold zurückgewonnen, und die Nobelstiftung verlieh von Laue und Franck neu geprägte Medaillen.

Bohr selbst stellte ebenso wie Schack August Steenberger Krogh (Nobelpreis für Medizin 1920) im Januar 1940 den Erlös aus dem Verkauf seiner Medaille dem finnischen Volk zur Verfügung, das im sogenannten Winterkrieg (November 1939 – März 1940) mit Rußland sehr zu leiden hatte.

A. Pais, *Niels Bohr's Times*, Clarendon, Oxford **1991**, Kapitel 21.

Laureaten und hatten in den betreffenden Jahren der Preisverleihung das achtzigste Lebensjahr bereits überschritten.

Hitliste der Länder

Auch unter den **Geburtsländern der Nobelpreisträger** in den Naturwissenschaften lassen sich eindeutig globale Spitzenreiter herausstellen: Nahezu ein Drittel aller seit 1901 gekürten Nobelpreisträger in den Naturwissenschaften sind in den USA geboren. Die nächstbesser plazierten Länder wie Deutschland, Großbritannien und Frankreich müssen die Medaillen ihrer Landeskinder schon zusammenlegen, um die Vereinigten Staaten zahlenmäßig zu übertrumpfen (Abb. 1). Nimmt man nicht den Geburtsort, sondern den **Arbeitsort** der Laureaten im Moment der Preisverleihung als Kriterium, wird die **Dominanz der USA** mit dann 44 % noch deutlicher. Großbritannien (16 %) verdrängt Deutschland (13 %) in einer solchen Statistik dann auf den 3. Platz.

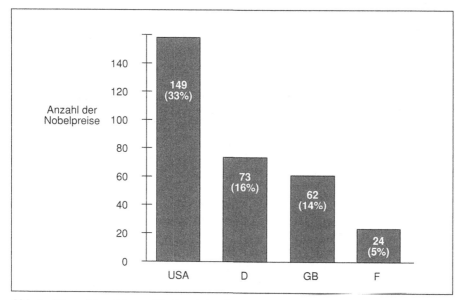

Abb 1: Die erfolgreichsten Herkunftsländer der Nobelpreisträger in den Naturwissenschaften 1901 – 1998

Chemie-Nobelpreisträger: USA im Aufwind

Ein Blick auf die Zahl der Chemie-Nobelpreisträger, die Deutschland, Großbritannien, Frankreich und die USA in jedem Jahrzehnt seit 1900 jeweils aufzuweisen haben, gibt eine eindeutige Tendenz wieder. Am Anfang des Jahrhunderts wurde die Chemie von Deutschen dominiert. Keines der anderen Länder konnte bis 1950 in einem Jahrzehnt mehr Chemie-Nobelpreisträger aufweisen als Deutschland. Dann aber zogen Großbritannien und die USA an Deutschland vorbei. Während der Höhenflug Großbritanniens nach einem Maximum in den 60er Jahren inzwischen wieder abgeklungen ist, dauert derjenige der USA bis heute an.[1]

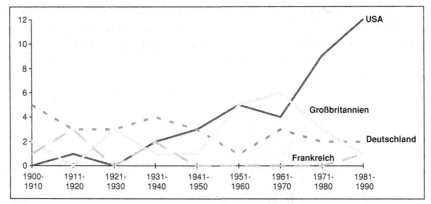

Abb. 2: Nobelpreisträger nach Nationalität (1900 – 1990)

---

[1] dtv-Atlas zur Chemie, Band 2, **1994**, Anhang.

Das älteste Patent

Patente dienen dem Erfindungsschutz und werden auf Antrag erteilt, wenn in der Patentanmeldung eine besondere technische Innovation mit Aussicht auf wirtschaftliche Verwertbarkeit dokumentiert werden kann. Die Idee des Erfindungsschutzes geht zurück bis ins spätmittelalterliche Venedig, wo 1474 mit der „Parte Veneziana", **das älteste Patentgesetz** erlassen wurde.[1] Wenn es auch im frühneuzeitlichen Deutschen Reich mehrere Formen kaiserlicher und fürstlicher Erfinderprivilegien gegeben hat, gebührt doch den Engländern die Ehre des zweitältesten kodifizierten Patentgesetzes, der „Statute of Monopolies" von 1623/24. Im Jahr 1790 folgten die mittlerweile von England unabhängig gewordenen Vereinigten Staaten von Amerika mit ihrem organisierten Patentwesen.

Das erste Chemiepatent

Das erste Patent, das in den USA für eine Erfindung auf dem Gebiet der Chemie erteilt wurde, ist auf den 31. Juli 1790 datiert und gehört Samuel Hopkins, der damit ein verbessertes Verfahren zur Darstellung der Pottasche (K_2CO_3) schützen ließ (Abb. 1).[2]

Abb. 1: Das erste Chemie US-Patent

---

[1] P. Kurz, *Mitteilungen der deutschen Patentanwälte* **1996**, *87*(3), 65 – 75.
[2] US-Patent X000001, United States Patent & Trademark Office, Washington DC.

Patente
Rekorde

Das erste deutsche Chemiepatent

Ein einheitliches deutsches Patentwesen ließ hingegen noch fast einhundert Jahre auf sich warten. Erst mit der Gründung des Kaiserlichen Patentamtes in Berlin 1877 wurden die nahezu dreißig verschiedenen Patentgesetze der einzelnen deutschen Länder vereinheitlicht. Am Tag der Amtseröffnung, dem 1. Juli 1877 reichte auch Johannes Zeltner von der Nürnberger Ultramarinfabrik eine Patentanmeldung für ein „Verfahren zur Herstellung einer rothen Ultramarinfarbe" ein. Es wurde am 7. Juli bekannt gemacht und bereits dreieinhalb Monate später(!), am 29. November 1877 mit der Patentnummer 1 rechtskräftig erteilt (Abb. 2).[3] Es ist vielleicht bezeichnend, daß **das erste deutsche Patent** der Sparte der Chemie zuzuordnen ist, und vielleicht nicht ohne Zufall, daß die Erfindung in das Gebiet der Farbstoffchemie (→ Farbstoffe; Rekorde) fällt, das für die Entwicklung der chemischen Industrie in Deutschland von so großer Bedeutung war.

Abb. 2: Das erste vom Deutschen Patentamt erteilte Patent

[3] D. R. Schneider, *Mitteilungen der deutschen Patentanwälte* **1994**, *81*(10), 192 – 193.

Länder-Hitparade

Seit seinen Anfängen hat sich das Patentwesen im Zuge einer immer wichtiger werdenden Globalisierung der Märkte auch mengenmäßig stetig weiterentwickelt. Ende 1994 waren weltweit über 3.9 Mio. Patente auf den verschiedensten Gebieten von Naturwissenschaft und Technik aktiv, davon mehr als 82 % in den siebzehn Staaten der European Patent Convention (EPC-Staaten: Österreich, Belgien, Dänemark, Frankreich, Deutschland, Griechenland, Irland, Italien, Liechtenstein, Luxemburg, Monaco, Portugal, Niederlande, Spanien, Schweden, Schweiz, Großbritannien, seit dem 1. März 1996 auch Finnland als achtzehntes Mitgliedsland), Japan und den USA (Abb. 1).[1] Im trilateralen Vergleich sind in Europa (36.9 %) deutlich mehr Patente aktiv als in Japan (16.7 %) und in den USA (28.9 %). Patente sind, wenn überhaupt, nur ein sehr ungenaues Maß für die technische und wissenschaftliche Kreativität einer Nation.[2] Die große Mehrheit der Patente ist ökonomisch inaktiv und führt nicht zu Lizensierungsverträgen mit Dritten. Daher machen populistische Patentstatistiken, mit denen der Auf- oder Niedergang des Fortschritts eines Landes untermauert werden soll, nur wenig Sinn. Etwas differenzierter ist hingegen die trilaterale Betrachtung der **gegenseitigen Patentanmeldungen** innerhalb der drei geographischen Blöcke EPC-Staaten, Japan und den USA (Abb. 2).[1] Man erkennt, daß trotz des vielfach strapazierten Begriffs vom „Innovationsvorsprung" Japans die Bilanz für die Europäer spricht. Von Europa aus wurden im Jahr 1994 über 4000 Patente mehr in Japan angemeldet als umgekehrt. Dagegen ist das mengenmäßige Ungleichgewicht im Vergleich Europa – USA nicht zu übersehen: Die Vereinigten Staaten hatten 1994 mehr als doppelt so viele Patentanmeldungen in Europa wie die Europäer in den USA. Numerisch unterlegen sind die USA dagegen den Japanern. Sie brachten es auf über 50 % mehr Anmeldungen in den USA als umgekehrt die Amerikaner in Japan.

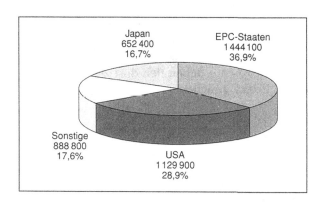

Japan
652 400
16,7 %

EPC-Staaten
1 444 100
36,9 %

Sonstige
888 800
17,6 %

USA
1 129 900
28,9 %

Abb. 1: Zahl der aktiven Patente 1994

[1] Trilateral Statistical Report, 1995, Europäisches Patentamt, München.
[2] Siehe u. a.: W.-D. Wirth, *Nachr. Chem. Techn. Lab.* **1994**, *42*, 884.

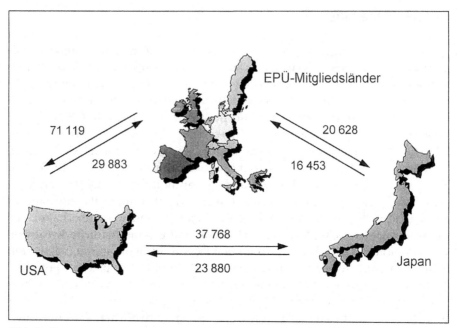

Abb 2: Patentanmeldungen 1994 im trilateralen Vergleich

Konzern-Hitparade

Welcher Konzern ist nun der **Spitzenreiter bei Patentanmeldungen im Bereich der Chemie**? In Abbildung 3 ist über den Zeitraum von 1986 – 1995 die Zahl „chemischer" Patentanmeldungen der umsatzstärksten Chemieunternehmen (→ Chemiewirtschaft; Firmenhits) dargestellt.[3] Man erkennt, daß hinter dem japanischen Konzern Mitsubishi Chemicals die „großen Drei" der deutschen Chemiewirtschaft an prominenter Stelle vertreten sind. Erst mit einigem Abstand folgen die amerikanischen Konzerne DuPont und Dow.

Auch im Vergleich mit deutschen Firmen anderer Branchen schneidet die Chemie gut ab (Tabelle 1): Unter den zehn fleißigsten Patentanmeldern finden sich allein vier Chemieunternehmen – neben den dort zu erwartenden „großen Dreien" hat sich Henkel Platz 7 gesichert.

[3] Derwent Patent Database Recherche vom März 1997, Rechte bei der BASF.

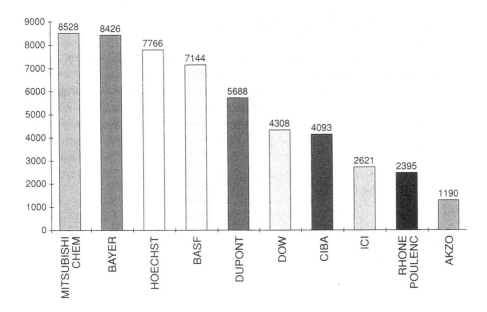

Abb. 3: Patentanmeldungen im Bereich Chemie ausgewählter Firmen 1986 – 1995

Tabelle 1: Die zehn fleißigsten deutschen Patentanmelder

	Patente 1991 – 1995
1 Siemens AG	4.682
2. Robert Bosch GmbH	3.830
3. BASF AG	3.404
4. Bayer AG	2.920
5. Daimler-Benz AG	2.256
6. Hoechst AG	1.895
7. Henkel KGaA	1.550
8. BMW	1.349
9. Volkswagen AG	962
10. Fraunhofer Gesellschaft	898

Quellen: Deutsches Patentamt, *Jahresberichte 1991 – 1995* (erst ab 1991 werden die angemeldeten Patente nach den anmeldenden Firmen aufgeschlüsselt).

Anmeldungsfreudigste Länder

Im Jahr 1995 wurden beim Europäischen Patentamt in München (EPA) 60 078 europäische Anmeldungen registriert. (1994: 57 800). Davon stammten 49 % aus europäischen Ländern. **Wichtigstes europäisches Ursprungsland** war Deutschland. Es wurde allerdings wie in den Vorjahren von den USA übertroffen, die es auf 29.3 % der Anmeldungen brachten. Japan hingegen konnte mit einem Anteil von 17 % auf Platz drei verwiesen werden. Deutschland gehört somit nach wie vor zu den stärksten „Erfindernationen", wobei man sich allerdings des beschränkten Aussagewertes eines reinen Zahlenvergleichs bewußt sein muß (Abb. 4).

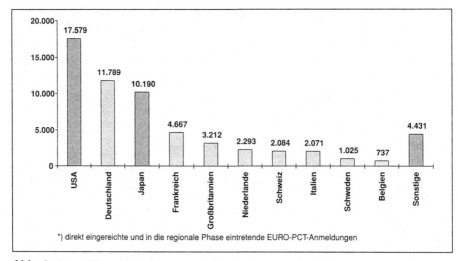

Abb. 4: Beim EPA registrierte europäische Anmeldungen* 1995

Von den Anmeldungen entfielen nahezu 60 % auf sieben große Technikfelder. Unter anderem betrafen 6.6 % die „Organische Chemie", 5.3 % das „Gesundheitswesen" und 4.1 % „Organische Makromolekulare Verbindungen".[4]

---

[4] Nachr. Chem. Tech. Lab. *44* (**1996**), Nr. 9: EPA.

Entwicklungskosten

Ausgehend von der ersten Wirkstoffsynthese dauert es heutzutage mindestens 10 Jahre, bis man ein handelsreifes Pflanzenschutzmittel entwickelt hat. Der **Kostenaufwand** für diesen Prozeß hat sich in den vergangenen 20 Jahren verfünffacht und beläuft sich nun auf durchschnittlich 250 Mio DM. Relativ am stärksten zugenommen haben die Kosten für die „Nebenwirkungsforschung", also für die Toxikologie und die Ökotoxikologie. Dies veranschaulicht, welch große Bedeutung man heute den Fragen des Anwender- und Konsumentenschutzes bei Pflanzenschutzmitteln beimißt (Abb. 1).

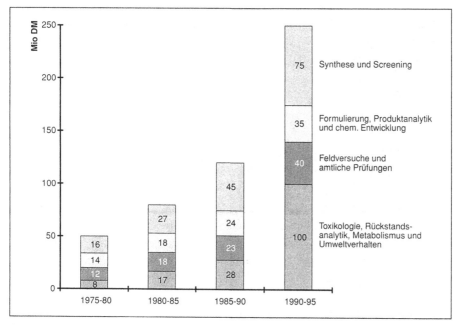

Abb. 1: Entwicklungskosten für ein Pflanzenschutzmittel 1975 – 1995[1]

Zum Auffinden neuer Pflanzenschutzwirkstoffe bedient man sich neben der Analogieforschung und der Nutzung von Struktur-Wirkungs-Beziehungen vor allem des systematischen Screenings von Chemikalien. Hierbei wird eine möglichst große Zahl neu synthetisierter Verbindungen im Laufe mehrerer Testschritte auf ihre Eignung als Pflanzenschutzwirkstoff untersucht, wobei bei jedem Schritt die ungeeigneten ausgemustert werden. Statistisch gesehen müssen 40 000 Substanzen dieser Prozedur unterworfen werden, um zu einem neuen verwendbaren Wirkstoff zu kommen.

[1] Daten von: Folien des Fonds der chemischen Industrie, Textheft 10.

Die wichtigsten Kulturen

Früchte und Gemüse waren im Jahr 1997 die Kulturen, für die wertmäßig am meisten **Pflanzenschutzmittel aufgewendet** wurden. 26.1 % des gesamten Weltmarktes von 30.2 Mrd US$ entfiel auf diese inhomogene Gruppe. Sie enthält eine Vielzahl von Kulturen, wobei die Schwerpunkte regional sehr verschieden sind.

Getreide folgte als Anwendungssegment auf Position zwei mit einem Anteil von 16.0 %. Außer Mais konnten die anderen Kulturen nur weniger als je 10 % des Pflanzenschutzmittelverbrauchs verbuchen.

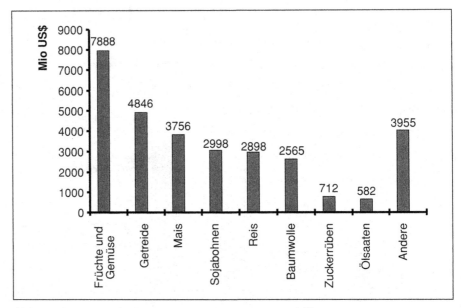

Abb. 2: Aufteilung des Weltmarktes nach Kulturen 1997[2]

Die bedeutendsten Verbindungsklassen

In allen drei Segmenten dominierte 1997 jeweils eine Verbindungsklasse. Bei den Insektiziden (Produkte zur Bekämpfung von Schadinsekten) waren dies die Organophosphate (→ Gifte; Hitliste). Ihr Marktvolumen war etwas mehr als doppelt so groß wie das der beiden nächstgrößeren Verbindungsklassen zusammen.

Ähnlich stellten sich die Verhältnisse bei den Fungiziden (Pilzbekämpfungsmittel) dar. Die dort als stärkste Verbindungsklasse dominierenden Triazole

---

[2] Daten von: Wood Mackenzie Consultants, Oktober 1998, private Mitteilung

brachten es allerdings auf einen nur halb so großen Umsatz wie die wichtigste Verbindungsklasse der Herbizide (Unkrautbekämpfungsmittel), die Aminosäurederivate.

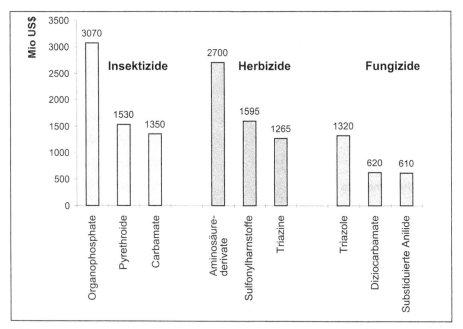

Abb. 3: Verbindungsklassen nach Umsatz 1997 (Endabnehmerbasis) [3]

Top Ten Pflanzenschutz-Wirkstoffe

Tabelle 1: Top Ten Pflanzenschutz-Wirkstoffe[4]

Firma	Substanzname	Handels-name	Umsatz [Mio. $]	Indikation
Monsanto	Glyphosate	Roundup	2 180	Herbizid
Cyanamid	Imazethapyr	Pursuit	540	Herbizid
Zeneca	Paraquat	Gramoxone	520	Herbizid
Dow	Chlorpyrifos	Dursban	475	Insektizid
Bayer	Imidacloprid	Admire	435	Insektizid
Novartis	Metolachlor	Dual	320	Herbizid
Cyanamid	Pendimethalin	Prowl	315	Herbizid
Novartis	Atrazin	Gesaprim	270	Herbizid
Zeneca	Fluazifob	Fusilade	265	Herbizid
Rohm & Haas	Mancozeb	Dithiane	265	Fungizid

[3] Daten von: Wood Mackenzie Agrochemical Service, Product Section, Mai 1998, S. 7
[4] Daten von: Wood Mackenzie, 1998

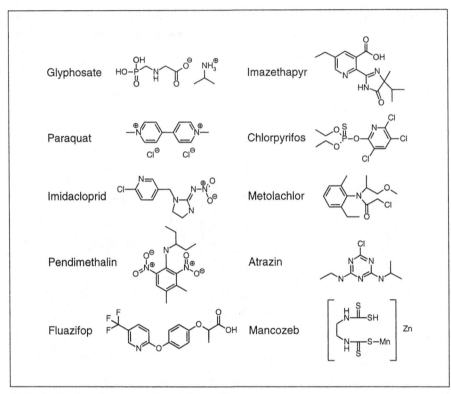

Abb. 4: Top Ten Pflanzenschutz Wirkstoffe

Top Ten Pflanzenschutzmittelfirmen

Jahrelang wurde die Rangfolge der **umsatzstärksten Pflanzenschutzmittelfirmen** von Ciba angeführt. 1995 brachte es diese Firma auf einen Umsatz von 3.374 Mrd US$. Durch die Fusion mit der im Jahr 1995 auf dem elften Rang liegenden Firma Sandoz zur Novartis konnten die Schweizer ihre Spitzenstellung 1996 mit einem Pflanzenschutzmittel-Umsatz von 4.175 Mrd US$ weiter ausbauen. Der Vorsprung vor der auf dem zweiten Platz liegenden Firma Monsanto belief sich damals auf stolze 1.3 Mrd US$.

Der Zweitplazierte konnte 1997 diesen Vorsprung zwar um knapp 100 Mio US$ verringern, doch nach wie vor führt Novartis die Top Ten mit einem Umsatz von 4.173 Mrd US$ souverän an (Abb. 5).

Ingesamt konnten die zehn **bedeutendsten Pflanzenschutzmittelfirmen**, unter denen sich nur AgrEvo ausschließlich diesem Geschäft widmet, ihren Umsatz im Vergleich zum Vorjahr nur geringfügig von 24.81 Mrd US$ auf 25.05 Mrd US$ ausweiten.

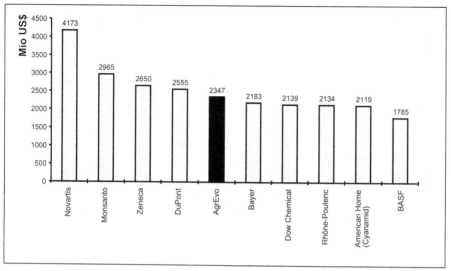

Abb. 5: Die umsatzstärksten Pflanzenschutzmittelfirmen 1997 (in Mio US$)[5]

Die innovativsten Firmen

Das innovativste Pflanzenschutzunternehmen im Sinne von Produktneueinführungen (neue Wirkstoffe) war im Zeitraum 1987-1997 der Umsatzspitzenreiter, die Firma Novartis. Aber auch kleinere Firmen waren wichtige Innovationsquellen. Die japanischen Firmen z. B., die es 1997 zusammen lediglich auf einen Umsatz von etwas mehr als 100 Mio US$ brachten, führten im betrachteten Zeitraum immerhin ca. 36 neue Wirkstoffe ein. Besonders aktiv war die Firma Sumitomo, die noch vor den großen amerikanischen Wettbewerbern auf Platz zwei lag (Abb. 6).

Insgesamt wurden in dem angeführten Zeitraum 126 neue Produkte eingeführt; dabei handelt es sich bei 40 % um Herbizide und bei 29 % bzw. 25 % um Fungizide und Insektizide.

Pflanzenschutz
Zahlen und Fakten

[5] Daten von: Wood Mackenzie Agrochemical Service, Companies Section, August 1998, S. 3

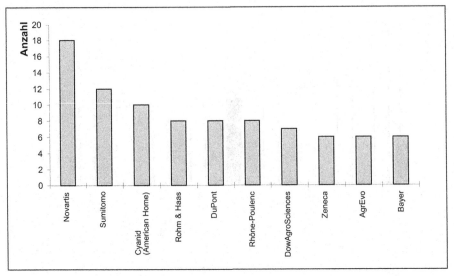

Abb 6: Produktneueinführungen nach Firmen 1987-1997[6]

Die wichtigsten Verbrauchsregionen

Der wichtigste Absatzmarkt für Pflanzenschutzmittel war auch im Jahr 1997 Nordamerika (Abb. 7).

Auf diese Region entfiel gut ein Drittel des Welt-Pflanzenschutzmittelverbrauchs im Wert von 30.2 Mrd US$ (Endabnehmerbasis).

Allgemein geht man davon aus, daß die Bedeutung Asiens für den Weltmarkt zunehmen wird. Der Absatz in der EU hängt unter anderem von der weiteren Entwicklung der Flächenstillegungsprogramme ab.

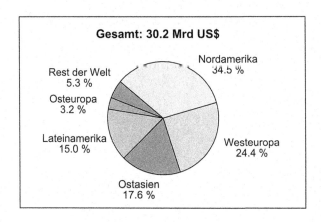

Abb. 7: Markt nach Verbrauchsregionen 1997[2]

---

[6] Daten von: Wood Mackenzie Agrochemical Service, Development Products, 1998, S. 99

Die bedeutendsten Segmente des Weltmarkts für Agrochemikalien

Der Weltmarkt für Agrochemikalien belief sich nach Angaben von Wood Mackenzie Consultants auf 30.20 Mrd US$ (Endabnehmerbasis, Abb. 8).

Das bedeutendste Segment waren die Herbizide. Ihr Anteil am Weltmarkt war 1997 sogar größer als derjenige der Insektizide und Fungizide zusammengerechnet.

Im Zeitraum 1992-1997 ist das Marktvolumen der Herbizide um 4 % p.a. auf 14.76 Mrd US$ gewachsen. Herausragende Wachstumsträger dieses Segments waren Aminosäurederivate (17.2 % p.a.), Sulfonylharnstoffe (11.4 % p.a.) und Aryloxyphenoxypropionate (10.7 % p.a.)

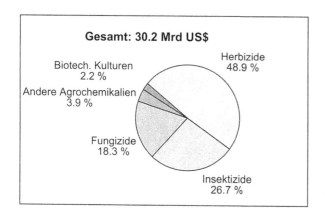

Abb. 8: a) Weltmarkt 1997 nach Segmenten[3]

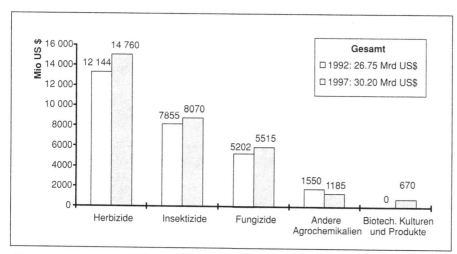

Abb. 8: b) Entwicklung der Marktvolumina nach Segmenten 1992 – 1997 (in US$)

Aufbau der Proteine

Proteine sind Polymere aus Aminosäuren und nehmen im Organismus die vielfältigsten Aufgaben wahr. Sie bilden stabilisierende Strukturen, wie Colla-

Tabelle 1: Aminosäuren

Aminosäure	Abkürzung	Struktur des Restes -R
Glycin	Gly, G	-H
Alanin	Ala, A	- CH_3
Valin*	Val, V	- CH $(CH_3)_2$
Leucin*	Leu, L	- CH_2 CH- $(CH_3)_2$
Isoleucin*	Ile, I	- CH CH_3 - CH_2 CH_3
Cystein	Cys, C	- CH_2 - SH
Methionin*	Met, M	- CH_2 - CH_2 - S - CH_3
Serin	Ser, S	- CH_2 OH
Threonin*	Thr, T	- CH OH - CH_3
Lysin*	Lys, K	- $(CH_2)_4$ -NH_3^+
Arginin	Arg, R	- $(CH_2)_3$ - NH - C = NH_2^+ $\quad\quad\quad\quad\quad$ | $\quad\quad\quad\quad\quad$ NH_2
Histidin*	His, H	- CH_2 -C = CH $\quad\quad\quad$ | $\quad$ | $\quad\quad$ $^+HN \quad NH$ $\quad\quad\quad$ $^{\searrow}CH$
Asparaginsäure	Asp, D	- CH_2 - COO^-
Glutaminsäure	Glu, E	- $(CH_2)_2$ - COO^-
Asparagin	Asn, N	- CH_2 - CO - NH_2
Glutamin	Gln, Q	- $(CH_2)_2$ - CO - NH_2
Phenylalanin*	Phe, F	- CH_2—⬡
Tyrosin	Tyr, Y	- CH_2—⬡— OH
Tryptophan*	Trp, W	- CH_2 - C $\quad\quad\quad$ || $\quad\quad\quad$ CH $\quad\quad\quad\quad$ $^{\searrow}NH$
Prolin	Pro, P	- COO^- - CH —— NH_2^+ $\quad\quad\quad\quad$ | $\quad\quad\quad$ | $\quad\quad\quad\quad$ $CH_2 \quad\quad CH_2$ $\quad\quad\quad\quad\quad$ $^{\searrow}CH_2^{\swarrow}$

*essentielle Aminosäuren

Grundstruktur einer Aminosäure

$$O^- - \underset{\underset{O}{\|}}{C} - \underset{\underset{H}{|}}{\overset{\overset{NH_3^+}{|}}{C}} - R$$

Rekorde rund um Aminosäuren:

Die **längsten Seitenketten** haben Lys und Arg;

die **basischste Seitenkette** hat Arg (pK_a = 12,5), gefolgt von Tyr (pK_a = 10,8).

Die **häufigste Aminosäure** (in Proteinen) ist Ala (9%); am **seltensten** ist Trp mit 1,1%

gen oder Keratin, wirken als Rezeptoren, Signal-, oder Transportmoleküle und katalysieren als Enzyme die im Körper ablaufenden chemischen Reaktionen. Obwohl sie so unterschiedliche Aufgaben erfüllen müssen, sind sie aus nicht mehr als 20 verschiedenen Aminosäure-Bausteinen, die nur über einen einzigen Bindungstyp verknüpft werden: die Peptidbindung. Sie entsteht unter Wasserabspaltung zwischen der Carboxyl- und der Aminogruppe zweier Aminosäuren. Die meisten der am Aufbau der Proteine beteiligten Aminosäuren kann der Organismus selber synthetisieren, einige wenige müssen mit der Nahrung aufgenommen werden, dies sind die essentiellen Aminosäuren: Valin, Leucin, Isoleucin, Methionin, Threonin, Lysin, Histidin, Phenylalanin, Tyrosin (Tabelle 1). Die unterschiedliche chemische Beschaffenheit der einzelnen Aminosäureseitenketten ist für die Eigenschaften der aus ihnen bestehenden Polypeptidketten verantwortlich. Wechselwirkungen zwischen den Seitenketten der Aminosäuren, wie zum Beispiel Wasserstoffbrücken, führen zur Ausbildung bestimmter räumlicher Strukturen, die entscheidend für die Funktion eines Proteins sind.

Im wässrigen Millieu faltet sich eine Polypeptidkette spontan so, daß die hydrophoben Seitenketten überwiegend ins Innere des Moleküls zeigen, während die polaren und geladenen Reste an der Oberfläche überwiegend zum umgebenden wäßrigen Medium orientiert sind. Durch stabilisierende Wasserstoffbrücken entstehen vorzugsweise zwei verschiedene Typen von regelmäßigen Strukturen: Das β-Faltblatt und die rechtsgängige α-Helix (Abb. 1 und 2).

Übrigens: Proteine sind ausschließlich aus L-Aminosäuren aufgebaut. D-Aminosäuren kommen nur in den Peptidoglycanen bakterieller Zellwände und in einigen Peptidantibiotika vor, z. B. im Gramicidin.

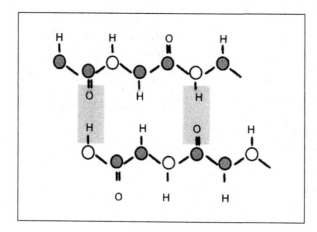

Abb. 1: β-Faltblatt-Struktur von Proteinen

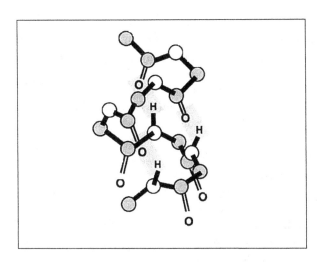

Die größten und schnellsten Konformationsumwandlungen von Proteinen

Proteine besitzen in der Regel keine fixierte oder starre Struktur. Ganz im Gegenteil sind sie meist sehr flexibel und können in ihrer Struktur zwischen verschiedenen Zuständen (Konformationen) fluktuieren. Die Konformation eines Proteins wird außer durch die Umgebungsparameter (Lösungsmittel, Druck, Temperatur) insbesondere durch die Interaktion mit Bindungspartnern und durch chemische Modifikation bestimmt.

Die intramolekularen Bewegungen von Proteinen lassen sich nach Art und Ausdehnung in zwei Gruppen einteilen:

- Atomare Bewegungen mit räumlichen Verschiebungen von bis zu 0.1 nm und Zeitspannen von $10^{-15} - 10^{-11}$ Sekunden.
- Domänenbewegungen und induzierte Konformationsänderungen mit räumlichen Verschiebungen von bis zu vielen nm und Zeitspannen bis in den Minutenbereich hinein.

Die zweite Gruppe der Konformationsänderungen ist unmittelbar mit der Funktion von Proteinen verknüpft. So kann ein im Cytosol der Zelle befindlicher hydrophiler (wasserlöslicher) Steroidhormonreceptor nach Bindung seines Liganden (Steroidhormon) eine Konformationsänderung durchführen, die ihn als hydrophobes Dimer durch die Zellkernmembran durchtreten und im Kern mit der DNA Komplexe bilden läßt. Ein anderes Beispiel: Bindet der Insulinreceptor, der ein integrales Membranprotein der Plasmamembran insulinempfindlicher Zellen darstellt, das Proteohormon an seiner extrazellulären Seite, so wird dadurch auf der intrazellulären Seite eine Enzymaktivität induziert. Durch Konformationsänderung bildet sich das aktive Zentrum einer Pro-

257

teinkinase aus, der Receptor phosphoryliert zunächst seine eigenen Tyrosin-seitenketten, und diese Modifikation ruft weitere Konformationsänderungen hervor, die sodann die Phosphorylierung von Fremdsubstraten ermöglichen. Solche fernwirkenden Konformationsänderungen werden als allosterisch bezeichnet und spielen bei der Funktionsregulation vieler Proteine und zellulärer Aktivitäten (z. B. Muskelkontraktion, Genregulation durch Transkriptionsfaktoren, Prozessierung von Boten-RNA, Proteinbiosynthese am Ribosom) eine große Rolle.

Die gewaltigsten Umfaltungen zwischen gleichermaßen nativen Konformationen bei einem Einzelprotein treten auf, wenn es seine Außenhülle von hydrophiler zu hydrophober Struktur (und umgekehrt) wechselt. Beispiel hierfür sind Proteine, die zwischen Cytosol und Zellkern wandern können und dabei die Kernmembran durchdringen (z. B. Steroidreceptoren).

Die schnellsten induzierten Konformationsumwandlungen treten bei Signalprozessen auf. So können ligandengesteuerte und spannungsgesteuerte Ionenkanäle innerhalb von weniger als 1 μsec vom geschlossenen in den geöffneten Zustand übergehen. Dies entspricht der Kippfrequenz einzelner aromatischer Ringe in Aminosäureseitenketten (Phenylalanin, Tyrosin), wie sie durch NMR-Messungen bestimmt wurden.

Die schnellste integrale Signalübertragung

Der schnellste integrale Signalprozeß ist die nikotinisch cholinerge Neurotransmission in der Nerv-Muskel-Synapse. Nach der präsynaptischen Ausschüttung des Neurotransmitters Acetylcholin bindet dieser mit maximaler Geschwindigkeit, d. h. allein durch die Diffusion kontrolliert,[1] an die im synaptischen Spalt befindliche Acetylcholinesterase (AchE) und den postsynaptischen nikotinischen Acetylcholinrezeptor (nAchR) (Abb. 3). Das Binden an den Receptor öffnet innerhalb von Mikrosekunden (siehe oben) dessen integralen Ionenkanal und induziert damit als primäre Reaktion der Zelle auf den Reiz Acetylcholin eine Depolarisation der postsynaptischen Membran. Der nur lose an den Receptor gebundene Neurotransmitter dissoziiert ab und wird vom Enzym AchE durch Hydrolyse inaktiviert. Indessen löst die Depolarisation der Muskelmembran die Aktivierung mehrerer anderer Ionenkanäle und schließlich die Muskelkontraktion aus. Mit der Inaktivierung des Neurotransmitters ist die Synapse schon wieder für einen erneuten Signalprozeß bereit. Die Gesamtheit der Reaktionen, von der Ausschüttung bis hin zu dessen Inaktivierung nach Receptorstimulierung dauert beim Säuger weniger als fünf Millisekunden, so daß der Säugermuskel mehr als einhundertmal pro Sekunde kontrahiert werden kann. Um diese hohe Repititionsgeschwindigkeit des Signalprozesses erreichen zu können, verlaufen die wichtigsten Reaktionen parallel zueinander. So trifft der sezernierte Neurotransmitter praktisch gleichzeitig auf

[1] Jürss, R.; Prinz H.; Maelicke, A.; *Proc. Natl. Acad. Sci. USA* **1979**, *76*, 1064.

Receptor und Esterase, reagiert mit beiden etwa gleich schnell und wird daher von beiden im Verhältnis der vorhandenen Konzentrationen gebunden (Wegscheiderprinzip, wobei beide Makromoleküle in vergleichbaren Konzentrationen in der Synapse exprimiert sind). Die hohe Menge an pro Muskelerregung sezerniertem Acetylcholin (der Gehalt von ca. 200 präsynaptischen Vesikeln oder ca. 2 Millionen Molekülen) ist daher notwendig, um einen genügend hohen Anteil des Neurotransmitters die Receptoren der postsynaptischen Membran erreichen zu lassen.[2] Die Fähigkeit zu derart schnellen Signalprozessen und dadurch induzierten zellulären Reaktionen ist eine entscheidende Komponente für die Überlebensfähigkeit von Tieren und wurde daher in der Evolution bestmöglich optimiert. Dieses komplexe Geschehen im Synaptischen Spalt ist wahrscheinlich das **reaktionsschnellste System** funktionaler molekularer Selbstorganisation.

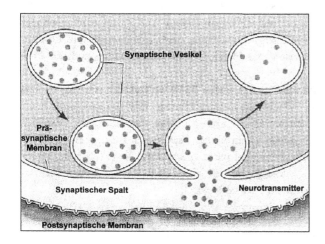

Abb. 1: Signalübertragung an einer Synapse

Molekulare Maschinen

Mit Hilfe modernster technischer Instrumente, wie Mikronadeln und optischen Sensoren, die Objekte im nm-Bereich auflösen können, ist es gelungen, die Muskelkontraktion auf molekularer Ebene zu beobachten.[3] Im Actinomyosin des Muskels bewegt sich Myosin in Schritten von jeweils etwa 5,3 nm Länge entlang einem Actinfilament. Diese Schritte werden bis zu fünfmal wiederholt, so daß ein einzelnes Myosin-Köpfchen eine Entfernung von 30 nm zurücklegen kann.

[2] Prinz, H.; Maelicke A.; *Prog. Clin. Biol. Res.* **1984**, *164*, 279.
[3] Kitamura, K.; Tokunaga, M.; Iwane, A.-H.; Yanagida, T.; *Nature* **1999**, *397*, 129.

Proteine Zahlen und Fakten

Die erste 3-D-Struktur eines Proteins

Mit Hilfe der Röntgenstrukturanalyse an Kristallen können direkte Abbilder der Elektronendichteverteilung in Molekülen gewonnen werden. Die Raumstruktur von Proteinen läßt sich so bestimmen, vorausgesetzt man ist in der Lage, das Protein zu kristallisieren. Allerdings fehlt den Proteinen aufgrund ihres hohen Wassergehaltes die feste Kristallordnung kleiner Moleküle. Das macht sich bei der Röntgenkristallographie in der Auflösung bemerkbar: Kleinere strukturelle Details verschwinden in der von der starren Ordnung abweichenden Elektronendichteverteilung des Proteins. Die ersten Versuche zur Röntgenstrukturanalyse von Proteinen wurden in den fünfziger Jahren von John Kendrew am Myoglobin des Pottwals und von Max Perutz am Desoxy-Hämoglobin des Menschen und am Pferde-Methämoglobin unternommen. 1953 konnte als erstes die Struktur des Hämoglobins bestimmt werden, allerdings mit niedriger Auflösung. Es folgten die Strukturaufklärung des Pottwal-Myoglobins 1957 mit niedriger und 1959 mit hoher Auflösung und 1968 die hochaufgelöste Struktur des Hämoglobins. Diese und andere physikalisch-chemische Untersuchungen machen das Hämoglobin zum besterforschten Protein überhaupt.[4,5]

Das **erste Enzym, dessen Röntgenstruktur 1965 aufgeklärt wurde,** ist das Lysozym aus Hühnereiweiß.[6] Es ist ein kleines Protein, das nur aus einer Polypeptidkette von 129 Aminosäureresten Länge besteht, die über vier Disulfidbrücken quervernetzt ist. Lysozym ist in vielen Körpersekreten z. B. der Tränenflüssigkeit des Auges enthalten und wirkt bactericid. Es greift bakterielle Zellwände an, indem es die glycosidischen Bindungen zwischen *N*-Acetylmuraminsäure und *N*-Acetylglucosamin hydrolysiert.

Das besterforschte Protein

Hämoglobin ist das Transportsystem für Sauerstoff im Blut. Es kommt in den roten Blutkörperchen vor und macht bei einem gesunden Menschen etwa ein Drittel des Trockengewichtes dieser Zellen aus. Wegen seiner auffälligen roten Farbe, seiner Häufigkeit und der Leichtigkeit, mit der man es isolieren kann, war es schon in den Anfängen der Proteinchemie ein beliebtes Forschungsobjekt. Seine Vorreiterrolle zeigt sich daran, daß es bereits 1849 kristallisiert werden konnte, 1909 wurde der erste Altlas von Hämoglobinkristallen aus 109 Spezies veröffentlicht. Die **ersten Kristalle eines Enzyms,** der Urease aus der Schwertbohne *Canavalia ensiformis,* wurden dagegen erst 1926 beschrieben. Hämoglobin war auch eines der ersten Proteine, dessen molekulare Masse

[4] M. F.Perutz, Hemoglobin structure and respiratory transport, *Sci. Am.* **1978**, *239*, 92.
[5] G. Fermi, M. F.Perutz, B. Shaanan, R. Fourme, The crystal structure of human deoxyhaemoglobin at 1.74 Å, *J. Mol Biol.* **1984**, *175*, 159.
[6] D. C. Phillips, The treedimensional Structure of an enzyme molecule, *Sci. Am.* **1966**, *215*, 75.

genau bestimmt werden konnte, das erste Protein, das durch Ultrazentrifugation charakterisiert und dessen physiologische Funktion erkannt wurde. Am Beispiel der Sichelzellanämie konnte man erstmals zeigen, daß die Mutation einer einzelnen Aminosäure – Austausch von Glutamin an Position sechs der ß-Kette des Hämoglobin-Moleküls gegen Valin – die Ursache für eine Erbkrankheit ist.[7,8].

Die im Verlauf der Evolution am meisten konservierten Proteine

Auch ein Protein, das gut an seine Aufgaben angepaßt ist, unterliegt ständig der Evolution. Zufällige Mutationen verändern es, ohne daß dabei seine Funktion beeinträchtigt wird. Jedes Protein besitzt eine charakteristische Evolutionsgeschwindigkeit, abhängig davon, wie stark der Einfluß der Mutationen sich auf seine Funktion auswirkt. Die **Proteine, die im Laufe der Evolution am stärksten konserviert wurden, sind die Histone**, die zur Verpackung der Gene dienen. Sie sind so gut an ihre Aufgabe angepaßt, daß sich z. B. die Histone H 4 von Erbse und Kuh auf einer Länge von 102 Aminosäuren nur in zwei Positionen unterscheiden,[9] obwohl sich die beiden Arten vor 1.2 Mrd. Jahren auseinander entwickelten. Veränderungen der Aminosäuresequenz sind nicht die einzige Grundlage der Evolution. So sind z. B. 99 % der Proteine von Mensch und Schimpanse identisch, trotz der offensichtlichen anatomischen und verhaltensmäßigen Unterschiede. Die wenigen Mutationen müssen also in den DNA-Abschnitten aufgetreten sein, die die Genexpression kontrollieren und damit entscheiden, wieviel von welchem Protein wann und wo produziert wird.

Die Proteine mit der größten Anzahl an unterschiedlichen Spezifitäten

Das Immunsystem ist in der Lage, Antikörper gegen fast jedes Antigen, mit dem es in Kontakt kommt, herzustellen. Es kann also Moleküle mit einer nahezu unbegrenzten Vielfalt von Antigen-Bindungsstellen erzeugen. Ursache hierfür sind zwei grundlegende Mechanismen: Durch somatische Rekombination zwischen Genabschnitten, die den variablen Teil einer Immunglobulinkette codieren und eine besonders hohe Mutationsrate der Immunglobulingene kommt es zu der enormen Vielfalt der Antikörper. Zusätzlich dazu

[7] A. Goffeau, *Science* **1995**, *270*, 482.
[8] R. E. Dickerson, I. Geis, Hemoglobin, Benjamin/Cummings 1983.
[9] D. Voet, J. G. Voet, *Biochemie*, Übers. hrsg. v. A. Maelicke und W. Müller-Esterl, VCH, **1992**.

können die Untereinheiten der Antikörper – leichte und schwere Immunglobulinketten – in unterschiedlicher Weise kombiniert werden. Dadurch steigt die Zahl von Antikörperspezifitäten, die ein Mensch produzieren kann auf 10^{12}-10^{14}. Damit hat jeder Organismus das Rüstzeug, um mit fast allen eindringenden Mikroorganismen fertigzuwerden, auch wenn er im Laufe seines Lebens nur einen Bruchteil des möglichen Antikörperreservoirs wirklich produziert.

Die stabilsten Carbanionen

Anionische Zwischenstufen von kohlenstoffhaltigen Verbindungen sind für organische Synthesen von herausragender Bedeutung. Nicht nur Alkylanionen wie die starke homogene Base Butyllithium werden für unzählige chemische Synthesesequenzen benötigt, sondern auch die große Klasse der Enolate mit all ihren synthetischen Möglichkeiten gehört in den Bereich der Carbanionenchemie. Die strukturellen und auch chemischen Eigenschaften der Carbanionen werden sehr stark vom Gegenkation (typischerweise ein Metallion) und dem verwendeten Lösungsmittel bestimmt, so daß sich eindeutige, den Carbanionen zuzuschreibende Rekorddaten sehr viel schwieriger identifizieren lassen.

Da Kohlenstoff-Metall Bindungen zumeist recht hohe kovalente Bindungsanteile aufweisen, ist die Untersuchung freier Carbanionen nur unter besonderen Bedingungen möglich. Genau dies gelang Olmstead und Power,[1] die die Kationen der Verbindungen $Li^+[Ph_2CH]^-$ und $Li^+[Ph_3C]^-$ mit einem Kronenether komplexieren und so die Kristallstruktur der freien Carbanionen 1 und 2 röntgenographisch untersuchen konnten (Abb. 1). Es zeigte sich, daß der Methid-Kohlenstoff in 1 und 2 wegen der intensiven Delokalisierung mit den benachbarten π-Systemen planar ist und eine trigonal-planare Umgebung hat. Die komplexierten Verbindungen sind im Festkörper bei 0°C unter Luft- und Feuchtigkeitsausschluß beliebig lange stabil, zersetzen sich aber in THF-Lösung nach wenigen Tagen selbst bei –20 °C.

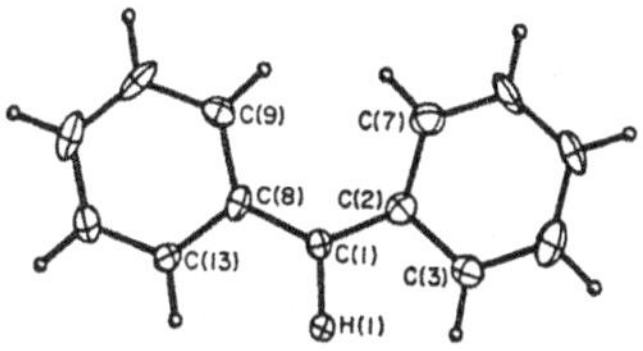

Abb. 1: Röntgenstrukturen freier Carbanionen

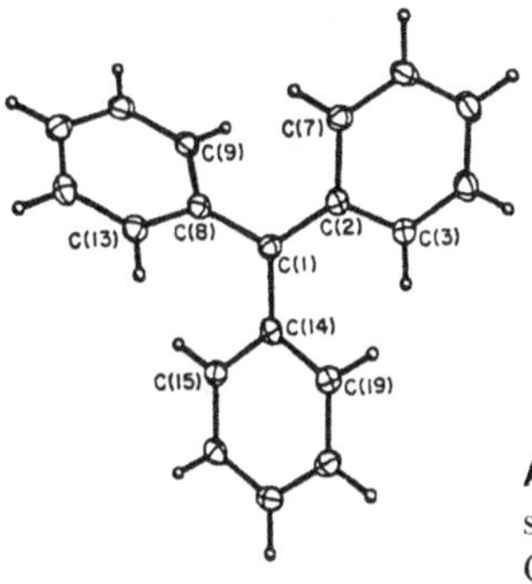

[1] M. M. Olmstead, P. P. Power, *J. Am. Chem. Soc.* **1985**, *107*, 2174 – 2175.

Reaktivste Zwischenstufen
Carbanionen

Ein Kohlenwasserstoff-Salz

Ein **chemisches Kuriosum** ganz besonderer Art gelang der japanischen Arbeitsgruppe von Okamoto,[2] die das **besonders stabile Carbanion 3** (Abb. 2) mit mehreren stabilen Carbeniumionen, darunter dem Tricyclopropylcyclopropenyl **4** (→ Reaktive Zwischenstufen; Carbeniumionen), zu **ausschließlich aus Kohlenstoff und Wasserstoff bestehenden Salzen** kombinieren konnte. Der Salzcharakter dieser Verbindungen wurde durch UV/Vis- und IR-Spektroskopie sowie durch Leitfähigkeitsmessungen in DMSO bestätigt. Die tiefgrünen Feststoffe der Kohlenwasserstoffsalze sind im Dunkeln bei 10 °C über einen Zeitraum von mehr als einem Jahr stabil. Das Salz [**3 · 4**] zeigt in Lösung ein merkwürdiges Verhalten: Wie NMR-spektroskopisch gezeigt werden konnte, knüpft es nach einigen Stunden in $CHCl_3$ bei 20 °C unter Braunfärbung der Lösung zwischen dem Anionen- und dem Kationenteil des Salzes eine kovalente Bindung. Entfernt man das Chloroform *in vacuo* oder kühlt man die Lösung auf –78 °C, so bildet sich quantitativ das grüne Kohlenwasserstoffsalz zurück. Der Kohlenwasserstoff [**3 · 4**] ist damit die einzige bekannte kovalente Verbindung, die nur in $CHCl_3$-Lösung existent ist.

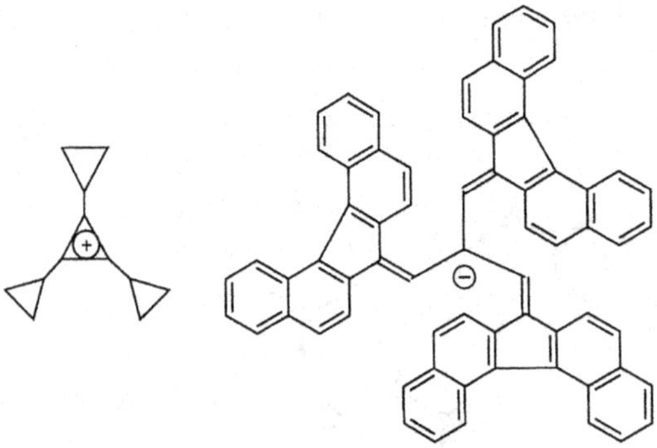

Abb. 2: Anion (und Gegenion) eines stabilen Kohlenwasserstoffsalzes

[2] K. Okamoto, T. Kitagawa, K. Takeuchi, K. Komatsu, T. Kinoshita, S. Aonuma, M. Nagai, A. Miayabo, *J. Org. Chem.* **1990**, *55*, 996 – 1002.

Das höchstgeladene Carbanion

Mit der Entdeckung der Fullerene erreicht auch die Chemie der **Kohlenstoff-Polyanionen** eine neue Dimension. Zu den organischen Molekülen mit den höchsten negativen Ladungen gehört das Hexa-Anion des Fullerens C_{60}. Da C_{60} dreifach entartete, unbesetzte Molekülorbitale niedriger Energie aufweist, läßt es sich recht einfach elektrochemisch zum Hexaanion reduzieren.[3] Auch im Festkörper gelang die Synthese dieses Anions:[4] Durch Reaktion mit elementarem Kalium bildet C_{60} die Verbindung K_6C_{60}, die unter anderem durch Festkörper-NMR-Spektroskopie charakterisiert werden konnte. Die sechs negativen Ladungen werden aber noch übertroffen von dem kürzlich dargestellten **Oktaanion** des aromatischen Kohlenwasserstoffs **4**.[5]

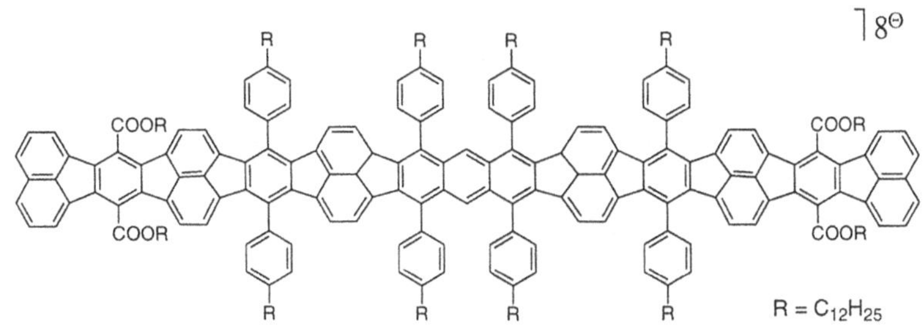

Abb. 3: Rekord: Ein Oktaanion

[3] Q. Xie, E. Pérez-Cordero, L. Echegoyen, *J. Am. Chem. Soc.* **1992**, *114*, 3978 – 3980.
[4] R. Tycko, G. Dabbagh, M. J. Rosseinsky, D. W. Murphy, R. M. Fleming, A. P. Ramirez, J. C. Tully, *Science* **1991**, *253*, 884 – 886.
[5] B. Schlicke, A. D. Schlüter, P. Hauser, J. Heinze, *Angew. Chem.* **1997**, *109*, 2091.

Die stabilsten Carbene

Lange Zeit galt es als Diktum, daß der Kohlenstoff lediglich in seiner tetravalenten Form bei Raumtemperatur stabile Verbindungen bilden kann. Divalente Kohlenstoffverbindungen, sogenannte Carbene, wurden bis vor einigen Jahren zwar als präparativ vielseitig verwendbare, jedoch hochreaktive und direkt nur in der Gasphase oder in Tieftemperaturmatrices nachweisbare Zwischenstufen betrachtet. Dieses Diktum ist seit 1991 durch die Arbeiten von Arduengo et al.[1] ins Wanken geraten. In der vielleicht aufsehenerregendsten Entwicklung der organischen Strukturchemie der letzten Jahre gelang es dieser Arbeitsgruppe, das bei Raumtemperatur stabile, sogar **kristalline Carben 1** (Abb. 1) zu synthetisieren und seine Struktur im Festkörper röntgenographisch zu untersuchen. Das Carben **1** kann unter Luft- und Feuchtigkeitsausschluß beliebig lange gelagert werden. Es läßt sich aus Toluol umkristallisieren, hat einen Schmelzpunkt von 240 – 241 °C und kann aus seiner Schmelze unverändert zurückgewonnen werden!

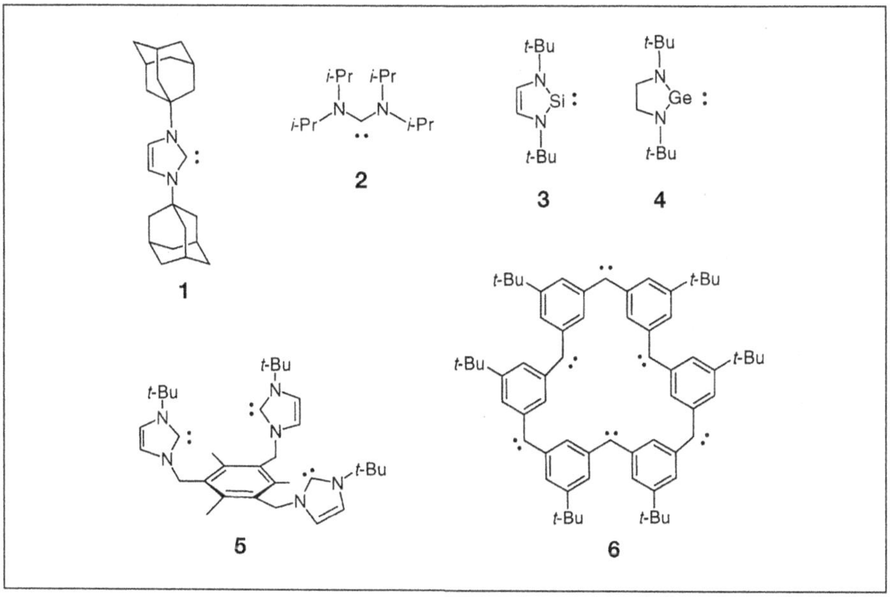

Abb. 1: Stabile Carbene, Silylene und Germylene

[1] A. J. Arduengo III, R. L. Harlow, M. Kline, *J. Am. Chem. Soc.* **1991**, *113*, 361 – 363. A. J. Arduengo III, H. V. Rasika Dias, R. L. Harlow, M. Kline, *J. Am. Chem. Soc.* **1992**, *114*, 5530 – 5534.

Mit dieser Entdeckung wurde die Tür zur Weiterentwicklung der Chemie stabiler Carbene weit aufgestoßen. Mittlerweile sind verschiedene Derivate dieses Carben-Typs synthetisiert worden, und sogar die offenkettige Verbindung **2** erweist sich als stabil.[2] Auch die zu **1** analogen Silylene **3**[3] und Germylene **4**[4] konnten erhalten werden. Die Stabilität der Carbene vom Imidazol-2-yliden-Typ eröffnet auch die Möglichkeit, stabile Mehrfachcarbene durch Kombination mit einem geeigneten Grundgerüst darzustellen. **Rekordhalter in dieser Klasse** ist bislang das Triscarben **5**, das Dias und Jin[5] synthetisieren konnten. Daß jedoch bei diesem Entwicklungsstand noch lange nicht das Ende der Fahnenstange erreicht ist, verdeutlichen die von Iwamura et al.[6] dargestellten Hexacarbene, für die **6** ein Beispiel ist. Als Vertreter der Diarylmethyliden-Carbene ist **6** längst nicht so stabil wie **1**; es wird photolytisch aus Hexadiazo-Vorläufern in festem 2-Methyltetrahydrofuran bei 2 K (-271 °C!) erzeugt und vermessen. Die Benzolkerne scheinen dabei isolierend zu wirken, so daß die sechs Carbenzentren nicht intramolekular miteinander reagieren. Moleküle dieser Art sind von Interesse als potentielle organische Ferromagneten.

[2] R. W. Alder, P. R. Allen, M. Murray, A. G. Orpen, *Angew. Chem.* **1996**, *108*, 1211 – 1213.
[3] M. Denk, R. Lennon, R. Hayashi, R. West, A. V. Belyakov, H. P. Verne, A. Haaland, M. Wagner, N. Metzler, *J. Am. Chem. Soc.* **1994**, *116*, 2691 – 2692.
[4] W. A. Herrmann, M. Denk, J. Behm, W. Scherer, F.-R. Klingan, H. Bock, B. Solouki, M. Wagner, *Angew. Chem.* **1992**, *104*, 1489 – 1492.
[5] H. V. R. Dias, W. Jin, *Tetrahedron Lett.* **1994**, *35*, 1365 – 1366.
[6] K. Matsuda, N. Nakamura, K. Takahashi, K. Inoue, N. Koga, H. Iwamura, *J. Am. Chem. Soc.* **1995**, *117*, 5550 – 5560.

Die ersten Carbeniumionen

Carbeniumionen gehören neben den Carbanionen, den Carbenen und den Radikalen zu den wichtigsten reaktiven Zwischenstufen in der Organischen Chemie. Ihre Geschichte geht zurück bis an den Anfang dieses Jahrhunderts, als Norris[1] und Kehrmann[2] 1901 unabhängig voneinander die gelbe Farbe des in Schwefelsäure gelösten Triphenylmethanols **1** (Abb. 1) bemerkten. Adolf von Baeyer[3] (→ Nobelpreise/→ Energie im Molekül; Spannung) erkannte im Jahr darauf erstmals, daß es sich bei der so hergestellten Verbindung **2** um ein Salz handeln mußte, dessen Kation wir heute als Carbeniumion bezeichnen. Hans Meerwein schließlich postulierte 1922 Carbeniumionen als reaktive Zwischenstufen bei der Umwandlung von 2-Chlor-2,3,3-trimethyl-bicyclo[2.2.1]heptan („Camphenhydrochlorid") **3** in 2-Chlor-1,7,7-trimethyl-bicyclo[2.2.1]heptan („Isobornylchlorid") **4** (Abb. 2)[4] und schuf damit die Grundlage für die Untersuchung der auch nach ihm benannten Wagner-Meerwein-Umlagerungen. Von diesen Anfängen haben sich die Carbokationen zu zentralen Motiven der Organischen Chemie entwickelt. Mehrere Standardwerke[5] sind dieser Thematik gewidmet, und G. A. Olah, einer der Begründer der modernen Carbokationen-Chemie, wurde für seine Entdeckung, daß Carbokationen in Lösung stabil sein und spektroskopisch untersucht werden können, 1994 mit der Verleihung des Nobelpreises gewürdigt (→ Nobelpreise).

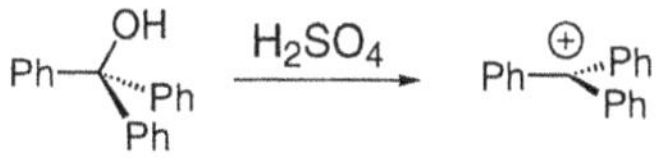

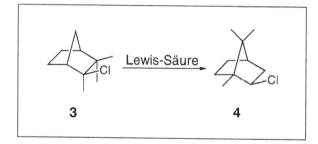

Abb. 1: Reaktion von Triphenylmethanol in Schwefelsäure

Abb. 2: Umwandlung von Camphenhydrochlorid in Isobornylchlorid

[1] J. F. Norris, *J. Am. Chem. Soc.* **1901**, *25*, 117.
[2] F. Kehrmann, F. Wentzel, *Ber. Dt. Chem. Ges.* **1901**, *34*, 3815 – 3819.
[3] A. Baeyer, V. Villiger, *Ber. Dt. Chem. Ges.* **1902**, *35*, 1189 – 1201.
[4] H. Meerwein, K. van Emster, *Chem. Ber.* **1922**, *55*, 2500 – 2528.
[5] Eine Auswahl: G. A. Olah, P. v. R. Schleyer, *Carbonium Ions*, Vols. 1 – 5, Wiley, New York, **1968 – 1976**. P. Vogel, *Carbocation Chemistry*, Elsevier, Amsterdam, **1985**. M. Hanack (Hrsg.), *Houben-Weyl: Methoden der Organischen Chemie*, Vol. 19c, Thieme, Stuttgart, **1990**.

Die stabilsten Carbeniumionen

Als Maß für die Stabilität langlebiger Carbokationen hat sich der pK_{R+}-Wert[6] eingebürgert, der über das Gleichgewicht der Reaktion von Carbeniumionen mit Wasser wie folgt definiert ist:

$$R^+ + H_2O \rightleftharpoons ROH + H^+$$

$$pK_{R+} = \log \frac{[R^+]}{[ROH]} + H_R$$

H_R ist dabei die Säurefunktion des Reaktionsmediums ($\rightarrow$ Atome und Moleküle, Säuren und Basen); in verdünnter wäßriger Lösung beispielsweise entspricht sie dem pH-Wert. Aus dieser Definition ergibt sich, daß Carbokationen um so stabiler sind, je größer ihr pK_{R+}-Wert ist. In Tabelle 1 sind einige pK_{R+}-Werte aufgelistet. Die große Stabilität des Triphenylmethyl-Kations, dessen Struktur im Festkörper seines Perchloratsalzes sogar röntgenographisch untersucht werden konnte,[7] ist auf die Delokalisierung der positiven Ladung durch die benachbarten aromatischen π-Systeme zurückzuführen. Es verwundert daher nicht, daß die Einführung elektronenspendender Substituenten in die para-Positionen der Phenylringe die Stabilität der Carbeniumionen noch weiter erhöht. So erreicht man durch die sequentielle Einführung von Methoxygruppen eine Erhöhung des pK_{R+}-Wertes von –6.63 in 2 (Abb. 1) bis auf +0.82 im Trimethoxyderivat. Ein noch stabileres Triarylmethyl-Kation ist die dreifach Dimethylamino-substituierte Verbindung mit einem pK_{R+}-Wert von +9.36.

Tabelle 1: pK_{R+}-Werte ausgewählter Carbeniumionen.[a]

Carbeniumionen	pK_{R+}-Werte
Triphenylmethyl 2	– 6.63
4-Methoxytriphenylmethyl	– 3.40
4,4'-Dimethoxytriphenylmethyl	– 1.24
4,4',4''-Trimethoxytriphenylmethyl	+ 0.82
4,4',4''-Tris(dimethylamino)triphenylmethyl	+ 9.36

[a] Entnommen aus: F. A. Carey, R. J. Sundberg, *Organische Chemie*, VCH, Weinheim, 1996.

Noch größere pK_{R+}-Werte lassen sich bei Carbeniumionen erzielen, in denen das Kation integraler Bestandteil eines aromatischen Systems im Sinne der Hückel-Regel ist. Dies ist zum Beispiel im kleinsten Aromaten, dem Cyclopropenyl-Kation mit zwei π-Elektronen, sowie im Cycloheptatrienyl-Kation mit sechs π-Elektronen der Fall. Die **Stabilitäts-Spitzenreiter** (Abb. 3) der Carbokationen sind Derivate dieser Grundkörper, nämlich das Tricyclopropylcyclo-

[6] F. A. Carey, R. J. Sundberg, *Organische Chemie*, VCH, Weinheim, **1996**, S. 260 – 273.
[7] A. H. Gomes de Mesquita, C. H. MacGillavry, K. Eriks, *Acta Crystallogr.* **1965**, *18*, 437 – 443.

propenyl **5**[8,9] und das von drei Bicyclen anellierte Tropylium-Ion **6**[10] mit pK_{R^+}-Werten von 10.0 bzw. 13.0. Einen Eindruck von der großen Stabilität dieser Carbeniumionen vermitteln die physikalischen Eigenschaften von **5**:[8] Sein Tetrafluoroborat ist ein luftstabiler, weißer Feststoff, der gut in Wasser löslich ist. Dieses Salz hat einen Schmelzpunkt von 141 – 142 °C und kann nach einer Stunde bei 150 °C unzersetzt aus seiner Schmelze zurückgewonnen werden.

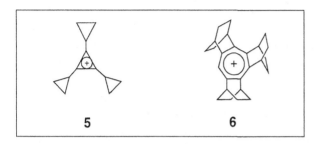

Abb. 3: Besonders stabile Carbeniumionen

Alkylsubstituierte Carbeniumionen sind sehr viel weniger stabil als die bislang diskutierten arylsubstituierten Kationen. Das Methylkation zum Beispiel konnte bis heute nicht in Lösung nachgewiesen werden.[11] Das große Verdienst von George Olah war es, Alkylcarbeniumionen im ionisierenden, nichtnucleophilen Medium der Supersäuren (→ Atome und Moleküle; Säuren und Basen) erzeugen und spektroskopisch untersuchen zu können. Der Durchbruch gelang mit der NMR-spektroskopischen Charakterisierung des *tert*-Butylkations **7** (Abb. 4).[12] Ein weiterer Meilenstein auf diesem Gebiet war die **erste Kristallstrukturanalyse eines alkylsubstituierten Carbokations**, des nach der Methode von Olah dargestellten 3,5,7-Trimethyladamantan-1-yl **8**.[13] Doch

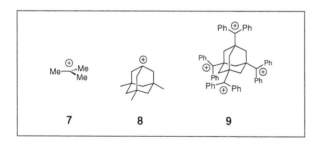

Abb. 4: Alkylsubstituierte Carbeniumionen

[8] K. Komatsu, I. Tomioka, K. Okamoto, *Tetrahedron Lett.* **1980**, *21*, 947 – 950.
[9] R. A. Moss, R. C. Munjal, *Tetrahedron Lett.* **1980**, *21*, 1221 – 1222.
[10] K. Komatsu, H. Akamatsu, Y. Jinbu, K. Okamoto, *J. Am. Chem. Soc.* **1988**, *110*, 633 – 634.
[11] Siehe: G. A. Olah, D. J. Donovan, H. C. Lin, *J. Am. Chem. Soc.* **1976**, *98*, 2661 – 2663.
[12] G. A. Olah, W. S. Tolgyesi, S. J. Kuhn, M. E. Moffatt, I. J. Bastien, E. B. Baker, *J. Am. Chem. Soc.* **1963**, *85*, 1328 – 1334.
[13] T. Laube, *Angew. Chem.* **1986**, *98*, 368 – 369.

auch auf dieser Stufe ist der Fortschritt nicht stehengeblieben, und so berichteten Olah et al.[14] kürzlich von **9, dem ersten stabilen Tetrakation**. Verbindung **9** ist im Temperaturbereich von –80 – –40 °C in mit Fluorsulfonsäure versetzer SO_2ClF-Lösung stabil und zersetzt sich erst allmählich bei höheren Temperaturen.

Auch die langjährige Suche nach den freien Kationen der höheren Homologen des Kohlenstoffs, der Silyl- und Germanyl-Kationen ist vor kurzem erfolgreich gewesen (Abb. 5). Nach über zehn Jahren des Experimentierens gelang es Lambert und Zhao,[15] die große Elektrophilie, die bisher die Isolierung eines freien Silyl-Kations verhindert hatte, zu überwinden. Sie konnten das Trimesitylsilyl-Ion **10** mit Tetrakis(pentafluorphenyl)borat als Gegenion synthetisieren und NMR-spektroskopisch charakterisieren. **10** ist in Lösung bei Raumtemperatur über mehrere Woche stabil. Fast zeitgleich berichteten Sekiguchi et al.[16] über das erste freie Germylen-Kation **11**, das aus der Umsetzung eines Cyclotrigermens mit dem Triphenylmethyl-Kation **2** erhalten werden konnte. Die dem Cyclopropenyl-Kation analoge Verbindung ist ein luft- und feuchtigkeitsempfindlicher, kristalliner Festkörper, dessen Kristallstruktur röntgenographisch bestimmt werden konnte.

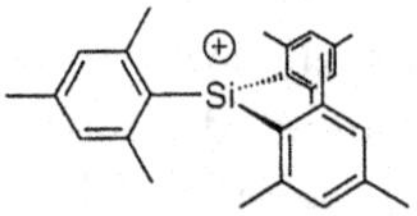

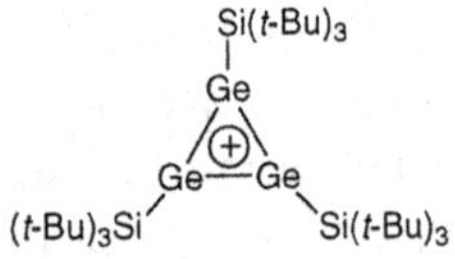

Abb. 5: Silyl- und Germanyl-Kationen

[14] N. J. Head, G. K. S. Prakash, A. Bashir-Hashemi, G. A. Olah, *J. Am. Chem. Soc.* **1995**, *117*, 12005 – 12006.
[15] J. B. Lambert, Y. Zhao, *Angew. Chem.* **1997**, *109*, 389 – 391.
[16] A. Sekiguchi, M. Tsukamoto, M. Ichinohe, *Science* **1997**, *275*, 60 – 61.

Rekordverdächtige Radikale

Als Radikale im chemischen Sinne bezeichnet man Atome, Moleküle oder Ionen mit einem oder mehreren ungepaarten Elektronen. Man assoziiert mit diesem Begriff automatisch hohe Reaktivität, und in der Tat zählen viele Radikale zu den instabilen reaktiven Zwischenstufen. Es gibt aber auch eine ganze Reihe verhältnismäßig stabiler (persistenter) Radikale. Die Relevanz solcher Radikale für unser Leben ist kaum zu überschätzen: Ohne sie wäre die Kunst- und Kulturgeschichte sehr viel ärmer, Sex wäre sehr viel schwieriger, und man kann ohne Übertreibung sagen, daß das Leben, so wie wir es kennen, ganz und gar unmöglich wäre. Ein **natürliches stabiles Radikal**, genauer: ein Diradikal, ist O_2; ohne den Sauerstoff der Luft könnten wir nicht leben. Ein weiteres solches Radikal ist **NO**. Die schädliche Wirkung von NO bei der Smogbildung ist allseits bekannt. Daher wird es aus Autoabgasen, der Hauptquelle für NO in der Troposphäre, mit Hilfe moderner Abgaskatalysatoren entfernt. Völlig überraschend kam die Erkenntnis, daß NO ein äußerst wichtiges Biomolekül ist: Es ist ein cytotoxisches Agens von Makrophagen, hat Neurotransmitterfunktion und ist blutdruckregelnd.[1] NO ist als physiologischer Vermittler für die männliche Erektion von großer Wichtigkeit.[2] Nach heutiger Kenntnis ist NO **der kleinste neutrale Wirkstoff** (→ Arzneimittel; Hitliste) der Welt.[3] Das verblüffende Ergebnis, daß sich NO binnen weniger Jahre vom „Umweltgift" zu einem Biomolekül mit einer phantastisch anmutenden Vielfalt von Funktionen gemausert hat, veranlaßte die angesehene Zeitschrift *Science* dazu, dieses Radikal zum „Molekül des Jahres 1992" zu küren (→ Sensorik; Signalstoffe).

Der blaue Edelstein Lapislazuli, der seit über fünftausend Jahren als Schmuckstein verwendet wird, verdankt seine Farbe dem Radikalanion S_3^-.[4] Aus Lapislazuli wurde spätestens seit dem siebten Jahrhundert das Farbpigment Ultramarinblau hergestellt (→ Farbstoffe), das sich durch unübertroffene Lichtechtheit auszeichnet und daher trotz des hohen Preises von Malern aller Jahrhunderte benutzt wurde. Die ältesten deutschen Fresken, für die Ultramarin verwendet wurde, finden sich in einer um 1130 von Bischof Sigwardus von Minden erbauten Kirche in Idensen am Steinhuder Meer. Neben diesen **stabilen anorganischen Radikalen** gibt es inzwischen auch eine ganze Palette organischer.[5] Einige sind sogar käuflich (Abb. 1), z. B. Tetramethylpiperidin-*N*-oxid **1** (TMPO) und 2,2-Diphenyl-1-pikrylhydrazyl **2** (DPPH). Persistente organische Radikale gibt es sogar in lebenden Organismen! Das aktive Zentrum im R2-Protein der Ribonucleotid-Reduktase des Bakteriums *Escherichia coli*, dessen Struktur röntgenographisch aufgeklärt wurde,[6] enthält ein stabiles Tyrosyl-Radikal (Abb. 2).[7]

[1] Siehe z. B. E. Culotta, D. E. Koshland, Jr., *Science* **1992**, *258*, 1862. H.-J. Galla, *Angew. Chem.* **1993**, *105*, 399.
[2] A. L. Burnett, C. J. Lowenstein, D. S. Bredt, T. S. K. Chang, S. H. Snyder, *Science* **1992**, *257*, 401.
[3] R. Henning, *Nachr. Chem. Tech. Lab.* **1993**, *41*, 412.
[4] F. Seel, G. Schäfer, H.-J. Güttler, G. Simon, *Chem. Unserer Zeit* **1974**, *8*, 65.
[5] Siehe z. B. M. Ballester, J. Riera, J. Castañer, C. Badía, J. M. Monsó, *J. Am. Chem. Soc.* **1971**, *93*, 2215.
[6] P. Nordlund, B.-M. Sjöberg, H. Eklund, *Nature (London)* **1990**, *345*, 593.
[7] Siehe z. B. M. Fontecave, P. Nordlund, H. Eklund, P. Reichard, *Adv. Enzymol. Relat. Areas Mol. Biol.* **1992**, *65*, 147.

Reaktivste Zwischenstufen
Radikale

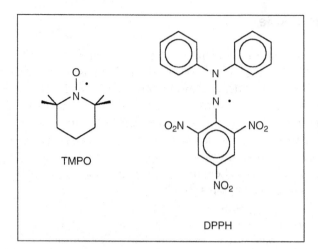

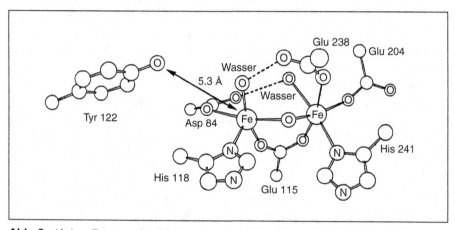

Abb. 2: Aktives Zentrum im R2-Protein mit stabilem Tyrosyl-Radikal (Tyr 122)

Der Weltenergieverbrauch

Die stetig wachsende Weltbevölkerung benötigt immer mehr Energie. Betrug der **Weltenergieverbrauch** 1970 noch 206.7 Quadrillionen (10^{15}) Btu (British thermal units), so wuchs er bis 1990 mit einer jährlichen Rate von 2.6 % auf 345.6 Quadrillionen Btu. Ein Ende dieses Prozesses ist nicht absehbar. Allerdings wird sich die **Wachstumsrate** Schätzungen zufolge im Zeitraum 1990 – 2010 infolge Nutzung energieeffizienter Technologien auf 1.6 % p. a. erniedrigen, was zu einem Weltenergieverbrauch von knapp 472 Quadrillionen Btu in 2010 führen soll.

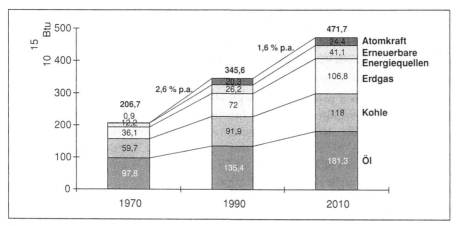

Abb. 1: Weltenergieverbrauch nach Energieträgern[1]

An der **Rangfolge der Energieträger** dürfte sich im betrachteten Zeitraum nichts ändern. Wichtigste Energiequelle ist und bleibt für absehbare Zeit das Öl (Abb. 1). Dessen relative Bedeutung hat zwar 1970 – 1990 deutlich abgenommen, dürfte sich aber aufgrund der raschen Expansion des Transportwesens in den Entwicklungsländern auf dem erreichten Niveau bis 2010 stabilisieren. Deutlich zulegen kann hingegen das als umweltfreundlicher geltende Erdgas. Mit jährlichen Wachstumsraten von 3.5 % (1970 – 1990) bzw. 2.0 % p. a. (1990 – 2010) wird es bis zum Jahr 2010 eine annähernd so große Bedeutung wie die Kohle erreichen (Abb. 2).

Mit deutlichem Abstand folgen auf Platz 4 die erneuerbaren Energiequellen, denen man allerdings für die Zukunft das größte jährliche Wachstum voraussagt. Das Gegenteil trifft auf das Schlußlicht, die Atomkraft, zu. Dem kometenhaften Aufstieg bis 1990 sollen hier weit ruhigere Zeiten folgen.

---

[1] Daten von: Energy Information Administration (EIA).

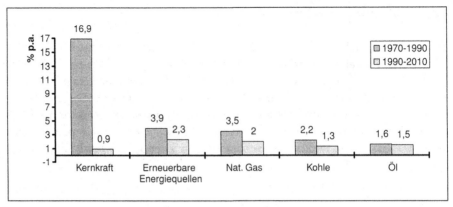

Abb. 2: Wachstumsraten der Energieträger[2]

Weltweite Reserven fossiler Energieträger

Mit einem Anteil von etwas mehr als 49 % stellt die Kohle den Löwenanteil an den weltweit erfaßten Reserven (nachgewiesene bzw. wahrscheinliche, mit heutiger Technik wirtschaftlich gewinnbare Mengen) nicht erneuerbarer Energierohstoffe, die sich derzeit auf ca. 1200 Mrd Tonnen Steinkohleeinheiten belaufen (1 t SKE = 0.67 t Öl = 850 Nm^3 Erdgas). Deutlich abgeschlagen folgen konventionelles Erdöl und Erdgas.

Unterstellt man einen gleichbleibenden weltweiten Primärenergieverbrauch, so hat die Kohle noch eine Reichweite von 185 Jahren. Das für die Chemie so wichtige Erdöl würde der Menschheit ebenso wie das in den letzten Jahren für die Energieversorgung wichtiger gewordene Erdgas allerdings nur noch eine deutlich kürzere Zeitspanne zur Verfügung stehen. Dennoch kann man davon ausgehen, daß wir auch in 44 Jahren noch auf Erdöl zugreifen können. Ein Teil der Erdöl-Ressourcen, die man Anfang 1997 auf 81 Mrd Tonnen schätzte, dürfte nämlich in Zukunft in die Kategorie der Reserven wechseln. Unter Ressourcen versteht man bei Erdöl/Erdgas (die Definition weist für verschiedene Energieträger leichte Unterschiede auf) nachgewiesene, aber technisch und/oder wirtschaftlich nur Zeit nicht gewinnbare Mengen, sowie Erdgas/Erdöl aus noch nicht nachgewiesenen, geologisch aber möglichen Lagerstätten.

Weiterhin kann man davon ausgehen, daß in Zukunft vermehrt energiesparende Techniken zum Einsatz kommen werden. Inwieweit der sich dadurch erzielbare Einspareffekt durch den Energiehunger der nach wie vor wachsenden Menschheit kompensiert wird, ist schwer abzuschätzen. Das gilt auch für die möglichen Folgen der zunehmenden CO_2-Emissionen.

---

[2] Daten von: EIA, World Energy Projection System (1995), Reference Case.

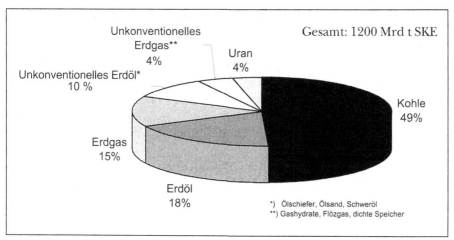

Gesamt: 1200 Mrd t SKE

Unkonventionelles Erdgas** 4%

Uran 4%

Unkonventionelles Erdöl* 10 %

Kohle 49%

Erdgas 15%

Erdöl 18%

*) Ölschiefer, Ölsand, Schweröl
**) Gashydrate, Flözgas, dichte Speicher

Abb. 3: Weltweit erfaßte, gewinnbare Reserven an nicht erneuerbaren Energierohstoffen nach Trägern[3]

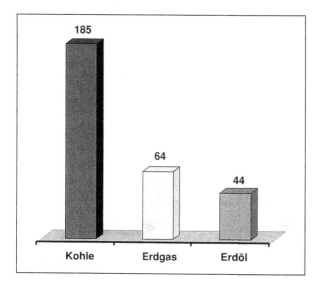

185

64

44

Kohle   Erdgas   Erdöl

Abb. 4: Statistische Reichweite fossiler Energiereserven (in Jahren)[3]

[3] Daten von: W. Stahl, Bundesanstalt für Geowissenschaften und Rohstoffe, Hannover, 1998

Die Bedeutung der OPEC für die Energieversorgung der Welt

Seit 1985 ist die Bedeutung der Organisation erdölexportierender Länder für die Öl- und Gasversorgung der Welt deutlich gestiegen (Abb. 5). Ihr Anteil an der jährlichen Weltförderung erhöhte sich beim Erdöl von 29.7% (818.6 Mio t) in 1985 auf 40.9% (1436.0 Mio t) in 1997 und beim Gas von 8.8% (154 Mrd m^3) auf 13.5% (312 Mrd m^3).

Mit 108 304 Mio t verfügte die OPEC 1997 über 78.2% der bekannten Erdölreserven der Welt.

Beim Erdgas ist die Dominanz der OPEC nicht ganz so stark (Abb. 6). Immerhin verfügt sie aber auch hier mit 312 Mrd m^3 über 42.8% der bekannten Weltreserven.

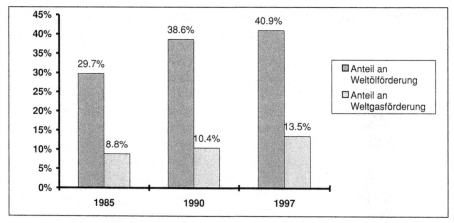

Abb. 5: Anteil der OPEC an der Öl- und Gasförderung der Welt Anteil der OPEC an der Öl- und Gasförderung der Welt[4]

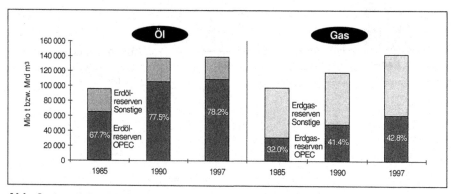

Abb. 6: Anteil der OPEC an den bekannten Weltöl- und Weltgasreserven (in Mio t bzw. Mrd m^3) [4]

[4] Daten von: Esso, Oeldorado 98, Angaben für 1997 sind vorläufig

Primärenergieträger in Deutschland

An der **Rangfolge der Primärenergieträger** wird sich in Deutschland bis zum Jahre 2010 nichts ändern (Abb. 7). Das Mineralöl wird, trotz Rückgang des absoluten Verbrauchs und deutlich wachsender Nachfrage nach Naturgas, seine **führende Position** bis zu diesem Zeitpunkt problemlos verteidigen können. Außer dem Naturgas können lediglich die erneuerbaren Energien mit zunehmender Nachfrage rechnen, was an ihrer Schlußposition allerdings nichts ändern dürfte.

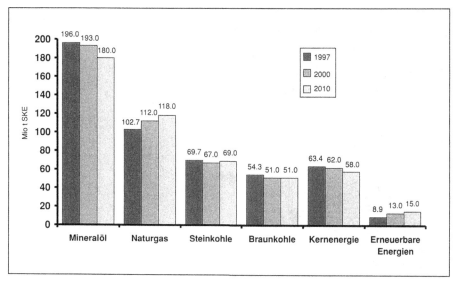

Abb. 7: Primärenergieverbrauch nach Energieträgern in Deutschland (Mio t Steinkohleeinheiten) [5]

Die Länder mit den größten Erdgasreserven

Die Welterdgasreserven erhöhten sich 1997 um 2.9 % auf nunmehr 143 942 Mrd m³, was einem Zuwachs von 45.7 % im Vergleich zu 1985 entspricht (Abb. 8). Die zehn **erdgasreichsten Länder** konnten ihren Anteil an den Reserven in diesem Zeitraum von 77.7 auf 81.5 % steigern (117 311 Mrd m³).

Absolut dominierende Länder waren in 1997 wie auch in 1985 die GUS (UDSSR) und der Iran. Die GUS alleine besaß mit 55 949 Mrd m³ knapp 39 % der gesamten bekannten Erdgasreserven der Welt, der Iran mit 22 923 Mrd m³

[5] Daten von: Esso, Energieprognose 1998

weitere 15.9 %. Katar folgte mit deutlichem Abstand auf Platz drei (8490 Mrd m³).

Bei den anderen Mitgliedern der Top Ten, die vom Irak (2.2 % der Welterdgasreserven) abgeschlossen wird, handelt es sich um Länder aus Nord- und Südamerika, dem Nahen Osten und Afrika. Westeuropa ist ebensowenig vertreten wie Asien.

Mit Ausnahme der USA sind in allen Top Ten Ländern die nachgewiesenen Erdgasreserven von 1985 auf 1997 gestiegen (Abb. 9). Besonders augenfällige Steigerungsraten waren in den Arabischen Emiraten und im Irak zu verzeichnen. Die schwindenden Erdgasreserven der USA, des zweitgrößten Erdgasförderers der Welt, deuten vor dem Hintergrund einer sich zuspitzenden Erdölsituation auf eine zunehmende Abhängigkeit der USA von ausländischen Energiequellen hin, was nicht ohne geopolitische Konsequenzen bleiben dürfte.

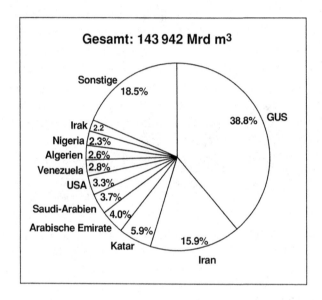

Abb. 8: Erdgasreserven nach Ländern 1997[4]

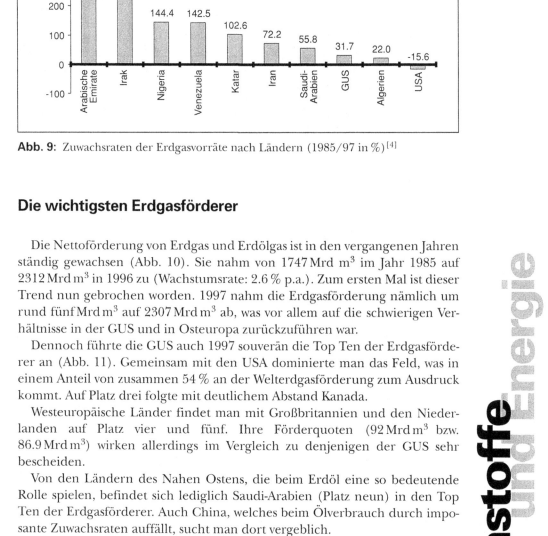

Abb. 9: Zuwachsraten der Erdgasvorräte nach Ländern (1985/97 in %) [4]

Die wichtigsten Erdgasförderer

Die Nettoförderung von Erdgas und Erdölgas ist in den vergangenen Jahren ständig gewachsen (Abb. 10). Sie nahm von 1747 Mrd m^3 im Jahr 1985 auf 2312 Mrd m^3 in 1996 zu (Wachstumsrate: 2.6 % p.a.). Zum ersten Mal ist dieser Trend nun gebrochen worden. 1997 nahm die Erdgasförderung nämlich um rund fünf Mrd m^3 auf 2307 Mrd m^3 ab, was vor allem auf die schwierigen Verhältnisse in der GUS und in Osteuropa zurückzuführen war.

Dennoch führte die GUS auch 1997 souverän die Top Ten der Erdgasförderer an (Abb. 11). Gemeinsam mit den USA dominierte man das Feld, was in einem Anteil von zusammen 54 % an der Welterdgasförderung zum Ausdruck kommt. Auf Platz drei folgte mit deutlichem Abstand Kanada.

Westeuropäische Länder findet man mit Großbritannien und den Niederlanden auf Platz vier und fünf. Ihre Förderquoten (92 Mrd m^3 bzw. 86.9 Mrd m^3) wirken allerdings im Vergleich zu denjenigen der GUS sehr bescheiden.

Von den Ländern des Nahen Ostens, die beim Erdöl eine so bedeutende Rolle spielen, befindet sich lediglich Saudi-Arabien (Platz neun) in den Top Ten der Erdgasförderer. Auch China, welches beim Ölverbrauch durch imposante Zuwachsraten auffällt, sucht man dort vergeblich.

Alle Top Ten Erdgasförderländer, auf die 1997 insgesamt 79.5 % der Weltgasförderung entfielen, haben ihre Förderquoten von 1985 bis 1997 erhöht, die meisten im zweistelligen Prozentbereich. Mit der höchsten Steigerungsrate, nämlich satten 181 %, glänzte das Top Ten Schlußlicht Iran (Abb. 12).

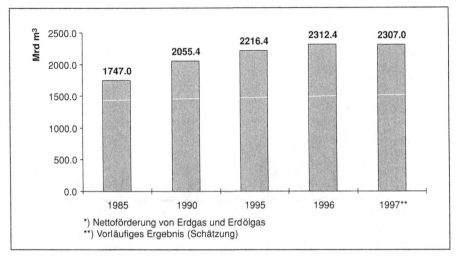

Abb.10: Entwicklung der Erdgasförderung* 1985 – 1997[4]

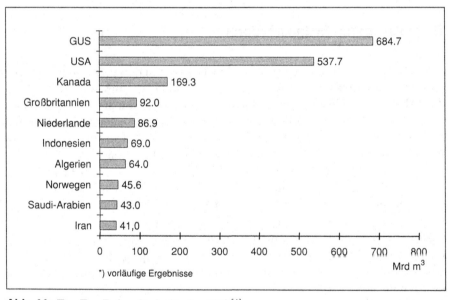

Abb. 11: Top Ten Erdgasförderländer 1997[4]

282

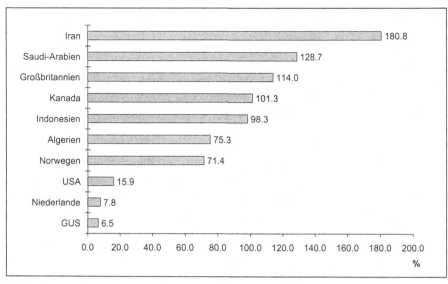

Abb.12: Steigerung der Erdgasförderung 1985 – 1997[4]

Welt-Erdölreserven auf Rekordniveau

Nach einem sprunghaften Anstieg in der zweiten Hälfte der 80er Jahre und einem jahrelangen Verharren auf hohem Niveau sind die weltweiten Erdölreserven in den vergangenen drei Jahren wieder leicht angestiegen. Sie erreichten 1997 ein **Rekordniveau** von 138 533 Mio t. Zu diesen sicher bestätigten Erdölreserven zählt man nur Ölvorkommen, die durch Bohrungen bestätigt sowie mit heutiger Technik und bei heutigen Ölpreisen wirtschaftlich förderbar sind.

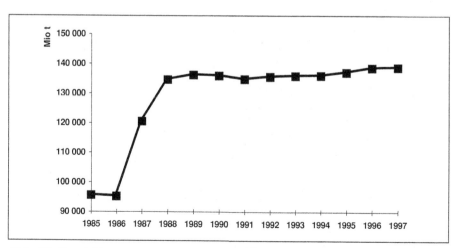

Abb. 13: Entwicklung der Welt-Erdölreserven[4]

Die ölreichsten Länder der Welt

Der Anteil, den die zehn ölreichsten Länder an den bestätigten Welterdöl-
reserven (→ Rohstoffe und Energie) innehatten, ist im Zeitraum von 1985 bis
1997 von 80 % auf 86.2 % (119 410 Mio t) angewachsen.

Dies ist vor allem auf ein starkes Wachstum der Ölreserven in den Ländern
des Nahen Ostens zurückzuführen. Diese sind erwartungsgemäß auf den
ersten fünf Plätzen der Top Ten zu finden (Abb. 14). Saudi-Arabien, welches
1997 25.5 % der gesamten bekannten Ölreserven sein eigen nannte und zudem
der größte **Ölförderer** war, führte diese Gruppe mit deutlichem Vorsprung vor
dem Irak an. Kuwait, die Arabischen Emirate und der Iran, jeweils mit Reserven in vergleichbarer Größenordnung, vervollständigten die Führungsgruppe.
Venezuela und Mexiko, die zu den Top Ten Ölförderern gehörten, fanden sich
auch bei den zehn ölreichsten Ländern wieder (Platz sechs bzw. acht). Dies
trifft auch auf China und die GUS zu, den drittbedeutendsten Erdölförderer
der Welt. Die GUS und Mexiko sind die einzigen Länder der Top Ten, deren
bekannte Erdölreserven von 1985 bis 1997 geschrumpft sind (Abb. 15). Den
bei weitem bedeutendsten Erdölverbraucher und den zweitbedeutendsten
Erdölförderer der Welt – die USA – findet man im übrigen nicht unter den
zehn wichtigsten Ölreserveländern der Welt. Seit einigen Jahren müssen die
USA mit steigender Tendenz mehr Öl importieren als sie fördern.

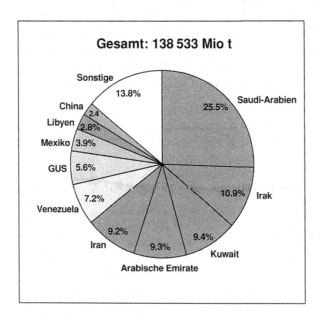

Abb. 14: Bestätigte
Erdölreserven nach Län-
dern 1997[4]

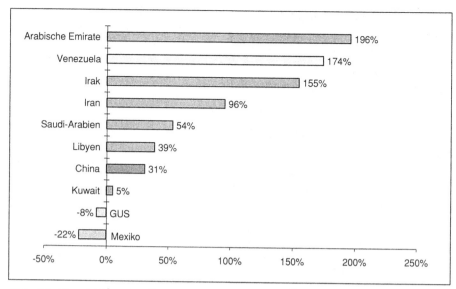

Abb. 15: Entwicklung der Ölreserven der wichtigsten Ölländer 1985 – 1997[4]

Die größten Ölförderer

1997 förderten die zehn bedeutendsten Ölförderländer 2251.8 Mio t Öl, was ca. 64.2 % der Weltölförderung (3508.8 Mio t) darstellte (Abb. 16). Mehr als die Hälfte der Top Ten Fördermenge entfiel auf das mit deutlichem Abstand führende Trio Saudi-Arabien, USA und GUS.

Reizvoll ist ein Vergleich der Rangfolge der Erdölförderländer in 1997 mit derjenigen des Jahres 1985 (Abb. 17). Im Gegensatz zur Rangfolge der Verbraucher spiegeln sich hier geradezu dramatische Veränderungen in der Spitzengruppe wider. Der Spitzenreiter von 1985, die damalige Sowjetunion (595 Mio t), hatte einen Produktionseinbruch auf 357.7 Mio t zu verkraften und fand sich 1997 als GUS nur noch auf Platz drei wieder. Kann man diesen Rückgang vor dem Hintergrund der politischen und wirtschaftlichen Veränderungen in diesem Land noch verstehen, so überrascht doch der in derselben Periode eingetretene Produktionsrückgang in den USA von 491.3 auf 398.1 Mio t (Platz zwei in 1997). Bei zunehmendem Ölverbrauch und abnehmender eigener Förderung ist die Abhängigkeit der USA von Ölimporten von 1985 bis 1997 weiter gestiegen. Im selben Zeitraum hat das für die Ölversorgung des Westens sehr bedeutende Saudi-Arabien seine Produktion von 158.2 Mio t auf 415.9 Mio t gesteigert und ist damit zum **bedeutendsten Ölförderer der Welt** aufgestiegen.

Europäische Länder finden wir mit Norwegen (160.8 Mio t) und Großbritannien (122.3 Mio t) auf Platz sieben bzw. zehn. Die norwegische Produktion war immerhin so groß wie diejenige Chinas, einem Land, das hinsichtlich seines Ölverbrauchs durch hohe Wachstumsraten auffällt. Die Steigerung der

Rohstoffe und Energie

285

Ölförderung konnte damit allerdings bei weitem nicht mithalten. Die geförderte Menge übertraf den Verbrauch im Jahr 1997 nur noch um 19.3 Mio t bzw. 13.8 %. 1985 betrug diese Differenz noch 47.7 Mio t bzw. 61.9 %.

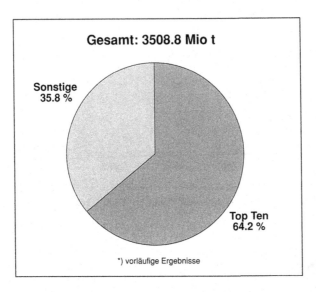

Abb. 16: Erdölförderung 1997[4]

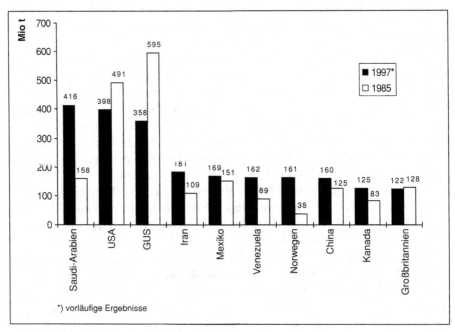

Abb. 17: Top Ten der Erdölförderer 1997[4]

Die bedeutendsten Ölverbraucher

Im Jahr 1997 entfielen 61.8 % des Welterdölverbrauchs auf die zehn **größten Verbraucherländer** (Abb. 18). Deren prozentualer Anteil am Gesamtverbrauch der Welt ist im Vergleich zum Jahr 1985 zwar von 66.2 % auf 61.8 % gefallen, der Verbrauch in Tonnen betrachtet aber deutlich gestiegen (von 1846 Mio t auf 2059 Mio t).

Außer der GUS, deren Verbrauch infolge des wirtschaftlichen Niedergangs von 397.9 Mio t im Jahr 1985 auf 220.3 Mio t in 1997 zurückgegangen ist, haben alle anderen Top Ten Länder ihren Ölverbrauch seit 1985 gesteigert.

Die Rangfolge der **bedeutendsten Ölverbraucher** wurde wie 1985 von den USA als dem bei weitem größten Ölnachfrager der Welt angeführt (Abb. 19). Mit 835 Mio t benötigten die US-Amerikaner 25.1 % des von der ganzen Welt in 1997 verbrauchten Erdöls. Ihr „Öldurst" hat seit 1985 um 15 % zugenommen.

Bedeutend **höhere Steigerungsraten** wiesen allerdings erwartungsgemäß die sich rasch entwickelnden Staaten Korea (246 %) und China (82 %) auf (Abb. 20). So hat die VR China in den letzten Jahren die europäischen Staaten nach und nach überholt und sich 1996 vor Deutschland auf Platz vier der Ölverbraucherländer gehoben. Bei weiterem wirtschaftlichem Wachstum wird sich die VR China zu einem bedeutenden Nachfragen-Land entwickeln.

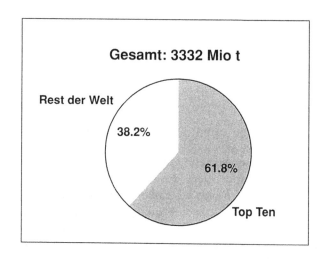

Abb. 18: Anteil der Top Ten am Weltölverbrauch 1997[4]

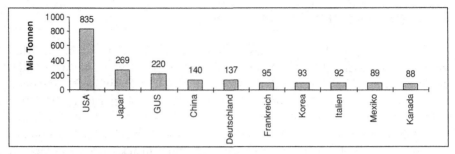

Abb. 19: Die größten Ölverbraucher 1997[4]

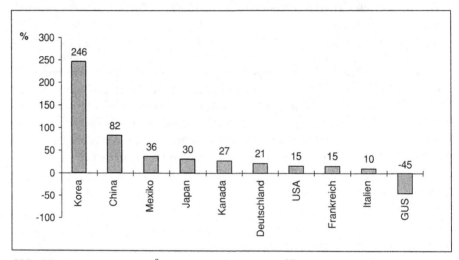

Abb. 20: Veränderung des Ölverbrauchs 1985 – 1997[4]

Erdöl als Rohstoff

Die Produktstammbäume der Chemie lassen sich auf ca. 300 Grundchemikalien zurückführen, bei denen es sich oft um Moleküle handelt, die sich vor allem aus Erdöl und Erdgas ökonomisch vorteilhaft gewinnen lassen.

So machten 1991 diese beiden Rohstoffe 90 % des Gesamtrohstoffeinsatzes der deutschen chemischen Industrie aus, wobei das **Erdöl eine dominierende Rolle spielte** (Abb. 21). An der herausragenden Funktion dieses Rohstoffes wird sich auch in Zukunft nichts ändern.[5]

Interessanterweise entfallen allerdings nur 6 – 7 % des jährlichen Weltölverbrauchs auf die stoffliche Verwertung, im wesentlichen Chemieprodukte. Über 93 % werden zur Energiegewinnung direkt in Kraftwerken, Öfen und Motoren verbrannt. Aus langfristiger Perspektive und vom Standpunkt der Chemie paßt diese Relation wenig in das Konzept des Sustainable Development.

[5] Daten von: Verband der Chemischen Industrie (VCI)

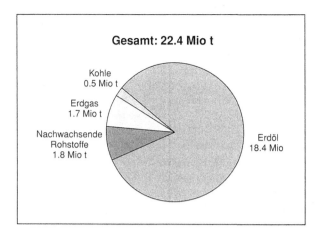

Abb. 21: Rohstoffe für die deutsche chemische Industrie 1991

Gesamt: 22.4 Mio t

Kohle
0.5 Mio t

Erdgas
1.7 Mio t

Nachwachsende
Rohstoffe
1.8 Mio t

Erdöl
18.4 Mio

Nachwachsende Rohstoffe

Unter nachwachsenden Rohstoffen versteht man land- und forstwirtschaftlich erzeugte Rohstoffe, die außerhalb des Nahrungsbereichs verwendet werden. Man kann sie zur Energiegewinnung nutzen oder auch stofflich verwerten.

Seit den beiden Ölkrisen in den 70er Jahren hat der seit Anfang des Jahrhunderts ständig abnehmende Einsatz nachwachsender Rohstoffe in der Chemie in Deutschland wieder deutlich zugenommen. Er wuchs von knapp 1 Mio t auf 1.75 Mio t in 1991, was 8 % der Gesamtrohstoffmenge der chemischen Industrie entspricht. Von besonderer Bedeutung sind dabei Öle und Fette. Aus ihnen werden vor allem Tenside und Weichspüler hergestellt.

Stärke wird überwiegend im Klebstoffsektor, für Hilfsmittel zur Papierherstellung sowie als C-Quelle für biotechnologische Prozesse verwendet.

Für den letztgenannten Zweck wird auch Zucker eingesetzt. Dieser ist außerdem ein Baustein für Vitamine und Polyurethane.

In der Rubrik „Sonstige" findet man unter anderem das Kolophonium, ein Kiefernharz, das Musikliebhabern gut bekannt sein dürfte. Geiger benutzen es nämlich zum Präparieren ihres Violinbogens. Wirtschaftlich bedeutsamer ist seine Verwendung für die Herstellung von Druckfarbenharzen, Lacken und Klebstoffen. Insgesamt schätzt man die Weltjahresproduktion von Baumharzen (Kolophonium und Tallharze) auf ca. 900 000 t. (Ernst F. Schwenck, Wiesbaden, private Mitteilung).

Der Verbrauch nachwachsender Rohstoffe in der Chemie ist in den vergangenen Jahren nicht mehr deutlich gestiegen, da die technisch und preislich attraktiven Einsatzmöglichkeiten schon weitgehend realisiert sind. Attraktiv sind sie vor allem in den Fällen, wo Synthesevorleistungen der Natur effizient genutzt werden können, d. h. bei Stoffumwandlungen unter Beibehaltung von natürlichen Strukturelementen, die synthetisch nur schwer herzustellen sind.

Rohstoffe und Energie

In dieser Hinsicht stellen nachwachsende Rohstoffe eine interessante und zukunftsträchtige Ergänzung der petrochemischen Rohstoffbasis dar.

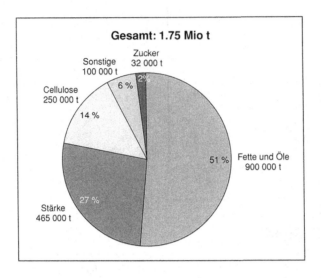

Abb. 22: Einsatz nachwachsender Rohstoffe in der Chemie (Deutschland 1991) [6]

Alkylpolyglycoside – Die einzige Tensidklasse aus Zucker und Pflanzenöl, die großtechnisch hergestellt wird

Weltweit wurden 1995 rund 43 Millionen Tonnen Wasch-, Reinigungs- und Körperpflegeprodukte verbraucht. Wichtigste Bestandteile dieser Produkte sind Tenside. **Das am längsten bekannte Tensid**, die Seife, wurde Anfang unseres Jahrhunderts mit der Einführung maschineller Waschmethoden durch leistungsfähigere Tenside ergänzt, wie beispielsweise Fettalkoholsulfate und Fettalkoholpolyethylenglykolether. Mit einem hydrophilen Kopf und einem hydrophobem Kohlenwasserstoffrest vermitteln Tensidmoleküle zwischen Wasser und wasserunlöslichen Stoffen. Durch Anlagerung an Grenzflächen, die Wasser zu Luft oder zu Öl bildet, erniedrigen sie dessen Oberflächenspannung. Als Komponente von Seifen und Waschmitteln stellen sie auf diese Weise den Kontakt zum verschmutzten Material her (Abb. 23).

Nachwachsende Rohstoffe wie natürliche Fette und Öle dienen neben petrochemischen als Basis für den hydrophoben Kohlenwasserstoff-Schwanz. Durch die Verbindung von Fettalkoholen aus Kokosöl oder Palmkernöl mit Glucose aus Mais-Stärke als hydrophilem Kopf zu Alkylpolyglycosiden (APG) gelang vor kurzem erstmals die großtechnische Herstellung einer Tensidklasse ausschließlich auf Basis nachwachsender Rohstoffe. [7]

[6] Daten von: Verband der Chemischen Industrie (VCI)

[7] *Alkyl Polyglycosides – Technology, Properties and Applications* (Ed. K. Hill, W. von Rybinski, G. Stoll), VCH Weinheim, **1997**.

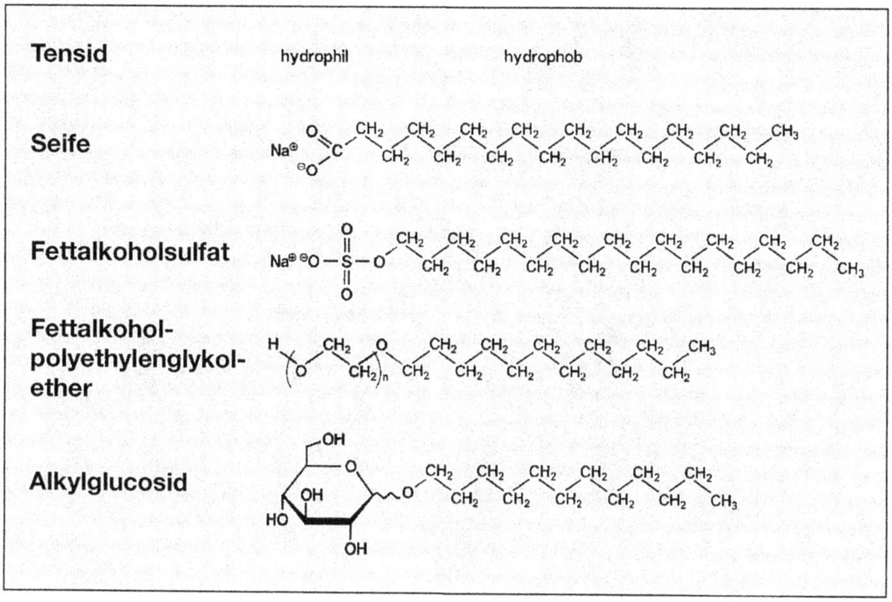

Abb. 23: Tenside

Emil Fischer (1852 – 1914, Nobelpreis für Chemie 1902) untersuchte bereits vor rund hundert Jahren die Synthese von Alkylglycosiden aus kurzkettigen Alkoholen und Glucose. In einem mehrstufigen Prozeß synthetisierte er 1911 gemeinsam mit Burckhardt Helferich (1887 bis 1982) Alkylglycoside mit längeren Kohlenwasserstoffketten und tensidischen Eigenschaften. An eine großtechnische Umsetzung war jedoch nicht zu denken, weil dieser Prozeß mehrere Zwischenstufen durchlief und einen hohen Reinigungsaufwand erforderte. Somit blieb diese Tensidklasse für geraume Zeit eine Rarität und auf spezielle technische Anwendungen beschränkt.

Erst vor wenigen Jahren erwachte das Interesse erneut – im Hinblick auf umweltverträgliche Wasch- und Reinigungsmittel sowie auf Kosmetika. Anwendungstechnische Untersuchungen ergaben, daß Alkylpolyglycoside mit Kohlenwasserstoffketten von 8 bis 18 Kohlenstoffatomen einige der zur Zeit verwendeten Tenside ersetzen oder ergänzen können. In bestimmten Kombinationen mit anderen Tensiden wirkten sie synergistisch; beispielsweise konnte die Tensidmenge in einer Feinwaschmittelrezeptur ohne Leistungseinbußen verringert werden.

Toxikologische und ökologische Laboruntersuchungen ergaben ebenfalls sehr günstige Befunde. Alkylpolyglycoside sind für Augen, Haut und Schleimhäute gut verträglich und reduzieren sogar die Reizwirkung von Tensidkombinationen. Überdies sind sie sowohl aerob als auch anaerob biologisch **vollständig abbaubar**. Deshalb wurden Alkylpolyglycoside, ein zweiter Superlativ dieser Substanzklasse, **als erste Tenside in die niedrige Wassergefährdungsklasse 1 eingestuft.**

Rohstoffe und energie

Die intensivsten Düfte

„Chemie ist, wenn es knallt und stinkt!", lautet eine nicht ganz ernst zu neh-
mende Definition dieser Wissenschaft. Zutreffend ist sicherlich, daß der
Geruchssinn präparativ arbeitender ChemikerInnnen zumindest im Fall träge
ventilierender Abzüge eines Großraumlaboratoriums besonders beansprucht
sein kann. Doch Gerüche im allgemeinen, und damit auch der Geschmack,
sind sehr viel alltäglichere Phänomene, wobei der Chemie das Privileg
zukommt, die „duftenden", d. h. die reizstimulierenden Moleküle genau identifizieren zu können.

Die Chemie der Düfte[1] hat auch unter dem Aspekt der Rekorde einiges zu
bieten. Das Aroma der **Grapefruit** beispielsweise, das 1-*p*-Menthen-8-thiol (**1**)
(Abb. 1), gilt als die Verbindung, die den **niedrigsten Geschmacksschwellen-
wert** aufweist. Und in der Tat sind die ermittelten Werte beeindruckend:[2] Das
(+)-*R*-Enantiomer von **1** konnte in Wasser noch bei einer Verdünnung von
$2 \cdot 10^{-5}$ ppb wahrgenommen werden. Dies entspricht einer Konzentration von
2 mg in 100 Mio Liter Wasser, dem Volumen eines 100 000-Tonnen-Tankers
oder 0.02 ng (das sind zwei Hundertstel von einem Milliardstel Gramm) in
einem Liter! Es überrascht daher nicht, daß eine Grapefruit diese Substanz nur
im sub-ppb-Bereich enthält. Interessanterweise können menschliche Geruchs-
organe die absolute Konfiguration des Stereozentrums in **1** unterscheiden,
denn der Schwellenwert des (-)-*S*-Enantiomers liegt bei etwa viermal höheren
Konzentrationen. Qualitativ jedoch rufen beide Stereoisomere den gleichen
typischen Grapefruit-Geschmack hervor.

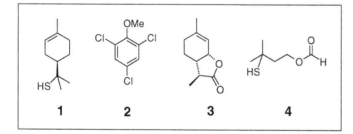

Abb. 1: Stoffe mit
niedrigen Geruchs-
schwellenwerten

Die Substanz mit dem niedrigsten Geruchsschwellenwert ist … im Wein

Feine Nasen und Gaumen haben seit jeher das Gebiet der Weine für sich entdeckt. Nicht ohne Grund, denn einige der selbst **in niedrigsten Konzentratio-**

[1] Da Geruch und Geschmack physiologisch eng aneinander gekoppelt sind („es schmeckt" sagt der Schweizer, wenn er meint „es riecht"), werden beide Reizempfindungen unter den Riechstoffen behandelt.
[2] E. Demole, P. Enggist, G. Ohloff, *Helv. Chim. Acta* **1982**, *65*, 1785 – 1794.

nen noch wahrnehmbaren Verbindungen kommen im Wein vor. Eine davon sollte jedoch besser nicht darin enthalten sein. 2,4,6-Trichloranisol (**2**) ist die Substanz, die schlechten Weinen den typischen Korkgeruch verleiht.[3] Zu allem Übel ist **2** von geschulten Weinkennern auch noch in Konzentrationen von 10 ppt, das sind 10 ng pro Liter, geschmacklich zu erfassen. Der durchschnittliche Weintrinker benötigt dazu schon etwas mehr als eine doppelt so hohe Konzentration. Man schätzt, daß von der menschlichen Nase noch Mengen von 10^{-12} g (einem Picogramm) wahrgenommen werden können. Es wird vermutet, daß Verbindungen wie **2** entweder mikrobiell direkt im Korken erzeugt werden[4] oder, daß chlorhaltige Insektizide, die bei der Behandlung des in Winzerkellern verwendeten Holzes eingesetzt werden, durch den Korken den Wein kontaminieren können.[5]

Ein anderer Inhaltstoff des Weins dagegen ist ein gern gerochener Gast in Weiß- und Rotweinen: das sogenannte Weinlacton (**3**) wurde kürzlich[6] als der Aromastoff identifiziert, der den Weinen ein kokosnußartiges, süßes und leicht holziges Bukett verleiht. Beeindruckend **niedrig ist der Geruchsschwellenwert** dieser Substanz, die bereits bei einer Konzentration von 0.01 Picogramm (10^{-14} g) in einem Liter Luft wahrgenommen wird. Damit übertrifft das Weinlacton (**3**) in der Wahrnehmbarkeit das Grapefruitaroma **1** um vier Zehnerpotenzen, das Zehntausendfache! Auch hier arbeitet der menschliche Geruchssinn enorm selektiv und vermag ein Stereoisomer von dem anderen zu unterscheiden. Das Enantiomer von **3** hat einen Geruchsschwellenwert von über einem Milligramm pro Liter Luft, eine Spanne von elf Zehnerpotenzen. Die Natur war also gut beraten, das wirksamere Aroma zu verwenden, da bereits geringste Mengen den gewünschten Effekt hervorrufen. Tatsächlich mußten zehn Liter Gewürztraminer extrahiert werden, um ein Mikrogramm **3** isolieren zu können.[7]

Kaffee – das Getränk mit den meisten Aromastoffen

Einen sehr guten vorderen Platz im kleinen Kreis extrem leicht erschnüffelbarer Substanzen nimmt das 3-Mercapto-3-methylbutylformiat (**4**) ein.[8] Diese Verbindung kommt in gerösteten Kaffeebohnen vor und trägt zu dessen Aroma bei. Die menschliche Nase empfindet den Geruch noch in Konzentrationen von 0.3 Picogramm pro Liter Luft. Mehr Duft(stoff) bedeutet jedoch nicht notwendigerweise auch mehr Aroma: In Reinsubstanz wird der Geruchsein-

[3] H. R. Buser, C. Zanier, H. Tanner, *J. Agric. Food Chem.* **1982**, *30*, 359 – 362.
[4] W. R. Sponholz, H. Muno, *Wein-Wiss.* **1994**, *49*(1), 17 – 22.
[5] P. Chatonnet, G. Guimberteau, D. Dubourdieu, J. N. Boidron, *J. Int. Sci. Vigne Vin* **1994**, *28*(2), 131 – 151. [*Chem. Abstr.* **1994**, *122*, 30 064.]
[6] H. Guth, *Helv. Chim. Acta* **1996**, *79*, 1559 – 1571.
[7] H. Guth, private Mitteilung.
[8] W. Grosch, *Chemie Unserer Zeit*, **1996**, *30*, 126 – 133.

Kamina – die künstliche Nase aus Karlsruhe

So sensibel unsere Nase auch sein mag, die quantitative Bewertung von Gerüchen ist langwierig und mit großen Fehlergrenzen behaftet. Darüber hinaus, wer mag schon üblen Gerüchen hinterherspüren oder gar toxische Gase in der Umgebungsluft olfaktorisch vermessen? Die Entwicklung künstlicher Nasen ist daher bereits seit längerem ein Anliegen chemischer Forschung, und Systeme etwa aus dem Bereich Abgaskontrolle oder als Brandmelder sind weit verbreitet. Doch an die Effizienz der menschlichen Nase („Handlichkeit", Vielseitigkeit, Empfindlichkeit) konnten diese Sensoren nur selten heranreichen. Forschern des Forschungszentrums Karlsruhe ist kürzlich ein überzeugender Durchbruch gelungen: Mit dem dort entwickelten System KAMINA (Karlsruher Mikronase) gelang es ihnen, **40 individuelle Gas-Sensoren auf einem Siliciumchip der Größe 8 mm x 9 mm**, etwa die Größe eines Daumennagels, unterzubringen. Die besondere Bauart dieser Sensoren gestattet die Einstellung unterschiedlicher Empfindlichkeit der Einzelkomponenten auf dem Chip: Die Sensoren, typischerweise Platin-dotiertes SnO_2 oder Gold-dotiertes WO_3, werden mit einer nanometerdicken semipermeablen Keramikschicht aus SiO_2 und Al_2O_3 überzogen. Mit Hilfe eines Dickegradienten der Membran und eines Temperaturgradienten entlang des Chips werden die Empfindlichkeiten der Sensorkomponenten gezielt variiert und die eingehenden Signale mittels Mustererkennung ausgewertet. Dadurch lassen sich auch Einzelkomponenten komplexer Gasgemische (= Gerüche) simultan und selektiv im Sub-ppm-Bereich (für üble Stinker wie H_2S beträgt die Nachweisgrenze < 0.01 ppm) detektieren. KAMINA ist daher erstmals in der Lage, mit der menschlichen Nase zu konkurrieren. Darüber hinaus ist das Gerät inklusive der notwendigen Steuerelektronik **nicht größer als eine Coladose**. Mögliche Anwendungen von KAMINA sind breitgestreut: Sie reichen von der industriellen Prozeßsteuerung über die Autoabgasanalyse im Motormanagement bis hin zum „intelligenten Kochtopf" und zur Körpergeruchanalyse.

http://irchsurf5.fzk.de/mox-sensors/information/introduction_ge r.htm

druck von **4** als „röstig" und „dem Katzenurin ähnelnd" beschrieben. Zum Glück ist die Schwefelverbindung jedoch nicht des Kaffees einziger Aromastoff: bis 1994 waren von den über 2000 gaschromatisch erkennbaren Inhaltsstoffen des Kaffeearomas 835 identifiziert. Röstkaffee ist daher ein Aspirant auf den Titel **Getränk mit den meisten Aromastoffen**. Ein synthetisches Nachstellen des Aromas dürfte kaum gelingen.

Die schlimmsten Stinker

Die Unterscheidung zwischen Duft und Gestank ist sicher stark von subjektiven Einflüssen geprägt, und so werden sich die Geister vielleicht scheiden, wenn die Duftmarke Knoblauchs zusammen mit der des Stinktiers Erwähnung findet. Beiden ist gemeinsam, daß der eine oder andere obige Gerüche als die übelsten klassifiziert sehen möchte, daß es sich bei ihren molekularen Verursachern um **schwefelhaltige Verbindungen** handelt (Abb. 2), und daß sich noch niemand bereit gefunden hat, die Geruchsschwellenwerte zu ermitteln (Vgl. dazu den Kasten: !Kamina – die künstliche Nase aus Karlsruhe).

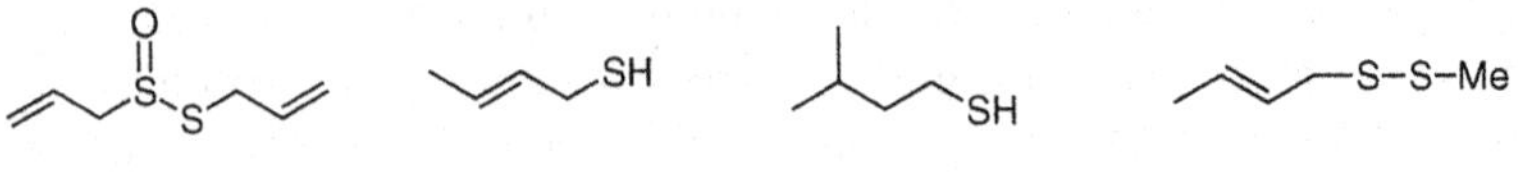

Abb. 2: Schwefelhaltige Verbindungen: Molekulare Ursache übler Gerüche

Der **Knoblauch** (*Allium sativum*) verdankt die Tatsache, daß er zwar den meisten Leuten schmeckt, die wenigsten aber seinen von Dritten verströmten Geruch als angenehm empfinden, dem Inhaltsstoff Allicin (**5**). Immer mehr Menschen jedoch nehmen den olfaktorischen Nachteil des Knoblauchs in Kauf, um aus den unbestrittenen positiven Eigenschaften dieses Zwiebelgewächses gesundheitlichen Nutzen zu ziehen. So wird den Inhaltsstoffen des Knoblauchs eine Verminderung des Blutfettgehaltes und der Blutplättchenaggregation zugeschrieben, sie wirken antimikrobiell und sollen die Darmkrebsgefahr reduzieren. Knoblauchprodukte sind nicht zuletzt deswegen in den USA bereits nach Echinacea-Extrakten die **zweitmeistverkaufte pflanzliche Medizin**[9] (→ Arzneimittel; Hitliste).

Weniger ambivalent werden die Wirkungen des Sekrets beurteilt, das das **Stinktier** (*Mephitis mephitis*) in Momenten höchster Bedrängnis freisetzt. Bereits seit 1975 steht fest, daß es sich auch dabei um schwefelhaltige Verbindungen handelt, vornehmlich um die drei Substanzen **6 - 8**.[10] Wer die Penetranz dieser Substanzen schon einmal mit eigener Nase verspürt hat, den wird es nicht wundern, daß ein Patent zum Schutz der Errungenschaft eines **Anti-Stinktier-Shampoos** existiert.[11] Das Prinzip dieser sinnvollen Erfindung beruht auf einer 2 %igen Kaliumiodat-Lösung, die den Geruch durch Oxidation der Ver-

---

[9] R. Rawls, *Chem. Eng. News*, 23. September **1996**, S. 53 – 60.
[10] K. K. Andersen, D. T. Bernstein, *J. Chem. Ecol.* **1975**, *1*, 493 – 499.

bindungen **6 - 8** zu wasserlöslichen Sulfoxiden, Sulfaten oder Sulfonen ver-
nichtet. Etwas eigenartig dagegen mutet die ebenfalls patentrechtlich
geschützte Möglichkeit[12] an, durch ein **mobiles Chemie-Synthese-Kit den
Stinktierduft zu imitieren**, um so menschliche Gerüche zu übertönen.

Die schärfste Verbindung

Als „schärfste" Verbindung mag das Capsaicin (**9**) gelten, der würzige Inhaltsstoff des **Paprikas** (*Capsicum annuum*), des **Cayenne-Pfeffers**, der **Chilischote**
sowie anderer Capsicum-Arten (Abb. 3). Da **9** bereits 1876 isoliert werden
konnte,[13] liegen heute umfangreiche Untersuchungen über sein Wirkungs-
spektrum vor. Wer die nach anfänglichem Schmerz eintretende betäubende
Wirkung eines Tropfens Tabasco auf der Zunge noch in tränentreibender Erinnerung hat, ist über die Bestrebungen, **9** als lokales schmerzstillendes Mittel
einzusetzen,[14] nicht sonderlich überrascht. In diesem Zusammenhang ist die
Entdeckung des Pflanzengifts Resiniferatoxin (**10**)[15] erwähnenswert, das auf
neuronaler Ebene den gleichen Wirkmechanismus zeigt wie das Capsaicin,
dabei jedoch 100 – 10 000mal potenter ist. Ob sich diese Überlegenheit auch
in der Würzkraft widerspiegelt, ist nicht bekannt.

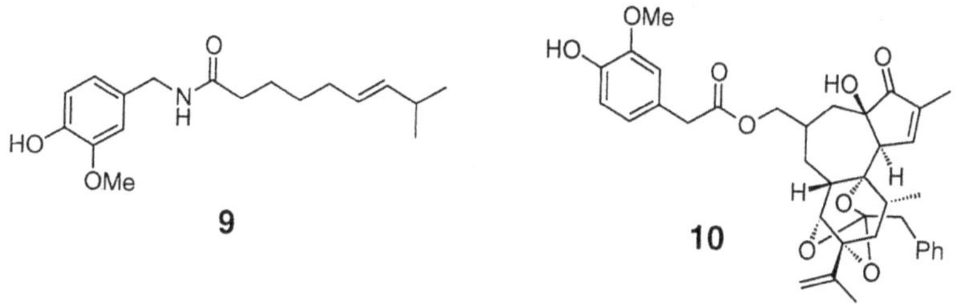

Abb. 3: „Scharfe" Verbindungen

[11] C. J. Wiesner, US Patent 4834901 A 890530. [*Chem. Abstr.* **1989**, *111*, 102 520.]
[12] A. F. Isbell, US Patent 4213875 800722. [*Chem. Abstr.* **1980**, *93*, 185 748.]
[13] C. S. J. Walpole, R. Wrigglesworth, S. Bevan, E. A. Campbell, A. Dray, I. F. James, M. N. Perkins, D. J. Reid,
    J. Winter, *J. Med. Chem.* **1993**, *36*, 2362 – 2372.
[14] M. Tresh, *Pharm. J. Trans.* **1876**, 7-15.
[15] A. Szallasi, P. M. Blumberg, *Neuroscience* **1989**, *30*, 515 – 520.

Sensorik Geruchs-Hitliste

Geheimtip für Kindermund und andere Naschkatzen: Die süßesten Verbindungen

Die im Laufe der Jahrzehnte erfolgte Nahrungsumstellung der Bevölkerung der Industrienationen auf eine kohlenhydrat- und fettreiche Kost bei gleichzeitiger Abnahme der körperlichen Belastung hat zu unüberseh-

Die süßesten Verbindungen

Sucronsäure
2

Superaspartam

PS 100
(L-amino-
dicarboxylic
acid esters)

Alitame

L-Aspartyl-3-
(bicycloalkyl)-
L-alanin alkylester

R^1, R^2 = Bicycloalkyl-Reste

Saccharin
3

Acesulfam - K

Aspartam
4

Cyclamat
5

Saccharose
1

Thiospartam

Thaumatin — Protein mit 207 Aminosäureresten

Monellin — Protein mit 45 + 50 Aminosäureresten

Dihydro-
chalcones

Hernandulcin

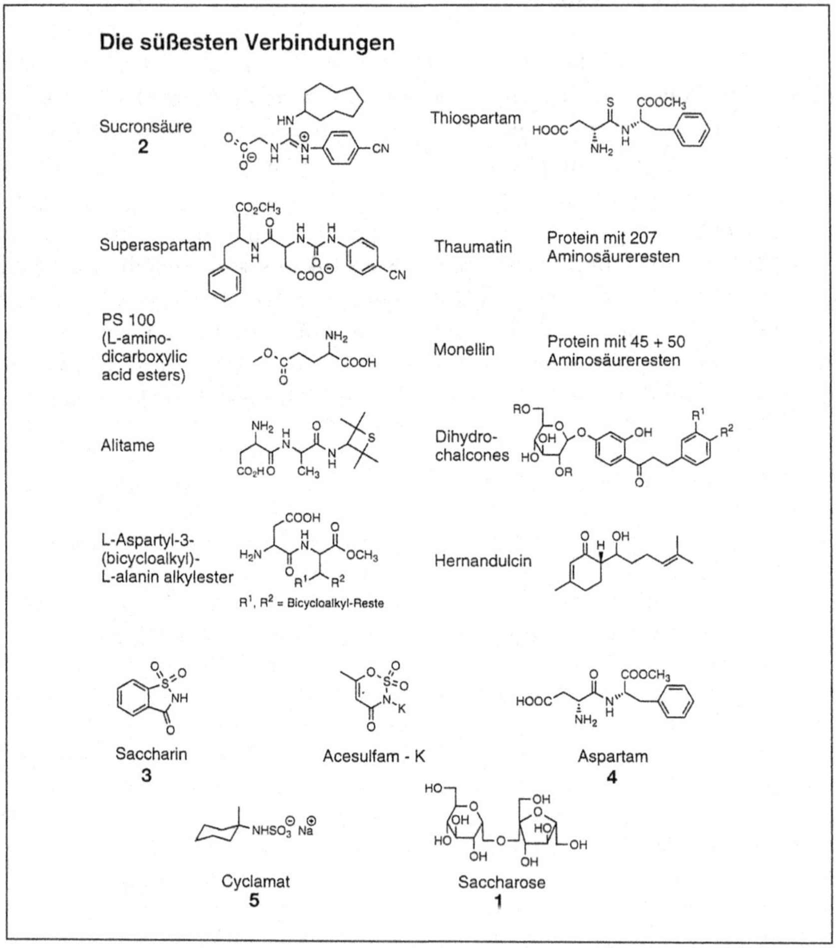

Abb. 1: Die süßesten Verbindungen

baren Folgen für die durchschnittliche menschliche Leibesfülle geführt. Nicht zuletzt aus diesem Grunde, aber auch aus Gründen der medizinischen Notwendigkeit bei Stoffwechselkrankheiten wie Diabetes, haben sich Chemiker darum bemüht, Zuckerersatzstoffe zu finden, die die Süßkraft des chemisch als Saccharose bezeichneten Rübenzuckers **1** übertreffen sollen. Zur Bestimmung der relativen Süßkraft werden dabei in

Verdünnungsexperimenten Probanden nach der subjektiven Wahrneh-mung eines süßlichen Geschmacks befragt.

Die mit Abstand süßeste bekannte Verbindung ist die sogenannte Sucronsäure **2**, deren Süßkraft die des Zuckers um das etwa 200 000fache übersteigt. Bekanntere synthetische Süßstoffe wie Saccharin **3** (relative Süße im Vergleich zu Zucker = 300), Aspartam **4** (180) oder Cyclamat **5** (30), die häufig in als „light" angepriesenen Produkten anzutreffen sind reichen in ihrer Wirkung kaum an das nur schwer vorstellbare Empfinden reiner Sucronsäure auf der Zunge heran.

Tabelle 1: Überblick Süßstoffe

	annähernde Süße (Sucrose = 1)
Sucronsäure (= süßester bekannter Stoff)	200 000
Thioaspartamderivate	50 000
Superaspartam	8 000
Thaumatin	2 000 – 3 000
PS 100	2 200
Monellin	1 500 – 2 000
Brazzein	500 – 2 000
Alitam	2 000
Dihydrochalcone	300 – 2 000
L-Aspartyl-3-(bicycloalkyl)-L-alanin alkylester	1 900
Saccharin	300
Acesulfam-K	200
Aspartam	180
Cyclamat (Cyclohexylsulfonidsäure)	30
L-Zucker (Saccharose)	1

S. Marie, J. R. Piggott, in *Handbook of Sweeteners*, Blackie, London, **1991**.
T. H. Grenby in *Advances in Sweeteners*, Chapman & Hall, London **1996**.

Sensorik Geruchs-Hitliste

Die mit Abstand süßeste bekannte Verbindung ist die sogenannte Sucronsäure **2**, deren Süßkraft die des Zuckers um das etwa 200 000fache übersteigt. Bekanntere synthetische Süßstoffe wie Saccharin **3** (relative Süße im Vergleich zu Zucker = 300), Aspartam **4** (180) oder Cyclamat **5** (30), die häufig in als „light" angepriesenen Produkten anzutreffen sind reichen in ihrer Wirkung kaum an das nur schwer vorstellbare Empfinden reiner Sucronsäure auf der Zunge heran.

Das kleinste chemische Signal

Pflanzen und Tiere, die nicht durch Lautäußerungen miteinander kommunizieren können, nutzen chemische Verbindungen, um Signale an ihre Umgebung auszusenden. **Der kleinste chemische Signalstoff** ist dabei das CO_2, das als universell vorkommendes Molekül gleich eine ganze Reihe von Signalfunktionen erfüllt. So dient es als Aggregationspheromon bei den Feuerameisen der Gattung *Solenopsis saevissima*.[1] Arbeiterameisen, die sich außerhalb ihres Nests befinden, wandern entlang eines CO_2-Konzentrationsgradienten zum Ort höchster CO_2-Konzentration, in der Regel der nächstgelegenen Ameisenansammlung. In ähnlicher Weise dient CO_2 als Lockstoff für die Larven des Maiswurzelwurms *Diabrotica virgifera*.[2] Nach dem Schlüpfen durchdringen die kleinen Larven auf der Suche nach Nahrung das Erdreich bis zu einem Meter weit und werden dabei vom CO_2, das den Maiswurzeln entströmt, angelockt. Bewundernswert komplex ist die Rolle, die das so simpel erscheinende CO_2 bei der Interaktion zwischen Feigen (*Ficus religiosa*) und den im Innern der reifenden Frucht lebenden Feigenwespen (*Blastophaga quadraticeps*) spielt.[3] Durch den Reifungsprozeß herrscht in den Feigen ein im Vergleich zur Umgebung erhöhter CO_2-Gehalt von 10 %, der ausreicht, um die Weibchen der Wespen in einen Schlummerzustand zu versetzen. Die Männchen hingegen sind aktiv, befruchten die Weibchen und verlassen die Feige nach außen. Durch die so entstehende Öffnung wird der innere CO_2-Gehalt dem äußeren angeglichen, die Weibchen erwachen und streben, den Pollen der Pflanze im Gepäck, ebenfalls ins Freie.

Die Ehre des **kleinsten neutralen Botenstoffs innerhalb eines Organismus** gebührt jedoch dem NO-Radikal (→ Reaktive Zwischenstufen; Radikale, Nobelpreis in Medizin 1998). Dieses reaktive Teilchen, das die Zeitschrift *Science* im Jahr 1992 zum „Molekül des Jahres" erklärt hat, erfüllt im menschlichen Körper vielfältige Funktionen, unter anderem bei Regelungsprozessen im kardiovaskulären System, im Nerven – und Immunsystem, aber auch im Gastrointestinaltrakt und im Riechsystem. Seine entspannende Wirkung auf die glatte Muskulatur, und die damit verbundene Erweiterung der Adern, verhelfen dem NO in schöner Regelmäßigkeit zu Schlagzeilen. So wunderte man sich bereits seit Ende des 19. Jahrhunderts, daß das als Sprengstoff (→ Energie im Molekül; Explosivstoffe) bekannte Nitroglycerin als Medikament bei Herzkrankheiten (*angina pectoris*) wirksam ist. Lange blieb unklar, daß aus Nitroglycerin unter physiologischen Bedingungen NO freigesetzt wird, das für einen erleichterten Blutstrom in verengten Herzkranzgefäßen sorgt. Auch die Wirkung der Erektionspille Viagra® (→ Arzneimittel; Hitliste) (das Frühlingserwachen eines über 70jährigen, amerikanischen, ehemaligen Präsidentschaftskandidaten war

[1] B. Hölldobler, E. O. Wilson, *The Ants*, Springer, Heidelberg, **1990**, S. 289.
[2] B. E. Hibbard, L. B. Bjostad, *J. Chem. Ecol.* **1988**, *14*, 1523 – 1539.
[3] J. Galil, M. Zeroni, D. Bar Shalom, *New Phytol.* **1973**, *72*, 1113 – 1127.

Sensorik Signalstoffe

eine unter vielen rekordverdächtigen Sensationsmeldungen) beruht letztlich auf dem Eingriff des Wirkstoffes Sildenafil in den NO-Haushalt und damit in die Blutversorgung jenes sensiblen Organs.

Der leichteste Signalstoff

Das CO_2 ist vielleicht **der einfachste Signalstoff**, da er nur aus drei Atomen besteht, **der leichteste** dagegen ist das Ethen (Ethylen) C_2H_4 ($\rightarrow$ Chemieprodukte; Hitliste). Während Ethen in seiner Funktion als pflanzliches Reifungshormon schon länger bekannt ist, konnten Bowles und Mitarbeiter[4] erst vor kurzem zeigen, daß dieser einfache Kohlenwasserstoff auch bei der Wundheilung von Pflanzengewebe eine zentrale Rolle spielt. Werden zum Beispiel die Blätter der Tomate durch fressende Insekten angeknabbert, produziert die Pflanze auf biochemischem Weg Ethylen. Dieses Ethylen wiederum induziert (zusammen mit Jasmonsäure) die Expression von Proteinase-Inhibitor-Genen, die ihrerseits die Synthese von Insektenfraß hemmenden und reparativ wirkenden Proteinen steuern.

Rekordverdächtig ist auch NO, das eine Reihe von Signalfunktionen in tierischen Organen erfüllt. Hier ist die Forschung noch voll im Fluß – eine Würdigung ist späteren Auflagen vorbehalten ($\rightarrow$ Reaktive Zwischenstufen; Radikale).

Tödliche CO_2-Gaswolke aus einem Kratersee

Am 21. August 1986 kam es durch den plötzlichen Ausstoß einer gewaltigen CO_2-Gaswolke aus dem Kratersee Nyos in Kamerun zum Tod von über 1700 Menschen und mehr als 3000 Stück Vieh, die sich in einem Radius von bis zu 10 km vom Krater befanden. Das Gas hatte sich über Jahrtausende im Magma unter dem See gebildet und sein Wasser vollständig gesättigt, vermutlich sogar übersättigt. In dieser instabilen Situation kam es durch einen heute nicht mehr genau feststellbaren Auslöser zu einer schnellen, eruptiven Gasfreisetzung aus dem Wasser, die nur etwa 15 bis 20 Sekunden dauerte. Es wird geschätzt, daß dabei insgesamt 1.2 Kubikkilometer CO_2 ausstraten die sich wegen der höheren Dichte im Vergleich zur Luft rasch auf die topographisch niedriger gelegenen Gegenden um den See verteilten und dort zum tragischen Erstickungstod führten.

G. W. Kling, M. A. Clark, H. R. Compton, J. D. Devine, W. C. Evans, A. M. Humphrey, E. J. Koenigsberg, J. P. Lockwood, M. L. Tuttle, G. N. Wagner, *Science* **1987**, *236*, 169 – 175.

[4] P. J. O'Donnell, C. Calvert, R. Atzkorn, C. Wasternack, H. M. O. Leyser, D. J. Bowles, *Science* **1996**, *274*, 1914 – 1917.

Pheromone: Kleinste Mengen – größte Wirkung

In puncto Einfachheit erweisen sich die männlichen Hamster als äußerst genügsam.[5] So brauchen die Weibchen lediglich 2 Nanogramm des für uns Menschen übelriechenden Dimethyldisulfans MeSSMe zu versprühen, um im Hamstermännchen sexuelle Begehrlichkeit zu wecken. Geradezu kompliziert erscheint im Vergleich dazu das Pheromon **1** (Abb. 1) der Ameisengattung *Atta texana*, das zur Markierung des zurückgelegten Weges verwendet wird.[6] Die geringe Menge von einem Milligramm reicht aus, um eine Spur dreimal um den Erdball zu legen, und daher genügt es, daß sich die Ameisen mit nur ca. 3.3 Nanogramm ausgerüstet auf den täglichen Weg machen.

Geradezu verblüffend erscheint die Tatsache, daß so dramatisch unterschiedliche Arten wie Motten und Elefanten den gleichen chemischen Signalstoff in ihrem Paarungsritual nutzen.[7] Beide Tierarten verbreiten den *Z*-Dodeka-7-enylessigsäureester **2**, um ihre Bereitschaft zur geschlechtlichen Vereinigung mit dem jeweiligen Partner zu signalisieren. Von Kreuzpaarungen ist noch nicht berichtet worden.

Abb. 1: Wirkungsvolle Sexualhormone

[5] A. G. Singer, W.C. Agosta, R. J. O'Connell, C. Pfaffmann, D. V. Bowen, F. H. Field, H. Frank, *Science* **1976**, *191*, 948 – 950.
[6] B. Hölldobler, E. O. Wilson: *The Ants*; Springer, Heidelberg, **1990**, S. 246.
[7] L. E. L. Rasmussen, T. D. Lee, W. L. Roelofs, A. J. Zhang, G. D. Daves, *Nature* **1996**, *379*, 684.

Rekorde in der Organischen Synthese

Organisch-chemische Synthese-Spitzenleistungen anzuführen fiele nicht schwer und würde, wollte man diese Auflistung auch nur halbwegs vollständig gestalten, den Rahmen dieses Buches bei weitem sprengen. K. C. Nicolaou hat sich in seinem Buch „Classics in Total Synthesis"[1] in didaktisch hervorragender Manier auszugsweise dieser Thematik gewidmet, und es kann nicht der Zweck dieses Kapitels sein, dem nacheifern zu wollen. Auf einige Besonderheiten und Rekorde auf dem Gebiet der organischen Synthese soll jedoch im folgenden hingewiesen werden.

Die kleinsten chiralen Moleküle

Die tetraedrische Anordnung der Substituenten eines sp^3-hybridisierten C-Atoms führt bei Verbindungen, die zumindest ein Kohlenstoff-Atom mit vier verschiedenen Substituenten aufweisen, zum Phänomen der Chiralität („Händigkeit"). Die aus der unterschiedlichen räumlichen Anordnung der Substituenten resultierenden Enantiomere haben in isotroper Umgebung wie in gängigen Lösungsmitteln dieselben physikalischen und chemischen Eigenschaften, unterscheiden sich jedoch in anisotroper Umgebung wie bei der Wechselwirkung mit linear polarisiertem Licht oder in der chiralen Bindungstasche eines Enzyms mitunter dramatisch voneinander. **Die kleinsten chiralen Moleküle** (Abb. 1) haben ein einziges Chiralitätszentrum wie beispielsweise das zweifach isotopenmarkierte Ethan **1** und das Bromchlorfluormethan **2**. Die chirale Verbindung mit dem niedrigsten Molekulargewicht ist **1** (Molekulargewicht von nur 33.08 g mol^{-1}). Sie wurde synthetisiert, um den stereochemischen Verlauf der Oxidation von Ethan zu Ethanol durch das Enzym Methanmonooxygenase zu untersuchen.[2] Das Racemat der Verbindung **2**, obwohl bereits 1893 synthetisiert,[3] konnte erst vor kurzem gaschromatographisch in die Enantiomere getrennt werden[4] und ist das kleinste chirale Molekül, dessen Chiralitätszentrum nicht durch verschiedene Isotopen eines Elements aufgebaut wird.

Abb. 1: Die kleinsten chiralen Moleküle

[1] K. C. Nicolaou, E. J. Sorensen, *Classics in Total Synthesis*, VCH, Weinheim, **1996**.
[2] A. M. Valentine, B. Wilkinson, K. E. Liu, S. Komar-Panicucci, N. D. Priestley, P. G. Williams, H. Morimoto, H. G. Floss, S. J. Lippard, *J. Am. Chem. Soc.* **1997**, *119*, 1818 – 1827.
[3] F. Swarts, *Ber. Dt. Chem. Ges.* (Referate) **1893**, *26*, 782.
[4] H. Grosenick, V. Schurig, J. Costante, A. Collet, *Tetrahedron Asymmetry* **1995**, *6*, 87 – 88.

Die einfachste axial-chirale Verbindung

Chiralität ist jedoch nicht ausschließlich an stereogene Zentren geknüpft, sondern kann auch durch eine Chiralitätsachse, derbezüglich sich vier Substituenten paarweise asymmetrisch anordnen lassen, hervorgerufen werden. **Die einfachste axial-chirale Verbindung** ist das zweifach deuterierte Allen **3**,[5] ein Molekül, das zugleich die **leichteste chirale Verbindung** ist, die nur aus stabilen, d. h. nichtradioaktiven Isotopen besteht (Molekulargewicht von 42.08 g mol^{-1}).

Das synthetisierte Molekül mit der größten Zahl von Stereozentren

Da die Mehrzahl der in der Natur vorkommenden, physiologisch wirksamen Verbindungen chiral ist, sie jedoch durch Isolierungsverfahren mitunter nur sehr schwer oder nur in geringen Mengen zugänglich sind, liegt ein besonderes Augenmerk auf Syntheseverfahren, die stereogene Zentren gezielt in einer gewünschten absoluten Konfiguration aufbauen können. **Das Molekül mit der größten Zahl von Stereozentren, das jemals in einem Labor synthetisiert wurde,** ist vielleicht das von Kishi et al.[6] hergestellte Korallengift Palytoxin **4** (Abb. 2) mit 64 Stereozentren. Bedenkt man, daß bei n Chiralitätszentren die Zahl der möglichen Stereoisomeren 2^n beträgt, so ergibt sich für **4** die Zahl 2^{64} (ohne Variation der Doppelbindungsgeometrie). Das heißt, daß es von **4** ca. 1.8×10^{19}, 18 Milliarden Milliarden Stereoisomere gibt, von denen nur ein einziges mit dem Naturprodukt identisch ist. Die Meisterleistung der gelungenen Palytoxin-Synthese verdeutlicht die bewundernswerte stereochemische Kontrolle beim Aufbau dieses komplexen Molekülgerüsts.

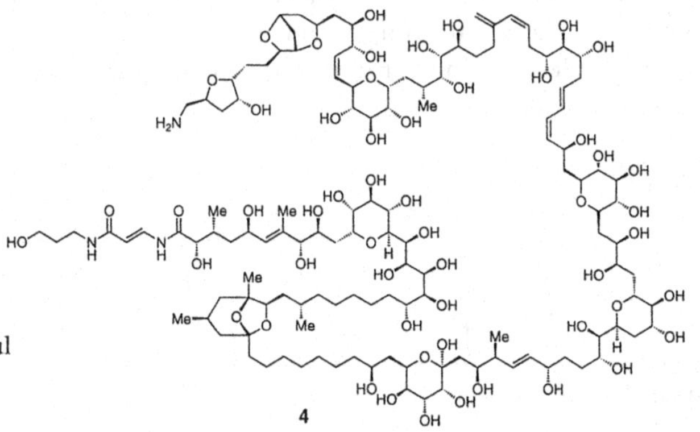

Abb. 2: Palytoxin: Synthetisiertes Molekül mit den meisten Stereozentren (64)

4

[5] G. M. Keserü, M. Nógrádi, J. Rétey, J. Robinson, *Tetrahedron* **1997**, *53*, 2049 – 2054.
[6] E. M. Suh, Y. Kishi, *J. Am. Chem. Soc.* **1994**, *116*, 11205 – 11206 und zit. Lit.

Die effizienteste stereoselektive Synthese

Wegen der höheren Flexibilität offenkettiger Systeme ist die Kontrolle der Stereochemie dort eine besondere Herausforderung. Wieviele **Synthese-schritte** muß man mindestens durchführen, **um ein Stereozentrum selektiv aufzubauen?** Dies ist eine Frage, die jeder Synthesechemiker bei gegebenem Zielmolekül unterschiedlich beantworten wird. Rekordverdächtig niedrig ist die Zahl der Schritte, die Paterson zum Aufbau von vier Stereozentren benötigte. Im Zuge seiner Synthese des Antibiotikums Oleandomycin[7] gelang es seiner Arbeitsgruppe, das chirale Keton **5** (Enantiomerenüberschuß 97 %) durch Reaktion des Enolats mit 2-Methylpropenal und nachfolgende katalytische Hydrierung in nur zwei Stufen in den C_7-Baustein **6** (Diastereomerenüberschuß 92 %) mit vier neuen Asymmetriezentren zu überführen (Abb. 3). Im Durchschnitt also nur 0.5 Schritte pro Stereozentrum!

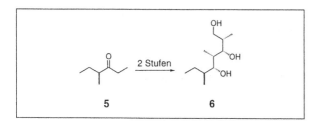

Abb. 3: Synthesesequenz mit den wenigsten Stufen pro neu eingeführtem Stereozentrum

Enzyme: Rekordhalter bei Effizienz und Selektivität

Noch effizienter können **Enzyme** aus relativ einfachen Strukturen komplexe Moleküle aufbauen. Ein augenfälliges Beispiel dafür ist das Vitamin B_{12} **7** (→ Chemieprodukte; Hitliste: Vitamine), dessen klassische Totalsynthese in den Arbeitsgruppen von Woodward in Harvard und Eschenmoser an der ETH in Zürich nahezu 130 Doktoranden und Postdocs zehn Jahre lang beschäftigt hat.[8] Zum Aufbau dieses komplexen Moleküls waren etwa 100 Synthesschritte notwendig. Auf enzymatischem Wege (Abb. 4) gelang kürzlich Scott und Mitarbeitern[9] die Synthese einer direkten Vorstufe zu **7**, der Hydrobyrinsäure **9**. In einem einzigen Reaktionsgefäß ließen sie 12 Enzyme auf 5-Aminolevulinsäure **8** einwirken und konnten nach 15 h Reaktionszeit (und 17 synthetischen Stufen) ca. 20 % **9** isolieren.

[7] (a) I. Paterson, M. A. Lister, R. D. Norcross, *Tetrahedron Lett.* **1992**, *33*, 1767 – 1770. (b) I. Paterson, R. D. Norcross, R. A. Ward, P. Romea, M. A. Lister, *J. Am. Chem. Soc.* **1994**, *116*, 11287 – 11314.
[8] R. B. Woodward, *Pure Appl. Chem.* **1973**, *33*, 145.
   A. Eschenmoser, C. Wintner, *Science* **1977**, *196*, 1410.
[9] C. A. Roessner, J. B. Spencer, N. J. Stolowich, J. Wang, G. P. Nayar, P. J. Santander, C. Pichon, C. Min, M. T. Holderman, A. I. Scott, *Chem. Biol.* **1994**, *1*, 119 – 124.

Synthese Spitzenleistungen

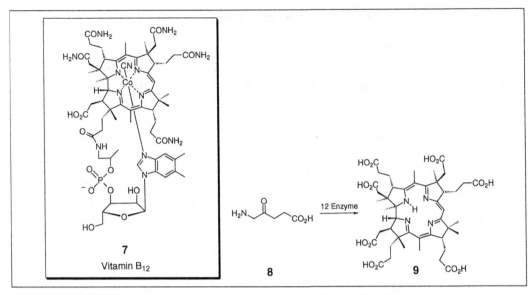

Abb. 4: Chemo-enzymatische Synthese einer Vitamin B$_{12}$-Vorstufe

Die Reaktion mit den meisten Komponenten

In ähnlicher Weise verwendet auch Ugi in den nach ihm benannten **Mehrkomponentenreaktionen** ganze Cocktails chemischer Reagenzien (Abb. 5). Derzeitiger Spitzenreiter ist eine Mixtur von sieben (!) Komponenten,[10] die im Reaktionsgefäß neben Natriumbromid und Wasser als einziges Hauptprodukt das 1,3-Thiazolidin **10** in 43 % Ausbeute liefert.

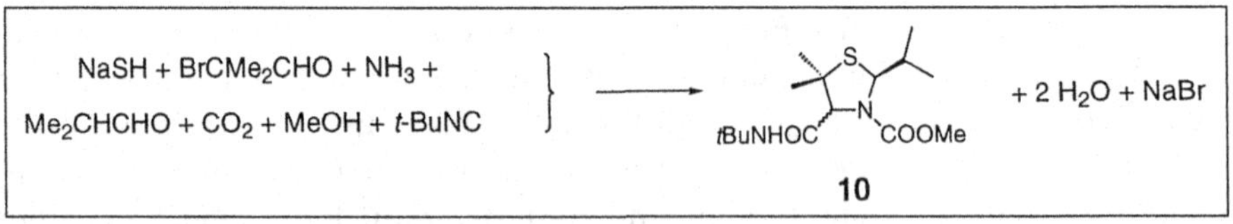

$$\left.\begin{array}{l} NaSH + BrCMe_2CHO + NH_3 + \\ Me_2CHCHO + CO_2 + MeOH + \textit{t-}BuNC \end{array}\right\} \longrightarrow \quad \text{10} \quad + 2\,H_2O + NaBr$$

Abb. 5: Siebenkomponentenreaktion nach Ugi

Die erste „Computersynthese"

Ganz andere Wege der Synthese- oder genauer der Reaktionsplanung beschreitet Herges mit seinem Team.[11] Mit **Computerhilfe** suchten sie im Rahmen der Graphentheorie pericyclische Reaktionen zur Darstellung konjugierter Diene. Unter den 72 Reaktionsvorschlägen des Computers waren zwei bis

[10] A. Dömling, I. Ugi, *Angew. Chem.* **1993**, *105*, 634 – 635.
[11] R. Herges, C. Hoock, *Science* **1992**, *255*, 711 – 713.

dahin unbekannte Reaktionstypen, die nach weiteren quantenchemischen Optimierungen im Labor nachvollzogen werden konnten. Eine davon liefert, ausgehend vom Trithiocarbonat **11**, nach Erhitzen mit Phosphanen das 1,3-Butadien **12** und CS$_2$ in 95 % Ausbeute. Diese Butadiensynthese ist damit die **erste vollständig mit dem Computer geplante und experimentell bestätigte neue chemische Reaktion** (Abb. 6).

Abb. 6: Erfolgreiche Reaktionsplanung am Computer

Die längste Reaktionskaskade

Noch effizienter hinsichtlich der Substratanzahl und des Komplexitätsgrades des Produktes sind sogenannte **Reaktionskaskaden,** in denen aus relativ einfachen Vorstufen mitunter hochkomplexe Molekülgerüste in einem Syntheseschritt aufgebaut werden können. Das vielleicht spektakulärste Beispiel hierzu wurde kürzlich von Malacria et al. berichtet (Abb. 6).[12] In atemberaubenden **elf Radikalreaktions-Elementarschritten** gelang ihnen ausgehend von ayclischem **11** die Synthese des Triquinangerüsts **12** in nur einem Schritt.

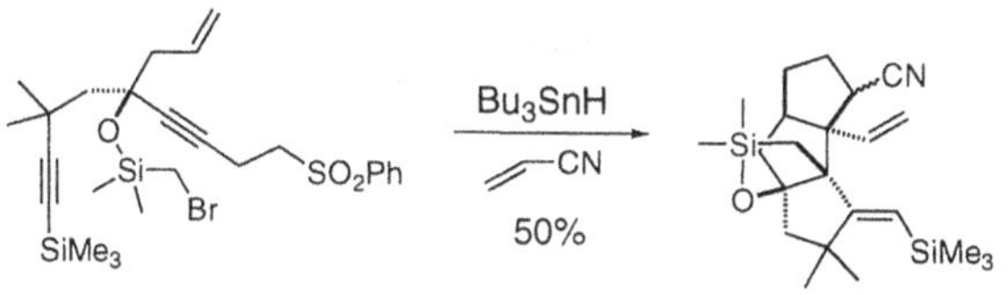

Abb. 7: Rekord-Reaktionskaskaden

[12] P. Devin, L. Fensterbank, M. Malacria, *J. Org. Chem.*, **1998**, *63*, 6764.

Synthese Spitzenleistungen

Die längsten Namensreaktionen

Generationen von Chemiestudierenden waren sie zunächst lästige, gedächtnisbelastende Pflicht, dann erhob der immer sicherer werdende Umgang mit ihnen den Lernenden allmählich in den Kreis der Auguren: Die Rede ist von Namensreaktionen, die in der Chemie, besonders der Organischen, eine lange Tradition haben. Welche Namensreaktionen sich seit jeher als besonders schwer zu memorieren erwiesen, läßt sich kaum überprüfen, doch dürfte **die Länge einer Namensreaktion** dem erstrebenswerten Zustand des Wissens (und noch mehr dem des Begreifens) nicht förderlich gewesen sein. Zu den längsten, noch heute gebräuchlichen Namensreaktionen gehört die Meerwein-Ponndorf-Verley-Reduktion[1] (34 Zeichen), die Reduktion einer Ketogruppe durch Propan-2-ol und Aluminiumtriisopropanolat (Abb. 1).

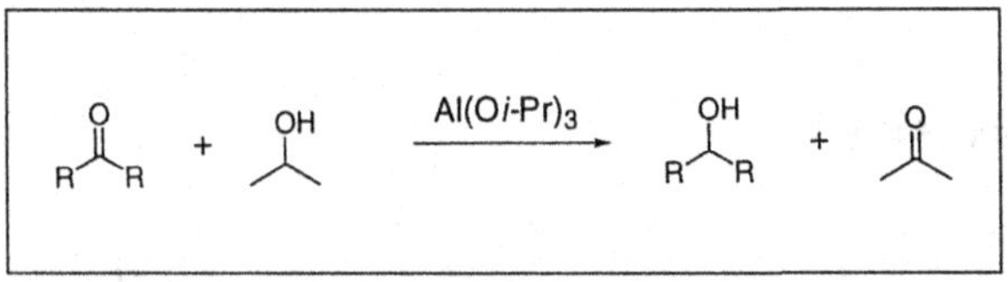

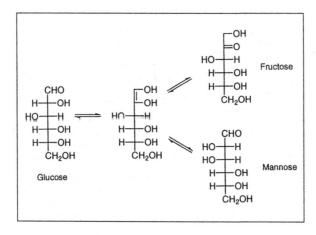

Abb. 1: Meerwein-Ponndorf-Verley-Reduktion

In der Länge noch übertroffen wird sie von einer Umlagerung aus der Kohlenhydratchemie, der Lobry-de-Bruyn-von-Ekenstein-Reaktion[2] (37 Zeichen), über die die Glucose mit Fructose und Mannose im Gleichgewicht steht (Abb. 2).

Abb. 2: Lobry-de-Bruyn-von-Ekenstein-Reaktion

[1] T. Laue, A. Plagens, „Namen und Schlagwort-Reaktionen der Organischen Chemie", Teubner, Stuttgart, **1994**, S. 221.
[2] P. Collins, R. Ferreir, „Monosaccharides", Wiley, Chichester, **1995**, S. 139.

Vorläufiger Spitzenreiter dieser Auflistung ist die vielleicht etwas weniger bekannte Buchner-Curtius-Schlotterbeck-Reaktion (38 Zeichen), nach der sich aus aliphatischen Diazoverbindungen und Aldehyden unsymmetrische Ketone herstellen lassen.[3]

$$RCH_2N_2 + R'CHO \longrightarrow RCH_2COR' + N_2$$

Abb. 3: Buchner-Curtius-Schlotterbeck-Reaktion

Zugegeben, die Länge einer Namensreaktion hat nichts mit ihrer synthetischen Nützlichkeit zu tun. Wie läßt sich die **synthetisch bedeutendste Namensreaktion** ermitteln? Einen Eindruck davon erhält man beim Durchforsten der *Chemical Abstracts Database* (→ Literatur): Dort rangiert die Grignard Reaktion mit 19 241 Zitaten deutlich vor der Diels-Alder (12 992 Zitate) und der Wittig Reaktion (11 536 Zitate). Kein Zufall also, daß allen vier Namensgebern Nobelpreise für Chemie (→ Nobelpreisrekorde) verliehen wurden.

[3] J. B. Bastus, *Tetrahedron Lett.* **1963**, 955–958.

Synthese Spitzenleistungen

Umweltbelastung durch Chemieproduktion

Die großen Summen, welche die deutsche chemische Industrie in den vergangenen Jahrzehnten in den Umweltschutz investiert hat, zeigen deutliche Wirkung. Dies soll am Beispiel der mittleren **Umweltbelastung pro Tonne Verkaufsprodukt** bei der BASF verdeutlicht werden (Abb. 1).[1]

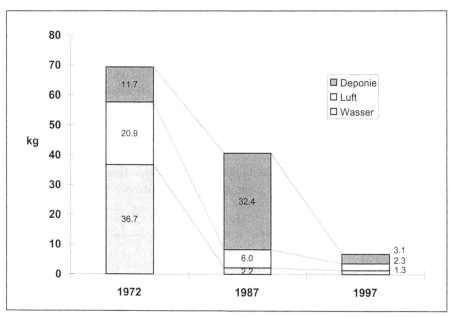

Abb. 1: Produktspezifische Umweltbelastung je Tonne Verkaufsprodukt der BASF AG[1]

Mit 69.3 kg nicht weiterverwerteter Stoffe pro Tonne Verkaufsprodukt betrug der Anteil des Abfalls an der Gesamtproduktion im Jahr 1972 noch 6.9 Prozent. In der Zwischenzeit ist es gelungen diesen Wert auf 0.67 % zu senken.

Durch den Bau einer Kläranlage wurden zunächst die Emissionen ins Wasser, die 1972 den größten Anteil der Gesamtemissionen ausmachten, dramatisch reduziert. Die dabei auftretenden großen Mengen an Klärschlamm, die anfänglich deponiert wurden, werden heute vollständig verbrannt.

Die Luftemissionen wurden durch den Einbau von Filteranlagen deutlich gesenkt. Sie betrugen pro kg Verkaufsprodukt 1994 nur noch 11.0 % des Wertes von 1972. Dieser Vergleichswert konnte erfreulicherweise beim Wasser mit 3.5 % sogar noch unterschritten werden.

[1] Daten von: BASF AG

Umweltgesetzgebung in Deutschland

Das Umweltrecht ist ein Instrument, mit dem umweltrelevantes Verhalten in der Gesellschaft gesteuert wird. Durch Verbote und Gebote soll die Qualität der Umwelt erhalten oder verbessert und somit Schaden von Mensch und Tier abgewehrt werden.

Regelungen, die diesem Zweck dienen, gab es schon im alten Rom (Abwasser- und Hygienevorschriften). Doch erst mit den zunehmenden industriellen Aktivitäten der Neuzeit, verbunden mit einem beispiellosen Bevölkerungswachstum, entstand neuer Handlungsbedarf, der sich in einer wachsenden Aktivität auf dem Feld der Umweltgesetzgebung niederschlug.

Die Folge war ein Boom an Umweltgesetzen und -verordnungen in Deutschland seit Anfang der 70er Jahre (Abb. 1). Naturgemäß hat dies einen bedeutenden Einfluß auf die wirtschaftlichen Aktivitäten. So können sie zwar einerseits zu einer Steigerung der Produktionskosten, andererseits aber auch zu neuen Produkten und Lösungen führen und somit für eine hochentwickelte Gesellschaft neue Marktchancen eröffnen. Allerdings sind die Sinnhaftigkeit und das Verhältnis von Aufwand und Nutzen zunehmend zu berücksichtigen, denn nach dem Konzept des Sustainable Developments sind ökologische, ökonomische und gesellschaftliche Ziele gleichrangig anzustreben.

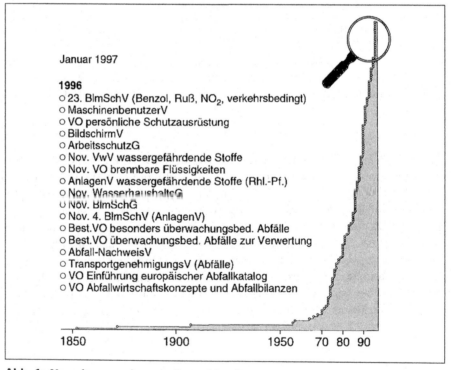

Januar 1997

1996
○ 23. BImSchV (Benzol, Ruß, NO$_2$, verkehrsbedingt)
○ MaschinenbenutzerV
○ VO persönliche Schutzausrüstung
○ BildschirmV
○ ArbeitsschutzG
○ Nov. VwV wassergefährdende Stoffe
○ Nov. VO brennbare Flüssigkeiten
○ AnlagenV wassergefährdende Stoffe (Rhl.-Pf.)
○ Nov. WasserhaushaltsG
○ Nov. BImSchG
○ Nov. 4. BImSchV (AnlagenV)
○ Best.VO besonders überwachungsbed. Abfälle
○ Best.VO überwachungsbed. Abfälle zur Verwertung
○ Abfall-NachweisV
○ TransportgenehmigungsV (Abfälle)
○ VO Einführung europäischer Abfallkatalog
○ VO Abfallwirtschaftskonzepte und Abfallbilanzen

1850   1900   1950   70 80 90

Abb. 1: Umweltgesetzgebung in Deutschland

314

Umweltschutz-Investitionen in Deutschland

Die deutsche Chemie (11 Bundesländer) hat in den vergangenen Jahren erhebliche Anstrengungen unternommen, um umweltfreundlicher zu produzieren. So wurden innerhalb einer Dekade (1985 – 1996) ca. 14.4 Mrd DM in Anlagen des additiven Umweltschutzes investiert, wobei der Schwerpunkt auf den Gewässerschutz und die Luftreinhaltung gelegt wurde.

Die jährlichen Umweltschutz-Investitionen (Abb. 1) (Zugang zu den Brutto-anlageninvestitionen) erreichten 1991 nach einem stürmischen Wachstum mit annähernd 2 Mrd DM (16.2 % der Gesamtinvestitionen der Chemie) ihren Höhepunkt, um dann bis 1996 auf 721 Mio DM zu sinken, was immer noch einen Anteil von 6.7 % an den Gesamtinvestitionen ausmacht. Ein maßgeblicher Teil dieser Entwicklung ist auf die zunehmende Bedeutung des integrierten Umweltschutzes zurückzuführen.

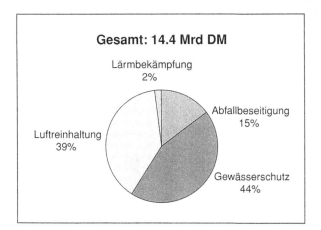

Gesamt: 14.4 Mrd DM

Abb. 1: a) Umweltschutz-Investitionen der deutschen Chemie 1985 – 1996

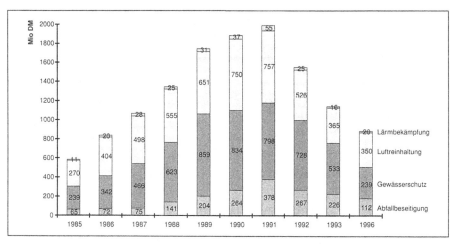

Abb. 1: b) Jährliche Entwicklung 1985 – 1996

Wie in den vergangenen Jahren so flossen auch 1996 die meisten Gelder in den Gewässerschutz, dicht gefolgt von der Luftreinhaltung. Mit einem Anteil von 15 % an den Umweltschutzinvestitionen lag die Abfallbeseitigung wie 1985 auf Platz 3; ihre relative Bedeutung hat allerdings im betrachteten Zeitraum deutlich zugenommen.

Bei den Umweltbetriebskosten rangierte die Abfallbeseitigung in den letzten Jahren bereits vor der Luftreinhaltung. Auf sie entfielen 1996 35 %, auf den Gewässerschutz und die Luftreinhaltung 42 % bzw. 27 % der Kosten, die sich alleine in diesem Jahr (incl. Abschreibungen) auf 6.56 Mrd DM bezifferten.

Im Gegensatz zu den Investitionen ist hier seit 1991 kein deutlich fallender Trend, sondern eher ein Verharren auf hohem Niveau erkennbar.

Insgesamt summierten sich die **Umweltschutz-Betriebskosten** der deutschen Chemie für den Zeitraum 1985 – 1996 auf die stolze Summe von ca. 66.6 Mrd DM (Abb. 2).[1] Nicht berücksichtigt sind hier Kosten für umweltbezogene Forschung und Entwicklung. Aspekte des Umweltschutzes sind heutzutage Bestandteile praktisch jeden F+E-Projektes. Allerdings läßt sich dieser **innovationsintegrierte Umweltschutz** nur schwer herausnehmen.

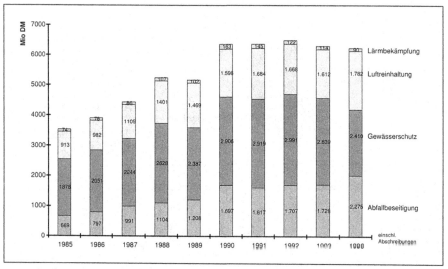

Abb. 2: Entwicklung der Umweltschutz- Betriebskosten der deutschen Chemie 1985 – 1996 (einschl. Abschreibungen)

---

[1] VCI, Chemiewirtschaft in Zahlen, 1998.

Nordamerika als größter Kohlendioxid-Emittent

Das Kohlendioxid (→ Sensorik, Signalstoffe) gehört neben Methan und Lachgas zu den **wichtigsten der klimaschädigenden Treibhausgase**, deren Reduzierung man sich auf der Weltklimakonferenz in Kyoto im Dezember 1997 vorgenommen hat.

Eine große Bedeutung kommt hierbei den USA zu, da sie alleine rund ein Viertel der Treibhausgase der Welt ausstoßen. Was das Kohlendioxid betrifft, sind die USA nicht nur absolut, sondern auch pro Kopf der Bevölkerung gesehen der **größte Emittent der Welt**. Der Pro-Kopf-Ausstoß war 1995 mit 15.4 t doppelt so groß wie der Westeuropas und viermal so groß wie der Weltdurchschnitt (Abb. 2).

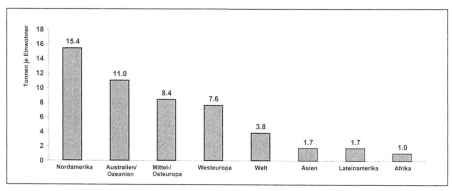

Abb. 2: a) Kohlendioxid-Ausstoß 1995 (in t je Einwohner)[2]

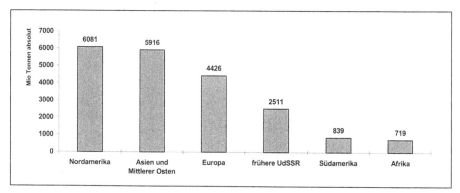

Abb. 2: b) Kohlendioxid-Ausstoß* (Absolutwerte nach Regionen)
*1995 bzw. letzter verfügbarer Stand

[2] Daten von: Handelsblatt, 11.12.97 und 23.10.97

Umweltschutz
Zahlen und Fakten

317

Anhänge

1998	Walter Kohn (USA) John A. Pople (USA)	Entwicklung von computer-gestützten Methoden in der Quantenchemie
1997	Paul D. Boyer (USA) John E. Walker (GB) Jens C. Skou (DEN)	Entdeckung der Na$^+$/K$^+$-ATPase, einem Ionen transportierenden Enzym
1996	Robert F. Curl, Jr. (USA) Sir Harold W. Kroto (GB) Richard E. Smalley (USA)	Entdeckung der Fullerene.
1995	Paul J. Crutzen (NL) Mario J. Molina (USA) F. Sherwood Rowland (USA)	Chemie der Atmosphäre, insbesondere über die Bildung und den Abbau von Ozon.
1994	George A. Olah (HUN)	Beiträge zur Chemie der Carbokationen.
1993	Kary B. Mullis (USA)	Entwicklung der Poly-merase-Kettenreaktion zur Vervielfältigung der DNA.
	Michael Smith (GB)	Erfindung der auf Oligo-nucleotiden beruhenden ortsspezifischen Muta-genese und ihrer Anwen-dung auf die Untersuchung von Proteinen.
1992	Rudolph A. Marcus (CAN)	Beiträge zur Theorie der Elektronentransferprozesse in chemischen Systemen.
1991	Richard R. Ernst (CH)	Beiträge zur Entwicklung der Methode hochauflösen-der kernmagnetischer Resonanzspektroskopie (NMR-Spektroskopie).
1990	Elias James Corey (USA)	Entwicklungen zur Theorie und zur Methodologie der Organischen Synthese.
1989	Thomas R. Cech (USA) Sidney Altman (USA)	Entdeckung der katalyti-schen Aktivität von RNA-Molekülen (Ribozyme).
1988	Johann Deisenhofer (D) Robert Huber (D) Hartmut Michel (D)	Kristallisation und Röntgen-strukturanalyse des photo-synthetischen Reaktions-zentrums aus dem Bakterium *Rhodopseudo-monas viridis*.

Nobelpreisträger für Chemie

1987	Donald J. Cram (USA) Jean-Marie Lehn (F) Charles J. Pederson (NOR)	Entwicklung und Verwendung von Molekülen mit strukturspezifischen Wechselwirkungen hoher Selektivität.
1986	Dudley R. Herschbach (USA) Yuan T. Lee (TAIWAN) John C. Polanyi (CAN)	Beiträge zur Dynamik chemischer Elementarprozesse.
1985	Herbert A. Hauptman (USA) Jerome Karle (USA)	Entwicklung der „direkten Methoden" zur Bestimmung von Kristallstrukturen.
1984	Robert Bruce Merrifield (USA)	Entwicklung einer Methode zur chemischen Synthese an einer festen Matrix.
1983	Henry Taube (CAN)	Mechanismen des Elektronentransfers, insbesondere in Metallkomplexen.
1982	Sir Aaron Klug (LIT)	Entwicklung der kristallographischen Elektronenmikroskopie sowie der Strukturaufklärung biologisch wichtiger Nucleinsäure-Protein-Komplexe.
1981	Kenichi Fukui (J) Roald Hoffmann (USA)	Entwicklung von Theorien über den Verlauf chemischer Reaktionen.
1980	Paul Berg (USA)	Biochemie der Nucleinsäuren, insbesondere im Hinblick auf rekombinante DNA.
	Walter Gilbert (USA) Frederick Sanger (GB)	Bestimmung der Basensequenzen in Nucleinsäuren.
1979	Herbert C. Brown (GB) Georg Wittig (D)	Entwicklung von Bor- bzw Phosphorverbindungen zu wichtigen Reagentien in der Organischen Synthese.
1978	Peter D. Mitchell (GB)	Beiträge zum Verständnis biologischer Energieübertragungsprozesse durch die Chemiosmotische Theorie.
1977	Ilya Prigogine (UDSSR)	Nichtgleichgewichts-Thermodynamik, insbesondere die Theorie dissipativer Strukturen.

1976	William N. Lipscomb (USA)	Untersuchungen über die Struktur der Borane zur Klärung von Fragestellungen bzgl. der chemischen Bindung.
1975	Sir John Warcup Cornforth (GB)	Stereochemie Enzym-katalysierter Reaktionen.
	Vladimir Prelog (BOSNIEN)	Stereochemie organischer Moleküle und Reaktionen.
1974	Paul J. Flory (USA)	Fundamentale Leistungen sowohl theoretisch als auch experimentell auf dem Gebiet der physikalischen Chemie der Makro-moleküle.
1973	Ernst Otto Fischer (D) Sir Geoffrey Wilkinson (GB)	Chemie metallorganischer Sandwichverbindungen.
1972	Christian B. Anfinsen (USA)	Arbeiten über Ribo-nuclease, insbesondere über den Zusammenhang zwischen Aminosäure-sequenz und biologisch aktiven Konformationen.
	Stanford Moore (USA) William H. Stein (USA)	Beiträge zum Verständnis des Zusammenhangs zwischen chemischer Struktur und katalytischer Aktivität des aktiven Zentrums der Ribonuclease
1971	Gerhard Herzberg (D)	Beiträge zum Verständnis der elektronischen Struktur und der Geometrie von Molekülen, insbesondere von Radikalen.
1970	Luis F. Leloir (ARG)	Entdeckung der Zucker-Nucleotide und ihrer Rolle in der Biosynthese der Kohlenhydrate.
1969	Sir Derek H. R. Barton (GB) Odd Hassel (NOR)	Entwicklung des Konzepts der Konformation und dessen Anwendung in der Chemie.
1968	Lars Onsager (NOR)	Entdeckung der Rezipro-zitäts-Beziehung gleichen Namens, einer für die Thermodynamik irrever-sibler Prozesse fundamenta-len Gesetzmäßigkeit.

Nobelpreisträger für Chemie

1967	Manfred Eigen (D) Ronald George Wreyford Norrish (GB) Lord George Porter (GB)	Untersuchung extrem schneller Reaktionen durch Störung des Gleichgewichts mittels gepulster Energie- zufuhr.
1966	Robert S. Mulliken (USA)	Grundlegende Arbeiten über die chemische Bin- dung und die elektronische Struktur der Moleküle durch die Molekülorbital (MO)-Theorie.
1965	Robert Burns Woodward (USA)	Herausragende Leistungen in der Kunst der Organischen Synthese.
1964	Dorothy Crowfoot Hodgkin (GB)	Röntgenstrukturanalyse von biochemisch wichtigen Molekülen.
1963	Karl Ziegler (D) Giulio Natta (I)	Entdeckungen auf dem Gebiet der Chemie und der Technologie hochpoly- merer Verbindungen.
1962	Sir John Cowdery Kendrew (GB) Max Ferdinand Perutz (A)	Untersuchungen zur Strukur globulärer Proteine.
1961	Melvin Calvin (USA)	Arbeiten über die CO_2-Assi- milation in Pflanzen.
1960	Willard Frank Libby (USA)	Die Verwendung von ^{14}C zur Altersbestimmung in Archäologie, Geologie, Geophysik und anderen Wissenschaftszweigen.
1959	Jaroslav Heyrovsky (CSSR)	Entdeckung und Entwick- lung der Polarographie als Methode in der analytischen Chemie.
1958	Frederick Sanger (GB)	Struktur der Proteine, ins- besondere des Insulins.
1957	Lord Alexander R. Todd (GB)	Nucleotide und Nucleotid- Coenzyme.
1956	Sir Cyril Norman Hinshel- wood (GB) Nikolay Nikolaevich Semenov (UDSSR)	Mechanismus chemischer Reaktionen.

1955	Vincent du Vigneaud (USA)	Synthese biochemisch wichtiger Schwefelverbindungen, insbesondere die Synthese des ersten Polypeptid-Hormons.
1954	Linus Carl Pauling (USA)	Arbeiten über die Natur der chemischen Bindung und ihre Anwendungen zur Strukturaufklärung komplexer Verbindungen.
1953	Hermann Staudinger (D)	Entdeckungen auf dem Gebiet der makromolekularen Chemie.
1952	Archer John Porter Martin (GB) Richard Laurence Millington Synge (GB)	Entwicklung der Verteilungschromatographie.
1951	Edwin Mattison McMillan (USA) Glenn Theodore Seaborg (USA)	Entdeckungen der Transuran-Elemente.
1950	Otto Paul Hermann Diels (D) Kurt Alder (D)	Entdeckung und Entwicklung der Dien-Synthese.
1949	William Francis Giauque (USA)	Beiträge auf dem Gebiet der chemischen Thermodynamik, insbesondere über das Verhalten von Verbindungen bei extrem niedrigen Temperaturen.
1948	Arne Wilhelm Kaurin Tiselius (SWE)	Arbeiten über Elektrophorese und Adsorptionsanalyse, insbesondere für die Entdeckung der komplexen Struktur der Serumproteine.
1947	Sir Robert Robinson (GB)	Untersuchung pflanzlicher Inhaltsstoffe, insbesondere der Alkaloide, auf ihre biologische Bedeutung.
1946	James Batcheller Sumner (USA)	Entdeckung, daß sich Enzyme kristallisieren lassen.
	John Howard Northrop (USA) Wendell Meredith Stanley (USA)	Isolierung von Enzymen und Virusproteinen in reiner Form.

Nobelpreisträger für Chemie

1945	Artturi Ilmari Virtanen (FIN)	Arbeiten auf dem Gebiet der Agrarchemie und der Lebensmittelchemie, insbesondere für Methoden zur Konservierung von Futtermitteln.
1944	Otto Hahn (D)	Entdeckung der Kernspaltung.
1943	George de Hevesy (HUN)	Verwendung von Isotopen als Markierungen bei der Untersuchung chemischer Reaktionen.
1942	keine Preisverleihung	
1941	keine Preisverleihung	
1940	keine Preisverleihung	
1939	Adolf Friedrich Johann Butenandt (D)	Arbeiten über Sexualhormone.
	Leopold Ruzicka (A/HUN)	Arbeiten über Polymethylen-Verbindungen und höhere Terpene.
1938	Richard Kuhn (A)	Arbeiten über Carotinoide und Flavine.
1937	Sir Walter Norman Haworth (GB)	Untersuchungen auf dem Gebiet der Kohlenhydrate und des Vitamins C.
	Paul Karrer (CH)	Untersuchungen auf dem Gebiet der Carotinoide, des Flavins und der Vitamine A und B2.
1936	Petrus Josephus Wilhelmus Debye (NL)	Beiträge zum Verständnis der molekularen Struktur durch die Untersuchung des Dipolmoments und zur Beugung von Röntgenstrahlen und Elektronen in Gasen.
1935	Frédéric Joliot (F) Irène Joliot-Curie (F)	Synthese neuer radioaktiver Elemente.
1934	Harold Clayton Urey (USA)	Entdeckung des schweren Wasserstoffs.
1933	keine Preisverleihung	
1932	Irving Langmuir (USA)	Entdeckungen und Untersuchungen auf dem Gebiet der Oberflächenchemie.

1931	Carl Bosch (D) Friedrich Bergius (D)	Entdeckung und Entwick- lung chemischer Hoch- druckmethoden.
1930	Hans Fischer (D)	Konstitution von Hämin und Chlorophyll, insbeson- dere für die Synthese des Hämins.
1929	Sir Arthur Harden (GB) Hans Karl August Simon von Euler-Chelpin (D)	Untersuchungen zur Fermentation des Zuckers und zu Fermentations- enzymen.
1928	Adolf Otto Reinhold Windaus (D)	Konstitution des Sterols und sein Zusammenhang mit den Vitaminen.
1927	Heinrich Otto Wieland (D)	Konstitution der Gallen- säuren und verwandter Ver- bindungen.
1926	Theodor Svedberg (SWE)	Arbeiten über disperse Systeme.
1925	Richard Adolf Zsigmondy (A)	Nachweis der heterogenen Natur kolloidaler Lösungen durch Methoden, die mitt- lerweile zur Grundlage der modernen Kolloidchemie geworden sind.
1924	keine Preisverleihung	
1923	Fritz Pregl (A)	Entdeckung der Mikroana- lyse organischer Verbindun- gen.
1922	Francis William Aston (GB)	Massenspektrometrische Entdeckung von Isotopen einer großen Zahl nicht- radioaktiver Elemente sowie die Aufstellung der Ganzzahligkeits-Regel.
1921	Frederick Soddy (GB)	Beiträge zum Verständnis der Chemie radioaktiver Verbindungen sowie für Untersuchungen über den Ursprung und die Eigen- schaften der Isotope.
1920	Walter Hermann Nernst (D)	Arbeiten über Thermo- chemie.
1919	keine Preisverleihung	

Nobelpreisträger für Chemie

1918	Fritz Haber (D)	Synthese von Ammoniak aus den Elementen.
1917	keine Preisverleihung	
1916	keine Preisverleihung	
1915	Richard Martin Willstätter (D)	Arbeiten über Pflanzenpigmente, insbesondere über das Chlorophyll.
1914	Theodore William Richards (USA)	Exakte Bestimmung des Atomgewichts einer großen Zahl chemischer Elemente.
1913	Alfred Werner (D)	Arbeiten über die Verbindung von Atomen in Molekülen, was ein neues Licht auf frühere Untersuchungen geworfen hat und neue Arbeitsgebiete insbesondere in der Anorganischen Chemie eröffnet hat.
1912	Victor Grignard (F)	Entdeckung der Grignard-Reaktion.
	Paul Sabatier (F)	Methode zur Hydrierung organischer Verbindungen durch die Gegenwart fein verteilter Metalle.
1911	Marie Curie geb. Sklodowska (POL)	Entdeckung der Elemente Radium und Polonium, Isolierung von Radium, sowie für Untersuchungen der Eigenschaften und Verbindungen dieses Elements.
1910	Otto Wallach (D)	Grundlegende Arbeiten auf dem Gebiet alicyclischer Verbindungen.
1909	Wilhelm Ostwald (Lettland)	Arbeiten über Katalyse und Untersuchungen über die grundlegenden Gesetzmäßigkeiten des chemischen Gleichgewichts und über chemische Reaktionsgeschwindigkeiten.
1908	Lord Ernest Rutherford (Neuseeland)	Untersuchungen zur Spaltung der Elemente sowie zur Chemie radioaktiver Verbindungen.

1907	Eduard Buchner (D)	Arbeiten auf dem Gebiet der Biochemie und der zellfreien Fermentation.
1906	Henri Moissan (F)	Isolierung des Fluors und Entwicklung eines elektrischen Schmelzofens.
1905	Johann Friedrich Wilhelm Adolf von Baeyer (D)	Weiterentwicklungen in der Organischen Chemie und der chemischen Industrie durch Arbeiten über organische Farbstoffe und hydroaromatische Verbindungen.
1904	Sir William Ramsay (GB)	Entdeckung der Edelgase als Bestandteile atmosphärischer Luft und ihrer Position im Periodensystem der Elemente.
1903	Svante August Arrhenius (SWE)	Theorie der elektrolytischen Dissoziation.
1902	Hermann Emil Fischer (D)	Synthese von Zucker- und Purinverbindungen.
1901	Jacobus Henricus van't Hoff (NL)	Entdeckung der Gesetzmäßigkeiten chemischer Dynamik sowie des osmotischen Drucks in Lösungen.

Nobelpreisträger für Chemie

1998	Robert F. Furchgott (USA) Louis J. Ignarro (USA) Ferid Murad (USA)	Entdeckung von NO als molekularem Botenstoff im kardiovaskulären System
1997	Stanley B. Prusiner (USA)	Entdeckung der Prione als neuem biologischen Prinzip der Infektion
1996	Peter C. Doherty (AUS) Rolf M. Zinkernagel (CH)	Entdeckung der Spezifität der zellvermittelten Immunabwehr.
1995	Edward B. Lewis (USA) Christiane Nüsslein-Volhard (D) Eric F. Wieschaus (USA)	Entdeckungen auf dem Gebiet der genetischen Kontrolle während der frühen embryonalen Entwicklung.
1994	Alfred G. Gilman (USA) Martin Rodbell (USA)	Entdeckung der G-Proteine und ihrer Rolle bei der Signaltransduktion in Zellen.
1993	Richard J. Roberts (GB) Phillip A. Sharp (USA)	Unabhängig voneinander gemachte Entdeckung von Mosaikgenen.
1992	Edmond H. Fischer (CHINA) Edwin G. Krebs (USA)	Entdeckung der reversiblen Proteinphosphorylierung als biologischem Regulationsmechanismus.
1991	Erwin Neher (D) Bert Sakman (D)	Entdeckung der Funktion von Einzelionenkanälen in Zellen.
1990	Joseph E. Murray (USA) E. Donnall Thomas (USA)	Grundlegende Arbeiten zur Organ- und Zelltransplantation.
1989	J. Michael Bishop (USA) Harold E. Varmus (USA)	Entdeckung des zellulären Ursprungs retroviraler Onkogene.
1988	Sir James W. Black (GB) Gertrude B. Elion (USA) George H. Hitchings (USA)	Entdeckung wichtiger Prinzipien in der medikamentösen Behandlung von Krankheiten.
1987	Susumu Tonegawa (J)	Entdeckung genetischer Prinzipien, die der Diversität von Antikörpern zugrunde liegen.
1986	Stanley Cohen (USA) Rita Levi-Montalcini (I)	Entdeckung der Wachstumsfaktoren.

Nobelpreisträger für Medizin

1985	Michael S. Brown (USA) Joseph L. Goldstein (USA)	Entdeckungen zur Regulierung des Cholesterin-Stoffwechsels.
1984	Niels K. Jerne (DEN) Georges F. Köhler (D) César Milstein (ARG)	Theorien zur Spezifität in der Entwicklung und bei der Kontrolle des Immunsystems; Herstellung monoklonaler Antikörper.
1983	Barbara McClintock (USA)	Entdeckung mobiler genetischer Elemente.
1982	Sune K. Bergström (SWE) Bengt I. Samuelsson (SWE) Sir John R. Vane (GB)	Entdeckungen auf dem Gebiet der Prostaglandine und verwandter biologisch aktiver Substanzen.
1981	Roger W. Sperry (USA)	Entdeckungen zur funktionellen Spezialisierung der Gehirnhemisphären.
	David H. Hubel (CAN) Torsten N. Wiesel (SWE)	Entdeckungen zur Informationsverarbeitung in visuellen Systemen.
1980	Baruj Benacerraf (VENEZUELA) Jean Dausset (F) George D. Snell (USA)	Entdeckungen über genetisch determinierte Strukturen auf Zelloberflächen, die immunologische Reaktionen steuern.
1979	Alan M. Cormack (SOUTH AFRICA) Sir Godfrey N. Hounsfield (GB)	Entwicklung der computergestützten Tomographie.
1978	Werner Arber (CH) Daniel Nathans (USA) Hamilton O. Smith (USA)	Entdeckung der Restriktionsenzyme und ihrer Anwendung im Bereich der Molekulargenetik.
1977	Roger Guillemin (F) Andrew V. Schally (POL)	Entdeckung der Peptidhormonproduktion des Gehirns.
	Rosalyn Yalow (USA)	Entwicklung von Radioimmunoassays für Peptidhormone.
1976	Baruch S. Blumberg (USA) D. Carleton Gajdusek (USA)	Neue Mechanismen zur Entstehung und Verbreitung von Infektionskrankheiten.
1975	David Baltimore (USA) Renato Dulbecco (I) Howard Martin Temin (USA)	Wechselwirkung zwischen Tumorviren und genetischem Material der Zellen.

1974	Albert Claude (B)	Entdeckungen zur
	Christian de Duve (B)	strukturellen und funktio-
	George E. Palade (ROU)	nellen Organisation der
		Zelle.
1973	Karl von Frisch (A)	Entdeckungen zur Orga-
	Konrad Lorenz (A)	nisation und Ursache von
	Nikolaas Tinbergen (NL)	individuellen und sozialen
		Verhaltensmustern.
1972	Gerald M. Edelman (USA)	Entdeckung der
	Rodney R. Porter (GB)	chemischen Struktur der
		Antikörper.
1971	Earl W. Sutherland, Jr. (USA)	Entdeckung des Wirk-
		mechanismus von
		Hormonen.
1970	Sir Bernard Katz (GB)	Entdeckung von humora-
	Ulf von Euler (SWE)	len Transmittern an
	Julius Axelrod (USA)	Nervenenden und von
		Mechanismen für deren
		Speicherung, Freisetzung
		und Inaktivierung.
1969	Max Delbrück (D)	Entdeckung des Replika-
	Alfred D. Hershey (USA)	tionsmechanismus und der
	Salvadore E. Luria (I)	genetischen Struktur von
		Viren.
1968	Robert W. Holley (USA)	Interpretation des gene-
	Har Gobind Khorana (IND)	tischen Codes und seiner
	Marshall W. Nirenberg (USA)	Funktion in der Protein-
		biosynthese.
1967	Ragnar Granit (FIN)	Entdeckung der primären
	Haldan Keffer Hartline (USA)	physiologischen und
	George Wald (USA)	chemischen Vorgänge bei
		Sehprozessen im Auge.
1966	Peyton Rous (USA)	Entdeckung der Tumor-
		viren.
	Charles Brenton Huggins	Entwicklung einer hormo-
	(USA)	nellen Behandlung des
		Prostatakrebses.
1965	François Jacob (F)	Entdeckung der gene-
	André Lwoff (F)	tischen Kontrolle der
	Jacques Monod (F)	Enzyme und der Virus-
		synthese.
1964	Konrad Bloch (D)	Entdeckung der Funktion
	Feodor Lynen (D)	und der Regulation des
		Cholesterin- und Fett-
		säurenstoffwechsels.

Nobelpreisträger für Medizin

1963	Sir John Carew Eccles (AUS) Sir Alan Lloyd Hodgkin (GB) Sir Andrew Fielding Huxley (GB)	Entdeckung der ionischen Mechanismen, die bei Erregung und Hemmung der peripheren und zentralen Bereiche der Nervenzellmembran beteiligt sind.
1962	Francis Harry Compton Crick (GB) James Dewey Watson (USA) Maurice Hugh Frederick Wilkins (GB)	Entdeckung der molekularen Struktur der Nukleinsäuren und ihrer Bedeutung für die Informationsübertragung in lebenden Systemen.
1961	Georg von Békésy (HUN)	Entdeckung des physikalischen Mechanismus der Reizleitung in der Gehörschnecke.
1960	Sir Frank MacFarlane Burnet (AUS) Sir Peter Brian Medawar (GB)	Entdeckung der erworbenen Immuntoleranz.
1959	Severo Ochoa (E) Arthur Kronberg (USA)	Entdeckung des biologischen Syntheseweges der Ribo- und Desoxyribonukleinsäuren.
1958	George Wells Beadle (USA) Edward Lawrie Tatum (USA)	Entdeckung, daß die Wirksamkeit von Genen auf der Steuerung bestimmter chemischer Ereignisse beruht.
	Joshua Lederberg (USA)	Entdeckungen über die genetische Rekombination und die Organisation genetischen Materials in Bakterien.
1957	Daniel Bovet (CH)	Entdeckung, daß die Funktion bestimmter körpereigener Substanzen, insbesondere innerhalb von Blutgefäßen und Skelettmuskulatur, durch synthetische Verbindungen gehemmt wird.
1956	André Frédéric Cournand (F) Werner Forssmann (D) Dickinson W. Richards (USA)	Entdeckung des Herzkatheters und pathologischer Veränderungen des Kreislaufsystems.
1955	Axel Hugo Theodor Theorell (SWE)	Entdeckung der Natur und der Wirkweise von oxidativen Enzymen.

1954	John Franklin Enders (USA) Thomas Huckle Weller (USA) Frederick Chapman Robbins (USA)	Entdeckung, daß Polio-myelitis-Viren in Kulturen verschiedener Gewebearten wachsen können.
1953	Sir Hans Adolf Krebs (D)	Entdeckung des Citrat-cyclus.
1953	Fritz Albert Lipmann (D)	Entdeckung des Coenzym A und seiner Bedeutung für den Intermediärstoff-wechsel.
1952	Selman Abraham Waksman (UDSSR)	Entdeckung des Strepto-mycins, des ersten Antibio-tikums gegen Tuberkulose.
1951	Max Theiler (SOUTH AFRICA)	Entdeckung des Gelb-fiebers und seiner Bekämpfung.
1950	Edward Calvin Kendall (USA) Tadeus Reichstein (POL) Philip Showalter Hench (USA)	Entdeckungen der Hor-mone der Nebennieren-rinde, ihrer Strukturen und biologischen Wirkungen.
1949	Walter Rudolf Hess (CH)	Entdeckung der funktio-nellen Organisation des Zwischenhirns als Koor-dinator der Funktionen innerer Organe.
	Antonio Caetano de Abreu Freire Egas Monitz (POR)	Entdeckung des therapeu-tischen Nutzens der Leuko-tomie bei bestimmten Psychosen.
1948	Paul Hermann Müller (CH)	Entdeckung der großen Wirksamkeit von DDT als Kontaktgift gegen ver-schiedene Arthropoden.
1947	Carl Ferdinand Cori (A) Gerty Theresa Cori (A)	Entdeckungen zum Glycogenstoffwechsel.
	Bernardo Alberto Houssay (ARG)	Entdeckung der Rolle von Hypophysenhormonen im Zuckermetabolismus.
1946	Hermann Joseph Muller (USA)	Entdeckung, daß Röntgen-strahlen Mutationen her-vorrufen können.
1945	Sir Alexander Fleming (GB) Sir Ernst Boris Chain (D) Lord Howard Walter Florey (AUS)	Entdeckung des Penicillins und seiner heilsamen Wir-kung bei verschiedenen Infektionskrankheiten.

Nobelpreisträger für Medizin

1944	Joseph Erlanger (USA) Herbert Spencer Gasser (USA)	Entdeckung der hoch-differenzierten Funktionen einzelner Nervenfasern.
1943	Henrik Carl Peter Dam (DEN)	Entdeckung des Vitamin K.
	Edward Adelbert Doisy (USA)	Entdeckung der chemischen Struktur des Vitamin K.
1942	keine Preisverleihung	
1941	keine Preisverleihung	
1940	keine Preisverleihung	
1939	Gerhard Domagk (D)	Entdeckung der anti-bakteriellen Wirkung von Prontosil.
1938	Corneille Jean François Heymans (B)	Entdeckung der Rolle des Arterien-Sinus und des Aorten-Mechanismus bei der Regulierung der Atmung.
1937	Albert Szent-Györgyi (HUN)	Entdeckungen im Zusammenhang mit biologischen Verbrennungsprozessen, insbesondere hinsichtlich des Vitamin C und der Fumarsäure.
1936	Sir Henry Hallett Dale (GB) Otto Loewi (D)	Entdeckung der chemi-schen Übertragung von Nervenimpulsen.
1935	Hans Spemann (D)	Entdeckung des Organisa-tionseffekts bei der Embryonalentwicklung.
1934	George Hoyt Whipple (USA) George Richards Minot (USA) William Parry Murphy (USA)	Entdeckung der Leber-therapie bei Anämie.
1933	Thomas Hunt Morgan (USA)	Entdeckung zur Funktion der Chromosomen bei der Vererbung.
1932	Sir Charles Scott Sherrington (GB) Lord Edgar Douglas Adrian (GB)	Entdeckungen zur Funktion des Neurons.
1931	Otto Heinrich Warburg (D)	Entdeckungen zur Natur und Funktion der Enzyme der Atmungskette.

1930	Karl Landsteiner (A)	Entdeckung der menschlichen Blutgruppen.
1929	Christiaan Eijkman (NL)	Entdeckung des antineuritischen Vitamins.
	Sir Frederick Gowland Hopkins (GB)	Entdeckung der wachstumstimulierenden Vitamine.
1928	Charles Jules Henri Nicolle (F)	Arbeiten über Typhus.
1927	Julius Wagner-Jauregg (A)	Entdeckung des therapeutischen Nutzens der Malariainfektion bei der Behandlung der tertiären Syphilis (*Dementia paralytica*).
1926	Johannes Andreas Grib Fibiger (DEN)	Erste experimentelle Krebserzeugung im Tiermodell.
1925	keine Preisverleihung	
1924	Wilhelm Einthoven (NL)	Entdeckung des Elektrokardiogramms.
1923	Sir Frederick Grant Banting (CAN) John James Richard Macleod (GB)	Entdeckung des Insulins.
1922	Sir Archibald Vivian Hill (GB)	Entdeckung der Wärmeproduktion im Muskel.
	Otto Fritz Meyerhoff (D)	Entdeckung der Beziehung zwischen Sauerstoffverbrauch und Milchsäurestoffwechsel im Muskel.
1921	keine Preisverleihung	
1920	Schack August Steenberger Krogh (DEN)	Arbeiten zum Atmungsstoffwechsel.
1919	Jules Bordet (B)	Entdeckungen auf dem Gebiet der Immunität.
1918	keine Preisverleihung	
1917	keine Preisverleihung	
1916	keine Preisverleihung	
1915	keine Preisverleihung	
1914	Robert Bárány (A)	Arbeiten zu Physiologie und Pathologie des Vestibularapparates des Ohres.

Nobelpreisträger für Medizin

1913	Charles Robert Richet (F)	In Anerkennung seiner Arbeiten zur Anaphylaxe.
1912	Alexis Carrel (F)	In Anerkennung seiner Arbeiten zur Transplantation von Blutgefäßen und Organen.
1911	Allvar Gullstrand (SWE)	Arbeiten zu optischen Eigenschaften des Auges.
1910	Albrecht Kossel (D)	In Anerkennung seiner Beiträge zum Verständnis der Chemie der Zelle durch seine Arbeiten über Proteine und der im Zellkern enthaltenen Verbindungen.
1909	Emil Theodor Kocher (CH)	Arbeiten zur Physiologie, Pathologie und Chirurgie der Schilddrüse.
1908	Ilya Ilyich Mechnikov (Rußland) Paul Ehrlich (D)	In Anerkennung ihrer Arbeiten auf dem Gebiet der Immunität.
1907	Charles Louis Alphonse Laveran (F)	In Anerkennung seiner Arbeiten zur Rolle der Protozoen als Krankheitserreger.
1906	Camillo Golgi (I) Santiago Ramon y Cajal (E)	In Anerkennung ihrer Arbeiten zur Struktur des Nervensystems.
1905	Robert Koch (D)	Untersuchungen und Entdeckungen auf dem Gebiet der Tuberkulose.
1904	Ivan Petrovich Pavlov (Rußland)	In Anerkennung seiner Arbeiten zur Physiologie der Verdauung.
1903	Niels Ryberg Finsen (DEN)	In Anerkennung seiner Beiträge zur Krankheitsbehandlung, insbesondere der Hauttuberkulose mit UV-Bestrahlung.
1902	Sir Ronald Ross (GB)	Arbeiten über Malaria.
1901	Emil Adolf von Behring (D)	Arbeiten zur Serumtherapie, insbesondere ihrer Anwendung bei Diphtherie.

1998	Robert B. Laughlin (USA) Horst L. Störmer (USA) Daniel C. Tsui (USA)	Entdeckung einer neuen Form von Quantenflüssigkeiten mit fraktional geladenen Anregungen.
1997	Steven Chou (USA) Claude Cohen-Tannoudji (F) William D. Phillips (USA)	Entwicklung von Methoden zum Kühlen und zur Isolierung von Atomen mittels Laserlicht.
1996	David M. Lee (USA) Douglas D. Osheroff (USA) Robert C. Richardson (USA)	Entdeckung der Superfluidität von Helium-3.
1995	Martin L. Perl (USA)	Entdeckung des Tau-Leptons.
	Frederick Reines (USA)	Experimentelle Bestätigung der Existenz des Neutrinos.
1994	Bertram N. Brockhouse (CAN) Clifford G. Shull (USA)	Entwicklung von grundlegenden Verfahren der elastischen und inelastischen Neutronenbeugung zur Strukturbestimmung von Festkörpern.
1993	Russell A. Hulse (USA) Joseph H. Taylor, Jr. (USA)	Entdeckung einer neuen Klasse von Pulsaren, was neue Möglichkeiten zur Erforschung der Gravitation eröffnet hat.
1992	Georges Charpak (POL)	Entdeckung und Entwicklung von Teilchendetektoren, insbesondere der Vieldraht-Proportionalkammer.
1991	Pierre-Gilles de Gennes (F)	Anwendung von Methoden, die zur Untersuchung von Ordnungsphänomenen in einfachen Systemen entwickelt wurden, auf komplexere Systeme wie Flüssigkristalle oder Polymere.
1990	Jerome I. Friedman (USA) Henry W. Kendall (USA) Richard E. Taylor (CAN)	Pionierarbeiten auf dem Gebiet der inelastischen Streuung hochenergetischer Elektronen an Protonen und gebundenen Neutronen zur Bestimmung deren innerer Struktur, was für die Entwicklung des Quark-Modells in der Teilchenphysik von herausragender Bedeutung war.

Nobelpreisträger für PHYSIK

1989	Norman F. Ramsay (USA)	Erfindung einer Präzisions-methode zur elektromagne-tischen Anregung von Atomen in getrennten Mikrowellenfeldern mit fester Phasenbeziehung und ihre Anwendung in Wasserstoff-Masern und anderen Atomuhren.
1989	Hans G. Dehmelt (D) Wolfgang Paul (D)	Entwicklung der Ionenfalle.
1988	Leon M. Lederman (USA) Melvin Schwartz (USA) Jack Steinberger (D)	Entwicklung der Neutrino-strahlen-Methode sowie Beweis der Dublettstruktur des Leptons durch die Ent-deckung des Muon-Neutrinos.
1987	J. Georg Bednorz (D) K. Alexander Müller (CH)	Wichtiger Durchbruch bei der Entdeckung der Hochtemperatur-Supra-leitung keramischer Materialien.
1986	Ernst Ruska (D)	Fundamentale Beiträge zur Elektronenoptik sowie Entwicklung des ersten Elektronenmikroskops.
	Gerd Binnig (D) Heinrich Rohrer (CH)	Entwicklung des Raster–Tunnel-Mikroskops.
1985	Klaus von Klitzing (D)	Entdeckung des Quanten-Hall-Effekts.
1984	Carlo Rubbia (I) Simon van der Meer (NL)	Entscheidende Beiträge zu dem Großprojekt, das zur Entdeckung der W- und Z-Feldteilchen, den Ver-mittlern der schwachen Wechselwirkung, geführt hat.
1983	Subramanyan Chandrasekhar (IND)	Theoretische Arbeiten über physikalische Prozesse bei der Entstehung und der Evolution der Sterne.
	William A. Fowler (USA)	Theoretische und experi-mentelle Arbeiten über Kernreaktionen, die bei der Bildung chemischer Ele-mente im Universum von Bedeutung sind.

1982	Kenneth G. Wilson (USA)	Theorie des Phänomens der kritischen Eigenschaften bei Phasenübergängen.
1981	Nicolaas Bloembergen (NL) Arthur L. Schawlow (USA)	Beiträge zur Entwicklung der Laser-Spektroskopie.
	Kai M. Siegbahn (SWE)	Beiträge zur Entwicklung der hochauflösenden Elektronenspektroskopie.
1980	James W. Cronin (USA) Val L. Fitch (USA)	Entdeckung von Verletzung der PC-Invarianz beim Zerfall neutraler K-Mesonen.
1979	Sheldon L. Glashow (USA) Abdus Salam (PAKISTAN) Steven Weinberg (USA)	Beiträge zur Theorie der vereinten schwachen und elektromagnetischen Wechselwirkung zwischen Elementarteilchen, darunter unter anderem die Voraussage der schwachen neutralen Ströme.
1978	Pyotr Leonidovich Kapitsa (UDSSR)	Grundlegende Entdeckungen auf dem Gebiet der Tieftemperatur-Physik.
	Arno A. Penzias (D) Robert W. Wilson (USA)	Entdeckung der kosmischen Mikrowellen-Hintergrundstrahlung.
1977	Philip W. Anderson (USA) Sir Nevill F. Mott (GB) John H. van Vleck (USA)	Grundlegende theoretische Untersuchungen zur elektronischen Struktur magnetischer, ungeordneter Systeme.
1976	Burton Richter (USA) Samuel C. C. Ting (USA)	Entdeckung einer neuen Art schwerer Elementarteilchen, den sogenannten Psi-Teilchen.
1975	Aage Bohr (DEN) Ben Mottelson (USA) James Rainwater (USA)	Entdeckung eines Zusammenhangs zwischen Kollektiv- und Partikelbewegungen in Atomkernen sowie Entwicklung einer darauf beruhenden Theorie der Kernstruktur.
1974	Sir Martin Ryle (GB) Antony Hewish (GB)	Grundlegende Arbeiten auf dem Gebiet der Radio-Astrophysik.
1973	Leo Esaki (J) Ivar Giaever (NOR)	Experimentelle Beobachtungen von Tunnelphänomenen in Halbleitern und Supraleitern.

Nobelpreisträger für Physik

	Brian D. Josephson (GB)	Voraussagen über die Eigenschaften eines Super-Stroms durch Tunnel-Barrieren, insbesondere dem als Josephson-Effekt bekannten Phänomen.
1972	John Bardeen (USA) Leon N. Cooper (USA) J. Robert Schrieffer (USA)	Theorie der Supraleitfähigkeit (BCS-Theorie).
1971	Dennis Gabor (HUN)	Entdeckung und Entwicklung holographischer Methoden.
1970	Hannes Alfvén (SWE)	Entdeckungen auf dem Gebiet der Magneto-Hydrodynamik mit vielfältigen Anwendungen im Bereich der Plasmaphysik.
	Louis Néel (F)	Grundlegende Arbeiten über Antiferromagnetismus und Ferrimagnetismus, die zu Anwendungen in der Festkörperphysik geführt haben.
1969	Murray Gell-Mann (USA)	Beiträge zur Klassifizierung der Elementarteilchen und ihrer Wechselwirkungen.
1968	Luis W. Alvarez (USA)	Entscheidende Beiträge zur Elementarteilchen-Physik, insbesondere der Entdeckung einer Vielzahl von Resonanzzuständen.
1967	Hans Albrecht Bethe (D)	Beiträge zur Theorie von Kernreaktionen, insbesondere den Entdeckungen zur Energieproduktion in Sternen.
1966	Alfred Kastler (F)	Entdeckung und Entwicklung optischer Methoden zur Untersuchung der Hertzschen Resonanz in Atomen ("optisches Pumpen").
1965	Sin-Itiro Tomonaga (J) Julian Schwinger (USA) Richard P. Feynman (USA)	Grundlegende Arbeiten zur Quantenelektrodynamik, die tiefgreifende Auswirkungen auf die Elementarteilchenphysik hat.

1964	Charles H. Townes (USA) Nicolay Gennadiyevich Basov (UDSSR) Aleksandr Mikhailovich Prokhorov (UDSSR)	Grundlegende Arbeiten auf dem Gebiet der Quanten- elektronik, die zur Kon- struktion von auf dem Maser-Laser-Prinzip be- ruhenden Oszillatoren und Verstärkern führten.
1963	Eugene P. Wigner (HUN)	Beiträge zur Theorie des Atomkerns und der Ele- mentarteilchen, insbeson- dere der Entdeckung und Anwendung fundamentaler Symmetriegesetze in der Quantentheorie.
	Maria Goeppert-Mayer (D) J. Hans D. Jensen (D)	Arbeiten über die Schalen- struktur des Atomkerns.
1962	Lev Davidovich Landau (UDSSR)	Bahnbrechende Theorien der kondensierten Materie, insbesondere des flüssigen Heliums.
1961	Robert Hofstadter (USA)	Untersuchungen zur Elek- tronenstreuung an Atom- kernen und die damit zusammenhängende Ent- deckung der inneren Struk- tur der Nukleonen.
	Rudolf Ludwig Mössbauer (D)	Arbeiten über die Reso- nanzabsorption von Gammastrahlung und im Zusammenhang damit die Entdeckung des Mössbauer- Effekts.
1960	Donald A. Glaser (USA)	Erfindung der Blasenkam- mer.
1959	Emilio Gino Segrè (I) Owen Chamberlain (USA)	Entdeckung des Anti- protons.
1958	Pavel Alekseyevich Cherenkov (UDSSR) Ilya Mikhailovich Frank (UDSSR) Igor Yevgenyevich Tamm (UDSSR)	Entdeckung und Erklärung des Cherenkov-Effekts.
1957	Chen Ning Yang (CHINA) Tsung-Dao Lee (CHINA)	Untersuchungen zum Prinzip der Paritätserhal- tung, die zu wichtigen Ent- deckungen auf dem Gebiet der Elementarteilchen- physik geführt haben.

Nobelpreisträger für Physik

1956	William Shockley (GB) John Bardeen (USA) Walter Houser Brattain (USA)	Arbeiten über Halbleiter und die Entdeckung des Transistoreffekts.
1955	Willis Eugene Lamb (USA)	Entdeckung der Feinstruktur des Wasserstoffspektrums.
1955	Polykarp Kusch (D)	Präzisionsbestimmung des magnetischen Moments des Elektrons.
1954	Max Born (D)	Fundamentale Arbeiten zur Quantenmechanik, insbesondere der statistischen Behandlung der Wellenfunktion.
	Walter Bothe (D)	Entwicklung von Koinzidenzverfahren und der damit gemachten Entdeckungen auf dem Gebiet der kosmischen Höhenstrahlung und der Kernumwandlung.
1953	Frits (Frederik) Zernike (NL)	Entwicklung der Phasenkontrastmethode, insbesondere die Erfindung des Phasenkontrastmikroskops.
1952	Felix Bloch (CH) Edward Mills Purcell (USA)	Neue Methoden zur Messung der kernmagnetischen Präzession und der in diesem Zusammenhang gemachten Erfindungen.
1951	Sir John Douglas Cockcroft (GB) Ernest Thomas Sinton Walton (IRL)	Grundlegende Arbeiten über die Transmutation von Atomkernen durch künstlich beschleunigte Elementarteilchen.
1950	Cecil Frank Powell (GB)	Entwicklung photographischer Methoden zur Untersuchung von Kernprozessen und die mit dieser Methode gemachte Entdeckung des Mesons.
1949	Hideki Yukawa (J)	Voraussage der Existenz von Mesonen auf der Grundlage theoretischer Arbeiten über Kernkräfte.

1948	Lord Patrick Maynard Stuart Blackett (GB)	Weiterentwicklung der Wilsonschen Nebelkammermethode und die damit auf den Gebieten der Kernphysik und der kosmischen Strahlung gemachten Entdeckungen.
1947	Sir Edward Victor Appleton (GB)	Untersuchungen zur Physik der oberen Atmosphäre, insbesondere die Entdeckung der sogenannten Appleton-Schicht.
1946	Percy Williams Bridgman (USA)	Erfindung einer Apparatur zur Erzeugung ultrahoher Drücke und die in diesem Zusammenhang gemachten Entdeckungen auf dem Gebiet der Hochdruck-Physik.
1945	Wolfgang Pauli (A)	Entdeckung des Paulischen Ausschlußprinzips.
1944	Isidor Isaac Rabi (A/HUN)	Entwicklung der Resonanzmethode zur Messung der magnetischen Eigenschaften von Atomkernen.
1943	Otto Stern (D)	Beiträge zur Entwicklung der Molekularstrahlenmethode und für die Entdeckung des magnetischen Moments des Protons.
1942	keine Preisverleihung	
1941	keine Preisverleihung	
1940	keine Preisverleihung	
1939	Ernest Orlando Lawrence (USA)	Entdeckung und Entwicklung des Zyklotrons und der damit erzielten Ergebnisse, insbesondere hinsichtlich künstlicher radioaktiver Elemente.
1938	Enrico Fermi (I)	Bestimmung neuer, radioaktiver, durch Neutronenbeschuß herstellbarer Elemente sowie für die Entdeckung von Kernreaktionen, die durch langsame Neutronen ausgelöst werden.

Nobelpreisträger für Physik

1937	Clinton Joseph Davisson (USA) Sir George Paget Thomson (GB)	Entdeckung der Elektronenbeugung durch Kristalle.
1936	Victor Franz Hess (A)	Entdeckung der kosmischen Strahlung.
	Carl David Anderson (USA)	Entdeckung des Positrons.
1935	Sir James Chadwick (GB)	Entdeckung des Neutrons.
1934	keine Preisverleihung	
1933	Erwin Schrödinger (A) Paul Adrien Maurice Dirac (GB)	Entdeckung neuer, fruchtbarer Formen der Atomtheorie.
1932	Werner Heisenberg (D)	Begründung der Quantenmechanik, deren Anwendung unter anderem zur Entdeckung allotroper Formen des Wasserstoffs geführt hat.
1931	keine Preisverleihung	
1930	Sir Chandrasekhara Venkata Raman (IND)	Arbeiten zur Lichtstreuung und die Entdeckung des Raman-Effekts.
1929	Prince Louis-Victor de Broglie (F)	Entdeckung des Wellencharakters des Elektrons.
1928	Sir Owen Willans Richardson (GB)	Arbeiten zum thermoionischen Effekt, insbesondere für die Entdeckung des nach ihm benannten Gesetzes.
1927	Arthur Holly Compton (USA)	Entdeckung des nach ihm benannten Effekts.
	Charles Thomson Rees Wilson (GB)	Methode zur Visualisierung der Bahnen elektrisch geladener Teilchen durch Dampfkondensierung.
1926	Jean Baptiste Perrin (F)	Arbeiten zur diskontinuierlichen Struktur der Materie, insbesondere die Entdeckung des Sedimentationsgleichgewichtes.
1925	James Franck (D) Gustav Hertz (D)	Entdeckung der Gesetzmäßigkeiten, die den Zusammenstoß eines Elektrons mit einem Atom beschreiben.

1924	Karl Manne Georg Siegbahn (SWE)	Entdeckungen auf dem Gebiet der Röntgenspektroskopie.
1923	Robert Andrews Millikan (USA)	Arbeiten über die Elementarladung der Elektrizität und den photoelektrischen Effekt.
1922	Niels Bohr (DEN)	Arbeiten zur Struktur der Atome und der von ihnen ausgehenden Strahlung.
1921	Albert Einstein (D)	Beiträge zur Theoretischen Physik, insbesondere die Entdeckung des den photoelektrischen Effekt beschreibenden Gesetzes.
1920	Charles Edouard Guillaume (CH)	In Anerkennung seiner Leistungen auf dem Gebiet der Präzisionsmessung in der Physik durch die Entdeckung von Anomalitäten bei Nickel-Stahllegierungen.
1919	Johannes Stark (D)	Entdeckung des Doppler-Effekts und der Aufspaltung von Spektrallinien in elektrischen Feldern.
1918	Max Karl Ernst Ludwig Planck (D)	In Anerkennung seines Verdienstes, das er sich durch seine Quantentheorie um die Weiterentwicklung der Physik erworben hat.
1917	Charles Glover Barkla (GB)	Entdeckung der charakteristischen Röntgenstrahlung der Elemente.
1916	keine Preisverleihung	
1915	Sir William Henry Bragg (GB) Sir William Lawrence Bragg (GB)	Arbeiten zur Analyse der Kristallstruktur durch Röntgenstrahlen.
1914	Max von Laue (D)	Entdeckung der Beugung von Röntgenstrahlen an Kristallen.
1913	Heike Kamerlingh-Onnes (NL)	Untersuchungen über die Eigenschaften von Materie bei tiefen Temperaturen, was unter anderem zur Herstellung von flüssigem Helium geführt hat.

Nobelpreisträger für Physik

1912	Nils Gustaf Dalén (SWE)	Erfindung von selbstwirkenden Regulatoren, die in Kombination mit Gasakkumulatoren bei der Beleuchtung von Leuchttürmen und Bojen zu verwenden sind.
1911	Wilhelm Wien (D)	Entdeckungen der Gesetzmäßigkeiten, die die Wärmestrahlung beschreiben.
1910	Johannes Diderik van der Waals (NL)	Arbeiten über die Zustandsgleichungen von Gasen und Flüssigkeiten.
1909	Guglielmo Marconi (I) Carl Ferdinand Braun (D)	In Anerkennung ihrer Beiträge zur Entwicklung der drahtlosen Telegraphie.
1908	Gabriel Lippmann (LUX)	Methode zur photographischen Reproduktion von Farben auf der Grundlage des Phänomens der Interferenz.
1907	Albert Abraham Michelson (D)	Entwicklung optischer Präzisionsinstrumente und der spektroskopischen und metrologischen Untersuchungen, die mit ihnen durchgeführt werden konnten.
1906	Sir Joseph John Thomson (GB)	In Anerkennung der großen Verdienste seiner theoretischen und experimentellen Arbeiten über die elektrische Leitfähigkeit von Gasen.
1905	Philip Eduard Anton Lenard (HUN)	Arbeiten über Kathodenstrahlen.
1904	Lord John William Strutt Rayleigh (GB)	Untersuchungen über die Dichte der wichtigsten Gase und in diesem Zusammenhang die Entdeckung des Argons.
1903	Antoine Henri Becquerel (F)	Entdeckung der spontanen Radioaktivität.
	Pierre Curie (F) Marie Curie (POL)	Arbeiten zu den von Becquerel entdeckten Strahlungsphänomenen.

| 1902 | Hendrik Antoon Lorentz (NL) Pieter Zeeman (NL) | Einfluß des Magnetismus auf Strahlungsphänomene. |
| 1901 | Wilhelm Conrad Röntgen (D) | Entdeckung der besonderen Strahlung, die nach ihm benannt wurde. |

Nobelpreisträger für Physik

Januar

1.1. **1852** Geburtstag von Eugène Anatole Demarcay (†1903), dem Entdecker des Europiums.

1.1. **1872** Im gesamten Deutschen Reich wird das Metrische System gesetzlich eingeführt.

2.1. **1765** Geburtstag von Charles Hatchett, dem Entdecker des Niobiums.

2.1. **1863** Die Farbwerke Meister Lucius & Co., die spätere Hoechst AG, nehmen in Hoechst ihre Arbeit auf.

4.1. **1643** Geburtstag von Isaac Newton (†1727). Er fand das Gravitationsgesetz und führte die Mechanik auf die vier *Newtonschen Axiome* zurück; chemiegeschichtlich relevant sind seine Gedanken zu einer systematischen Alchemie.

5.1. **1981** Todestag von Harold Clayton Urey (*1893), dem Entdecker des Deuteriums (Nobelpreis 1934).

6.1. **1914** Geburtstag von Kenneth Sanborn Pitzer. Auf ihn geht die *Pitzer-Spannung* zurück, die in Molekülen durch van-der-Waals-Kräfte ungenügend gestaffelter Substituenten benachbarter Kohlenstoffatome hervorgerufen wird.

6.1. **1939** In der Zeitschrift Naturwissenschaften erscheint ein Artikel von Otto Hahn und Fritz Straßmann, in dem sie ihre Beobachtungen beim Beschuß von ^{235}U mit langsamen Neutronen beschreiben. Lise Meitner und Otto Frisch erklären den Vorgang theoretisch als Kernspaltung.

7.1. **1794** Eilhard Mitscherlich (†1863) wird geboren. Der Chemiker und Mineraloge entdeckte 1819 den Isomorphismus der Kristalle. Seine Isomorphieregel war für die Atomgewichtsbestimmungen und die beginnende Systematisierung der Elemente von Bedeutung.

9.1. **1868** Geburtstag von Sören Peter Lauritz Sörensen, der den Begriff des pH-Werts einführte (†1939).

9.1. **1922** Geburtstag von Har Gobind Khorana. Für seine erste Totalsynthese eines Gens erhielt er 1968 den Nobelpreis für Medizin oder Physiologie.

10.1. **1916** Geburtstag von Sune Karl Bergström, dem Medizinnobelpreisträger des Jahres 1982. Ihm gelang es 1957, einige Prostaglandine in kristalliner Form zu isolieren sowie ihre Struktur und Bildung aufzuklären.

11.1. **1869** Carl Graebe und Carl Liebermann präsentieren der Berliner Chemischen Gesellschaft die ersten Proben ihres synthetisch hergestellten Alizarins. Die Badische Anilin & Soda-Fabrik erwirbt das Patent und realisiert es technisch nach einer von Heinrich Caro optimierten Variante.

11.1. **1911** In Berlin wird die „Kaiser-Wilhelm-Gesellschaft zur Förderung der Wissenschaften" gegründet, die Vorgängerin der heutigen „Max-Planck-Gesellschaft".

Immerwährender Kalender

12. 1.   **1716** Antonio de Ulloa, der Entdecker des Platins, wird geboren (†1795).

13. 1.   **1813** Geburtstag Henry Bessemers. Er fand das nach ihm benannte Verfahren zum Windfrischen, bei dem Roheisen durch Einblasen von Luft in Stahl überführt wird (†1898).

14. 1.   **1851** Ludwig Claisen wird geboren (†1930). 1881 findet er die nach ihm benannte *Claisen-Kondensation* – die Umsetzung aromatischer Aldehyde mit aliphatischen Aldehyden und Ketonen zu ungesättigten aromatischen Carbonylverbindungen. Auf ihn geht außerdem der *Claisen-Aufsatz* für die fraktionierende Destillation unter vermindertem Druck sowie die *Claisen-Umlagerung* von Allylphenyl- und Allylvinylethern zurück.

15. 1.   **1568** Geburtstag von Johannes Hartmann (†1631), der das erste chemische Universitätslabor in Deutschland gründete, in dem die Studenten praktisch arbeiten konnten.

15. 1.   **1895** Geburtstag von Artturi I. Virtanen, der für seine Arbeiten auf dem Gebiet der Lebensmittel- und Agrarchemie – insbesondere für Methoden zur Haltbarmachung von Futtermitteln 1945 den Nobelpreis erhielt (†1973).

16. 1.   **1806** Nicolas Leblanc (*1742), der Erfinder des nach ihm benannten Verfahrens zur Sodaherstellung, nimmt sich im Armenhaus das Leben.

16. 1.   **1875** Leonor Michaelis wird geboren (†1949). Zusammen mit Menten entwickelte er die *Michaelis-Menten-Gleichung* zur Beschreibung der Kinetik enzymkatalysierter Reaktionen.

17. 1.   **1941** Eduard Zintl (*1898), bekannt durch seine Arbeiten auf dem Gebiet der intermetallischen Verbindungen – *Zintl-Phasen* – stirbt.

18. 1.   **1861** Geburtstag von Hans Goldschmidt (†1923). Er entwickelte 1898 das Thermitverfahren, mit dem fortan hochschmelzende Metalle kohlenstofffrei hergestellt werden konnten.

19. 1.   **1927** Todestag von Carl Graebe (*1841). Er synthetisierte zusammen mit Carl Liebermann erstmals einen Naturfarbstoff, das Alizarin.

20. 1.   **1834** Geburtstag von Adolf Frank (†1916), der den Anstoß für die Erschließung der Kalisalzlager von Staßfurt und die Bromgewinnung aus Abraumsalzen gab. Als Leiter einer Glashütte führte er die Braunfärbung der Bierflaschen zum Schutz des Inhalts vor Lichteinwirkung ein. Zusammen mit Heinrich Caro entwickelte er das *Frank-Caro-Verfahren* zur Herstellung von Calciumcyanamid.

21. 1.   **1912** Geburtstag von Konrad Emil Bloch. Der Medizinnobelpreisträger von 1964 leistete wesentliche Beiträge zur Aufklärung der Biosynthese von Cholesterin und weiterer Steroide.

Januar

22.1. **1775** Geburtstag von André Marie Ampère (†1836). Er entwickelte die elektrodynamische Theorie und erkannte die Zusammensetzung der Flußsäure. Nach ihm ist die Einheit der elektrischen Stromstärke benannt.

23.1. **1796** Geburtstag von Carl Claus (†1864), dem Entdecker des Rutheniums.

23.1. **1876** Geburtstag von Otto Diels, der zusammen mit Kurt Alder die Addition von aktivierten ungesättigten Verbindungen (Dienophile) an Diene fand. Für diese *Diels-Alder-Reaktion*, die zu neuen auch industriell bedeutsamen Synthesen cyclischer Verbindungen führte, erhielten Diels und Alder 1950 den Nobelpreis.

23.1. **1929** Geburtstag von John C. Polanyi. Für seine Untersuchungen der Elementarreaktionen und Übergangszustände in chemischen Reaktionen erhielt er 1986 den Nobelpreis.

25.1. **1917** Ilya Prigogine wird geboren. Der Nobelpreisträger des Jahres 1977 befaßte sich mit der Thermodynamik von Systemen fern des Gleichgewichts, insbesondere mit dissipativen Strukturen.

27.1. **1865** August Kekulé präsentiert der Société Chimique in Paris seine Benzolstruktur.

27.1. **1881** Rudolf Fischer wird geboren (†1957). Er meldete 1911 die grundlegenden Patente zur Farbfotografie an, jedoch ließ sich sein Verfahren erst 1935/1936 realisieren.

28.1. **1873** Die von Friedrich Roessler 1843 eröffnete Gold- und Silber-Scheiderei wird in die Aktiengesellschaft Deutsche Gold- und Silber-Scheideanstalt vormals Roessler umgewandelt. Der DEGUSSA, so die Kurzbezeichnung, steht nach der Gründung des Deutschen Reiches 1871 ausreichend Scheidgut in Form von außer Kurs gesetzten Landesmünzen zur Verfügung.

29.1. **1938** Bei der I.G. Farben gelingt dem Chemiker Paul Schlack die Herstellung von Polyamid 6 („Perlon") aus ε-Caprolactam, die Eigenschaften ähneln sehr denen des Polyamid 66 („Nylon").

30.1. **1952** Die BASF wird neu gegründet und als Badische Anilin- & Soda-Fabrik AG im März 1953 in das Handelsregister Ludwigshafen eingetragen.

31.1. **1847** Der Chemiker Ascanio Sobrero legt der Akademie der Wissenschaften in Turin seine Erfindung des Nitroglycerins vor.

31.1. **1881** Geburtstag von Irving Langmuir (†1957). Er führte 1913 die Inertgasfüllung und Metallfadenspirale bei Glühlampen ein. Für seine Arbeiten auf dem Gebiet der Oberflächenchemie erhielt er 1932 den Nobelpreis.

Immerwährender Kalender

Februar

1. 2.   **1899** „Aspirin" wird beim kaiserlichen Patentamt angemeldet

3. 2.   **1890** Geburtstag von Paul Hermann Scherrer (†1969). Gemeinsam mit Debye entwickelte er eine Methode zur Kristallstrukturanalyse, bei der Kristallpulver zur Gitterbestimmung mittels Röntgeninterferenz verwendet werden: Das *Debye-Scherrer-Pulververfahren.*

4. 2.   **1682** Geburtstag von Johann Friedrich Böttger (†1719). Der Alchimist stellte auf der Suche nach einem Herstellungsverfahren für Gold erstmals in Europa Porzellan her.

4. 2.   **1896** Geburtstag von Friedrich Hund. Der Mitbegründer der Orbitaltheorie stellte die *Hundsche Regel* auf.

6. 2.   **1861** Geburtstag von Nikolaj Zelinski (†1953). Sein Name ist u.a. mit der *Hell-Volhard-Zelinski-Reaktion,* der α-Halogenierung von Carbonsäuren verknüpft.

7. 2.   **1864** John A.R. Newlands veröffentlicht seinen ersten Artikel über das „Gesetz der Oktaven", wo er Verwandtschaftsgruppen aus jeweils acht Elementen zusammenfaßt.

8. 2.   **1777** Bernhard Courtois, der Entdecker des Iods, wird geboren (†1838).

8. 2.   **1794** Friedlieb Ferdinand Runge (†1867) wird geboren. Er untersuchte und isolierte Naturstoffe, darunter das Chinin. Seine Arbeiten führten ihn zur Entdeckung des Anilins. Er zählt daher zu den Pionieren der Teerfarbenchemie.

10. 2.   **1847** Thomas Alva Edison wird geboren (†1931). Der vielseitige Erfinder meldete über 2000 Patente an und entwickelte u.a. die Kohlefaden-Glühlampe.

12. 2.   **1947** Todestag von Moses Gomberg (*1866). Er entdeckte 1900 das erste freie Radikal, das Triphenylmethylradikal.

13. 2.   **1834** Geburtstag von Heinrich Caro (†1919), als Technischer Direktor bei der BASF verhalf er mehreren Verbindungen zur technischen Realisierung und zum kommerziellen Durchbruch, beispielsweise dem Alizarin und Indigo.

13. 2.   **1929** Alexander Fleming trägt seine Arbeit „Cultures of a Penicillium" vor dem Medical Research Club vor.

14. 2.   **1917** Geburtstag von Herbert Aaron Hauptman. Er erhielt für die Entwicklung der direkten Methoden zur Bestimmung von Kristallstrukturen durch Röntgenanalyse 1985 den Nobelpreis.

15. 2.   **1873** Geburtstag von Hans von Euler-Chelpin (†1964), der 1929 für die Erforschung der bei der Zuckervergärung wirksamen Enzyme den Nobelpreis erhielt.

Februar

16. 2.   **1955** F.P.Bundy, H.T. Hall, H.M. Strong und R.H. Wentoff bei GE Research Laboratories geben die gelungene Synthese von Diamanten bekannt.

17. 2.   **1869** Dimitrij Mendelejev reicht seine Publikation über ein Periodensystem ein. Er macht Voraussagen über bis dahin nicht entdeckte Elemente.

18. 2.   **1745** Alessandro Volta (†1827) wird geboren. Er fand um 1800 die Voltasche Säule, womit eine leicht handhabbare Stromquelle für elektrochemische Versuche zur Verfügung stand.

19. 2.   **1859** Geburtstag von Svante August Arrhenius (†1927), der die Theorie der elektrolytischen Dissoziation entwickelte (Nobelpreis 1903).

20. 2.   **1901** Geburtstag von Henry Eyring (†1981). Er widmete sich der Theorie der Reaktionsgeschwindigkeiten und wandte die Quantenmechanik und statistische Mechanik auf kinetische Probleme an.

20. 2.   **1937** Geburtstag von Robert Huber, der 1988 für seine Arbeiten über die dreidimensionalen Strukturen von an der Photosynthese beteiligten Proteinen den Nobelpreis erhielt.

21. 2.   **1791** Geburtstag von John Mercer (†1866). Er fand das *Mercerisieren*, die Baumwollbehandlung mit Natronlauge.

21. 2.   **1926** Todestag von Heike Kamerlingh-Onnes (*1853). Ihm gelang die erste Verflüssigung des Heliums. Bei Untersuchungen über das Verhalten von Metallen bei extrem tiefen Temperaturen entdeckte er die Supraleitfähigkeit (Nobelpreis für Physik 1913).

22. 2.   **1828** Friedrich Wöhler berichtet in einem Brief an Jöns Jacob Berzelius, daß ihm die künstliche Herstellung von Harnstoff geglückt ist. Damit gelingt es zum ersten Mal, ein tierisches Stoffwechselprodukt im Labor herzustellen. Wöhlers Zufallsentdeckung gilt als die Geburtsstunde der wissenschaftlichen organischen Chemie.

22. 2.   **1879** Geburtstag von Johannes Nicolaus Bronsted. Er entwickelte eine erweiterte Definition von Säuren und Basen als Protonen-abgebende bzw. -aufnehmende Substanzen.

23. 2.   **1944** Leo Hendrick Baekeland, der Erfinder des Bakelits, stirbt (*1863).

24. 2.   **1950** Die Arbeitsgemeinschaft Chemische Industrie gründet den „Fonds der Chemie", um der Forschung, Wissenschaft und Lehre in ihrer wirtschaftlichen Notlage zu helfen.

25. 2.   **1896** Geburtstag von Ida Noddack, geb. Tacke (†1978). Zusammen mit ihrem Mann Walter untersuchte sie das Element mit der Ordnungszahl 75, Rhenium, das von beiden 1925 über Röntgenspektren nachgewiesen wurde.

Immerwährender Kalender

26.2. **1799** Benoît Pierre Emile Clapeyron wird geboren (†1864). Er veröffentlichte 1834 seine Arbeit zur Wärmetheorie, deren Weiterentwicklung durch Rudolf Clausius 1950 in die *Clausius-Clapeyron-Gleichung* mündete, die sich mit dem thermischen Gleichgewicht bei Phasenübergängen befaßt.

26.2. **1948** Die ehemals Kaiser-Wilhelm-Gesellschaft wird unter dem Namen „Max-Planck-Gesellschaft" wiedergegründet.

27.2. **1856** Geburtstag von Alfred Einhorn (†1917). Er führte das Novocain als Anästhetikum ein und leistete wichtige Arbeiten auf dem Gebiet der präparativen organischen Chemie. Bekannt ist er z.B. durch die nach ihm benannte Acylierung empfindlicher Alkohole mit Säurechloriden in Pyridin.

28.2. **1935** Der Chemiker Wallace Hume Carothers von der Firma DuPont synthetisiert das Polyamid 66 aus Hexamethylendiamin und Adipinsäure. Die als „Nylon" bekannte Verbindung läßt sich zu Fäden ziehen und zeichnet sich durch eine hohe Festigkeit aus. Die Produktion wird 1938 aufgenommen.

28.2. **1901** Geburtstag von Linus Carl Pauling (†1994). Seine Arbeiten zur Anwendung der Quantenmechanik auf Molekülstruktur und chemische Bindung mündeten in die Valence-Bond-Theorie, die er auf die Strukturaufklärung komplexer Verbindungen anwendete (Nobelpreis 1954). Nach dem Abwurf der ersten amerikanischen Atombombe auf Hiroshima begann sein Engagement für Abrüstung und Frieden, für das er 1962 den Friedensnobelpreis erhielt.

1.3. **1910** Archer John Porter Martin wird geboren, zusammen mit Richard Synge entwickelte er die Verteilungschromatographie, wofür beide 1952 den Nobelpreis erhielten.

2.3. **1848** Geburtstag von Philippe Antoine François Barbier (†1922). Er entwickelte Synthesen mit organischen Zink- und Magnesiumverbindungen, die von seinem Schüler Victor Grignard weiterverfolgt wurden.

2.3. **1896** Henri Becquerel erkennt, daß von Uransalzen ausgehende Strahlen auch durch Hindernisse hindurch Photoplatten zu schwärzen vermögen, Marie Curie prägt dafür die Bezeichnung „Radioaktivität".

3.3. **1918** Geburtstag von Arthur Kornberg, der grundlegende Forschungen auf dem Gebiet der DNA-Biosynthese leistete und 1959 den Nobelpreis für Medizin erhielt.

4.3. **1887** Gottlieb Wilhelm Daimler fährt mit einem selbst entwickelten motorisierten vierrädrigen Wagen mit einer Durchschnittsgeschwindigkeit von 18 km/h von Cannstatt nach Stuttgart. Die Konstruktion leistungsfähigerer Motoren ist in der Folgezeit mit der Entwicklung chemischer Hilfsmittel zur Erhöhung der Klopffestigkeit des Treibstoffs eng verknüpft.

4.3. **1927** Todestag von Ira Remsen (*1846). Zusammen mit Fahlberg entdeckte er das Saccharin und war der Begründer des „American Chemical Journal".

5.3. **1808** Geburtstag von Petrus Jacobus Kipp (†1864). Der von ihm entwickelte *Kippsche Apparat* trägt seinen Namen.

5.3. **1877** Carl Mannich wird geboren (†1947). Er ist durch die nach ihm benannte Aminomethylierung mit Formaldehyd als Carbonylkomponente bekannt.

6.3. **1787** Geburtstag von Joseph von Fraunhofer (†1826), nach dem die von ihm entdeckten *Fraunhoferschen Linien* im Sonnenspektrum benannt sind. Der Erfinder des Beugungsgitters befaßte sich außerdem mit der Verbesserung optischer Geräte.

6.3. **1862** Geburtstag von René Bohn (†1922). Er entdeckte 1901 die Indanthrene, die sich zur bedeutendsten Farbstoffklasse der damaligen Zeit entwickelten.

7.3. **1857** Geburtstag von Arthur Rudolf Hantzsch (†1935), auf den die *Hantzsche Pyridin- und Pyrrolsynthese* zurückgeht.

8.3. **1798** Heinrich Wilhelm Wackenroder, der Entdecker der *Wackenroderschen Flüssigkeit*, einer wäßrigen Lösung von Polythionsäuren, wird geboren (†1854).

8.3. **1839** Geburtstag von James Mason Crafts (†1917), der zusammen mit Charles Friedel die katalytische Wirkung von Aluminiumchlorid bei der Umsetzung von Aromaten mit Alkyl- und Acylhalogeniden erkannte – *Friedel- Crafts-Reaktion*.

9.3. **1960** Todestag von Hermann Otto Laurenz Fischer (*1888). Dem Sohn von Emil Fischer gelang 1932 die Strukturaufklärung der Chinasäure. Er entwickelte außerdem Verfahren zur Kettenverlängerung und -verkürzung von Aldosen.

10.3. **1852** Richard Anschütz wird geboren. Er entwickelte die Destillation unter vermindertem Druck zu einem allgemein anwendbarem Verfahren in der Chemie.

11.3. **1870** Geburtstag von Rudolf Schenk (†1965), dem Entdecker des hellroten – *Schenkschen* – Phosphors.

11.3. **1954** Ein Eintrag in Giulio Nattas Notizbuch dokumentiert die gelungene Herstellung von Polypropylen mit den von Karl Ziegler gefundenen Katalysatoren nach dem Niederdruckverfahren.

Immerwährender Kalender

März

12.3. **1824** Geburtstag von Gustav Robert Kirchhoff. Gemeinsam mit Bunsen begründete er die Spektralanalyse und entdeckte die Elemente Rubidium und Cäsium; er deutete die Fraunhoferschen Linien als Absorptionsspektren. Er befaßte sich mit der Theorie der Strahlung und erarbeitete die *Kirchhoffsche Strahlungsformel* sowie zum Teil gemeinsam mit anderen Forschern die *Kirchhoffschen Gesetze.*

12.3. **1838** Geburtstag von William Henry Perkin sen. (†1907), dem Entdecker des Mauveins, des ersten Teerfarbstoffs. Für dessen Herstellung und Vermarktung gründete er eine Firma. Nach ihm und seinem Sohn sind mehrere Reaktionen benannt, so die *Perkinsche Zimtsäuresynthese.*

13.3. **1845** Todestag von John Frederic Daniell. 1836 erfand er das nach ihm benannte Zink-Kupfer-Element – *Daniellsches Element -*, das in seiner Leistung relativ lange konstant bleibt.

14.3. **1854** Geburtstag von Paul Ehrlich (†1915). Der Chemiker und Bakteriologe führte neue histologische Färbeverfahren ein und erleichterte so die Diagnose der Blutkrankheiten. Er lieferte eine Methode zum Nachweis von Tuberkelbakterien und legte mit der Idee der Anwendung von parasitotropen Substanzen die Grundlagen der Chemotherapie (Nobelpreis für Medizin 1908).

15.3. **1821** Geburtstag von Joseph Loschmidt (†1895). 1865 leitete er in einem Vortrag vor der Akademie der Wissenschaften in Wien theoretisch die Anzahl der Gasmoleküle in einem Kubikzentimeter ab. Heute gibt die *Loschmidtsche Zahl* die Zahl der Moleküle pro Mol an.

15.3. **1854** Emil von Behring wird geboren (†1917). Der Bakteriologe begründete die Serumheilkunde und Immunitätslehre und stellte als erster Seren gegen Diphtherie und Tetanus her. 1901 war er der erste Nobelpreisträger für Medizin.

16.3. **1670** Todestag von Johann Rudolph Glauber (*1604). In seiner kleinen Fabrik in Amsterdam erarbeitete er Verfahren zur Herstellung von Mineralsäuren und Salzen; das *Glaubersalz* (Natriumsulfat) trägt seinen Namen. Er soll der erste Chemiker gewesen sein, der vom Verkauf der in seinem Laboratorium hergestellten Produkte leben konnte

17.3. **1871** Geburtstag von Aleksej Tschitschibabin. Er untersuchte und synthetisierte verschiedene Alkaloide, entwickelte 1906 mit der Umsetzung von Aldehyden oder Ketonen mit Ammoniak eine allgemeine Pyridinsynthese und fand die nach ihm benannte nucleophile Pyridin-Aminierung mit Natriumamid.

19.3. **1883** Geburtstag von Walter Norman Haworth (†1950). Auf ihn geht die *Haworth-Projektion* zurück, die sich besonders für die Darstellung der dreidimensionalen Konfiguration von Kohlenhydrathalbacetalen eignet. Für seine Forschungen auf dem Gebiet der Kohlenhydrate und des Vitamin C erhielt er 1937 den Nobelpreis.

19.3. **1943** Geburtstag von Mario Molina. 1995 erhielt er für Arbeiten über die Chemie der Atmosphäre, insbesondere die Bildung und den Abbau von Ozon den Nobelpreis.

20.3. **1947** Todestag von Victor Moritz Goldschmidt (*1888). Der Mineraloge bestimmte Atom- und Ionenradien in Kristallen.

21.3. **1932** Geburtstag von Walter Gilbert, der für die Bestimmung von Basensequenzen in Nukleinsäuren 1980 den Nobelpreis erhielt.

22.3. **1924** Todestag von Siegmund Gabriel (*1851), nach dem das von ihm gefundene allgemeine Verfahren zur Synthese von primären Aminen und Aminosäuren benannt ist.

23.3. **1881** Hermann Staudinger wird geboren (†1965). Er schuf die Voraussetzungen für unsere Kenntnisse über polymere Substanzen und prägte den Begriff Makromolekül. Für diese Arbeiten erhielt er 1953 den Nobelpreis. Während des ersten Weltkriegs entwickelte er künstlichen Pfeffer und einen Kaffee-Ersatz.

24.3. **1903** Geburtstag von Adolf Butenandt (†1995). Er isolierte und kristallisierte 1929 unabhängig von Edward Doisy das Hormon Östron, in den Folgejahren das Androsteron, Progesteron und Testosteron. Es folgten Konstitutionsaufklärung und Synthesen. Für diese Arbeiten erhielt er 1939 den Nobelpreis.

24.3. **1917** Geburtstag von John Cowdery Kendrew. Er erhielt 1962 für seine Arbeiten zur Röntgenstrukturbestimmung von Myoglobin und Hämoglobin den Nobelpreis.

25.3. **1867** Todestag von Friedlieb Ferdinand Runge (*1794). Bei Untersuchungen des Steinkohleteers isolierte er Anilin, Chinolin, Phenol und gilt als Begründer der Papierchromatographie.

26.3. **1847** Geburtstag von Heinrich von Brunck (†1911). Als Technischer Direktor der Badische Anilin- & Soda-Fabrik war er maßgeblich an der Realisierung der Indigosynthese sowie der technischen Umsetzung der Ammoniaksynthese beteiligt.

26.3. **1911** Geburtstag von Bernard Katz. Für seine grundlegenden Untersuchungen der chemischen Vorgänge bei der Übertragung von Nervenimpulsen erhielt er 1970 den Nobelpreis für Medizin oder Physiologie.

26.3. **1916** Christian Boehmer Anfinsen wird geboren (†1995). Für seine Entdeckungen zur Struktur und Wirkungsweise der Ribonuclease erhielt er 1972 den Nobelpreis.

27.3. **1845** Geburtstag von Wilhelm Conrad Röntgen († 1923), dem Entdecker der Röntgenstrahlen (Nobelpreis 1901).

Immerwährender Kalender

März

27.3. **1847** Geburtstag von Otto Wallach (†1931). Er leistete Pionierarbeit auf dem Gebiet der etherischen Öle und der Terpene. Sein Name findet sich in den von ihm entwickelten *Wallach-Reaktionen* (Nobelpreis 1910).

28.3. **1709** J.F. Böttger berichtet der sächsischen Hofkanzlei schriftlich über die Herstellung eines weißen Porzellans. 1710 wird er zum Administrator der neu gegründeten Porzellanmanufaktur in Meißen ernannt.

29.3. **1855** Geburtstag von Julius Bredt (†1937). Er widmete sich der Stereochemie von Campherverbindungen und stellte 1902 die nach ihm benannte Regel auf, die besagt, daß Brückenkopfkohlenstoffatome nicht an Doppelbindungen teilhaben können.

30.3. **1876** Todestag von Antoine Jérôme Ballard (*1802). Er beschäftigte sich mit den chemischen Substanzen, die sich im Meer befinden und entdeckte 1826 das Element Brom.

31.3. **1811** Geburtstag von Robert Wilhelm Bunsen (†1899). Zu seinen apparativen Erfindungen gehören der *Bunsenbrenner* und die Wasserstrahlpumpe. Seine analytischen Tätigkeiten führten zur Entwicklung der Iodometrie und, zusammen mit Gustav Robert Kirchhoff, der Spektralanalyse, mit deren Hilfe das Caesium und Rubidium entdeckt wurden.

31.3. **1890** Geburtstag von William Lawrence Bragg (†1971). Mit dem Modell der Reflexion von Röntgenstrahlen an Kristallgitterebenen legte er zusammen mit seinem Vater die Grundlagen der Röntgenbeugung (Nobelpreis für Physik 1915).

April

1.4. **1896** In Berlin wird das Institut für Serumforschung und Serumprüfung gegründet und Paul Ehrlich zu dessen Leiter berufen.

1.4. **1850** Hans Pechmann, der Erfinder der *Pechmann-Cumarinsynthese* und *Pyrazolsynthese* wird geboren (†1902).

1.4. **1865** Geburtstag von Richard Zsigmondy (†1929). Er konstruierte das erste Ultramikroskop und wies die heterogene Natur von Kolloiden nach (Nobelpreis 1925).

2.4. **1928** Todestag von Theodore W. Richards (*1868). Er bestimmte für eine große Zahl von Elementen das genaue Atomgewicht und erhielt dafür 1914 den Nobelpreis.

2.4. **1953** Francis H.C. Crick und James D. Watson reichen ihren Artikel über die Struktur der DNA bei „Nature" ein.

4.4. **1915** Todestag von James Hargreaves (*1834). Auf ihn geht das *Hargreaves-Verfahren* zur Erzeugung von Salzsäure aus Kochsalz und Röstgasen zurück.

5.4. **1827** Joseph Lister wird geboren (†1912). Er befaßte sich mit der Einwirkung von Chemikalien auf Mikroben und begründete die Antisepsis.

6.4. **1865** Friedrich Engelhorn gründet in Mannheim die „Badische Anilin & Soda-Fabrik". Die ersten Produktionsanlagen entstehen in Ludwigshafen.

6.4. **1938** Der Chemiker R. J. Plunkett erfindet bei DuPont Polytetrafluorethen – „Teflon".

7.4. **1894** Geburtstag von Louis Plack Hammett (†1987). Die nach ihm benannte 1935 formulierte *Hammett-Gleichung* erfaßt den Einfluß von Substituenten an Aromaten auf die Reaktivität der Verbindungen.

8.4. **1911** Melvin Calvin wird geboren. Seine Untersuchungen der Blutgruppenfaktoren führten zur Isolierung des Rh-Antigens. Für seine Pionierarbeiten zur Photosynthese über die photochemische CO_2-Assimilation erhielt er 1961 den Nobelpreis.

9.4. **1887** Heinrich Hock wird geboren. Bei seinen Untersuchungen der Hydroperoxide fand er das nach ihm benannte Verfahren zur Herstellung von Phenol und Aceton durch Spaltung von Cumolhydroperoxid, nach dem auch heute noch ein Teil der weltweiten Phenolproduktion abläuft.

10.4. **1917** Geburtstag von Robert Burns Woodward (†1979). Ihm gelang eine Reihe wichtiger Totalsynthesen, darunter die von Chinin (1944), Cholesterin und Cortison (1951) sowie von Vitamin B_{12} (1976). 1965 erhielt er den Nobelpreis für Chemie. Zusammen mit Hoffmann stellte er die *Woodward-Hoffmann-Regeln* auf.

10.4. **1927** Geburtstag von Marshall Warren Nirenberg. Er entschlüsselte in den 60er Jahren den genetischen Code und erhielt 1968 den Nobelpreis für Medizin oder Physiologie.

11.4. **1935** Die Filmfabrik Wolfen meldet das Patent für den Drei-Schichten-Umkehrfilm an, das auf Arbeiten von Rudolf Fischer etwa aus dem Jahr 1910 beruht.

12.4. **1884** Geburtstag von Otto Meyerhoff (†1951). Er untersuchte den Kohlenhydratstoffwechsel sowie die chemischen Vorgänge am arbeitenden Muskel. 1922 erhielt er den Nobelpreis für Medizin.

15.4. **1890** Todestag von Eugène Melchior Péligot (*1811), dem Entdecker des Urans.

16.4. **1838** Ernest Solvay wird geboren (†1922). Er fand ein Verfahren zur technischen Gewinnung von Soda aus Kochsalz, Ammoniak und Kohlendioxid und gründete 1863 in Brüssel die Solvay-Werke.

16.4. **1943** Albert Hofmann entdeckt in einem Selbstversuch die haluzinogene Wirkung von Lysergsäurediethylamid (LSD).

Immerwährender Kalender

April

18. 4. **1910** Paul Ehrlich berichtet auf einem Kongreß über die antiparasitäre Wirkung von Salvarsan", ein gegen den Erreger der Syphilis wirksames Chemotherapeutikum von Hoechst.

18. 4. **1787** A.L. Lavoisier legt der Akademie der Wissenschaften in Paris eine systematische Nomenklatur der Chemie vor und schafft so die Grundlage für eine einheitliche Fachsprache.

19. 4. **1912** Geburtstag von Glenn T. Seaborg. Er erhielt 1951 für Entdeckungen auf dem Gebiet der Transurane den Nobelpreis.

20. 4. **1860** Geburtstag von Ludwig Gattermann (†1920). Er entwickelte die nach ihm benannte Synthese zur Herstellung aromatischer Aldehyde.

20. 4. **1899** Todestag von Charles Friedel (*1832), der zusammen mit James Crafts die *Friedel-Crafts-Reaktion* fand.

21. 4. **1774** Geburtstag von Jean-Baptiste Biot (†1862). Er verwendete die Zirkularpolarisation zur Zuckerbestimmung und vermutete als ihre Ursache eine asymmetrische Molekülstruktur.

21. 4. **1889** Geburtstag von Paul Karrer (†1971), bekannt für seine Forschungen über Carotioide, Flavine sowie Vitamin A und B_2 (Nobelpreis 1937).

22. 4. **1858** Martin Kiliani wird geboren (†1895). Der Elektrochemiker entwickelte die Schmelzflußelektrolyse des Aluminiums zu technischer Reife.

22. 4. **1919** Geburtstag von Donald James Cram. Er untersuchte die Stereochemie bei der Addition organometallischer Verbindungen an Carbonylgruppen mit benachbartem Chiralitätszentrum und leitete aus den Ergebnissen die *Cramsche Regel* ab. Für seine Arbeiten zur Wirt- Gast-Chemie erhielt er 1987 den Nobelpreis.

23. 4. **1823** Anton Dominik Giulini und sein Neffe Paul gründen in Ludwigshafen die Chemischen Werke Giulini.

24. 4. **1817** Jean C. de Marignac, der Entdecker der Elemente Gadolinium und Ytterbium wird geboren (†1894). Er bestimmte die Atommassen zahlreicher Elemente und sagte die Isotopie vorher.

24. 4. **1960** Max von Laue stirbt (*1879). Für die Entdeckung der Röntgenstrahlinterferenz an Kristallen erhielt er 1914 den Nobelpreis für Physik.

25. 4. **1900** Wolfgang Pauli wird geboren. Für die Aufstellung des nach ihm benannten Ausschließungsprinzips wird ihm 1945 der Nobelpreis für Physik zuerkannt (†1958).

April

26.4. **1838** Geburtstag von Wilhelm Kalle (†1919), dem Begründer der Fabrik Kalle & Co., die 1863 mit der Produktion von Fuchsin in Wiesbaden ihre Tätigkeit aufnahm.

26.4. **1932** Michael Smith wird geboren. Der Nobelpreisträger von 1993 entwickelte die auf Oligonucleotiden beruhende ortspezifische Mutagenese und wandte sie auf die Untersuchung von Proteinen an.

27.4. **1844** Todestag von John Dalton (*1766). Der Naturforscher veröffentlichte die erste Atommassentabelle und fand das Gesetz der multiplen Proportionen.

28.4. **1903** Todestag von Josiah Willard Gibbs (*1839). Er befaßte sich mit Systemen im Gleichgewicht und formulierte die nach ihm benannte Phasenregel.

29.4. **1943** Todestag von Wilhelm Schlenk sen. (*1879), der durch seine Arbeiten über freie Radikale bekannt wurde.

30.4. **1897** Joseph Thomson gibt die Entdeckung des freien Elektrons bekannt.

Mai

1.5. **1824** Alexander Williams Williamson wird geboren (†1904). Er entwickelte die nach ihm benannte Ethersynthese.

1.5. **1825** Geburtstag von Johann Jakob Balmer. Er stellte 1884/5 die *Balmer-Formel* für die Spektrallinien des Wasserstoffs auf, die eine wichtige Grundlage für der Entwicklung des Bohrschen Atommodells war.

2.5. **1979** Todestag von Giulio Natta (*1903). Er erhielt 1963 den Nobelpreis für Arbeiten auf dem Gebiet der Chemie und Technologie hochpolymerer Verbindungen.

3.5. **1941** Im Radcliffe-Krankenhaus in Oxford wird die erste erfolgreiche Behandlung mit Penicillin begonnen. Am 15. Mai kann der zuvor an Eitergeschwüren leidende Patient gesund entlassen werden.

4.5. **1777** Geburtstag von Louis Jacques Thenard (†1857). Er fand das nach ihm benannte *Thenards Blau*, ein Spinell aus Cobalt- und Aluminiumoxid.

5.5. **1892** Todestag von August Wilhelm Hofmann (*1818). Er erforschte die Anilinfarbstoffe und gründete 1867 die Deutsche Chemische Gesellschaft. Sein Name findet sich im *Hofmann-Abbau quartärer Ammoniumsalze*, im *Hofmannschen Säureamidabbau* aber auch im *Hofmannschen Zersetzungsapparat*.

6.5. **1871** François Auguste Victor Grignard wird geboren (†1935). Er entdeckte die nach ihm benannten magnesiumorganischen Verbindungen und deren Reaktion mit Carbonylverbindungen. 1912 erhielt er für diese Arbeiten den Nobelpreis.

7.5. **1925** Das Deutsche Museum in München wird eröffnet.

Immerwährender Kalender

Mai

7.5. **1939** Geburtstag von Sidney Altman, der für die Entdeckung der katalytischen Wirkung von RNA-Molekülen 1989 den Nobelpreis erhielt.

8.5. **1794** Antoine Laurent Lavoisier (*1743), der mit seiner wissenschaftlichen Erklärung des Verbrennungsprozesses, der Neufassung des Elementbegriffs und seinem Beitrag zur rationellen chemischen Nomenklatur großen Anteil an der Begründung der Chemie als klassischer Naturwissenschaft hat, stirbt unter der Guillotine.

9.5. **1927** Geburtstag von Manfred Eigen. Er untersuchte extrem schnell verlaufende Reaktionen in Lösung und entwickelte dafür eine Reihe von Meßmethoden. 1955 gelang ihm mit de Maeyer erstmals die Bestimmung der Neutralisationsgeschwindigkeit (Nobelpreis 1967).

9.5. **1938** Die Chemischen Werke Hüls GmbH werden in Marl gegründet.

10.5. **1910** Stanislao Cannizzaro stirbt. 1853 entdeckte er die nach ihm benannte Disproportionierung von Aldehyden zu Alkohol und Säure.

11.5. **1981** Todestag von Odd Hassel (*1897). Er schuf die Grundlagen der Konformationsanalyse und konnte insbesondere die Sesselform für Cyclohexan und Dekalin nachweisen. 1969 erhielt er den Nobelpreis.

12.5. **1670** Friedrich Wilhelm I., Kurfürst von Sachsen wird geboren. Unter seiner Regierung standen die Wissenschaften in hohem Ansehen. Auf seinen Befehl wurde 1710 in Meißen Europas erste Porzellanmanufaktur gegründet.

12.5. **1803** Geburtstag von Justus von Liebig (†1873). Er gehörte zu den ersten Chemikern in Deutschland, die das Praktikum als Bestandteil des Studiums einführten. Er entwickelte die Ideen von Karl Wilhelm Kastner zur künstlichen Düngung weiter und charakterisierte eine Reihe von Verbindungen, z.B. Milchsäure und Ameisensäure. Der *Liebig-Kühler* und die *Liebigsche Elementaranalyse* erinnern an weitere Arbeitsgebiete. Daneben befaßte er sich aber auch mit der Entwicklung von Fleischextrakten, Backpulver und Säuglingsnahrung.

12.5. **1884** Hilaire Graf von Chardonnet de Grange teilt der Académie Française in einem Schreiben mit, daß ihm die Herstellung von Kunstseide aus Cellulose gelungen ist. Die von ihm erbaute Fabrik produzierte 1891 täglich etwa 50 kg.

12.5. **1895** Geburtstag von William Francis Giauque (†1982). Er untersuchte das Verhalten von Substanzen bei extrem tiefen Temperaturen und entdeckte die Sauerstoffisotope ^{17}O und ^{18}O (Nobelpreis 1949).

13.5. **1842** Ferdinand Fischer wird geboren (†1916). Er arbeitete auf dem Gebiet der Gas- und Feuerungstechnik und gründete 1887 den Verein Deutscher Chemiker.

14. 5. **1796** Der englische Arzt Edward Jenner, der systematisch mit den Methoden der Schutzimpfung experimentierte, führt in Berkeley (Gloucestershire) seine erste Pockenimpfung durch.

15. 5. **1899** Geburtstag von William Hume-Rothery (†1968). Er befaßte sich mit Festkörperstrukturen und intermetallischen Verbindungen und formulierte die *Hume-Rothery-Regel* für intermetallische Phasen.

16. 5. **1940** Todestag von Otto Dimroth (*1872). Der *Dimroth-Kühler* ist nach ihm benannt.

17. 5. **1861** James Clerk Maxwell präsentiert vor der Royal Institution die erste Farbphotographie, das Verfahren hat allerdings nur wissenschaftliche Bedeutung.

18. 5. **1889** Geburtstag von Thomas Midgley jun. (†1944). Er beschäftigte sich mit dem „Klopfen" von Verbrennungsmotoren und fand 1922 das Bleitetraethyl als Antiklopfmittel.

18. 5. **1901** Vincent du Vigneaud wird geboren (†1978). Für die Isolierung, Strukturaufklärung und die erste Synthese eines Polypeptidhormons erhielt er 1955 den Nobelpreis.

19. 5. **1914** Geburtstag von Max Ferdinand Perutz. Seine Arbeiten über die Strukturaufklärung von Proteinen mit Hilfe der Röntgenstrukturanalyse führten zur Ermittlung der Struktur des Hämoglobins (Nobelpreis 1962).

20. 5. **1860** Geburtstag von Eduard Buchner (†1917), der 1907 für seine Entdeckung und Untersuchung der zellfreien Gärung den Nobelpreis erhielt.

20. 5. **1895** Carl von Linde (1842-1934) demonstriert in München erstmalig die Verflüssigung der Luft in größeren Mengen. Die Ausbeute pro Stunde betrug etwa drei Liter.

21. 5. **1934** Geburtstag von Bengt Ingemar Samuelsson. Er klärte die Struktur der Prostaglandine auf und war an der Entdeckung der Leukotriene beteiligt (1982 Nobelpreis für Medizin oder Physiologie).

22. 5. **1912** Geburtstag von Herbert Charles Brown. Er fand die von ihm als Hydroborierung bezeichnete Anlagerungsreaktion von Diboran an Doppelbindungen. Für seine grundlegenden Arbeiten auf dem Gebiet der Organoborchemie erhielt er 1979 den Nobelpreis.

22. 5. **1927** George Olah wird geboren. Für seine Beiträge zur Carbokationen-Chemie wird ihm 1994 der Nobelpreis zuerkannt.

23. 5. **1902** Geburtstag von Rudolf Criegee (†1975), der mit der Diolspaltung mittels Bleitetraacetat eine in der Zuckerchemie wichtige Reaktion fand, sowie Beiträge zur Chemie der Peroxide und Ozonide leistete.

Immerwährender Kalender

Mai

24.5. **1686** Geburtstag von Gabriel Fahrenheit. Er konstruierte die ersten Quecksilberthermometer mit der nach ihm benannten Temperaturskala.

25.5. **1877** In Deutschland wird das Reichspatentgesetz erlassen.

26.5. **1888** Ascanio Sobrero, der Entdecker des Nitroglycerins, stirbt (*1812).

27.5. **1857** Geburtstag von Theodor Curtius (†1928). Er fand die erste aliphatische Diazoverbindung durch Umsetzung von a-Aminoessigsäureethylester mit Natriumnitrit.

28.5. **1906** Todestag von Rudolf Josef Knietsch (*1854). Der Chemiker entwickelte bei der BASF ein technisches Verfahren zur Chlorverflüssigung sowie das Kontakt- Schwefelsäure-Verfahren.

29.5. **1829** Humphry Davy stirbt (*1778). Er entdeckte die berauschende Wirkung von Lachgas und widmete sich der Untersuchung der chemischen Wirkung des elektrischen Stroms. Dabei fand er die Elemente Natrium und Kalium. 1810 wies er nach, daß Chlor ein Element und keine Verbindung des Sauerstoffs ist. Zu seinen wichtigen Erfindungen gehört die Sicherheitslampe für Kohlengruben 1815.

30.5. **1912** Julius Axelrod, bekannt durch Arbeiten zur Biosynthese und Inaktivierung des Noradrenalins, der chemischen Überträgersubstanz für Nervenimpulse, wird geboren (Nobelpreis für Medizin 1970).

31.5. **1918** Todestag von Alexander Mitscherlich (*1836), dem Pionier der Papierindustrie, der das Sulfit-Zellstoff-Verfahren entwickelte.

Juni

1.6. **1796** Geburtstag von Nicolas Léonhard Sadi Carnot (†1832). Bei seinen thermodynamischen Forschungen entwickelte er den nach ihm benannten Kreisprozeß.

1.6. **1978** In München wird das Europäische Patentamt eröffnet.

3.6. **1873** Geburtstag von Otto Loewi (†1961). Für seine Untersuchungen der chemischen Transmitter bei der Nervenimpulsleitung erhielt er 1936 den Nobelpreis für Medizin oder Physiologie.

4.6. **1877** Geburtstag von Heinrich Wieland (†1957). Er klärte die Konstitution der Gallensäuren und verwandter Verbindungen auf (Nobelpreis 1927).

5.6. **1760** Geburtstag von Johan Gadolin (†1852), dem Entdecker des Yttriums. Nach ihm benannt ist das Mineral Gadolinit sowie das von Jean Marignac isolierte Element Gadolinium.

6.6. **1825** Friedrich Bayer (†1880), der Mitgründer der Farbenfabriken Bayer, wird geboren.

7.6. **1896** Robert Sanderson Mulliken wird geboren (†1986), zusammen mit Friedrich Hund entwickelte er die Theorie der Molekülorbitale. 1966 erhielt er den Nobelpreis.

8.6. **1863** Friedrich August Raschig wird geboren (†1928). 1890 gründete er in Ludwigshafen eine Fabrik zur Produktion von Phenol und Kresol, 1921 die Keramischen Werke Raschig zur Produktion der von ihm entwickelten Füllkörper für Kolonnen (*Raschigringe*).

8.6. **1916** Geburtstag von Francis Harry Compton Crick. Er erhielt 1962 den Nobelpreis für die Entdeckung der Doppelhelixstruktur der DNA.

9.6. **1812** Geburtstag von Hermann von Fehling. Er fand die *Fehlingsche Probe* zum Zuckernachweis.

10.6. **1848** Geburtstag von Ferdinand Tiemann (†1899). Er ist vor allem für die Synthese von Riechstoffen, insbesondere Vanillin und Jonon bekannt, die z.T. von Haarmann in Holzminden industriell genutzt wurden. Zusammen mit Reimer fand er die *Reimer-Tiemann-Reaktion* zur Synthese von o- und p-Hydroxyaldehyden aus Phenolen mit Chloroform und KOH.

11.6. **1842** Geburtstag von Carl von Linde (†1934), dem Erfinder der Ammoniak-Kältemaschine und des nach ihm benannten Verfahrens zur Luftverflüssigung unter Ausnutzung des Joule-Thomson-Effektes. 1879 gründete er in Wiesbaden die Linde AG.

12.6. **1899** Geburtstag von Fritz Albert Lipmann (†1986). Er befaßte sich mit der Energetik der Stoffwechselvorgänge und erkannte die zentrale Rolle des ATP. 1953 erhielt er den Nobelpreis für Medizin.

12.6. **1920** In den *Berichten der Deutschen Chemischen Gesellschaft* erscheint ein Artikel von Hermann Staudinger „Über Polymerisation", in dem er entgegen der herrschenden Lehrmeinung die Existenz von Makromolekülen postuliert. Einige Jahre später kann er ihre Existenz experimentell beweisen.

14.6. **1897** Cyril Norman Hinshelwood wird geboren (†1967). Für kinetische Untersuchungen von Gasreaktionen und der Aufklärung von Mechanismen von Kettenreaktionen erhielt er 1956 den Nobelpreis.

15.6. **1883** Der Reichstag verabschiedet das erste der Bismarckschen Sozialgesetze, das Gesetz über die Krankenversicherung. In der Folge werden erste Betriebskrankenkassen bei den großen deutschen chemischen Fabriken gegründet.

16.6. **1850** Max Delbrück wird geboren (†1919). Seine wissenschaftliche Tätigkeit war für das Gärungsgewerbe von grundlegender Bedeutung.

Juni

16.6. **1897** Geburtstag von Georg Wittig (†1987). Er fand die Wittig-Reaktion, mit deren Hilfe an definierter Stelle Doppelbindungen eingeführt werden können. Für seine Pionierarbeiten auf dem Gebiet der Organophosphorverbindungen erhielt er 1979 den Nobelpreis.

17.6. **1940** Todestag von Arthur Harden (*1865). Er untersuchte die Vorgänge bei der Gärung und entdeckte die Phosphorylierungsreaktion, die bald als grundlegende biochemische Reaktion erkannt wurde. 1929 erhielt er den Nobelpreis.

18.6. **1865** Geburtstag von Emil Knoevenagel (†1921). Nach ihm ist die von ihm gefundene, mit der Aldolreaktion verwandte Kondensationsreaktion benannt.

18.6. **1918** Geburtstag von Jerome Karle, der 1985 den Chemie-Nobelpreis für grundlegende Arbeiten an der direkten Methode zur Kristallstrukturbestimmung erhielt.

18.6. **1932** Geburtstag von Dudley Robert Herschbach. Er entwickelte die Methode der sich kreuzenden Molekularstrahlen, mit deren Hilfe dynamische chemische Elementarprozesse verfolgt werden können (Nobelpreis 1986).

19.6. **1783** Friedrich Wilhelm Sertürner, der Entdecker des Morphiums, wird geboren (†1841).

19.6. **1910** Geburtstag von Paul John Flory (†1985). Er erhielt 1974 für seine theoretischen und experimentellen Arbeiten auf dem Gebiet der Makromolekularen Chemie den Nobelpreis.

20.6. **1861** Geburtstag von Frederick Gowland Hopkins (†1947). Er entdeckte die Notwendigkeit von Ergänzungsnährstoffen, die später „Vitamine" genannt wurden. 1929 erhielt er den Nobelpreis für Medizin.

21.6. **1929** Auf die Erfindung der Copolymerisation von Butadien und Styrol mit Hilfe von Natrium wird ein Patent erteilt. Das Verfahren liefert einen Kautschuk, der dem Naturkautschuk mindestens ebenbürtig ist und unter dem Namen „Buna"„ (für *B*utadien-*N*atrium) bekannt wurde.

22.6. **1839** Louis Daguerre unterzeichnet mit Alphonse Giroux ein Abkommen über die Herstellung von Fotoapparaten. Die Firma Giroux wird die erste Fotofirma der Welt, die neben Kameras auch das für die Daguerreotypie nötige Zubehör anbietet.

23.6. **1733** Johann Rudolf Geigy wird geboren (†1793). Er gründete 1758 das Baseler Chemieunternehmen Geigy, das 1970 mit der Ciba fusionierte.

23.6. **1854** Geburtstag von Rudolf Leuckart (†1889). Mit seinem Namen sind mehrere Reaktionen verknüpft, wie die Xanthogenatspaltung oder die reduktive Alkylaminierung von Carbonylverbindungen in Gegenwart von Ameisensäure.

Juni

24. 6.   **1900** Die Stadt Mainz feiert den 500. Geburtstag von Johannes Gutenberg. Aus einer Legierung bestehend aus Blei, Zinn, Antimon und Wismut stellte er auswechselbare Metalltypen her und begründete damit den Buchdruck.

25. 6.   **1864** Walter Hermann Nernst wird geboren (†1941). Seine wichtigsten Leistungen sind die Aufstellung der *Nernstschen Gleichung, des Nernstschen Verteilungssatzes* und des 3. Hauptsatzes der Thermodynamik (Nobelpreis 1920).

25. 6.   **1911** Geburtstag von William Howard Stein (†1980). Zusammen mit Stanford Moore leistete er die Sequenzaufklärung der Ribonuklease und erhielt 1972 den Nobelpreis.

25. 6.   **1921** Auf dem Chemiker-Kongreß in Stuttgart berichtet Friedrich Bergius (1884-1949) über die Erfolge seiner Bemühungen um die Kohleverflüssigung, die mit der fortschreitenden Motorisierung an Bedeutung gewinnt. 1931 erhält er für die Entwicklung der Hochdrucktechnologie den Nobelpreis.

26. 6.   **1966** Der „Experimental-Breeder-Reactor I" in Idaho, USA, an dem bedeutende Meilensteine in der Entwicklung der Reaktortechnik – Beginn der Stromerzeugung aus Kernenergie, Nachweis eines atomaren Brutprozesses, erfolgreiche Erprobung einer Na-K-Legierung als Kühlmittel – gesetzt wurden, wird nach seiner Dekontamination unter Denkmalschutz gestellt.

27. 6.   **1892** Todestag von Carl Ludwig Schorlemmer (*1834). 1874 übernahm er am Owens College in Manchester den ersten für Organische Chemie eingerichteten Lehrstuhl überhaupt. Er stellte viele Kohlenwasserstoffe erstmals rein her und bestimmte deren thermodynamische Daten.

28. 6.   **1825** Geburtstag von Emil Erlenmeyer (†1909). Er postulierte 1862 die Doppelbindung für Ethen und die Dreifachbindung für Ethin. 1880 stellte er die nach ihm benannte Regel auf, nach der zwei oder drei OH- Gruppen an einem C-Atom meist instabil sind und unter Wasserabspaltung in die Carbonyl- bzw. Carboxygruppe übergehen. Sein Name ist durch den von ihm erfundenen *Erlenmeyer-Kolben* verewigt.

28. 6.   **1927** Sherwood Frank Rowland wird geboren. Für seine Untersuchungen über die Einwirkungen von Fluorchlorkohlenwasserstoffen auf die Ozonschicht erhielt er 1995 den Nobelpreis.

29. 6.   **1813** Alexander Parkes wird geboren (†1890). Er stellte aus Nitrocellulose den ersten Kunststoff, das *Parkesin* her, für den es allerdings keine Anwendung gab.

30. 6.   **1926** Geburtstag von Paul Berg. Er baute Teile einer Tier-DNA in Bakterien-DNA ein und wurde damit zum Pionier der Genmanipulation (genetic engineering). Er legte u.a. die Grundlage zur biogenetischen Insulin- und Interferonproduktion (Nobelpreis 1980).

Immerwährender Kalender

Juli

1.7. **1877** In Berlin wird das kaiserliche Patentamt eröffnet. Ein Reichspatentgesetz war schon am 25. Mai erlassen worden. Das erste Deutsche Reichspatent D.R.P.1 geht an die Nürnberger Ultramarinfabrik und betrifft ein „Verfahren zur Herstellung einer roten Ultramarinfarbe".

1.7. **1929** Geburtstag von Gerald Maurice Edelman. Er untersuchte den molekularen Mechanismus der Bindung von Antikörpern an Antigene und erhielt 1972 den Nobelpreis für Medizin oder Physiologie.

2.7. **1862** Geburtstag von William Henry Bragg (†1942). Er begründete 1913 zusammen mit seinem Sohn die Kristallstrukturanalyse durch Ableitung der *Braggschen Gleichung* für den Zusammenhang von Wellenlänge der einwirkenden Röntgenstrahlung und Atomabständen im Kristallgitter (1915 Nobelpreis für Physik).

2.7. **1875** Fritz Ullmann wird geboren (†1939). Er ist Begründer und Herausgeber von Ullmanns Encyklopädie der technischen Chemie.

4.7. **1853** Geburtstag von Ernst Otto Beckmann. Er beobachtete 1886 die nach ihm benannte intramolekulare Umlagerung von Ketoximen in substituierte Amide und entwickelte das *Beckmann-Thermometer*, das sehr genaue Messungen erlaubt (0,01K).

4.7. **1913** Fritz Klatte beschreibt in seiner Patentschrift die Polymerisation von Vinylchlorid und die Bearbeitung des entstandenen Polymers. Technisch genutzt werden diese Arbeiten erst mit Beginn der 30er Jahre.

5.7. **1891** Geburtstag von John Howard Northrop. Er befaßte sich mit Enzymen und deren Reindarstellung. 1941 konnte er mit Diphtherie-Antitoxin den ersten Antikörper kristallin darstellen (Nobelpreis 1946).

6.7. **1903** Geburtstag von Axel Hugo Theodor Theorell (†1982). Ihm gelang es zum ersten Mal, ein Enzym reversibel in Coenzym und Apoenzym zu zerlegen. 1955 erhielt er den Nobelpreis für Medizin oder Physiologie.

7.7. **1960** Der amerikanische Physiker T.H. Maiman stellt den ersten Laser vor.

8.7. **1720** Geburtstag von Heinrich Friedrich von Delius (†1791), der die Chemie in den akademischen Unterricht einführte.

9.7. **1856** Amadeo Avogadro stirbt (*1776). Er stellte fest, daß alle Gase in einem Volumen bei gleichen Bedingungen wie Druck und Temperatur die gleiche Anzahl von Molekülen enthalten (*Avogadro-Zahl*). Damit konnte die Molekülmasse gasförmiger Verbindungen berechnet werden.

10. 7. **1897** Nach 18 Jahren Forschungsarbeiten, für die eine Summe investiert wurde, die dem gesamten Aktienkapital entsprach, wird bei der BASF das erste „Indigo rein" zum Verkauf freigegeben.

10. 7. **1902** Geburtstag von Kurt Alder, Entdecker der Diensynthese zusammen mit Otto Diels (Nobelpreis 1950).

11. 7. **1895** Adam Miller in Glasgow nimmt ein Patent auf sein Verfahren zur Herstellung von Gespinsten aus Gelatine. Diese Neuerung bedeutet einen wesentlichen Schritt auf dem Weg zur Kunstseide.

12. 7. **1857** Geburtstag von Amé Pictet (†1937), einem der Entdecker der *Pictet-Spengler-Reaktion* zur Synthese von Isochinolinen.

12. 7. **1870** John Wesley Hyatt meldet ein US-Patent an, in dem er zum ersten Mal vollständig die Herstellung von Zelluloid beschreibt, das er als Elfenbeinersatz für die Herstellung von Billardkugeln entwickelt hat.

12. 7. **1928** Geburtstag von Elias James Corey. Er entwickelte Synthesewege für Naturstoffe wie Prostaglandine und Terpene (Nobelpreis 1990).

14. 7. **1921** Geburtstag von Geoffrey Wilkinson, der gleichzeitig mit Ernst Otto Fischer Struktur und Verhalten von Ferrocen und anderen Sandwichverbindungen aufklärte (Nobelpreis 1973). Auf ihn geht auch der *Wilkinson- Katalysator* zurück.

15. 7. **1800** Geburtstag von Jean Baptiste André Dumas (†1884). Als Inhaber öffentlicher Ämter gehörte er zu den einflußreichsten Chemikern Frankreichs. Auf ihn geht eine Methode zur Stickstoffbestimmung in organischen Verbindungen zurück.

15. 7. **1871** Geburtstag von Max Ernst Bodenstein (†1942), der mit seinen Untersuchungen die Grundlage der kinetischen Theorie von Gasreaktionen schuf.

15. 7. **1921** Geburtstag von Robert Bruce Merrifield. Er entwickelte mit der *Merrifield-Technik* eine automatisierbare Peptidsynthese (Nobelpreis 1984).

16. 7. **1876** Alfred Eduard Stock wird geboren (†1946). Er begründete mit seinen Pionierarbeiten über Borane ein neues Gebiet der Chemie.

17. 7. **1821** Geburtstag von Friedrich Engelhorn, Gründer der Badischen Anilin- & Soda-Fabrik (BASF).

17. 7. **1903** Geburtstag von Richard Müller. Er fand unabhängig von Eugene Rochow die *Müller-Rochow-Synthese* zur Herstellung von Chlorsilanen, den Ausgangsstoffen für Silicone.

Immerwährender Kalender

Juli

18.7. **1948** Hartmut Michel wird geboren. Er erhielt für seine Arbeiten zur Bestimmung der dreidimensionalen Struktur eines Reaktionszentrums der Photosynthese 1988 den Nobelpreis.

18.7. **1937** Geburtstag von Roald Hoffmann. Er war an der Entwicklung der Theorie der elektrocyclischen Reaktionen beteiligt und stellte zusammen mit Woodward die *Woodward-Hoffmann-Regeln* von der Erhaltung der Orbitalsymmetrie auf (Nobelpreis 1981).

19.7. **1838** Todestag von Pierre Louis Dulong (*1785). Zusammen mit Alexis Petit entdeckte er die *Dulong-Petitsche Regel*, nach der die Molwärme vieler fester Elemente bei Raumtemperatur konstant ist und etwa 25 J·K^{-1} beträgt.

19.7. **1921** Rosalyn Yalow wird geboren. Sie entwickelte die Radioimmunoassay-Methode und erhielt 1977 den Nobelpreis für Medizin oder Physiologie.

20.7. **1897** Tadeus Reichstein wird geboren. Er befaßte sich mit der Isolierung und Strukturaufklärung der Nebennierenrindenhormone, u.a. Cortison. 1950 erhielt er den Nobelpreis für Medizin oder Physiologie (†1996).

20.7. **1969** Zum ersten Mal landen Menschen auf dem Mond. Vom Flug mit APOLLO 11 erhalten die Kosmochemiker die ersten 22 kg Mondgestein.

21.7. **1923** Geburtstag von Rudolph Arthur Marcus, der 1992 für seine Arbeiten zur Theorie der Elektronentransferprozesse zwischen Molekülen den Nobelpreis erhielt.

22.7. **1788** Joseph Pelletier wird geboren (†1842). Der Pariser Apotheker erhielt 1827 für die Entdeckung der Chininbasen von der Pariser Akademie eine Prämie von 10000 Franc.

23.7. **1822** Geburtstag von Henry Deacon (†1876). Er fand ein Verfahren zur Chlorgewinnung aus Chlorwasserstoff durch Oxidation mit Luftsauerstoff in Gegenwart eines Kupferkatalysators, das bis zur Entwicklung der elektrolytischen Chlorproduktion die am häufigsten genutzte Methode zur Chlorgewinnung darstellte.

23.7. **1906** Geburtstag von Vladimir Prelog. Seine Arbeiten zur Stereochemie mittlerer Ringe machen ihn zu einem der Begründer der Konformationsanalyse (Nobelpreis 1975).

24.7. **1939** Der größte englische Chemiekonzern Imperial Chemical Industries (ICI) beginnt mit der Produktion von Polyethylen nach dem 1933 entdeckten Verfahren der Hochdruckpolymerisation.

25.7. **1616** Todestag von Andreas Libavius, auch Libau (*um 1550). Der Arzt und Chemiker verfaßte das zu seiner Zeit führende Chemiebuch Alchemia collecta, das zu den ersten gehörte, welches die Chemie ohne Mystik und in übersichtlicher Form präsentierte.

Juli

26.7. **1863** Paul von Walden wird geboren (†1957). Er beobachtete 1896 die als *Waldensche Umkehr* bekannt gewordene Inversion der Konfiguration bei Substitutionsreaktionen an asymmetrischen Kohlenstoffatomen.

27.7. **1881** Geburtstag von Hans Fischer (†1945). Ihm gelang die Synthese von Hämin und Biliburin sowie die Aufklärung der Konstitution des Chlorophylls (Nobelpreis 1930).

28.7. **1968** Todestag von Otto Hahn (*1879), der 1944 den Nobelpreis für die Entdeckung der Kernspaltung schwerer Atome erhielt.

29.7. **1825** Geburtstag von Walter Reppe (†1969), der als Chemiker bei der BASF die Hochdruck-Acetylenchemie entwickelte.

29.7. **1994** Todestag von Dorothy Crowfoot Hodgkin (*1910). Der Nobelpreisträgerin von 1964 gelang die röntgenographische Strukturaufklärung biochemisch wichtiger Verbindungen wie Penicillin, Insulin und Calciferol.

30.7. **1841** Bernhard Tollens (†1918) wird geboren. Bekannt ist er durch Untersuchungen auf dem Gebiet der Zuckerchemie und *Tollens Reagens*, das einen empfindlichen Nachweis von Aldehyden ermöglicht.

31.7. **1825** Geburtstag von August Beer (†1863). Er stellte das nach ihm benannte Gesetz über die Absorption des Lichtes auf, das später für kolorimetrische Messungen in der Chemie wichtig wurde.

31.7. **1943** Max Julius Le Blanc stirbt (*1865). Der Physikochemiker entwickelte eine Reihe elektrochemischer Untersuchungsmethoden, z.B. 1893 die Wasserstoffelektrode zur pH-Messung.

August

1.8. **1863** Der Kaufmann Friedrich Bayer und der Färber Friedrich Weskott gründen in Leverkusen eine offene Handelsgesellschaft zur Produktion von Anilinfarbstoffen unter dem Namen „Friedr. Bayer et comp."

1.8. **1885** György de Hevesy, der zusammen mit Dirk Coster das Hafnium entdeckte, wird geboren (†1966). Für seine Arbeiten über die Verwendung von Isotopen zur Markierung bei der Untersuchung chemischer und biochemischer Reaktionen erhielt er 1943 den Nobelpreis.

2.8. **1788** Geburtstag von Leopold Gmelin, auf ihn geht das „Gmelin Handbuch der anorganischen Chemie" zurück (†1853).

3.8. **1942** Todestag von Richard Willstätter (*1872). Er erhielt 1915 den Nobelpreis für Untersuchungen von Pflanzenfarbstoffen, insbesondere von Chlorophyll.

Immerwährender Kalender

August

4.8.   **1950**   In Deutschland wird bei der Hoechst die neue Penicillin-Großanlage in Betrieb genommen, die theoretisch den gesamten westdeutschen Bedarf decken kann.

5.8.   **1866**   Carl Dietrich Harries wird geboren (†1923). Er entdeckte die Anlagerung von Ozon an Doppelbindungen und die nachfolgende Spaltung der entstandenen Ozonide.

6.8.   **1766**   Geburtstag von William Hyde Wollaston, dem Entdecker der Elemente Palladium und Rhodium. Nach ihm ist das Mineral *Wollastonit*, ein Calciumsilicat, benannt.

6.8.   **1881**   Alexander Fleming, der Entdecker des Penicillins und Medizin-Nobelpreisträger von 1945 wird geboren (†1955).

7.8.   **1972**   Ein Bundesgesetz verbietet Herstellung, Einführung und Anwendung von DDT (4,4'-Dichlordiphenyltrichlorethan). Für die Entdeckung der insektiziden Wirkung (1939) der schon seit 1874 bekannten Verbindung hatte Paul Müller von der Geigy AG 1948 den Nobelpreis für Medizin erhalten. DDT war jahrzehntelang weltweit das wichtigste Insektizid gewesen.

8.8.   **1818**   Matthias Eduard Schweizer wird geboren (†1860). Er fand in der wäßrigen Lösung Tetraaminkupfer(II)-hydroxid ein Lösungsmittel für Cellulose und schuf damit die Voraussetzung für die Herstellung von Kupferseide.

8.8.   **1884**   George Eastman, Leiter von Kodak, meldet den fotographischen Film auf Celluloidbasis zum Patent an.

8.8.   **1901**   Geburtstag von Ernest Orlando Lawrence (†1958). Für seine Erfindung des Cyclotrons und den damit erhaltenen Ergebnissen – wie die Entdeckung radioaktiver Isotope und Elemente – erhielt er 1939 den Nobelpreis für Physik. Ihm zu Ehren wurde das 1961 entdeckte Element mit der Ordnungszahl 103 *Lawrencium* genannt.

9.8.   **1896**   Geburtstag von Erich Hückel (†1980). Der Theoretische Physiker entwickelte die *Hückel-Regeln* für die Aromatität von cyclischen konjugierten Verbindungen und zusammen mit Peter Debeye die *Debeye-Hückel-Theorie* der starken Elektrolyte.

10.8.   **1902**   Geburtstag von Arne Wilhelm Tiselius (†1971). Der Nobelpreisträger von 1948 befaßte sich mit der Elektrophorese und Adsorptionschromatographie als Trennmethode für Serumproteine.

11.8.   **1926**   Geburtstag von Aaron Klug. Für die Entwicklung der kristallographischen Elektronenmikroskopie und die Bestimmung der molekularen Strukturen von Proteinen, Nucleinsäuren und deren Komplexen erhielt er 1982 den Nobelpreis.

12.8. **1887** Erwin Schrödinger wird geboren (†1961). Er ist Mitbegründer der Wellenmechanik. 1926 stellte er die nach ihm benannte fundamentale Gleichung der Quantenmechanik auf (1933 Nobelpreis für Physik).

13.8. **1918** Geburtstag von Frederick Sanger. Er erhielt 1958 den Nobelpreis für die abschließende Strukturaufklärung des Insulins 1955 und entwickelte 1977 eine Methode zur Sequenzierung von DNA, wofür er 1980 erneut den Chemienobelpreis bekam.

14.8. **1958** Todestag von Frédéric Joliot-Curie (*1900). Zusammen mit seiner Frau Irène entdeckte er die küstliche Radioaktivität und erhielt gemeinsam mit ihr 1935 den Nobelpreis für die Synthese neuer radioaktiver Elemente.

15.8. **1875** Geburtstag von Charles August Kraus (†1967). Bei seinen Forschungen mit flüssigem Ammoniak als Lösungsmittel wies er nach, daß die blaue Farbe beim Auflösen von Natrium auf solvatisierte Elektronen zurückzuführen ist.

16.8. **1849** Geburtstag von Johan Gustav Kjeldahl, der 1883 die nach ihm benannte Methode zur Stickstoffbestimmung in organischen Verbindungen veröffentlichte.

16.8. **1904** Geburtstag von Wendell Meredith Stanley. Er isolierte das Tabakmosaikvirus sowie Virusproteine in reiner Form (Nobelpreis 1946).

17.8. **1893** Walter Noddack wird geboren (†1960). Der Physikochemiker ist für seine Arbeiten über Rhenium sowie für geochemische Untersuchungen bekannt.

18.8. **1916** Gründung der „Interessengemeinschaft der deutschen Teerfarbenfabriken", der die Firmen des „Dreibundes" (Bayer, BASF, Agfa), des Dreierverbandes (Hoechst, Casella, Kalle) sowie Weiler-ter-Meer und die Chemische Fabrik Griesheim angehören.

18.8. **1960** Die Firma G.D. Searle Drug bringt das erste für den Handel produzierte orale Empfängnisverhütungsmittel, „Enovid", in den USA auf den Markt.

19.8. **1830** Geburtstag von Julius Lothar Meyer (†1895). Er entwickelte unabhängig von Dimitrij Mendelejev das Konzept des Periodensystems der Elemente.

19.8. **1839** L.J. Daguerre veröffentlicht gegen eine Rente sein „photographisches" Geheimnis: Eine versilberte und mit Ioddämpfen behandelte Kupferplatte (AgI) wird in der Camera obscura belichtet. Das latente Bild wird mit Quecksilberdämpfen entwickelt, das unbelichtete Silberiodid mit Kochsalzlösung, später mit Thiosulfatlösung herausgelöst.

Immerwährender Kalender

August

20.8. **1779** Geburtstag von Jöns Jacob Berzelius (†1848). Er bestimmte mehr als fünf Jahrzehnte die Entwicklung der Chemie in Europa: 1803 entdeckte er das Cer, 1807-1812 stellte er auf Basis von Experimenten eine erstaunlich genaue Tabelle der Atommassen auf. Er verbesserte die Labortechnik durch Einführung von Reagenz- und Bechergläsern, Platingeräten, Spritzflaschen etc. entscheidend. 1913 entwickelte er anstelle der bis dahin geltenden Symbole eine neue, auf den Anfangsbuchstaben der Elemente beruhende Formelsprache.

21.8. **1901** Todestag von Adolf Fick (*1829). Er leitete die nach ihm benannten Gesetze ab, die quantitativ die Vorgänge bei der Diffusion erfassen.

24.8. **1888** Todestag von Rudolph Julius Emanuel Clausius (*1822). Er formulierte den 2. Hauptsatz der Thermodynamik und führte in der kinetischen Gastheorie Begriffe wie „Stoßzahl" und „mittlere freie Weglänge" ein. Er überarbeitete die Gleichung von Clapeyron und prägte den Begriff der Entropie als Maß für den Ordnungszustand eines Systems.

25.8. **1867** Michael Faraday stirbt (*1791). Er entdeckte 1824 das Benzol, 1831 die magnetische Induktion, 1845 den *Faraday-Effekt* und trug wesentlich zur Entwicklung der Elektrochemie bei. So stellte er mit den *Faradayschen Gesetzen* einen Zusammenhang zwischen dem Stromfluß bei einer Elektrolyse und den abgeschiedenen Stoffmengen her und entdeckte das Prinzip der Selbstinduktion. Sein Name findet sich in Begriffen und physikalischen Größen.

26.8. **1668** Friedrich Jakob Merck übernimmt die Engel-Apotheke in Darmstadt, aus der das Unternehmen E. Merck Aktiengesellschaft hervorgeht.

26.8. **1856** für Mauvein, den ersten künstlichen Farbstoff der Welt, den der junge englische Chemiker Perkin durch Zufall synthetisiert hatte, wird das britische Patent Nr. 36140 erteilt.

27.8. **1874** Geburtstag von Carl Bosch (†1940), der in der BASF die Hochdrucktechnologie für den technischen Maßstab entwickelte und zusammen mit Haber das Haber-Bosch-Verfahren zur Synthese von Ammoniak aus den Elementen verwirklichte (Nobelpreis 1931).

28.8. **1841** Johann August Arfvedson, der Entdecker des Lithiums stirbt (*1792).

29.8. **1868** Todestag von Christian Friedrich Schönbein (*1799). Er entdeckte Ozon und Nitrocellulose und gilt als Begründer der Geochemie.

30.8. **1852** Jacobus Henricus van't Hoff wird geboren (†1911). Er war 1901 der erste Nobelpreisträger für Chemie und wurde für die Entdeckung der Gesetze der chemischen Dynamik und des osmotischen Drucks in Lösungen ausgezeichnet. Er war Mitbegründer der Stereochemie.

August

30.8.   **1884** Geburtstag von Theodor Svedberg (†1971). Mit der Konstruktion seiner Ultrazentrifuge wurden Proteintrennungen möglich. Nach ihm benannt ist die Sedimentationskonstante, die angibt, mit welcher Geschwindigkeit Teilchen im Schwerefeld der Ultrazentrifuge wandern (Nobelpreis 1926).

31.8.   **1842** Geburtstag von Adolf Pinner (†1909). Er klärte zusammen mit Richard Wolffenstein die Strukturformel des Nicotins auf und entwickelte die *Pinner-Reaktion*.

September

1.9.   **1873** Geburtstag von Ragnar Berg (†1956), der zu den Begründern der modernen Ernährungslehre gehörte: Er erkannte die Bedeutung von Spurenelementen für die Lebensvorgänge und zeigte, daß viele Stoffwechselkrankheiten auf Ernährungsschäden beruhen können.

2.9.   **1836** Todestag von William Henry (*1774). Er erkannte mit dem nach ihm benannten Gesetz die Proportionalität zwischen der Menge des in einer Flüssigkeit gelösten Gases und dem Druck dieses Gases über der Flüssigkeit.

2.9.   **1853** Geburtstag von Wilhelm Ostwald (†1932). Er fand u.a. die *Ostwaldsche Stufenregel*, das *Ostwaldsche Verdünnungsgesetz* und das *Ostwald-Verfahren* zur Herstellung von Salpetersäure. Für seine Arbeiten zur Katalyse sowie über chemische Gleichgewichte und Reaktionsgeschwindigkeiten erhielt er 1909 den Nobelpreis.

3.9.   **1869** Fritz Pregl wird geboren (†1930). Er entwickelte die qualitative und quantitative Mikroanalyse sowie die Mikroelementaranalyse für organische Verbindungen, die dann mit Milligrammengen durchgeführt werden konnte.

4.9.   **1913** Geburtstag von Stanford Moore (†1982). Er ermittelte in Zusammenarbeit mit William Stein den Bau der Ribonuclease und untersuchte deren biochemische Wirkungsweise, für diese Arbeiten erhielt er 1972 den Nobelpreis.

4.9.   **1967** Das Änderungsgesetz zum deutschen Patentgesetz tritt in Kraft. In Zukunft kann in der Chemie nicht nur das Verfahren, sondern auch der Stoff selbst geschützt werden.

5.9.   **1961** Das Detergentiengesetz verlangt, daß ab 1.10.1964 in Wasch- und Reinigungsmitteln nur noch Waschrohstoffe verwendet werden dürfen, die mindestens zu 80% abbaubar sind.

6.9.   **1906** Geburtstag von Luis Frederico Leloir (†1987). Für die Entdeckung der Zuckernucleotide und ihrer Rolle bei der Kohlenhydratsynthese erhielt er 1970 den Nobelpreis.

7.9.   **1829** Geburtstag von August Kekulé von Stradonitz (†1896). Er entwickelte Valenz- und Strukturtheorien in Verbindung mit der Erkenntnis der Vierwertigkeit des Kohlenstoffs in den sechziger Jahren des 19. Jahrhunderts, dazu zählt auch die Benzolformel.

Immerwährender Kalender

September

7.9. **1917** John Warcup Cornforth wird geboren. Für seine Arbeiten zur Stereochemie enzymkatalysierter Reaktionen erhielt er 1975 den Nobelpreis.

8.9. **1894** Todestag von Hermann von Helmholtz (*1821), durch seine Kennzeichnung der Elektromotorischen Kraft als Arbeitsgröße konnte der Zusammenhang zur Thermodynamik hergestellt werden und die Entwicklung der physikalischen Chemie erhielt wichtige Impulse.

8.9. **1918** Geburtstag von Derek Harold Richard Barton, bekannt durch Arbeiten über die Konformation organischer Verbindungen und deren erfolgreiche Anwendung auf Naturstoffe wie Steroide und Alkaloide (Nobelpreis 1969).

9.9. **1913** Bei der BASF in Oppau geht der erste Ammoniakreaktor nach dem Haber-Bosch-Verfahren in Betrieb.

10.9. **1797** Geburtstag von Carl Gustav Mosander (†1858). Er beschäftigte sich mit den seltenen Erden und entdeckte die Elemente Lanthan, Erbium und Terbium.

10.9. **1850** Geburtstag von Karl Heumann (†1894). Er entwickelte zwei Synthesen für Indigo, die technisch von der BASF und Hoechst umgesetzt wurden.

11.9. **1967** Die gelandete Mondsonde Surveyor 5 übermittelt eine Analyse des Mondbodens zur Erde: 58% Sauerstoff, 18,5% Silicium, 6,5% Aluminium, sowie Schwefel, Eisen, Cobalt, Nickel zusammen 13%.

12.9. **1897** Geburtstag von Irène Joliot-Curie (†1956). Sie entdeckte gemeinsam mit ihrem Mann die künstliche Radioaktivität und erhielt 1935 für die Synthese neuer radioaktiver Elemente den Nobelpreis.

12.9. **1909** Ein Patent zur Herstellung von künstlichem Kautschuk erhält als erstes Unternehmen weltweit die Bayer AG.

13.9. **1886** Robert Robinson wird geboren (†1975). Der Nobelpreisträger von 1947 untersuchte pflanzliche Inhaltsstoffe und leistete Beiträge zur Strukturaufklärung zahlreicher Alkaloide, u.a. Morphin, Narcotin, Strychnin. Mit seinem Namen ist eine Reihe von Reaktionen verbunden, so die *Robinson-Anellierung*, eine Kombination von Michael- und Aldol-Reaktion, die zum Aufbau anellierter Ringe verwendet werden kann.

13.9. **1887** Geburtstag von Leopold Ruzicka (†1976). Er formulierte die Isoprenregel, die die Strukturaufklärung vieler Naturstoffe erleichterte. Ihm gelang mit der Herstellung von Androsteron die erste Synthese eines Sexualhormons (Nobelpreis 1939).

14.9. **1909** Unter Fritz Habers Namen wird in Deutschland das Patent der Hochdruck-Ammoniaksynthese angemeldet.

September

15. 9.   **1794** Geburtstag von Heinrich Emanuel Merck (†1855). Der Pharmazeut und Chemiker realisierte die gewerbliche Herstellung zahlreicher Arzneimittel wie Morphin, Codein und begründete damit 1827 das in Darmstadt ansässige und nach ihm benannte Pharmaunternehmen.

15. 9.   **1854** Traugott Sandmeyer, der Entdecker der *Sandmeyer-Reaktion* zur Synthese von Arylhalogeniden und – pseudohalogeniden aus den entsprechenden Aminen, wird geboren (†1922).

16. 9.   **1893** Geburtstag von Albert Szent-Györgyi (†1986). Ihm gelang bei Untersuchungen der biologischen Verbrennungsprozesse 1928 erstmals die Isolierung von Vitamin C (Ascorbinsäure) in reiner und kristalliner Form (1937 Nobelpreis für Physiologie und Medizin).

17. 9.   **1936** Todestag von Henry Le Châtelier (*1850). Er formulierte das später nach ihm benannte *Prinzip des kleinsten Zwangs* über den Einfluß chemischer Gleichgewichte durch äußere Parameter.

18. 9.   **1907** Geburtstag von Edwin Mattison McMillan (†1991), dem Mitentdecker des Neptuniums und Plutoniums (Nobelpreis 1951).

20. 9.   **1842** Geburtstag von James Dewar (†1923). Im Rahmen seiner Arbeiten zur Gasverflüssigung entwickelte er das Dewargefäß, mit dem die Aufbewahrung und Untersuchung von Substanzen bei tiefen Temperaturen möglich wurde. Die Haushalts-Thermosflasche leitet sich davon ab.

20. 9.   **1946** In Göttingen wird die „Gesellschaft Deutscher Chemiker" gegründet, die die Tradition der Vorgängerorganisationen – der „Deutschen Chemischen Gesellschaft" und dem „Verein Deutscher Chemiker" – fortführt.

22. 9.   **1956** Todestag von Frederick Soddy (*1877). Zusammen mit Ernest Rutherford fand er das Radon und erkannte es als Edelgas. Er formulierte mit Alexander Russel und Kasimir Fajans das Verschiebungsgesetz für Elementumwandlungen bei radioaktiven Vorgängen (Nobelpreis 1921).

23. 9.   **1882** Todestag von Friedrich Wöhler (*1800). Seine Harnstoffsynthese begründete die organische Synthesechemie.

24. 9.   **1905** Geburtstag von Severo Ochoa (†1993). Ihm gelang die Isolierung der Polynucleotid-Phosphorylase. Er konnte so außerhalb der Zelle RNA-Stränge biosynthetisieren (Nobelpreis für Medizin 1959).

25. 9.   **1986** Todestag von Nikolaj Semenov (*1896). Für die Aufklärung von Mechanismen von Kettenreaktionen erhielt er 1956 den Nobelpreis.

26. 9.   **1876** Fritz Henkel gründet in Düsseldorf das Unternehmen Henkel, das 1907 mit „Persil®" das erste selbsttätige Waschmittel der Welt herstellt.

Immerwährender Kalender

September

27.9.   **1818** Geburtstag von Adolf Wilhelm Hermann Kolbe (†1884), der für seine industriell verwertete Synthese von Salicylsäure aus Metallphenolaten und Kohlendioxid bekannt ist.

27.9.   **1857** Geburtstag von Ludwig Wolff (†1919), der bekannt ist für die *Wolff-Umlagerung* sowie die *Wolff-Kishner- Reduktion.*

28.9.   **1852** Geburtstag von Henri Moissan (†1907). Er ist bekannt für seine Untersuchungen des Fluors sowie die Entwicklung des Elektroofens, mit dem er zahlreiche Carbide, Silicide, Hydride und Boride synthetisieren konnte (Nobelpreis 1906).

29.9.   **1861** Geburtstag von Carl Duisberg. Ab 1912 war er Generaldirektor bei Bayer und trieb die Bildung der I.G. Farben voran. Er gilt als Begründer der chemischen Großindustrie Deutschlands.

29.9.   **1920** Geburtstag von Peter Dennis Mitchell (†1992). Für die Entwicklung der chemiosmatischen Theorie zur Erklärung biologischer Prozesse der Energieübertragung erhielt er 1978 den Nobelpreis.

30.9.   **1939** Geburtstag von Jean-Marie Lehn. Er erhielt 1987 für die Entwicklung von Makropolycyclen mit strukturspezifischen Wechselwirkungen hoher Selektivität den Nobelpreis.

30.9.   **1943** Geburtstag von Johann Deisenhofer, der 1988 für die Bestimmung der dreidimensionalen Struktur eines photosynthetischen Reaktionszentrums den Nobelpreis erhielt.

Oktober

2.10.   **1852** William Ramsay wird geboren (†1916). Er erhielt 1904 den Nobelpreis für die Entdeckung der Edelgase Helium, Neon, Argon, Krypton, Xenon und ihre Einordnung in das Periodensystem.

2.10.   **1907** Geburtstag von Alexander Robertus Todd (†1997), sein Lebenswerk ist die Strukturaufklärung und Synthese biologisch wichtiger Phosphorverbindungen. Ihm gelangen u.a. Totalsynthesen von ADP und ATP (Nobelpreis 1957).

3.10.   **1904** Geburtstag von Charles Pedersen (†1989). Er synthetisierte makrocyclische Kronenether und untersuchte deren Komplexe mit Ionen (Nobelpreis 1987).

4.10.   **1918** Geburtstag von Kenichi Fukui. Er entwickelte 1952 die Theorie der Grenzorbitale; für seine quantenmechanischen Studien zur chemischen Reaktivität erhielt er 1981 den Nobelpreis.

5.10.   **1889** Geburtstag von Dirk Coster (†1950), der zusammen mit György de Hevesy 1922 das Hafnium fand.

6.10.   **1807** Humphry Davy erhält zum ersten Mal durch Elektrolyse von geschmolzenem Kaliumhydroxid das Kaliummetall, auf die gleiche Weise gelingt ihm auch die Herstellung von Natrium.

Oktober

7.10. **1885** Niels Bohr wird geboren (†1962). Ausgehend von den Rutherfordschen Vorstellungen entwickelte er durch Einführung seiner Quantenbedingungen das nach ihm benannte Atommodell (Nobelpreis für Physik 1922).

8.10. **1883** Otto Heinrich Warburg wird geboren (†1970). Er befaßte sich u.a. mit dem Stoffwechsel von Tumoren. Für seine Arbeiten zur Zellatmung erhielt er 1931 den Nobelpreis für Medizin oder Physiologie.

8.10. **1906** Der Friseur Karl Ludwig Nessler stellt seine neue Methode der Dauerwelle vor.

8.10. **1917** Geburtstag von Rodney Robert Porter (†1985). Er leistete wichtige Beiträge zur Struktur der Antikörper, 1970 hatte er die Struktur des Immunglobulin G vollständig aufgeklärt (Nobelpreis 1972).

9.10. **1852** Geburtstag von Emil Hermann Fischer (†1919). Für seine bahnbrechenden synthetischen Arbeiten auf dem Gebiet der Zucker- und Purinchemie erhielt er 1902 den Nobelpreis zuerkannt. Eine Reihe von Namensreaktionen geht auf ihn zurück, so die *Fischer-Phenylhydrazinsynthese* und die *Fischer- Indolsynthese*, auch die *Fischer-Projektionsformeln* für Kohlenhydrate tragen seinen Namen.

10.10. **1731** Geburtstag von Henry Cavendish (†1810). Er entdeckte den Wasserstoff und erbrachte den Nachweis, daß Wasser kein Element ist, sondern aus Wasserstoff und Sauerstoff besteht.

10.10. **1897** Felix Hoffmann bei Bayer beschreibt in seinem Laborjournal die von ihm erstmals in chemisch reiner Form hergestellte Acetylsalicylsäure (ASS). 1899 kommt ASS als Schmerz- und Rheumamittel unter der Bezeichnung „Aspirin" in den Handel. Es ist das erste Produkt, das in Tablettenform auf dem Markt erscheint.

11.10. **1884** Geburtstag von Friedrich Bergius. Er unternahm Versuche zur Benzingewinnung aus Kohlen, Ölen und Teeren und bewies die technische Durchführung der Kohlehydrierung (Nobelpreis 1931).

12.10. **1792** Christian Gottlob Gmelin wird geboren (†1860). Er trug zur Entwicklung der analytischen Chemie in Deutschland bei, 1828 gelang ihm die Synthese von Ultramarin.

13.10. **1965** Todestag von Paul Hermann Müller (*1899), der die insektizide Wirkung von DDT erkannte und dafür 1948 den Medizin-Nobelpreis erhielt.

14.10. **1885** Geburtstag von Murray Raney (†1966). Er stellte erstmals die *Raney-Katalysatoren* zur Hydrierung und Dehydrierung her; am leichtesten zugänglich ist das *Raney-Nickel*.

15.10. **1845** Professor Justus von Liebig (1803-1873) nimmt ein britisches Patent auf seine Methode zur künstlichen Düngung mit Chilesalpeter.

Immerwährender
Kalender

381

Oktober

16.10. **1846** In Boston nimmt der Arzt John Collins Warren den ersten größeren chirurgischen Eingriff unter Narkose vor: Er operiert die Halsgeschwulst eines mit Ether betäubten Patienten.

17.10. **1936** Mit der öffentlichen Vorstellung des „Agfacolor Neu Umkehrfilms" für Dias und Schmalfilme beginnt das Zeitalter der Farbphotographie, fast gleichzeitig bringt Kodak den „Kodachrome"-Film heraus.

18.10. **1906** Todestag von Friedrich Konrad Beilstein. Er initiierte das 1880-1882 erstmals erschienene „Handbuch der organischen Chemie".

19.10. **1937** Todestag von Ernest Rutherford (*1871). Er entwickelte das nach ihm benannte Atommodell, formulierte das Zerfallsgesetz für radioaktive Substanzen und realisierte 1919 die erste künstliche Kernreaktion: Stickstoff wurde durch Beschuß mit α-Teilchen Strahlen in Sauerstoff umgewandelt (Nobelpreis 1908).

20.10. **1891** Geburtstag von James Chadwick. Er entdeckte 1932 bei der Bestrahlung von Beryllium mit α-Teilchen das Neutron und erhielt 1935 den Nobelpreis für Physik.

21.10. **1803** In einem auf diesen Tag datierten Artikel legt Dalton seine Atomtheorie dar, in der erstmals quantitative Angaben über Atome – relative Atomgewichte – gemacht werden. Die Arbeit enthält die Grundgedanken der modernen Atomtheorie.

21.10. **1822** Adolph Strecker wird geboren (†1871). Auf ihn gehen die *Strecker-Synthese* und der *Strecker-Abbau* von Aminosäuren zurück.

22.10. **1986** Todestag von Albert Szent-Györgyi von Nagyrapolt (*1893). Er befaßte sich mit den Inhaltsstoffen der Paprika und isolierte erstmals Vitamin C. Seine Untersuchungen zum biologischen Mechanismus der Oxidation führten zur Aufklärung von Vorgängen bei der Muskelkontraktion (1937 Nobelpreis für Medizin oder Physiologie).

23.10. **1871** Der Apotheker Ernst Schering gründet in Berlin die Schering AG

23.10. **1875** Geburtstag von Gilbert Newton Lewis (†1946). Er entwickelte eine Theorie der chemischen Bindung, die zwischen polaren und nichtpolaren Bindungen differenzierte. 1916 führte er die *Lewis-Formeln* zur schematischen Darstellung der Bindungsverhältnisse in Molekülen ein. 1923 erweiterte er den Säure-Base- Begriff.

24.10. **1965** Todestag von Hans Meerwein (*1879). Zur Erklärung von Umlagerungen an Campherderivaten postulierte er das Auftreten von Carbokationen und wies diese experimentell nach. Seinen Namen findet man u.a. in den *Wagner-Meerwein-Umlagerungen*, der *Meerwein- Reaktion*, *Meerwein-Arylierung* sowie der *Meerwein- Ponndorf-Verley-Reduktion*.

25.10. **1929** Dieser Tag ist als „Schwarzer Freitag" in die Geschichte eingegangen: An der Börse in New York fielen die Kurse um bis zu 90%. In der folgenden Wirtschaftskrise ging bei der I.G. Farbenindustrie die Zahl der Beschäftigten um 45% zurück.

26.10. **1939** Das Nobelpreiskommitée beschließt, Gerhard Domagk für die Entdeckung der antibakteriellen Wirkung des „Prontosils" – ein Sulfonamid – auszuzeichnen; entgegennehmen kann Domagk den Preis allerdings erst 1947.

27.10. **1894** Geburtstag von Sir John Edward Lennard-Jones (†1954). Er beschäftigte sich mit Problemen der theoretischen Chemie und ist mit seinen Arbeiten über zwischenatomare Kräfte bekannt geworden.

28.10. **1914** Richard Laurence M. Synge wird geboren (†1994). 1952 erhielt er für die Entwicklung der Verteilungschromatographie den Nobelpreis.

30.10. **1975** Der Physiker Gustav Hertz stirbt. Für die Entdeckung der Anregung von Atomen durch Elektronenstoß hatte er 1925 den Nobelpreis für Physik erhalten.

31.10. **1832** Walter Weldon wird geboren (†1885). Er entwickelte das heute bedeutungslose *Weldon-Verfahren* zur Herstellung von Chlor aus Salzsäure.

31.10. **1835** Geburtstag von Adolf von Baeyer (†1917). Er arbeitete über organische Farbstoffe und hydroaromatische Verbindungen. Ihm gelang die Konstitutionsaufklärung und Synthese des Indigos (Nobelpreis 1905).

1.11. **1869** Geburtstag von Raphael Eduard Liesegang (†1947), dem Entdecker der *Liesegangschen Ringe*. Diese periodischen Fällungserscheinungen sind analog zu den periodischen Strukturen bei oszillierenden Reaktionen.

2.11. **1966** Todestag von Peter Josephus Wilhelm Debye. Er erhielt 1936 für seine Beiträge über die Molekülstruktur und die Aufstellung der Dipoltheorie den Nobelpreis. Mit Paul Scherrer fand er ein Verfahren, mit dem Kristallstrukturen nicht nur an Einkristallen sondern auch an Kristallpulvern bestimmt werden können – *Debeye-Scherrer-Verfahren*.

4.11. **1806** Geburtstag von Karl Friedrich Mohr (†1879). Er führte u.a. die *Mohrsche Waage* zur Bestimmung der Dichte von Flüssigkeiten sowie den Liebigkühler als Rückflußkühler ins Labor ein. In der Maßanalyse geht das Eisen(II)-sulfat – *Mohrsches Salz* – als Standard für Kaliumpermanganatlösungen auf ihn zurück.

4.11. **1854** Geburtstag von Paul Sabatier (†1941). Er fand die katalytische Wirkung fein verteilter Metalle, insbesondere Nickel, bei der Hydrierung von Kohlenstoffverbindungen (Nobelpreis 1912).

Immerwährender Kalender

4. 11. **1902** Geburtstag von Otto Bayer (†1982), Chemiker bei der Bayer und Entdecker des 1937 patentierten Polyadditionsverfahrens zwischen Diisocyanaten und Diolen zu Polyurethanen.

5. 11. **1879** Todestag von James Clerk Maxwell (*1831). Er formulierte die nach ihm benannten Grundgleichungen der Elektrodynamik und leitete die Existenz der elektromagnetischen Wellen ab. Untersuchungen zur kinetischen Gastheorie führten zur *Maxwell-Boltzmann- Geschwindigkeitsverteilung.*

6. 11. **1822** Todestag von Claude Louis Berthollet (*1748). Er führte Chlor als Bleichmittel ein und verwendete erstmals Kaliumchlorat in Sprengstoffen. Die *Berthollide* – eine Sammelbezeichnung für Einlagerungsmischkristalle, intermetallische Verbindungen u.a. nichtstöchiometrische Verbindungen – tragen seinen Namen.

7. 11. **1867** Geburtstag von Marie Curie-Sklodowska (†1934), der Begründerin der Radiochemie. Sie prägte den Begriff „Radioaktivität" und entdeckte 1897 die natürliche Radioaktivität des Thoriums sowie die Elemente Polonium (gemeinsam mit ihrem Mann Pierre Curie) und Radium (mit P. Curie und G. Bémont), 1903 Nobelpreis für Physik und 1911 Nobelpreis für Chemie.

7. 11. **1888** Chandrasekhara Raman, der Entdecker des *Raman-Effektes*, wird geboren (†1970). Mit Hilfe der auf diesem Effekt begründeten Spektroskopie lassen sich Aussagen über Bindungsverhältnisse in Molekülen machen (Nobelpreis für Physik 1930).

8. 11. **1854** Johannes Robert Rydberg wird geboren (†1919). Nach ihm ist die in den Serienformeln der Atomspektren und im Moseleyschen Gesetz auftretende *Rydberg-Konstante* benannt.

8. 11. **1895** Wilhelm Conrad Röntgen findet bei Versuchen mit einer Kathodenstrahlröhre eine durchdringende Strahlung, deren Wert für die medizinische Diagnostik er bald erkennt: Am 22.11 fertigt er die erste Röntgenaufnahme von der Hand seiner Frau an (Nobelpreis für Physik 1901).

9. 11. **1897** Geburtstag von Ronald George Norrish (†1978). Auf ihn gehen die *Norrish-Reaktionen*, photochemische Umwandlungen von Carbonylverbindungen zurück. Er entwickelte die Blitzlichtphotolyse und erhielt 1967 den Nobelpreis für die Untersuchung der Kinetik sehr schneller Reaktionen.

10. 11. **1918** Geburtstag von Ernst Otto Fischer. Er erhielt 1973 den Nobelpreis für seine grundlegenden Arbeiten über organometallische Sandwich-Verbindungen, später wandte er sich den Carben- und Carbinkomplexen zu.

November

11.11. **1986** Als Reaktion auf den Störfall bei Sandoz in Basel am 1.11. 1986 einigen sich der Verband der Chemischen Industrie und das Bundesumweltmisterium auf einen Maßnahmenkatalog, mit dem Ziel, Sicherheitsvorkehrungen für Chemikalienlager und Gewässerschutz zu verbessern.

12.11. **1842** Geburtstag von John William Rayleigh (†1919), der zusammen mit William Ramsay das Argon entdeckte. Er deutete die blaue Farbe des Himmels als Lichtstreuungserscheinung an Luftmolekülen. Sein Name findet sich z.B. in der *Rayleigh-Strahlung* und im *Rayleighschen Gesetz* (1904 Nobelpreis für Physik).

13.11. **1937** Das Grundpatent für die Herstellung des von Otto Bayer gefundenen Kunststoffs Polyurethan wird erteilt.

14.11. **1891** Frederick Grant Banting, der Entdecker des Insulins, wird geboren (†1941). Er erhielt 1923 den Nobelpreis für Medizin oder Physiologie.

15.11. **1919** Alfred Werner, der Begründer der Koordinationslehre und Nobelpreisträger von 1913, stirbt (*1866).

16.11. **1945** Die UNESCO (United Nations Educational, Scientific and Cultural Organisation) nimmt ihre Tätigkeit auf. Es ist die erste weltweite Institution, die die internationale Zusammenarbeit in Erziehung, Wissenschaft und Kultur fördern will.

17.11. **1953** Karl Ziegler meldet das unter seiner Leitung entwickelte Verfahren zur drucklosen Polymerisation von Ethen in Gegenwart von Aluminiumorganischen und Übergangsmetall-Verbindungen zum Patent an.

18.11. **1789** Louis-Jacques Daguerre (†1851), der Erfinder der Photographie, wird geboren.

19.11. **1887** Geburtstag von James Batcheller Sumner (†1955). Ihm gelang die erste Kristallisation eines Enzyms (Nobelpreis für Chemie 1946).

20.11. **1945** Todestag von Francis William Aston (*1877). Er entdeckte mit dem von ihm entwickelten Massenspektrographen viele Isotope von nichtradioaktiven Elementen und leitete daraus das Gesetz von der Ganzzahligkeit der Atommasse ab (Nobelpreis 1922).

21.11. **1895** Geburtstag von Josef Mattauch (†1976). Er stellte 1934 und 1941 die Isobarenregeln auf, die besagen, daß es kein Paar stabiler Isotope gibt, deren Kernladungszahlen sich nur um 1 unterscheiden, und daß es zu jedem ungeraden Atomgewicht nur einen stabilen Kern gibt.

22.11. **1981** Hans Adolf Krebs stirbt (*1900). Seine Forschungen über den Stoffwechsel führten zur Entdeckung des Ornithin- und des Citronensäure-Zyklus (Nobelpreis für Medizin 1953).

Immerwährender Kalender

November 23.11. **1837** Johannes Diderik van der Waals wird geboren (†1923). Nach ihm sind die zwischenmolekularen Kräfte benannt, die für die Abweichungen realer Gase vom idealen Verhalten verantwortlich sind.

23.11. **1904** BASF und Bayer schließen sich zu einer Interessengemeinschaft zusammen, in die am 10. Dezember die Agfa aufgenommen wird; diesem „Dreibund" steht der „Zweibund" von Hoechst und Casella gegenüber, dem sich 1907 noch Kalle & Co. anschließt.

24.11. **1859** In London erscheint Charles R. Darwins berühmtes Werk „On the Origin of Species by Means of Natural Selection, or the Preservation of Favoured Races in the Struggle for Life". Die darin enthaltene Theorie von der Abwandlung, der Anpassung, dem Wettbewerb und der Auslese während der Entwicklungsgeschichte der Tierarten widerlegt die theologische Ansicht von der göttlichen Schöpfung.

25.11. **1877** In Frankfurt am Main konstituiert sich der „Verein zur Wahrung der Interessen der chemischen Industrie Deutschlands", der Vorläufer des Verbandes der Chemischen Industrie (VCI).

26.11. **1898** Karl Ziegler wird geboren (†1973). Mit seinem Namen sind mehrere Entdeckungen verknüpft. Zu den bekanntesten zählen die Ziegler-Natta-Katalysatoren, metallorganische Verbindungen, die die stereospezifische Polymerisation von Olefinen bei Normaldruck katalysieren (Nobelpreis 1963).

27.11. **1903** Geburtstag von Lars Onsager (†1976). Er erhielt für die Aufstellung der Reziprozitätssätze der Thermodynamik irreversibler Prozesse 1968 den Nobelpreis.

27.11. **1968** Todestag von Lise Meitner (*1878). Die Physikerin entdeckte mit Otto Hahn 1918 das Element Protactinium und deutete zusammen mit O.R. Frisch im Dezember 1938 die von Hahn und Straßmann bei der Bestrahlung von Uran mit Neutronen beobachtete Bildung von Erdalkalimetallen als „Kernspaltung".

29.11. **1915** Geburtstag von Earl Wilburne Sutherland (†1974), der für seine Stoffwechselforschung 1971 den Nobelpreis für Medizin erhielt.

29.11. **1936** Geburtstag von Yuan Tseh Lee. Für seine Forschungen zur Dynamik von chemischen Elementarreaktionen erhielt er 1986 den Nobelpreis.

30.11. **1915** Henry Taube wird geboren. Er klärte Mechanismen der Elektronenübertragung auf, insbesondere bei Metallkomplexverbindungen (Nobelpreis 1983).

Dezember 1.12. **1947** Todestag von Franz Fischer (*1877). Er arbeitete 1925 zusammen mit Tropsch *das Fischer-Tropsch-Verfahren* zur Synthese von Benzin und anderen Kohlenwasserstoffen durch Kohleverflüssigung aus.

Dezember

1. 12. **1949** Der Chemiker Fritz Stastny bei der BASF notiert in seinem Laborjournal den Versuch, der zur Entdeckung des „Styropors" führt: Ein im Trockenschrank vergessener Ansatz ist am nächsten Tag aufgeschäumt.

2. 12. **1859** Geburtstag von Ludwig Knorr (†1921). Er widmete sich der Synthese von Heterocyclen, sein Name findet sich beispielsweise in der *Knorrschen Pyrazol-* und *Pyrrolsynthese*.

2. 12. **1942** Enrico Fermi gelingt mit der ersten sich selbst unterhaltenden kontrollierten Kernreaktion in einem Reaktor an der Columbia-Universität in New York der Nachweis, daß es möglich ist, Atomreaktoren zu bauen und zu betreiben. Als Brennstoff verwendet er Uran.

3. 12. **1900** Geburtstag von Richard Kuhn (†1967), der für seine Arbeiten über Carotinoide und Vitamine 1938 den Nobelpreis erhielt.

3. 12. **1910** Auf der Pariser Automobilschau wird die von Georges Claude entwickelte Neonbeleuchtung erstmals vorgestellt.

3. 12. **1933** Paul Crutzen wird geboren. Er erhielt für seine Arbeiten zur Atmosphärenchemie 1995 den Nobelpreis.

4. 12. **1893** Todestag von John Tyndall (*1820), bekannt für seine Untersuchungen über die chemischen Wirkungen des Lichtes und den nach ihm benannten *Tyndall-Effekt*.

5. 12. **1831** Geburtstag von Hans Heinrich Landolt (†1910). Auf ihn und Richard Börnstein gehen die „Physikalisch- chemischen Tabellen" zurück, die auch heute noch ein wichtiges Nachschlagewerk sind.

6. 12. **1778** Geburtstag von Joseph-Louis Gay-Lussac (†1850). Zusammen mit Alexander von Humboldt bestimmte er das richtige Verhältnis von Wasserstoff und Sauerstoff im Wasser. Technisch relevant war die Einführung des *Gay-Lussac-Turms* zur Absorption der nitrosen Gase im Bleikammerverfahren bei der Schwefelsäureherstellung.

6. 12. **1920** Geburtstag von George Porter. Er entwickelte zusammen mit Ronald Norrish spektroskopische Untersuchungsmethoden für schnelle Reaktionen (Nobelpreis 1967).

7. 12. **1951** Als erstes der I.G.-Nachfolgeunternehmen werden die Farbwerke Hoechst AG neu gegründet.

8. 12. **1947** Geburtstag von Thomas Robert Cech, der für die Entdeckung der katalytischen Aktivität von Ribonukleinsäuren 1989 den Nobelpreis erhielt.

8. 12. **1970** Todestag von Christopher Kelk Ingold (*1893). Er führte Begriffe wie elektrophil, nucleophil, Mesomerie ein. Sein Name findet sich in der *Cahn- Ingold-Prelog-Regel*, die der Zuordnung der absoluten Konfiguration chiraler Zentren dient.

Immerwährender Kalender

Dezember

9. 12.   **1742** Geburtstag von Carl Wilhelm Scheele, Entdecker der Elemente Sauerstoff und Chlor (†1786).

9. 12.   **1868** Geburtstag von Fritz Haber († 1934). Für die von ihm im Labormaßstab entwickelte Synthese von Ammoniak aus den Elementen erhielt er 1918 den Nobelpreis für Chemie. Die BASF realisierte das Verfahren unter Leitung von Bosch im technischen Maßstab. Haber leitete den ersten Einsatz von Chlor als Chemiewaffe 1915 bei Ypern.

9. 12.   **1919** Geburtstag von William Nunn Lipscomb. Er untersuchte die Struktur der Borane und konnte Fragen zu deren chemischer Bindung klären, wofür er 1976 den Nobelpreis erhielt.

10. 12.   **1896** Todestag von Alfred Nobel (*1833). Ihm gelang durch Zusatz von Kieselgur zum Sprengöl Nitroglycerin die Herstellung eines sicher zu handhabenden Sprengstoffs – Dynamit. In seinem Testament verfügt er die Gründung der Nobelstiftung und die Vergabe der jährlichen Preise. An seinem Todestag 1901 werden zum ersten Mal Nobelpreise verliehen.

11. 12.   **1909** Todestag von Ludwig Mond (*1839). Er fand mehrere nach ihm benannte Verfahren, u.a. den *Mond-Prozeß* zur Herstellung von reinem Nickel über Nickeltetracarbonyl als Zwischenprodukt. Er war Mitbegründer der Firma Brunner Mond Ltd., aus der die ICI hervorging.

12. 12.   **1850** Todestag von Germain Henri Heß (*1802). Von ihm stammt der Heßsche Satz, ein Spezialfall des damals noch nicht formulierten Energieerhaltungssatzes, mit dessen Hilfe sich direkt nicht meßbare Reaktionswärmen berechnen lassen.

13. 12.   **1780** Johann Wolfgang Döbereiner wird geboren. Er befaßte sich mit Fragestellungen zur Katalyse. So entdeckte er, daß schwammförmiges Platin ein Gemisch aus Wasserstoff und Sauerstoff bei Zimmertemperatur entzündet und konstruierte daraufhin das *Döbereinersche Feuerzeug*. 1829 gruppierte er einige Elemente „nach ihrer Analogie" in Triaden: Li-Na-K, Ca-Sr-Ba, S-Se-Te, Cl-Br-I, was ein wichtiger Schritt in Richtung Periodensystem war.

14. 12.   **1900** Max Planck veröffentlicht in Berlin seinen Aufsatz zur „Strahlung schwarzer Körper" und legt damit den Grundstein für die Entwicklung der Quantentheorie.

15. 12.   **1852** Geburtstag von Henri Becquerel. Er entdeckte 1896 die natürliche Radioaktivität (Nobelpreis für Physik 1903).

16. 12.   **1921** Bei Versuchen an Katalysatoren entdeckt Fritz Winkler das Prinzip des Wirbelschichtverfahrens. Es wird zur großtechnischen Erzeugung von Synthesegas eingesetzt, findet aber auch in anderen Bereichen Anwendungen, wie dem Rösten sulfidischer Erze.

17. 12. **1493** Geburtstag von Paracelsus, Philippus Aureolus Theophrastus Bombastus von Hohenheim (†1541). Der Arzt und Naturforscher gilt als Begründer der pharmazeutischen Chemie.

17. 12. **1908** Willard Frank Libby wird geboren (†1980). Er entwickelte die Methode zur Altersbestimmung mit Hilfe des Kohlenstoffisotops ^{14}C, die in der Geologie und Archäologie eingesetzt wird. 1960 erhielt er den Nobelpreis.

18. 12. **1856** Geburtstag von Joseph John Thomson (†1940). Bei seinen Untersuchungen über den Transport der Elektrizität in Gasen entdeckte er das freie Elektron (Nobelpreis für Physik 1906).

19. 12. **1930** Conrad Willgerodt stirbt (*1841). Auf ihn geht die *Willgerodt-Reaktion* zur Umwandlung von Ketonen in Säureamide/Carbonsäuresalze zurück.

19. 12. **1951** Als zweite der I.G.-Nachfolgegesellschaften werden die Farbenfabriken Bayer AG, Leverkusen neu gegründet.

20. 12. **1890** Geburtstag von Jaroslav Heyrovsky (†1967). Für die Entdeckung und Entwicklung der Polarographie als Analysenmethode erhielt er 1959 den Nobelpreis.

20. 12. **1971** Todestag von Stefan Goldschmidt (*1889). Ihm gelang 1920 die Herstellung des ersten organischen Stickstoffradikals – des Diphenylpikrylhydrazyls.

21. 12. **1805** Geburtstag von Thomas Graham (†1869). Er ist Mitbegründer der Kolloidchemie und gab dem *Grahamschen Salz*, einem polymeren Natriummetaphosphat, seinen Namen.

22. 12. **1838** Geburtstag von Vladimir Markovnikov (†1904). In seiner Dissertation, die 1870 in Liebigs Annalen veröffentlicht wurde, stellte er die Regeln für die *Markovnikov-Addition* von Halogenwasserstoffen an unsymmetrisch substituierte Alkene auf.

23. 12. **1722** Axel Fredrik Cronstedt, der Entdecker des Nickels, wird geboren (†1765). Er unterschied auch zwischen Bleiglanz und Graphit, die bis dahin als chemisch identisch betrachtet wurden.

24. 12. **1818** James Prescott Joule wird geboren (†1889). Sein Name ist die Bezeichnung für die Einheit der Energie und findet sich außerdem im *Joule-Thomson-Effekt*, der die von ihm und William Thomson beobachtete Abkühlung realer Gase beim Entspannen beschreibt.

25. 12. **1876** Adolf Windaus wird geboren (†1959). Er bewies den strukturellen Zusammenhang zwischen den Gallensäuren und Cholesterin. Er erkannte das Ergosterin als Provitamin D und klärte den Mechanismus der photochemischen Umlagerung zum Vitamin D$_2$ auf (Nobelpreis 1928).

Immerwährender Kalender

Dezember

25. 12.   **1904** Geburtstag von Gerhard Herzberg. Er beschäftigte sich mit der Elektronenstruktur und Geometrie von Molekülen und förderte die Astrochemie durch spektroskopische Nachweismethoden für Moleküle und Atome im Weltraum (Nobelpreis 1971).

26. 12.   **1825** Geburtstag von Felix Hoppe-Seyler (†1895). Er begründete die moderne physiologische Chemie und prägte den Begriff „Biochemie". Mit seinen Forschungen legte er die Grundlagen der Physiologie der Atmung sowie der Chemie des Blutfarbstoffs.

27. 12.   **1822** Geburtstag von Louis Pasteur (†1895). Ihm gelang durch fraktionierende Kristallisation die erste Trennung eines Racemats in die Enantiomere. Seine Untersuchungen der Gärungsvorgänge führten zur Entwicklung der Mikrobiologie und mündeten auch in einer Methode zur Konservierung von Lebensmitteln: *Pasteurisieren* war schon vor rund 120 Jahren ein Begriff. Seine Forschungen über Immunität führten zur Schutzimpfung mit abgeschwächten Bakterien.

27. 12.   **1846** Geburtstag von Wilhelm Michler (†1889), sein Name ist bis heute mit dem nach ihm benannten Keton Tetramethyldiaminobenzophenon verbunden, ein bedeutendes Zwischenprodukt bei der Synthese von zahlreichen Farbstoffen.

28. 12.   **1818** Geburtstag von Carl Remigius Fresenius (†1897). Der Analytiker entwickelte Methoden zur Gehaltsbestimmung in Mineralwässern und Metallegierungen. 1861 gründete er die Zeitschrift für analytische Chemie.

28. 12.   **1895** In Paris eröffnen die Brüder Lumière das erste Kino, die Filme werden auf Basis von Celluloid hergestellt.

28. 12.   **1944** Geburtstag von Kary Banks Mullis. Der Nobelpreisträger von 1993 entwickelte die Polymerase-Kettenreaktion (PCR).

29. 12.   **1800** Charles Goodyear wird geboren (†1860). Der Amerikaner fand das Prinzip der Vulkanisation.

30. 12.   **1691** Todestag von Robert Boyle (*1627). Er erkannte, daß Druck und Volumen von Gasen umgekehrt proportional zueinander sind (Gesetz von Boyle-Mariotte) und gilt als Mitbegründer der Atomtheorie sowie des Elementbegriffs.

31. 12.   **1877** Louis Cailletet teilt der Pariser Akademie der Wissenschaften die geglückte Verflüssigung von Stickstoff und Luft mit.

31. 12.   **1924** Mit Wirkung zum Ende des Geschäftsjahres haben sich folgende Unternehmen zu der I.G.-Farben Aktiengesellschaft zusammengeschlossen: Agfa, BASF, Bayer, Casella, Griesheim Elektron, Hoechst, Kalle und Weiler ter Meer. Die Firmen geben ihre Selbständigkeit auf und werden Zweigniederlassungen der I.G.

Personen-register

Personen-register

Personen-
register

Personen-register

Sach-register

Sach-register